W0268245

Verlag und Herausgeber danken Herrn Dr. H. Rohlfing, Handschriftenabteilung der Niedersächsischen Staats- und Universitätsbibliothek Göttingen, für die Bereitstellung der Fotos von Briefen H. Minkowskis (S. 224–231) und der Sächsischen Landesbibliothek Dresden, Abt. Deutsche Fotothek, für das Foto auf S. 196.
Der Verlag dankt außerdem Herrn Buchbindermeister W. Frenkel, Leipzig, für die hilfreiche Unterstützung.

ISBN-13: 978-3-211-95845-2   e-ISBN: 978-3-7091-9536-9
DOI: 10.1007/978-3-7091-9536-9

TEUBNER-ARCHIV zur Mathematik · Band 12
© BSB B. G. Teubner Verlagsgesellschaft, Leipzig, 1989
1. Auflage
Lektor: Jürgen Weiß

Gesamtherstellung: INTERDRUCK, Graphischer Großbetrieb Leipzig

H. Minkowski

Ausgewählte Arbeiten zur Zahlentheorie und zur Geometrie

Mit D. Hilberts Gedächtnisrede auf H. Minkowski, Göttingen 1909

Herausgegeben und mit einem Anhang versehen
von
E. Krätzel und B. Weissbach

Dieser Band der Reihe „TEUBNER-ARCHIV zur Mathematik" enthält fotomechanische Nachdrucke von Arbeiten H. Minkowskis zur Geometrie der Zahlen, die nach Erscheinen seines Hauptwerkes gleichen Namens geschrieben wurden, und zur Geometrie. Beigefügt ist D. Hilberts Gedächtnisrede, die den Menschen H. Minkowski in gleicher Weise würdigt wie sein wissenschaftliches Werk.

Im Anhang finden sich aktuelle Anmerkungen zu den Arbeiten, zu ihren Beziehungen untereinander und zu Weiterentwicklungen der Theorien. Ein umfangreiches Literaturverzeichnis soll dem interessierten Leser Hilfe zur weiteren Orientierung sein. Fotos und Briefe komplettieren diesen Band, der H. Minkowskis 125. Geburtstag gewidmet ist.

BSB B.G.Teubner Verlagsgesellschaft, Leipzig

Distributed by Springer-Verlag Wien New York

This volume in the series „TEUBNER-ARCHIV zur Mathematik" contains photoreproductions of H. MINKOWSKI's papers on the geometry of numbers written after the publication of his main work with the same name, and on geometry. In addition to that it reproduces the commemorative speech of D. HILBERT, with an appreciation of H. MINKOWSKI as a man as well as his scientific work.

In a supplement there are topical remarks on the papers, on their mutual relationship and a survey of subsequent related theories. An extensive bibliography provides further information for the interested reader. This volume, which is dedicated to the 125th anniversary of the birth of H. MINKOWSKI, is completed by photographs and letters.

Ce volume de la série „TEUBNER-ARCHIV zur Mathematik" contient des reproductions photomécaniques de travaux de H. MINKOWSKI, rédigés après la parution de son œuvre principale du même nom, relatifs à la géométrie des nombres et à la géométrie. L'allocution commémorative de D. HILBERT honorant H. MINKOWSKI, l'homme, tout autant que son œuvre scientifique, est jointe au volume.

On trouve en annexe des annotations actualisées relatives aux travaux, à leurs rapports entre eux et aux développements ultérieurs des théories. Une importante littérature secondaire aidera le lecteur intéressé à trouver une orientation complémentaire. Des photos et des lettres complètent ce volume publié à l'occasion du 125ᵉ anniversaire de H. MINKOWSKI.

Этот том из ряда „TEUBNER-ARCHIV zur Mathematik" содержит перепечатанные фотомеханическим способом работы Г. Минковского по геометрии чисел, которые были написаны после опубликования его главного одноимённого труда, а также по геометрии. Прилагается речь Д. Хильберта, посвящённая памяти Г. Минковского, в которой отмечается в равной степени он как человек и его научный труд.

В приложении приводятся актуальные примечания о его работах, о их связи между собой и о дальнейшем развитии теорий. Обширный список литературы должен помочь заинтересованному читателю в дальнейшей ориентации. Фотографии и письма дополняют этот том, который посвящён 125-летию со дня рождения Х. Миньковского.

ISBN-13: 978-3-211-95845-2   e-ISBN-13: 978-3-7091-9536-9
DOI: 10.1007/978-3-7091-9536-9

Vorwort

HERMANN MINKOWSKI wurde am 22. Juni 1864 in Aleksotas geboren und verstarb am 12. Januar 1909 in Göttingen. Er gehörte zu den bedeutendsten Mathematikern des ausgehenden 19. und beginnenden 20. Jahrhunderts. H. MINKOWSKI war vornehmlich Zahlentheoretiker und wandte sich später, angeregt durch die Einführung einer geometrischen Betrachtungsweise in die Zahlentheorie, mehr der Geometrie zu. Zugleich war er den Anwendungen der Mathematik in der Physik zugetan. Seine Forschungen haben diesen Gebieten wesentliche Impulse verliehen und ihre Entwicklung nachdrücklich gefördert. Sein Freund, DAVID HILBERT, hat dies in einer von tiefer Zuneigung und menschlicher Wärme getragenen Gedächtnisrede umfassend gewürdigt.

Aus Anlaß des 125. Geburtstages HERMANN MINKOWSKIS haben wir HILBERTS Rede aus dem Jahre 1909 in den vorliegenden Band aufgenommen. Die hier fotomechanisch nachgedruckten Arbeiten aus MINKOWSKIS Werken (Teubner-Verlag 1911) wurden nach folgenden Gesichtspunkten ausgewählt:

Ausgehend von der Beschäftigung mit der Hermiteschen Reduktionstheorie quadratischer Formen bei Verwendung geometrischen Gedankengutes gelangte H. MINKOWSKI zu seinem berühmten Gitterpunktsatz für konvexe Körper. Mit der Formulierung dieses Satzes war die Entwicklung einer völlig neuen mathematischen Theorie, der „Geometrie der Zahlen", wie er sie selbst nannte, eingeleitet. In dem kurzen Beitrag „Über Eigenschaften von ganzen Zahlen, die durch räumliche Anschauung erschlossen sind" schildert er selbst die Bedeutung seines Gitterpunktsatzes. Er beinhaltet in knapper Form MINKOWSKIS Konzept der „Geometrie der Zahlen", dem drei Jahre später 1896 erschienenen Hauptwerk gleichen Namens. Es wird sichtbar, wie die scheinbar einfachsten Ideen zu weitreichenden Konsequenzen führen. Dieser Gitterpunktsatz hat der zahlentheoretischen Entwicklung wesentliche Impulse verliehen und zu einer eigenständigen Weiterentwicklung dieses Teiles der Zahlentheorie geführt. Die weiteren ausgewählten Arbeiten zu diesem Sachgebiet sind nach Erscheinen der „Geometrie der Zahlen" geschrieben worden und waren wohl für die zweite nicht erschienene Lieferung des Buches geplant. Das entwickelte Kriterium für algebraische Zahlen und die Ergebnisse über die Approximation reeller Zahlen haben einen wesentlichen Beitrag in der Theorie der diophantischen Approximationen geliefert und behaupten nach wie vor ihren Platz in der gegenwärtigen Theorie. Die Arbeit „Diskontinuitätsbereich für arithmetische Äquivalenz" beinhaltet den letzten Aufsatz H. MINKOWSKIS über die Geometrie der Zahlen und stellt gleichzeitig den Höhepunkt seines zahlentheoretischen Schaffens dar. Die asymptotische Formel für die Klassenanzahl quadratischer Formen ist ein Glanzpunkt! Die inzwischen entwickelten Methoden zur Abschätzung von Exponentialsummen erlauben nunmehr eine tiefgründige Weiterführung dieser Untersuchungen.

Nicht nur die Zahlentheorie, sondern auch die Geometrie verdankt H. MINKOWSKI vielfältige Ergebnisse und bis in die Gegenwart wirkende Anregungen. Erst durch sein Schaffen entstand eine umfassende Theorie der konvexen Körper, die weit über die Ansätze bei J. STEINER, H. BRUNN und anderen hinausreichte, und die bis heute beständig ausgestaltet wird.

In den ausgewählten Schriften kann man verfolgen, wie einige Gegenstände dieser Theorie, welche in der Folge besondere Bedeutung erlangten, sich herausgebildet haben. Die Aufmerksamkeit soll vor allem auf den von H. MINKOWSKI geschaffenen Begriff des gemischten Volumens konvexer Körper und auf seine Existenz- und Eindeutigkeitssätze für Körper mit gegebener Randstruktur gelenkt werden.

Die Arbeit „Allgemeine Lehrsätze über die konvexen Polyeder" enthält nicht nur MINKOWSKIS Satz, nach dem ein Polyeder durch Inhalt und Stellung seiner Seitenflächen bis auf Verschiebungen eindeutig bestimmt ist, sondern auch die für die Kristallographie bedeutsamen Anwendungen dieses Satzes auf Polyeder, deren Translate den Raum lückenlos überdecken können. Die kleine Abhandlung „Über die Begriffe Länge, Oberfläche und Volumen" bringt MINKOWSKIS Beweis des Satzes, daß die Kugel unter allen konvexen Körpern von gleichem Volumen die kleinste Oberfläche besitzt. Schon hier tritt eine quadratische Ungleichung für gemischte Volumina in Erscheinung. Ausführlich wird die Theorie der gemischten Volumina in der Arbeit „Volumen und Oberfläche" dargelegt. Es wurden insbesondere wesentliche Ungleichungen, denen sie genügen, hergeleitet. H. MINKOWSKI benutzt dabei zumeist die heute weniger übliche Annäherung konvexer Körper durch Körper mit glattem Rand. Neben anderen Anwendungen der Ungleichungen für gemischte Volumina bringt die Arbeit nochmals den Existenz- und Eindeutigkeitssatz für Polyeder und seine Ausdehnung auf konvexe Körper mit vorgegebener Gaußscher Krümmung.

Den Abschluß dieser Auswahl von Arbeiten HERMANN MINKOWSKIS bildet die zuerst in russischer Sprache erschienene Abhandlung „Über die Körper konstanter Breite" – ein Gegenstand, der sich bei Geometern nach wie vor Beliebtheit erfreut.

Den Anmerkungen sind zwei getrennte Literaturverzeichnisse beigefügt, zur Geometrie der Zahlen und zur Geometrie. Aus den angeführten Büchern und Übersichtsartikeln kann der interessierte Leser mehr ins Detail gehende Informationen erhalten, während auf die „zitierte Literatur" im Text direkt Bezug genommen wurde.

Der Handschriftenabteilung der Niedersächsischen Staats- und Universitätsbibliothek, insbesondere Herrn Dr. H. ROHLFING, danken wir für die Bereitstellung von Fotos der auf den Seiten 224–231 abgedruckten Briefe H. MINKOWSKIS an D. HILBERT bzw. A. HURWITZ.

Jena und Magdeburg, Juni 1988

EKKEHARD KRÄTZEL
BERNULF WEISSBACH

Inhalt

Verlag B. G. Teubner, Leipzig.
Blechinger & Leykauf, Wien.
H. Minkowski

GESAMMELTE ABHANDLUNGEN

VON

HERMANN MINKOWSKI

UNTER MITWIRKUNG VON

ANDREAS SPEISER UND **HERMANN WEYL**

HERAUSGEGEBEN VON

DAVID HILBERT

ERSTER BAND

MIT EINEM BILDNIS HERMANN MINKOWSKIS
UND 6 FIGUREN IM TEXT

LEIPZIG UND BERLIN

DRUCK UND VERLAG VON B. G. TEUBNER

1911

XII.

Über Eigenschaften von ganzen Zahlen, die durch räumliche Anschauung erschlossen sind.

(Mathematical Papers read at the international Mathematical Congress held in connection with the world's Columbian Exposition Chicago, 1893, pp. 201—207, und, von R. Laugel ins Französische übersetzt, in den Nouvelles Annales de Mathématiques, 3ᵉ série, t. XV, 1896 unter dem Titel: Sur les propriétés des nombres entiers qui sont dérivées de l'intuition de l'espace.)

In der Zahlentheorie wird, wie in jedem anderen Gebiete der Analysis, häufig die Erfindung mittels geometrischer Überlegungen vor sich gehen, während schließlich vielleicht nur die analytischen Verifikationen mitgeteilt werden. Ich würde deshalb schon an sich nicht in der Lage sein, mein Thema zu erschöpfen; es ist dies auch nicht meine Absicht. Ich will hier ganz allein von demjenigen geometrischen Gebilde sprechen, welches die einfachste Beziehung zu den ganzen Zahlen hat, von dem *Zahlengitter*. Darunter hat man, irgendwelche Parallelkoordinaten x, y, z im Raume vorausgesetzt, den Inbegriff derjenigen Punkte x, y, z zu verstehen, für welche x, wie y, wie z ganze Zahlen sind; der besseren Anschaulichkeit wegen denke man sich unter x, y, z gewöhnliche rechtwinklige Koordinaten.

Eine Figur, die sich als ein Ausschnitt aus dem Zahlengitter darstellt, ist es, die man beim Beweise der Multiplikationsregel $(ab)\,c = a\,(bc)$ heranzuziehen pflegt. Ich würde des weiteren die wichtigen Relationen über größte Ganze zu erwähnen haben, die Dirichlet (Crelles Journal, Bd. 47, *Über ein die Division betreffendes Problem*; Werke, Bd. II) auf geometrischem Wege erhalten hat. Ich will mich jedoch hier auf Fragen beschränken, bei denen der Begriff des Unendlichen hineinspielt, nämlich das *ganze* Gitter, nicht bloß Ausschnitte daraus in Betracht kommen. (Das Folgende gibt in der Hauptsache einiges aus meinem Buche „Geometrie der Zahlen" (1896, bei B. G. Teubner) wieder, wobei ich bemerke, daß dort die Beschränkung auf Systeme aus *drei* ganzen Zahlen nicht statthat.)

I. Der wichtigste Begriff, der mit dem Zahlengitter in Zusammen-

— 8 —

hang steht, ist der des *Volumens* eines Körpers; dieser Begriff bildet dann weiter die Grundlage für den Begriff des dreifachen Integrals. Man nehme jeden Punkt des Zahlengitters zum Mittelpunkt eines Würfels mit Seitenflächen parallel den Koordinatenebenen und von der Kante 1; zu einem Würfel soll stets die Begrenzung miteingerechnet werden. Man erlangt so ein Netz N von Würfeln, welches den Raum lückenlos erfüllt, und die einzelnen Würfel darin sind untereinander in ihren inneren Punkten durchweg verschieden. Nun sei K irgendeine solche Punktmenge, welche sich ganz auf eine endliche Anzahl von Würfeln aus N verteilt. Man dilatiere diese Menge K von einem beliebigen Punkte p im Raume aus in allen Richtungen in einem beliebigen Verhältnisse $\Omega : 1$. Aus K entstehe so K_Ω^p. Sodann sei a_Ω^p die Anzahl aller *der* Würfel aus N, in welchen jeder einzige Punkt sich als ein *innerer* Punkt von K_Ω^p erweist, und es sei u_Ω^p die Anzahl aller Würfel aus N, welche überhaupt *mindestens einen* Punkt von K_Ω^p enthalten. Dann konvergieren nach dem, was C. Jordan (Journal de Mathématiques, 4e série, T. 8, 1892, p. 77) gezeigt hat, immer $\Omega^{-3} \cdot a_\Omega^p$ und $\Omega^{-3} \cdot u_\Omega^p$ für ein unendlich wachsendes Ω, unabhängig von p, je nach einem bestimmten Grenzwerte A und U, dem *inneren* und dem *äußeren* Volumen von K. Man spricht vom *Volumen* von K *schlechthin*, wenn sich $A = U$ herausstellt.

II. Die tieferen Eigenschaften des Zahlengitters nun hängen mit einer Verallgemeinerung des Begriffs der *Länge einer geraden Linie* zusammen, bei der allein der Satz, daß in einem Dreiecke die Summe zweier Seiten niemals kleiner als die dritte ist, erhalten bleibt.

Man denke sich eine Funktion $S(ab)$ von zwei beliebig variablen Punkten a und b zunächst nur mit folgenden Eigenschaften: (1) Es soll $S(ab)$ immer positiv sein, wenn b von a verschieden ist, und Null, wenn b und a identisch sind; (2) sind a, b, c, d vier Punkte und darunter b von a verschieden, und besteht zwischen ihnen eine Beziehung $d - c = t(b - a)$ mit positivem t, so soll immer $S(cd) = tS(ab)$ sein; die genannte Beziehung ist im Sinne des baryzentrischen Kalkuls aufzufassen und bedeutet, daß cd und ab Strecken von gleicher Richtung und mit Längen (im gewöhnlichen Sinne) im Verhältnisse $t : 1$ sind. Zum Unterschiede von der gewöhnlichen Länge möge $S(ab)$ *Strahldistanz von a nach b* heißen.

Es sei o der Nullpunkt; offenbar werden alle Werte $S(ab)$ festgelegt sein, sowie die Menge der Punkte u gegeben ist, für welche $S(ou) \leqq 1$ ist; diese Punktmenge heiße der *Eichkörper* der Strahldistanzen, es wird zu ihm in jeder Richtung von o aus eine Strecke von o aus mit endlicher, nichtverschwindender Länge gehören müssen.

Wenn nun ferner für irgend drei Punkte a, b, c immer

(3) $$S(ac) \leqq S(ab) + S(bc)$$

ist, sollen die Strahldistanzen *einhellig* heißen. Dann besitzt ihr Eichkörper die Eigenschaft, daß mit irgend zwei Punkten u, v in ihm immer die ganze Strecke uv zu diesem Körper gehört, und andererseits ist jeder *nirgends konkave Körper* mit dem Nullpunkt im Inneren Eichkörper für ganz bestimmte einhellige Strahldistanzen.

Mit $E(ab)$ werde die halbe Kante desjenigen Würfels mit Seitenflächen parallel den Koordinatenebenen bezeichnet, der a als Mittelpunkt hat und seine Begrenzung durch b schickt. Die $E(ab)$ sind als die einfachsten einhelligen $S(ab)$ anzusehen. Die vollständige analytische Auflösung der Bedingungen (1), (2), (3) habe ich im ersten Kapitel meiner „Geometrie der Zahlen" gegeben. Es zeigt sich, daß auf Grund von (3) insbesondere immer die Funktion $S(ab)$ eine *stetige* der Koordinaten von a und von b ist, ferner zwei positive Größen g und G vorhanden sind, so daß man

$$gE(ab) \leqq S(ab) \leqq GE(ab)$$

für alle a und b hat, endlich der Eichkörper ein bestimmtes Volumen J besitzt. Die Bedeutung von g und G ist offenbar die, daß der Würfel $E(ou) \leqq \dfrac{1}{G}$ ganz im Eichkörper enthalten ist und letzterer seinerseits ganz im Würfel $E(ou) \leqq \dfrac{1}{g}$.

Wechselseitig sollen die $S(ab)$ heißen, wenn durchweg

(4) $$S(ba) = S(ab)$$

ist. Solches hat dann und nur dann statt, wenn der Eichkörper den Nullpunkt als *Mittelpunkt* hat.

III. Es gibt im Zahlengitter offenbar Punkte r, für die $E(or) = 1$ ist. Irgendwelche *einhellige* $S(ab)$ vorausgesetzt, wird für diese Gitterpunkte r dann $S(or) \leqq G$ sein. Diese letztere Bedingung nun kann überhaupt nur von solchen Punkten r erfüllt werden, für welche $E(or) \leqq \dfrac{G}{g}$ ist, und dieser Bedingung wieder genügen sicher nur eine endliche Anzahl Gitterpunkte. Aus *diesen* Gitterpunkten muß dann notwendig die *kleinste* Strahldistanz M zu ersehen sein, welche von o nach allen anderen Gitterpunkten zusammengenommen existiert und die nun jedenfalls $\leqq G$ ist. Wird sodann für einen beliebigen ersten Gitterpunkt a der Körper $S(au)$ $\leqq \dfrac{1}{2}M$, für einen beliebigen anderen Gitterpunkt c der Körper $S(uc)$ $\leqq \dfrac{1}{2}M$ konstruiert, so sind solche zwei Körper zufolge (3) in ihren inneren Punkten durchweg verschieden. Werden nun die Strahldistanzen auch noch *wechselseitig* vorausgesetzt, so ist der zweite Körper mit $S(cu) \leqq \frac{1}{2} M$ identisch, und stoßen dann also die verschiedenen Körper $S(au) \leqq \frac{1}{2} M$ für die verschiedenen Gitterpunkte a höchstens in den Begrenzungen zusammen.

Nun sei Ω irgendeine positive und gerade ganze Zahl, und man konstruiere die hier bezeichneten Körper für die sämtlichen im Würfel $E(ou) \leqq \frac{\Omega}{2}$ enthaltenen $(\Omega + 1)^3$ Gitterpunkte

$$x,\ y,\ z = 0, \pm 1, \pm 2, \ldots, \pm \frac{\Omega}{2}\,.$$

Aus $S(au) \leqq \frac{1}{2} M \leqq \frac{1}{2} G$ folgt $E(au) \leqq \frac{1}{2} \frac{G}{g}$, und werden deshalb alle diese Körper in dem Würfel $E(ou) \leqq \frac{1}{2}\left(\Omega + \frac{G}{g}\right)$ enthalten sein, dessen Volumen $\left(\Omega + \frac{G}{g}\right)^3$ beträgt. Indem sie nun sämtlich auseinander liegen und je vom Volumen $\left(\frac{M}{2}\right)^3 J$ sind, geht daraus die Ungleichung

$$\left(\Omega + \frac{G}{g}\right)^3 \geqq (\Omega + 1)^3 \left(\frac{M}{2}\right)^3 J$$

hervor; nun stellen M und J bestimmte Größen vor und Ω kann beliebig groß genommen werden, mithin entnimmt man daraus:

$$(5) \qquad\qquad 1 \geqq \left(\frac{M}{2}\right)^3 J,$$

muß es also mindestens einen, von o verschiedenen Gitterpunkt q geben, für den $S(oq) \leqq \dfrac{2}{\sqrt[3]{J}}$ ist.

Das hiermit gewonnene Theorem über die nirgends konkaven Körper mit Mittelpunkt scheint mir zu den fruchtbarsten in der ganzen Zahlentheorie zu gehören. Ich hatte es, durch das Studium der Aufsätze von Dirichlet und von Hermite über quadratische Formen (Crelles Journal, Bd. 40, S. 209 u. S. 261; Dirichlets Werke, Bd. II, S. 27; Oeuvres d'Hermite, T. I, p. 100) angeregt, zunächst für die Ellipsoide gefunden (Crelles Journal, Bd. 107, S. 291; diese Ges. Abhandlungen, Bd. I, S. 255); ein noch größeres Interesse aber bieten die Folgerungen dar, welche dieses Theorem hinsichtlich linearer Formen zuläßt und von denen ich sogleich einige hervorheben werde.

Das Gleichheitszeichen in (5) tritt dann und nur dann ein, wenn die Körper $S(au) \leqq \frac{1}{2} M$ um die einzelnen Gitterpunkte a den Raum *lückenlos* erfüllen. Dazu muß vor allem die vollständige Begrenzung des Eichkörpers durch eine endliche Anzahl von Ebenen, und zwar durch nicht mehr als $2(2^3 - 1)$ Ebenen, gebildet werden; nämlich es muß dann jede ebene Wand von $S(au) \leqq M$ noch exklusive des Randes mindestens einen Gitterpunkt x, y, z enthalten, und können für derartige Gitterpunkte in zwei, nicht in bezug auf o symmetrischen Wänden niemals x, y, z gleiche Reste modulo 2 ergeben, wie auch für keinen dieser Punkte x, y, z $\equiv 0, 0, 0 \pmod 2$ sein können. Das Gleichheitszeichen in (5) tritt beispielsweise niemals für ein Oktaeder ein.

IV. Es seien ξ, η, ζ drei lineare Formen in x, y, z mit einer von Null verschiedenen Determinante D, es seien entweder alle drei reell, oder ξ reell und η, ζ zwei Formen mit konjugiert imaginären Koeffizienten; weiter sei p irgendeine reelle Größe. Der durch

$$(6) \qquad \left(\frac{|\xi|^p + |\eta|^p + |\zeta|^p}{3}\right)^{\frac{1}{p}} \leqq 1$$

definierte Körper K_p stellt dann, sowie $p \geqq 1$ ist, einen nirgends konkaven Körper vor; für das Volumen J_p dieses Körpers findet man:

$$J_p = \frac{2^3}{\lambda_p^3 |D|}, \quad \lambda_p^3 = \frac{3^{-\frac{3}{p}} \Gamma\left(1 + \frac{3}{p}\right)}{\left\{\Gamma\left(1 + \frac{1}{p}\right)\right\}^3} \quad \text{oder} = \frac{2}{\pi} \frac{3^{-\frac{3}{p}} \Gamma\left(1 + \frac{3}{p}\right)}{\Gamma\left(1 + \frac{1}{p}\right) 2^{-\frac{2}{p}} \Gamma\left(1 + \frac{2}{p}\right)};$$

es zeigt sich ferner, daß für einen Körper K_p, wenn p endlich ist, in (5) niemals das Gleichheitszeichen in Betracht kommt. Man gewinnt so den Satz:

Ist $p \geqq 1$, so gibt es immer ganze Zahlen x, y, z, die nicht sämtlich Null sind und für welche man

$$\left(\frac{|\xi|^p + |\eta|^p + |\zeta|^p}{3}\right)^{\frac{1}{p}} < \lambda_p |D|^{\frac{1}{3}}$$

hat.

Hält man x, y, z fest, so nimmt der Ausdruck links in (6), wenn nicht gerade $|\xi| = |\eta| = |\zeta|$ ist, in welchem Falle dieser Ausdruck von p unabhängig sein würde, mit p für alle Werte $p \geqq 0$ kontinuierlich ab (sogar für alle p, wenn keine der Größen $|\xi|, |\eta|, |\zeta|$ Null ist). Es wird danach ein jeder Körper K_p in allen anderen von diesen Körpern mit kleinerem p enthalten sein und also $\frac{1}{J_p}$ und λ_p mit p kontinuierlich zunehmen; für $p = \infty$ konvergiert λ_p^3 nach 1, bzw. $\frac{2}{\pi}$. Für $p = \infty$ geht K_p in das Parallelepipedum $-1 \leqq \xi \leqq 1$, $-1 \leqq \eta \leqq 1$, $-1 \leqq \zeta \leqq 1$ oder den elliptischen Zylinder $-1 \leqq \xi \leqq 1$, $\eta^2 + \zeta^2 \leqq 1$ über; K_1 hingegen stellt ein Oktaeder oder einen Doppelkegel vor. Endlich wird aus der Funktion links in (6) für $p = 0$ das geometrische Mittel $\sqrt[3]{|\xi \eta \zeta|}$, sodaß man den Satz hinzufügen kann:

18*

Es gibt immer ganze Zahlen x, y, z, die nicht sämtlich Null sind und für welche man $|\xi\eta\zeta| < \lambda_1{}^3|D|$, umsomehr also $<|D|$, hat.

Diese Sätze und die analogen für n lineare Formen mit n Variablen lassen insbesondere fundamentale Anwendungen in der Theorie der algebraischen Zahlen zu, beim Beweise der Dirichletschen Sätze über die komplexen Einheiten, der Endlichkeit der Anzahl der Idealklassen, und sie haben zuerst den wichtigen Nachweis ermöglicht, daß in der Diskriminante eines jeden algebraischen Zahlkörpers immer mindestens eine Primzahl aufgeht.

V. Es seien a und b irgend zwei reelle Größen und t eine beliebige Größe > 1. Die Anwendung der Sätze in III. auf das Parallelepipedum

$$-1 \leq x - az \leq 1, \quad -1 \leq y - bz \leq 1, \quad -1 \leq \frac{z}{t} \leq 1$$

führt dazu, daß es immer ganze Zahlen x, y, z gibt, für welche

$$0 < z \leq t^{\frac{2}{3}}, \quad |x - az| < \frac{1}{t^{\frac{1}{3}}}, \quad |y - bz| < \frac{1}{t^{\frac{1}{3}}}$$

ist. Dieses Resultat, jedoch nur für den Fall ganzzahliger Werte von t, hat bereits Kronecker (Berichte der Berliner Akademie, 1884, S. 1073; Werke, Bd. III, 1, S. 36) mittels des scheinbar trivialen, dessen ungeachtet aber äußerst erfolgreichen Prinzips (s. Dirichlet, *Verallgemeinerung eines Satzes aus der Lehre von den Kettenbrüchen*; Werke, Bd. I, S. 636) bewiesen, daß, wenn eine Anzahl von Größensystemen in eine kleinere Anzahl von Bereichen fallen, mindestens zwei Systeme darunter in einen und denselben Bereich zu liegen kommen müssen; es ist dies einer der wenigen Fälle, wo bereits dieses einfachere Prinzip wesentlich gleiche Folgerungen ermöglicht wie das arithmetische Theorem in III.

Die Betrachtung des Oktaeders

$$|x - az| + \left|\frac{z}{t}\right| \leq 1, \quad |y - bz| + \left|\frac{z}{t}\right| \leq 1$$

($t \geq 3$ vorausgesetzt), zeigt die Existenz von ganzen Zahlen x, y, z, für welche die Ausdrücke hier links beide $< \left(\frac{3}{t}\right)^{\frac{1}{3}}$ ausfallen und zugleich $z > 0$ ist, und für solche Zahlen findet man dann noch:

$$\left|\frac{x}{z} - a\right| < \frac{2}{3z^{\frac{3}{2}}}, \quad \left|\frac{y}{z} - b\right| < \frac{2}{3z^{\frac{3}{2}}}.$$

Diese Sätze weisen auf einen Weg, auf dem mit Erfolg die Ergebnisse der Lehre von den Kettenbrüchen zu verallgemeinern sind.

VI. Betrachtet man beliebige einhellige und wechselseitige $S(ab)$, so erscheint 2^3 als kleinste obere Grenze für $M^3 J$. Beschränkt man sich auf solche $S(ab)$, deren Eichkörper aus *einem* gegebenen Körper durch alle möglichen linearen Transformationen hervorgehen, so findet man auch in dieser beschränkten Klasse von Funktionen bereits immer solche, für welche

$$M^3 J > 1 + \frac{1}{2^3} + \frac{1}{3^3} + \frac{1}{4^3} + \cdots$$

ist. Der Nachweis dieses Satzes erfordert eine arithmetische Theorie der kontinuierlichen Gruppe aus allen linearen Transformationen.

Endlich ist zu erwähnen, daß die Ungleichung $M^3 J \leq 2^3$ für die nirgends konkaven Körper mit Mittelpunkt noch eine wesentliche Verallgemeinerung zuläßt, auf die ich indes hier nicht mehr eingehen will.

Bonn, im Juni 1893.

XIV.

Ein Kriterium für die algebraischen Zahlen.

(Nachrichten der K. Gesellschaft der Wissenschaften zu Göttingen.
Mathematisch-physikalische Klasse. 1899. S. 64—88.)

(Vorgelegt in der Sitzung vom 11. Februar 1899 von D. Hilbert.)

Im Jahre 1770 hat Lagrange*) gezeigt, daß die Entwicklung einer reellen irrationalen Größe in einen gewöhnlichen Kettenbruch immer dann und nur dann periodisch ausfällt, wenn die Größe Wurzel einer quadratischen Gleichung mit rationalen Koeffizienten ist. Dieser Satz gibt offenbar ein vollständiges Mittel zur Unterscheidung der reellen algebraischen Zahlen zweiten Grades von allen anderen Größen. Seit jener Entdeckung von Lagrange durfte man vermuten, daß ein allgemeinerer Satz existiere, der ein vollständiges Kriterium für die reellen (oder komplexen) algebraischen Zahlen beliebigen n^{ten} Grades gibt und der für $n = 2$ und reelle Zahlen eben auf jenen Satz von Lagrange hinauskommt. Eine solche Verallgemeinerung wird zum ersten Male**) im folgenden dargelegt.

§ 1. Arithmetische Hilfssätze.

1. Ich beginne mit der Ableitung einiger Hilfssätze, auf welche sich die späteren Beweisführungen gründen werden.

Es seien $\xi_1, \ldots, \xi_\nu$ eine Reihe linearer homogener Formen mit den n reellen Variablen $x_1, \ldots, x_n$ und mit irgendwelchen reellen oder komplexen Koeffizienten; nur soll das System der Gleichungen $\xi_1 = 0, \ldots, \xi_\nu = 0$ bloß durch das *eine reelle* Wertsystem $x_1 = 0, \ldots, x_n = 0$ befriedigt werden können.

Der größte unter den absoluten Beträgen von $x_1, \ldots, x_n$ vorkommende Betrag soll mit $\max |x_k|$ bezeichnet werden. Setzt man für $x_1, \ldots, x_n$ irgendwelche reellen Werte, so soll der größte unter den absoluten Be-

---

*) Abhandlungen der Akademie zu Berlin, Bd. XXIV, 1770; Werke, Bd. II, S. 603 ff.

**) Über bisherige Versuche in dieser Richtung s. P. Bachmann, Vorlesungen über die Natur der Irrationalzahlen, 1892, Vorl. II und Vorl. X.

- 15 -

trägen von $\xi_1, \ldots, \xi_\nu$ vorkommende Betrag mit $\max |\xi_\varkappa(x_1, \ldots, x_n)|$ und zugleich mit $f(x_1, \ldots, x_n)$ bezeichnet werden.

Man hat dann

$$(1) \qquad\qquad f(-x_1, \ldots, -x_n) = f(x_1, \ldots, x_n),$$

$$(2) \qquad\qquad f(tx_1, \ldots, tx_n) = tf(x_1, \ldots, x_n), \text{ wenn } t > 0 \text{ ist.}$$

Die Funktion $f(x_1, \ldots, x_n)$ ist eine stetige der Argumente $x_1, \ldots, x_n$ und hat daher in dem durch $\max |x_k| = 1$ definierten *abgeschlossenen* Bereiche (d. i. auf der *Begrenzung* des durch $-1 \leqq x_1 \leqq 1, \ldots, -1 \leqq x_n \leqq 1$ definierten Würfels) ein bestimmtes Minimum g, das wegen der an die $\xi_1, \ldots, \xi_\nu$ oben gestellten Anforderung gewiß > 0 ist, und ein bestimmtes Maximum G. Sodann ist wegen (2) stets

$$(3) \qquad\qquad g \max |x_k| \leqq f(x_1, \ldots, x_n) \leqq G \max |x_k|.$$

Endlich hat man, wenn $a_1, \ldots, a_n$ und $b_1, \ldots, b_n$ zwei reelle Systeme sind, stets

$$(4) \qquad f(a_1 + b_1, \ldots, a_n + b_n) \leqq f(a_1, \ldots, a_n) + f(b_1, \ldots, b_n).$$

Denn für jede einzelne der linearen Formen ξ_ι gilt

$$|\xi_\iota(a_1 + b_1, \ldots, a_n + b_n)| \leqq |\xi_\iota(a_1, \ldots, a_n)| + |\xi_\iota(b_1, \ldots, b_n)|$$

$$\leqq \max |\xi_\varkappa(a_1, \ldots, a_n)| + \max |\xi_\varkappa(b_1, \ldots, b_n)|$$

und daher auch

$$\max |\xi_\varkappa(a_1 + b_1, \ldots, a_n + b_n)| \leqq \max |\xi_\varkappa(a_1, \ldots, a_n)| + \max |\xi_\varkappa(b_1, \ldots, b_n)|.$$

Hat man $f(a_1, \ldots, a_n) \leqq 1$ und $f(b_1, \ldots, b_n) \leqq 1$ und ist $0 < t < 1$, so folgt nach den Regeln (4) und (2)

$$(5) \quad f((1-t)a_1 + tb_1, \ldots, (1-t)a_n + tb_n) \leqq (1-t)f(a_1, \ldots, a_n) + tf(b_1, \ldots, b_n) \leqq 1.$$

Nach den Eigenschaften (5) und (1) ist der durch $f(x_1, \ldots, x_n) \leqq 1$ definierte Bereich K in der Mannigfaltigkeit der $x_1, \ldots, x_n$ ein *nirgends konkaver Körper* und hat das System $x_1 = 0, \ldots, x_n = 0$ (den Nullpunkt) als *Mittelpunkt*. Der Bereich K liegt wegen (3) ganz im Würfel $\max |x_k| \leqq \frac{1}{g}$ eingeschlossen und enthält in sich den Würfel $\max |x_k| \leqq \frac{1}{G}$. Das n-fache Integral $\int dx_1 \ldots dx_n$, über den Bereich K erstreckt, (das Volumen von K) hat einen bestimmten positiven endlichen Wert J.*)

2. Der Inbegriff aller Systeme $x_1, \ldots, x_n$, bei welchen sowohl x_1, wie $x_2, \ldots$, wie x_n ganze Zahlen sind, soll das *Zahlengitter*, die einzelnen Systeme daraus sollen *Gitterpunkte* heißen.

---

*) Man kann die Zahl ν oben auch unbegrenzt wachsen lassen, wenn man die Bedingung hinzufügt, daß in allen Formen ξ_ι die Beträge der Koeffizienten unter einer Grenze bleiben, und kommt dadurch zu dem Begriffe eines beliebigen nirgends konkaven Körpers mit dem Nullpunkt als Mittelpunkt. Alle im § 1 abgeleiteten Sätze gelten unverändert für jeden solchen Körper.

Eine Reihe von Systemen $x_1 = p_1^{(h)}, \ldots, x_n = p_n^{(h)}$ ($h = 1, \ldots, m$ und $m \leq n$) soll *unabhängig* heißen, wenn in der aus ihnen zu bildenden Matrix $\|p_k^{(h)}\|$ nicht jede m-reihige Determinante Null ist.

Es seien $p_1^{(h)}, \ldots, p_n^{(h)}$ für $h = 1, \ldots, n$ irgend n unabhängige Gitterpunkte, also die Substitution P:

$$(6) \qquad x_k = p_k^{(1)} z_1 + \cdots + p_k^{(n)} z_n \qquad (k = 1, \ldots, n)$$

eine ganzzahlige mit von Null verschiedener Determinante. Dann gibt es bekanntlich eine ganzzahlige Substitution A mit einer Determinante $= \pm 1$:

$$(7) \qquad x_k = a_k^{(1)} y_1 + \cdots + a_k^{(n)} y_n \qquad (k = 1, \ldots, n)$$

so daß die Formeln $P^{-1} A$ werden:

$$(8) \qquad z_1 = \gamma_1^{(1)} y_1 + \cdots + \gamma_1^{(n)} y_n, \ldots, z_n = \gamma_n^{(n)} y_n \quad (\gamma_h^{(k)} = 0, h > k)$$

und dabei ferner die Ungleichungen erfüllt sind:

$$(9) \qquad 0 < \gamma_h^{(h)} \leq 1, \qquad 0 \leq \gamma_h^{(k)} < \gamma_h^{(h)} (h < k).$$

In der Tat, unter allen Gitterpunkten, deren Koordinaten von der Form $x_k = \gamma_1 p_k^{(1)}$ mit $0 < \gamma_1 \leq 1$ ($k = 1, \ldots, n$) sind, wird es einen geben, für den γ_1 am kleinsten ist; es sei für ihn $\gamma_1 = \gamma_1^{(1)}$, $x_k = a_k^{(1)}$. Dann kann man unter allen Gitterpunkten mit Koordinaten von der Form $x_k = \gamma_1 p_k^{(1)} + \gamma_2 p_k^{(2)}$ ($k = 1, \ldots, n$) und den Umständen $0 \leq \gamma_1 < \gamma_1^{(1)}$, $0 < \gamma_2 \leq 1$ einen finden, für den γ_2 so klein als möglich ist; es sei für ihn $\gamma_2 = \gamma_2^{(2)}$, $\gamma_1 = \gamma_1^{(2)}$, $x_k = a_k^{(2)}$, usf. Zuletzt kann man unter den Gitterpunkten mit Koordinaten von der Form $x_k = \gamma_1 p_k^{(1)} + \cdots + \gamma_n p_k^{(n)}$ und $0 \leq \gamma_1^{(1)}, \ldots, 0 \leq \gamma_{n-1} < \gamma_{n-1}^{(n-1)}$, $0 < \gamma_n \leq 1$ einen finden, für den γ_n möglichst klein ist; für ihn sei $\gamma_n = \gamma_n^{(n)}, \ldots, \gamma_1 = \gamma_1^{(n)}$, $x_k = a_k^{(n)}$.

Nunmehr wird man, wenn x_k ($k = 1, \ldots, n$) ein beliebiger Gitterpunkt ist, sukzessive $y_n, y_{n-1}, \ldots, y_1$ als ganze Zahlen so bestimmen können, daß in der Umformung

$$x_k - (y_n a_k^{(n)} + y_{n-1} a_k^{(n-1)} + \cdots + y_1 a_k^{(1)}) = \gamma_n p_k^{(n)} + \gamma_{n-1} p_k^{(n-1)} + \cdots + \gamma_1 p_k^{(1)}$$
$$(k = 1, \ldots, n)$$

sich $0 \leq \gamma_n < \gamma_n^{(n)}$, $0 \leq \gamma_{n-1} < \gamma_{n-1}^{(n-1)}, \ldots, 0 \leq \gamma < \gamma_1^{(1)}$ ergibt. Dann muß, da die linken Seiten jedenfalls Koordinaten eines Gitterpunktes sind, nach der Bedeutung von $\gamma_n^{(n)}, \ldots, \gamma_1^{(1)}$ hier notwendig $\gamma_n = 0, \gamma_{n-1} = 0, \ldots, \gamma_1 = 0$ sein; es folgen also die Relationen von der Form (7), woraus nach den Ausdrücken der $a_k^{(h)}$ weiter die Formeln (8) hervorgehen. Zu jedem Systeme von ganzen Zahlen $x_1, \ldots, x_n$ gehören so vermöge (7) bestimmte ganzzahlige Werte $y_1, \ldots, y_n$. Es müssen also in der Auflösung von (7):

$$(10) \qquad y_h = b_h^{(1)} x_1 + \cdots + b_h^{(n)} x_n \qquad (h = 1, \ldots, n),$$

wie die Einführung der n Systeme $x_j = 1$, $x_k = 0$ $(k \neq j)$ für $j = 1, \ldots, n$ zeigt, alle Koeffizienten $b_h^{(j)}$ ganze Zahlen sein. Somit ist auch ihre Determinante $|b_h^{(j)}|$ eine ganze Zahl, und da dieselbe der reziproke Wert der ebenfalls ganzzahligen Determinante $|a_k^{(h)}|$ ist, so folgt notwendig, daß diese: $|a_k^{(h)}| = \pm 1$ ist.

3. Betrachten wir wieder die in 1. definierte Funktion $f = f(x_1, \ldots, x_n)$. Es gibt wegen (3) nur eine endliche Anzahl von Gitterpunkten, für welche f eine gegebene Größe nicht überschreitet. Andererseits gilt nach (3) $f \leq G$ jedenfalls bei den n *unabhängigen* Systemen $x_j = 1$, $x_k = 0$ $(k \neq j)$ für $j = 1, \ldots, n$. Man bestimme nun unter allen *vom Nullpunkte verschiedenen* Gitterpunkten, bei welchen $f \leq G$ ist, einen ersten Gitterpunkt $p_1^{(1)}, \ldots, p_n^{(1)}$, so daß $f(p_1^{(1)}, \ldots, p_n^{(1)}) = F_1$ möglichst klein ist, sodann einen zweiten, *von diesem ersten unabhängigen* Gitterpunkt $p_1^{(2)}, \ldots, p_n^{(2)}$, so daß $f(p_1^{(2)}, \ldots, p_n^{(2)}) = F_2$ möglichst klein ist, usf. bis zu einem n^{ten} Gitterpunkt $p_1^{(n)}, \ldots, p_n^{(n)}$, so daß schließlich die *Determinante* $|p_k^{(h)}| \neq 0$ ist und für diesen letzten $f(p_1^{(n)}, \ldots, p_n^{(n)}) = F_n$ möglichst klein ausfällt. Bei jedem einzelnen der zu wählenden Gitterpunkte hat man jedenfalls die Auswahl zwischen einem Paare entgegengesetzter Systeme $(p_1, \ldots, p_n$ und $- p_1, \ldots, - p_n)$, unter Umständen aber zwischen einer gewissen Anzahl solcher Paare; trotz der dabei zugelassenen Willkür aber ist das System der n Werte $F_1, F_2, \ldots, F_n$ von vornherein ein völlig bestimmtes.

In der Tat, jedenfalls ist

$$(11) \qquad\qquad F_1 \leq F_2 \leq \cdots \leq F_n.$$

Wir denken uns nun für die n Gitterpunkte $p_1^{(h)}, \ldots, p_n^{(h)}$ $(h = 1, \ldots, n)$, an welche die Betrachtungen in 2. anknüpften, die hier ausgewählten n Gitterpunkte gesetzt und können alsdann sämtliche dort eingeführten Bezeichnungen hier übernehmen. Vermöge der Substitution A entsprechen sich genau die Gitterpunkte $x_1, \ldots, x_n$ und die ganzzahligen Systeme $y_1, \ldots, y_n$. Nach der Bedeutung der Werte F_j hat man für einen Gitterpunkt, bei dem $z_j, z_{j+1}, \ldots, z_n$ nicht sämtlich Null sind oder also $y_j, y_{j+1}, \ldots, y_n$ nicht sämtlich Null sind, stets $f(x_1, \ldots, x_n) \geq F_j$. Hat man nun irgend n unabhängige Gitterpunkte $x_1^{(h)}, \ldots, x_n^{(h)}$ für $h = 1, \ldots, n$, so daß also die Determinante $|x_k^{(h)}| \neq 0$ ist, und entsprechen ihnen vermöge der Substitution (7) die Systeme $y_1^{(h)}, \ldots, y_n^{(h)}$, so ist auch die Determinante $|y_k^{(h)}| \neq 0$; es können daher, wenn j einen der Werte $1, \ldots, n$ bedeutet, nicht bei j oder gar mehr der Punkte alle $n - j + 1$ Größen $y_j, y_{j+1}, \ldots, y_n$ gleich Null sein, es sind also stets für mindestens $n - j + 1$ der Punkte die Werte $f(x_1, \ldots, x_n) \geq F_j$. Ordnet man also die n Werte $f(x_1^{(h)}, \ldots, x_n^{(h)})$ der Größe nach in die Reihe $F_1^*, \ldots, F_n^*$, so ist stets

$F_j^* \geqq F_j$ $(j = 1, \ldots, n)$, [also auch $\prod\limits_{h=1}^{n} f(x_1^{(h)}, \ldots, x_n^{(h)}) \geqq F_1 \ldots F_n$, wobei das Gleichheitszeichen nur statthat, wenn die n Werte $f(x_1^{(h)}, \ldots, x_n^{(h)})$ abgesehen von der Reihenfolge mit $F_1, \ldots, F_n$ zusammenfallen]. Danach sind die Werte $F_1, \ldots, F_n$ vollkommen bestimmt als das kleinste mögliche System von n Werten der Funktion $f(x_1, \ldots, x_n)$ für n unabhängige Gitterpunkte.

In dem fünften Kapitel meines Buches „Geometrie der Zahlen" (I. Heft, Leipzig, 1896) nun habe ich nachgewiesen, daß stets die Ungleichung

$$F_1 \ldots F_n J \leqq 2^n$$

gilt, wo J das Volumen des Bereichs $f(x_1, \ldots, x_n) \leqq 1$ ist. Der Beweis dieser Ungleichung erfordert mancherlei Ausführungen. Für die im folgenden beabsichtigten Folgerungen kommt es jedoch nur darauf an, daß sich für $F_1 \ldots F_n J$ überhaupt irgendeine, nur von n und nicht weiter von der Funktion $f(x_1, \ldots, x_n)$ abhängende obere Grenze angeben läßt. Durch wesentlich einfachere Überlegungen als a. a. O. läßt sich nun folgendes nachweisen.

Hilfssatz I. *Es gilt für den nirgends konkaven Bereich $f(x_1, \ldots, x_n) \leqq 1$ die Ungleichung:*

(12) $$F_1 \ldots F_n J \leqq n! \, 2^n.$$

4. Um den Beweis dieser Ungleichung anzubahnen, ermitteln wir zunächst zu den einmal gewählten n Gitterpunkten $p_1^{(h)}, \ldots, p_n^{(h)}$ für $h = 1, \ldots, n$ die Substitution (7) und führen damit gewisse neue Variablen $y_1, \ldots, y_n$ ein. Es sei K der Körper $f(x_1, \ldots, x_n) \leqq 1$, und wir wollen für $j = 1, \ldots, n$ unter K_j^+ bzw. K_j^- das Gebiet aus K verstehen, für das $y_j \geqq 0$, bzw. $y_j \leqq 0$ und zudem, (wenn $j < n$ ist), $y_{j+1} = 0, \ldots, y_n = 0$ ist; die Vereinigung von K_j^+ und K_j^- heiße K_j; der Bereich K_n wird nichts anderes als K selbst.

Es sei $y_1 = \delta_1^{(1)}, y_2 = 0, \ldots, y_n = 0$ der Punkt (das System $y_1, \ldots, y_n$) aus K_1^+, für den y_1 am größten ist, sodann $y_1 = \delta_1^{(2)}, y_2 = \delta_2^{(2)}, y_3 = 0, \ldots, y_n = 0$ ein solcher Punkt aus K_2^+, für den y_2 möglichst groß ist, usf., schließlich $y_1 = \delta_1^{(n)}, y_2 = \delta_2^{(n)}, \ldots, y_n = \delta_n^{(n)}$ ein solcher Punkt aus K_n^+, für den y_n möglichst groß ist. Dabei sind natürlich $\delta_1^{(1)}, \delta_2^{(2)}, \ldots, \delta_n^{(n)}$ positiv. Diese Systeme mögen auch kurz die Punkte $\mathfrak{d}_1, \mathfrak{d}_2, \ldots, \mathfrak{d}_n$ und die ihnen entgegengesetzten Systeme die Punkte $-\mathfrak{d}_1, -\mathfrak{d}_2, \ldots, -\mathfrak{d}_n$ heißen.

Wir führen nun die Substitution ein:

(13) $$y_1 = \delta_1^{(1)} v_1 + \cdots + \delta_1^{(n)} v_n, \ldots, y_n = \delta_n^{(n)} v_n \quad (\delta_h^{(k)} = 0, \ h > k),$$

und wir setzen ihre Determinante $\delta_1^{(1)} \delta_2^{(2)} \ldots \delta_n^{(n)} = \Delta$. Für den Punkt $\mathfrak{d}_j$

hat man dann $v_j = 1$, $v_k = 0$ $(k \neq j)$; als ein Körper, der den Nullpunkt zum Mittelpunkt hat, enthält K mit $\mathfrak{d}_j$ jedesmal auch den Punkt $-\mathfrak{d}_j$, d. i. $v_j = -1$, $v_k = 0$ $(k \neq j)$, und mit diesen $2n$ Systemen $\pm \mathfrak{d}_1, \ldots, \pm \mathfrak{d}_n$ enthält K als ein nirgends konkaver Körper (wegen (5)) sogleich den ganzen durch

$$(14) \qquad |v_1| + |v_2| + \cdots + |v_n| \leqq 1$$

definierten Bereich. (Für $n = 3$ stellt dieser Bereich ein Oktaeder vor.)

Es läßt sich nun ein zweiter einfacher Bereich (ein Parallelepipedum) angeben, welcher seinerseits ganz den Körper K in sich enthält. Es habe j einen der Werte $1, \ldots, n - 1$. Wir suchen einen Ausdruck $\varphi = v_j + \varepsilon^{(j+1)} v_{j+1} + \cdots + \varepsilon^{(n)} v_n$ mit geeigneten Konstanten $\varepsilon^{(j+1)}, \ldots, \varepsilon^{(n)}$ herzustellen, so daß in K durchweg $\varphi \leqq 1$ ist.

Zunächst gilt in K_j: $v_j \leqq 1$. Wir bilden nun $\varphi = v_j + \varepsilon v_{j+1}$ mit irgendeiner Konstante ε. In K_j ist $v_{j+1} = 0$, $v_j \leqq 1$, also $\varphi \leqq 1$. Sowie $\varepsilon \leqq -1$ ist, hat man für den Punkt $-\mathfrak{d}_{j+1}$, für den $v_{j+1} = -1$, $v_j = 0$ ist, $\varphi \geqq 1$; dann muß in K_{j+1}^+ *durchweg* $\varphi \leqq 1$ sein. Denn hätte man $\varphi > 1$ für irgendeinen Punkt in K_{j+1}^+, so würde die Strecke von diesem Punkte nach $-\mathfrak{d}_{j+1}$ das Gebiet K_j in einem Punkte treffen, für den ebenfalls $\varphi > 1$ wäre. Sowie andererseits $\varepsilon > 1$ ist, hat man in K_{j+1}^+ für den Punkt $\mathfrak{d}_{j+1}$ jedenfalls $\varphi > 1$. Danach ist das *Maximum* des Ausdrucks $\varphi = v_j + \varepsilon v_{j+1}$ für ein gegebenes ε im Bereiche K_{j+1}^+ sicher > 1, wenn $\varepsilon > 1$ ist, und sicher $\leqq 1$, wenn $\varepsilon \leqq -1$ ist. Dieses Maximum aber ist offenbar eine Funktion von ε, die sich mit ε stetig ändert, und wird es daher einen bestimmten *größten* Wert $\varepsilon = \varepsilon_j^{(j+1)}$ geben, im Intervalle $-1 \leqq \varepsilon \leqq 1$ gelegen, für den dieses Maximum noch $\leqq 1$, d. h. für den in K_{j+1}^+ noch durchweg $\varphi \leqq 1$ ist. Dann ist für jeden Wert ε, der $> \varepsilon_j^{(j+1)}$ ist, in K_{j+1}^+ notwendig irgendwo auch $\varphi > 1$ und daher, weil in K_j überall $\varphi \leqq 1$ sein muß, in K_{j+1}^- notwendig überall $\varphi \leqq 1$; letzteres muß dann auch noch für den Grenzwert $\varepsilon = \varepsilon_j^{(j+1)}$ gelten, und also ist für diesen Wert im ganzen Bereich K_{j+1} stets $\varphi \leqq 1$.

Falls auch noch $j + 1 < n$ ist, betrachten wir den neuen Ausdruck $\varphi = v_j + \varepsilon_j^{(j+1)} v_{j+1} + \varepsilon v_{j+2}$ mit irgendeiner Konstante ε. In K_{j+1} ist $v_{j+2} = 0$ und also stets $\varphi \leqq 1$. Für ein $\varepsilon \leqq -1$ und den Punkt $-\mathfrak{d}_{j+2}$ in K_{j+2}^- ist $\varphi \geqq 1$ und daher in K_{j+2}^+ notwendig überall $\varphi \leqq 1$. Dagegen ist für ein $\varepsilon > 1$ in K_{j+2}^+ insbesondere $\varphi > 1$ für den Punkt $\mathfrak{d}_{j+2}$. Nunmehr wird es einen bestimmten *größten* Wert $\varepsilon = \varepsilon_j^{(j+2)}$ geben, im Intervalle $-1 \leqq \varepsilon \leqq 1$ gelegen, für den in K_{j+2}^+ noch überall $\varphi \leqq 1$ ist. Dann ist für jeden Wert $\varepsilon > \varepsilon_j^{(j+2)}$ in K_{j+2}^+ irgendwo $\varphi > 1$ und daher in K_{j+2}^- überall $\varphi \leqq 1$, und dieses letztere muß schließlich auch für den Grenzwert $\varepsilon = \varepsilon_j^{(j+2)}$ gelten. Mithin ist $\varphi = v_j + \varepsilon_j^{(j+1)} v_{j+1} + \varepsilon_j^{(j+2)} v_{j+2}$ in K_{j+2} durchweg $\leqq 1$.

Es ist nun klar, wie man fortzuschreiten hat, wenn noch $j + 2 < n$ ist, und daß man schließlich zu einem Ausdrucke

$$\varphi_j = v_j + \varepsilon_j^{(j+1)} v_{j+1} + \cdots + \varepsilon_j^{(n)} v_n$$

mit bestimmten Koeffizienten $\varepsilon_j^{(j+1)}, \ldots, \varepsilon_j^{(n)}$ kommen wird von solcher Art, daß in K_n, d. i. in K überall $\varphi_j \leq 1$ ist. Weil K ein Körper mit dem Nullpunkt als Mittelpunkt ist, nimmt $-\varphi_j$ in K dieselbe Wertmenge an wie φ_j, und also ist dann in K auch $-\varphi_j \leq 1$, d. h. $\varphi_j \geq -1$.

Endlich hat man noch für $\varphi_n = v_n$ in K stets $\pm \varphi_n \leq 1$.

Man kann auf solche Weise n Formen herstellen:

$$(15) \qquad \varphi_1 = v_1 + \varepsilon_1^{(2)} v_2 + \cdots + \varepsilon_1^{(n)} v_n, \quad \varphi_2 = v_2 + \cdots + \varepsilon_2^{(n)} v_n, \ldots, \varphi_n = v_n,$$

so daß K ganz in dem Bereiche

$$(16) \qquad -1 \leq \varphi_1 \leq 1, \qquad -1 \leq \varphi_2 \leq 1, \ldots, -1 \leq \varphi_n \leq 1$$

enthalten ist.

Nun ist über diesen Bereich ausgedehnt das Integral $\int dx_1 \ldots dx_n$ $= \int dy_1 \ldots dy_n = \Delta \cdot \int dv_1 \ldots dv_n = \Delta \cdot \int d\varphi_1 \ldots d\varphi_n = 2^n \Delta$, wo Δ die Determinante der Gleichungen (13) bedeutet, und also folgt, weil K in diesem Bereiche enthalten ist:

$$(17) \qquad J \leq 2^n \Delta.$$

Andererseits ist für den Bereich (14) das Volumen $\int dx_1 \ldots dx_n$ $= \Delta \cdot \int dv_1 \ldots dv_n = \frac{2^n}{n!} \Delta$ und hat man, weil dieser Bereich (14) ganz in K enthalten ist,

$$(18) \qquad \frac{2^n}{n!} \Delta \leq J.$$

5. Weil der Bereich (14) in K enthalten ist, hat man auf der Begrenzung von K, d. h. wenn $f(x_1, \ldots, x_n) = 1$ ist, $|v_1| + \cdots + |v_n| \geq 1$ $= f(x_1, \ldots, x_n)$. Wegen (2) und der entsprechenden Regel für den Ausdruck $|v_1| + \cdots + |v_n|$ gilt dann allgemein für jedes beliebige System $x_1, \ldots, x_n$:

$$(19) \qquad |v_1| + \cdots + |v_n| \geq f(x_1, \ldots, x_n).$$

Wir bilden für ein beliebiges System $x_1, \ldots, x_n$ unter Benutzung der Substitutionen (7) und (13) den Ausdruck

$$(20) \qquad \left| \frac{v_1}{F_1} \right| + \cdots + \left| \frac{v_n}{F_n} \right| = \psi(x_1, \ldots, x_n).$$

Ist $x_1, \ldots, x_n$ ein vom Nullpunkte verschiedener Gitterpunkt und für ihn unter seinen Zahlen $y_1, \ldots, y_n$ etwa y_j die letzte von Null verschiedene, so ist nach der Bedeutung der Werte $F_1, \ldots, F_n$ für ihn $f(x_1, \ldots, x_n) \geq F_j$; alsdann folgt aus (19), indem, wenn $j < n$ ist, für ihn $v_{j+1}, \ldots, v_n$ Null sind, $|v_1| + \cdots + |v_j| \geq F_j$, und mit Rücksicht auf (11) weiter

$$\psi(x_1, \ldots, x_n) = \left| \frac{v_1}{F_1} \right| + \cdots + \left| \frac{v_j}{F_j} \right| \geq \frac{|v_1| + \cdots + |v_j|}{F_j} \geq 1.$$

Danach kann sich für keinen einzigen Gitterpunkt außer dem Nullpunkte $\psi(x_1, \ldots, x_n) < 1$ herausstellen. Der durch

$$(21) \qquad\qquad \psi(x_1, \ldots, x_n) \leqq 1$$

definierte nirgends konkave Bereich (für $n = 3$ ein Oktaeder) enthält also außer dem Nullpunkte keinen Gitterpunkt im *Inneren* (d. h. die Begrenzung ausgenommen). Das Integral $\int dx_1 \ldots dx_n$ über diesen Bereich ist $= F_1 \ldots F_n \cdot \dfrac{2^n \Delta}{n!}$.

Sind $x_1 = 2r_1, \ldots, x_n = 2r_n$ und $x_1 = 2s_1, \ldots, x_n = 2s_n$ irgend zwei verschiedene Systeme von je n *geraden* ganzen Zahlen, so können daher die zwei ihnen entsprechenden Bereiche

$$\psi(x_1 - 2r_1, \ldots, x_n - 2r_n) \leqq 1, \qquad \psi(x_1 - 2s_1, \ldots, x_n - 2s_n) \leqq 1$$

niemals einen inneren Punkt gemein haben. Denn da man analog zu (4) und (1)

$$2\psi(s_1 - r_1, \ldots, s_n - r_n) \leqq \psi(x_1 - 2r_1, \ldots, x_n - 2r_n) + \psi(2s_1 - x_1, \ldots, 2s_n - x_n)$$
$$\psi(2s_1 - x_1, \ldots, 2s_n - x_n) = \psi(x_1 - 2s_1, \ldots, x_n - 2s_n)$$

hat, würde in solchem Falle $2\psi(s_1 - r_1, \ldots, s_n - r_n) < 2$ hervorgehen, läge also der vom Nullpunkte verschiedene Gitterpunkt $s_1 - r_1, \ldots, s_n - r_n$ im Inneren des Bereiches (21).

Man hat im Bereiche (21) stets $|v_j| \leqq F_j \leqq G$, sodann, wenn δ den größten Betrag unter den Beträgen der $\delta_h^{(j)}$ in (13) ist, $|y_h| \leqq n\delta G$, und wenn a den größten Betrag unter den Beträgen der $a_k^{(h)}$ in (7) ist, weiter $|x_k| < n^2 a\delta G$, welche Grenze d heiße. In $\psi(x_1 - 2r_1, \ldots, x_n - 2r_n) \leqq 1$ gilt dann, wenn r der größte Betrag unter denen von $r_1, \ldots, r_n$ ist, $|x_k - 2r_k| \leqq d$, $|x_k| \leqq 2r + d$.

Nun sei Ω irgendeine positive ganze Zahl und man betrachte alle diejenigen Gitterpunkte mit geraden Koordinaten $2r_1, \ldots, 2r_n$, für welche jede der Größen r_k einen der Werte $0, \pm 1, \ldots, \pm \Omega$ hat. Von den zugehörigen Bereichen $\psi(x_1 - 2r_1, \ldots, x_n - 2r_n) \leqq 1$ haben keine zwei einen inneren Punkt gemein. Sie liegen alle im Würfel

$$-(2\Omega + d) \leqq x_k \leqq (2\Omega + d) \qquad\qquad (k = 1, \ldots, n)$$

eingeschlossen. Die Anzahl dieser Bereiche ist $(2\Omega + 1)^n$ und jeder hat dasselbe Volumen wie der Bereich (21). Danach folgt

$$(22) \qquad\qquad (2\Omega + 1)^n \cdot F_1 \ldots F_n \frac{2^n}{n!} \Delta \leqq (4\Omega + 2d)^n.$$

Läßt man hierin die ganze Zahl Ω unbegrenzt wachsen, so geht

$$(23) \qquad\qquad F_1 \ldots F_n \frac{2^n}{n!} \Delta \leqq 2^n$$

hervor, d. h. das Volumen des Bereichs (21) muß $\leq 2^n$ sein. Vermittels (17) folgt daraus in der Tat der zu erweisende Hilfssatz I.

6. Ferner ist von Interesse:

Hilfssatz II. *Die Determinante* $|p_k^{(h)}|$ *für* n *unabhängige Gitterpunkte* $p_1^{(h)}, \ldots, p_n^{(h)}$ $(h = 1, \ldots, n)$, *welche* $f(p_1^{(h)}, \ldots, p_n^{(h)}) = F_h$ *ergeben, ist stets dem Betrage nach* $\leq n!$.

Nämlich auch der durch

$$(24) \qquad\qquad |z_1| + \cdots + |z_n| \leq 1$$

definierte Bereich enthält keinen Gitterpunkt außer dem Nullpunkte im Inneren. Denn ist $x_1, \ldots, x_n$ ein vom Nullpunkte verschiedener Punkt im *Inneren* dieses Bereichs und von den Größen $z_1, \ldots, z_n$ für ihn z_j die letzte von Null verschiedene, so folgt aus (6) vermöge (4), (1), (2)

$$f(x_1, \ldots, x_n) \leq |z_1| f(p_1^{(1)}, \ldots, p_n^{(1)}) + \cdots + |z_j| f(p_1^{(j)}, \ldots, p_n^{(j)})$$
$$\leq (|z_1| + \cdots + |z_j|) F_j < F_j;$$

nun ist auch unter den Größen $y_1, \ldots, y_n$ für ihn y_j die letzte von Null verschiedene und kann hiernach der Punkt kein Gitterpunkt sein. Auf Grund derselben Überlegungen wie vorhin für den analogen Bereich (21) folgt nunmehr, daß auch das Volumen von (24) sicher $\leq 2^n$ ist. Dieses Volumen ist gleich $\frac{2^n}{n!}$, multipliziert in den Betrag der Determinante $|p_k^{(h)}|$; mithin ist dieser Betrag $\leq n!$.

Das gleiche Resultat ergibt sich bereits in folgender Weise. Der Betrag der Determinante $|p_k^{(h)}|$ ist nach (6), (7), (8) gleich dem reziproken Wert des Produktes $\gamma_1^{(1)} \ldots \gamma_n^{(n)}$. Für den Gitterpunkt $p_1^{(h)}, \ldots, p_n^{(h)}$ ist $z_h = 1$, $z_k = 0$ $(k \neq h)$, also $y_h = \frac{1}{\gamma_h^{(h)}}$, $y_k = 0$ $(k > h)$. Da nun dieser Punkt zum Bereiche $f\left(\frac{x_1}{F_h}, \ldots, \frac{x_n}{F_h}\right) \leq 1$ gehört, muß für ihn nach der Bedeutung der Größen $\delta_h^{(h)}$ in 4. sich $\frac{y_h}{F_h} \leq \delta_h^{(h)}$ erweisen. Also ist $\frac{1}{\gamma_h^{(h)}} \leq F_h \delta_h^{(h)}$, mithin $\frac{1}{\gamma_1^{(1)} \ldots \gamma_n^{(n)}} \leq F_1 \ldots F_n \Delta$, woraus vermöge (23) der Hilfssatz II hervorgeht.

Nach (6), (7), (8) sind die Koeffizienten $\gamma_h^{(k)}$ in (8) rationale Zahlen mit der Determinante $|p_k^{(h)}|$ als Nenner, also mit einem Generalnenner $\leq n!$. Nach den Ungleichungen (9) kommen daher für diese Koeffizienten, also für die ganze Substitution $P^{-1}A$ von vornherein eine nur von n abhängende Anzahl von möglichen Ausdrücken in Betracht.

7. Endlich fügen wir die folgende Bemerkung hinzu. Für das System $x_k = a_k^{(h)}$ $(k = 1, \ldots, n)$ in (7) ist $x_k = \gamma_1^{(h)} p_k^{(1)} + \cdots + \gamma_h^{(h)} p_k^{(h)}$ Indem nun die Größen $\gamma_1^{(h)}, \ldots, \gamma_h^{(h)}$ sämtlich ≥ 0 und ≤ 1 sind, folgt

aus (4) und (2):

$$f(a_1^{(h)}, \ldots, a_n^{(h)}) \leqq f(p_1^{(1)}, \ldots, p_n^{(1)}) + \cdots + f(p_1^{(h)}, \ldots, p_n^{(h)}) \leqq h F_h.$$

Berücksichtigt man nun (12), so zeigt sich, daß für die n ganzzahligen Systeme $a_1^{(h)}, \ldots, a_n^{(h)}$ ($h = 1, \ldots, n$), *deren Determinante* $|a_k^{(h)}| = \pm 1$ *ist*, die Ungleichung

$$(25) \qquad f(a_1^{(1)}, \ldots, a_n^{(1)}) \ldots f(a_1^{(n)}, \ldots, a_n^{(n)}) \leqq (n!)^2 \, 2^n \frac{1}{J}$$

erfüllt ist.

§ 2. Ein Kriterium für die algebraischen Zahlen n^{ten} Grades.

8. Eine reelle oder komplexe Größe a heißt eine *algebraische Zahl* und zwar n^{ten} *Grades*, wenn sie einer algebraischen Gleichung n^{ten} Grades

$$x_1 + x_2 a + \cdots + x_n a^{n-1} + x_{n+1} a^n = 0 \qquad (x_{n+1} \neq 0)$$

mit rationalen ganzzahligen Koeffizienten $x_1, x_2, \ldots, x_n, x_{n+1}$, deren letzter $\neq 0$ ist, und nicht bereits einer Gleichung derselben Art von niedrigerem Grade genügt. Dieses ist die *Definition* der algebraischen Zahlen n^{ten} Grades. Im folgenden will ich nun ein *Theorem* entwickeln, *wonach die Entscheidung, ob eine gegebene reelle oder komplexe Größe a eine algebraische Zahl n^{ten} Grades ist oder nicht, bereits durch Betrachtung der Werte des Ausdrucks*

$$(26) \qquad \xi = x_1 + x_2 a + \cdots + x_n a^{n-1}$$

für rationale ganze Zahlen $x_1, x_2, \ldots, x_n$ geliefert werden kann.

Es sei r irgendeine positive ganze Zahl, und wir lassen für $x_1, \ldots, x_n$ in (26) alle diejenigen Systeme von ganzen Zahlen zu, wobei jede Zahl dem Betrage nach $\leqq r$ ist, also der Reihe $0, \pm 1, \pm 2, \ldots, \pm r$ angehört, mit Ausschluß des einen Systems $x_1 = 0, \ldots, x_n = 0$. Unter den betreffenden Systemen kommen gewiß Vereine von n *unabhängigen* (d. h. mit nichtverschwindender Determinante $|x_k^{(h)}|$) vor; z. B. sind die n Systeme $x_h^{(h)} = 1$, $x_k^{(h)} = 0$ ($k \neq h$) für $h = 1, \ldots, n$ unabhängig. Wir suchen unter allen jenen Systemen ein erstes $x_1 = p_1^{(1)}, \ldots, x_n = p_n^{(1)}$ aus, so daß der Betrag von ξ möglichst klein ausfällt. Da wir dabei jedenfalls die Wahl zwischen Paaren entgegengesetzter Systeme haben, wollen wir das System noch derart voraussetzen, daß die letzte von Null verschiedene der Zahlen $p_k^{(1)}$ größer als Null ist. Es sei für das System $\xi = \alpha_1$. Sodann wählen wir unter jenen Systemen ein zweites, von $p_1^{(1)}, \ldots, p_n^{(1)}$ unabhängiges System $x_1 = p_1^{(2)}, \ldots, x_n = p_n^{(2)}$ aus, wofür nächstdem der Betrag von ξ möglichst klein ausfällt, und es sei wieder unter den Zahlen $p_k^{(2)}$ die letzte nichtverschwindende > 0. Für dieses zweite System sei $\xi = \alpha_2$. Wir fahren so fort, bis wir schließlich unter jenen Systemen ein n^{tes} von den früheren unabhängiges System $x_1 = p_1^{(n)}, \ldots,$

$x_n = p_n^{(n)}$ erlangen, wofür wieder der Betrag von ξ möglichst klein ist, und es sei auch von den Zahlen $p_k^{(n)}$ die letzte von Null verschiedene > 0. Für dieses n^{te} System sei $\xi = \alpha_n$. Dann hat endlich die Substitution P:

$$(27) \qquad x_k = p_k^{(1)} z_1 + p_k^{(2)} z_2 + \cdots + p_k^{(n)} z_n \qquad (k = 1, 2, \ldots, n)$$

eine von Null verschiedene Determinante, und es geht ξ durch P in

$$(28) \qquad \xi P = \chi = \alpha_1 z_1 + \alpha_2 z_2 + \cdots + \alpha_n z_n$$

über. Dabei ist jedenfalls

$$(29) \qquad |\alpha_1| \leqq |\alpha_2| \leqq \cdots \leqq |\alpha_n|.$$

Unter speziellen Umständen in bezug auf die Größe a ist es möglich, daß die Systeme $p_1^{(h)}, \ldots, p_n^{(h)}$ durch die angegebenen Bedingungen noch nicht eindeutig bestimmt sind, die Festsetzung von P für das gegebene r also noch in mehrfacher Weise geschehen kann. Durch entsprechende Betrachtungen wie in 3. aber erkennt man, daß jedenfalls das System der n absoluten Beträge $|\alpha_1|, |\alpha_2|, \ldots, |\alpha_n|$ durch die Zahl r völlig eindeutig bestimmt ist. Es heiße P eine *zur Zahl r gehörende Substitution*.

Man bilde nun eine zur Zahl $r_1 = 1$ gehörende Substitution P_1. Diese kann auch noch zu $r = 2, 3, \ldots$ gehören. Gehört sie nicht zu jeder Zahl r, so sei der größte Wert r, zu dem sie gehört, $r = r_2 - 1$ (wo $r_2 \geqq 2$ ist). Es sei sodann P_2 eine zu r_2 gehörende Substitution, und sie gehöre zu den Zahlen r, die $\geqq r_2$ und $< r_3$ sind. Sodann sei P_3 eine zu r_3 gehörende Substitution usf. Wir wollen noch die Festsetzung treffen, daß, wenn für eine dieser Substitutionen P_ι in der zugehörigen Form $\xi P_\iota = \chi$ ein Teil der Koeffizienten $\alpha_1, \ldots, \alpha_n$ (etwa $\alpha_1, \ldots, \alpha_j$) $= 0$ wird, die betreffenden Vertikalreihen $p_1^{(h)}, \ldots, p_n^{(h)}$ $(h = 1, \ldots, j)$ für alle folgenden Substitutionen $P_\varkappa$ $(\varkappa > \iota)$ unverändert beibehalten werden sollen. Die so entstehende (sei es abbrechende, sei es unendliche) Reihe von Substitutionen $P_1, P_2, P_3, \ldots$ soll die zu a gehörende *Kette von Substitutionen* heißen.

Es sei allgemein $\chi_\iota = \alpha_1^{(\iota)} z_1 + \cdots + \alpha_n^{(\iota)} z_n$ die Form, in welche ξ durch P_ι übergeht. Man hat für zwei aufeinanderfolgende Substitutionen $P_\iota, P_{\iota+1}$ der Kette:

$$(30) \qquad |\alpha_1^{(\iota+1)}| \leqq |\alpha_1^{(\iota)}|, \ldots, |\alpha_n^{(\iota+1)}| \leqq |\alpha_n^{(\iota)}| \qquad (\iota = 1, 2, \ldots),$$

wo jedenfalls nicht alle n Gleichheitszeichen auf einmal gelten können; denn sonst würde ja P_ι auch zur Zahl $r_{\iota+1}$ gehören, während sie nur zu den Werten $r \geqq r_\iota$ und $\leqq r_{\iota+1} - 1$ gehört. In P_ι sind jedesmal die Beträge aller Koeffizienten $\leqq r_\iota$ und ist wenigstens einer darunter $> r_\iota - 1$, also eben $= r_\iota$. Man erkennt nach diesen Umständen, daß die Reihe der Zahlen $r_1, r_2, r_3, \ldots$ eine durch die Größe a völlig bestimmte ist.

9. Ohne an die Aufgabe der einfachsten sukzessiven Ermittlung der Kettenglieder näher heranzutreten, beweise ich nur den folgenden Satz, der bei der Behandlung dieser Aufgabe die wesentlichsten Dienste leistet.

Für eine jede Substitution der Kette ist die Determinante dem Betrage nach $\leqq n!$.

Es sei P in (27) eine Substitution der Kette, zu einer Zahl r gehörend, und χ in (28) die Form, in welche ξ durch P übergeht. Dann kann der durch

$$(31) \qquad\qquad |z_1| + \cdots + |z_n| \leqq 1$$

definierte Bereich im Inneren (d. h. soweit das Zeichen $<$ gilt), keinen Gitterpunkt außer dem Nullpunkte enthalten. Denn ist $z_1, \ldots, z_n$ irgendein, von $0, \ldots, 0$ verschiedenes System im Inneren dieses Bereichs (31) und von diesen Größen z_j die letzte von Null verschiedene, so hat man dafür

$$\xi = \alpha_1 z_1 + \cdots + \alpha_j z_j, \quad x_k = p_k^{(1)} z_1 + \cdots + p_k^{(j)} z_j.$$

Ist *erstens* $|\alpha_j| > 0$, so folgt $|\xi| \leqq |\alpha_j|(|z_1| + \cdots + |z_j|) < |\alpha_j|$, $|x_k| \leqq r(|z_1| + \cdots + |z_j|) < r$; alsdann ist das betreffende System $x_1, \ldots, x_n$ kein Gitterpunkt, denn für einen Gitterpunkt, bei dem die Beträge $|x_k| \leqq r$ sind und $z_j \neq 0$ ist, muß $|\xi| \geqq |\alpha_j|$ sein.

Ist *zweitens* $\alpha_j = 0$, so sei $P_\varkappa$ die erste Substitution der Kette, für welche sich $\alpha_1^{(\varkappa)} = \cdots = \alpha_j^{(\varkappa)} = 0$ findet, während, wenn $\varkappa > 1$ ist, in der zu $P_{\varkappa-1}$ gehörenden Form $\chi_{\varkappa-1}$ der erste nichtverschwindende Koeffizient $\alpha_{j'}^{(\varkappa-1)}$ mit einem Index $j' \leqq j$ sei. Dann ist also $r_\varkappa$ die kleinste Zahl, für welche die ersten j' Vertikalreihen einer zugehörigen Substitution sämtlich $\xi = 0$ machen. Nun gehören zufolge einer in 8. getroffenen Festsetzung die ersten j Vertikalreihen von P bereits zu $P_\varkappa$ und, wenn $\varkappa > 1$ und $j' > 1$ ist, die ersten $j'-1$ Vertikalreihen von P bereits zu $P_{\varkappa-1}$. Für das System $z_1, \ldots, z_n$ folgt jetzt $\xi = 0$, $|x_k| \leqq r_\varkappa(|z_1| + \cdots + |z_j|) < r_\varkappa$. Im Falle $\varkappa = 1$ ist $r_1 = 1$ und kann also $x_1, \ldots, x_n$ hier kein Gitterpunkt sein. Ist aber $\varkappa > 1$ und wäre $x_1, \ldots, x_n$ hier ein Gitterpunkt, so wäre derselbe, da $z_j \neq 0$ ist, ja vom Nullpunkte verschieden und zudem, falls $j' > 1$ ist, auch von den Gitterpunkten in den ersten $j'-1$ Vertikalreihen von $P_{\varkappa-1}$ unabhängig; also würde bereits zu einer gewissen Zahl $< r_\varkappa$ eine Substitution gehören müssen, in welcher mindestens j' Vertikalreihen sämtlich $\xi = 0$ machen.

Aus dem Umstande, daß (31) keinen Gitterpunkt im Inneren enthält, folgt wie im ersten Beweise des Hilfssatzes II (s. 6.), daß die Determinante $|p_k^{(h)}|$ von P dem Betrage nach $\leqq n!$ ist.

10. Es sei $n > 1$. Ferner wollen wir von dem Falle absehen, daß $n = 2$ und a komplex ist; alsdann würde $|\xi| = |x_1 + ax_2|$ unter einer

gegebenen Grenze nur für eine endliche Anzahl von ganzzahligen Systemen x_1, x_2 liegen, wäre also die Substitutionenkette zu a jedenfalls eine abbrechende; andererseits ist eine komplexe Größe $a = b + ic$ dann und nur dann eine algebraische Zahl zweiten Grades, wenn b sowie c^2 rational sind.

Auf Grund der in 8. entwickelten Begriffe entsteht nun folgendes vollständige

Kriterium für die algebraischen Zahlen n^{ten} Grades:

Es sei a eine beliebige reelle oder komplexe Größe, im ersten Falle $\sigma = 1$, im zweiten $\sigma = 2$ und $n > \sigma$. Es sei

$$\xi = x_1 + a x_2 + \cdots + a^{n-1} x_n,$$

sodann P_1, P_2, P_3, ... die zu a gehörige Kette von Substitutionen mit n Variablen, und χ_1, χ_2, χ_3, ... seien die Formen, in welche ξ durch P_1, P_2, P_3, ... übergeht.

1^0 *Ist a nicht eine algebraische Zahl n^{ten} oder niederen Grades, so bricht die Kette niemals ab, und alle Gleichungen $\chi_1 = 0$, $\chi_2 = 0$, ... sind verschieden* (d. h. keine zwei der Formen χ_1, χ_2, ... unterscheiden sich bloß durch einen Faktor). In jeder Form $\chi_\varkappa$ sind alle Koeffizienten von Null verschieden.

2^0 *Ist a eine algebraische Zahl n^{ten} Grades, so bricht die Kette niemals ab, unter den Gleichungen $\chi_1 = 0$, $\chi_2 = 0$, ... kommen nur eine **endliche** Anzahl verschiedener vor* (d. h. alle diese unendlich vielen Formen entstehen aus einer endlichen Anzahl unter ihnen durch Multiplikation mit Faktoren), *in jeder Form $\chi_\varkappa$ sind alle Koeffizienten von Null verschieden.*

3^0 *Ist a eine algebraische Zahl $n - m^{ten}$ Grades, wo $m > 0$ und $n - m > \sigma$ ist, so bricht die Kette niemals ab, unter den Gleichungen $\chi_1 = 0$, $\chi_2 = 0$, ... kommen nur eine endliche Anzahl verschiedener vor, in den Formen $\chi_\varkappa$ sind von einer gewissen an stets die m ersten Koeffizienten $= 0$, die übrigen $n - m$ sind beständig von Null verschieden.*

4^0 *Ist a eine algebraische Zahl σ^{ten} Grades (also reell und rational oder komplex und vom zweiten Grade), so bricht die Kette nach einer endlichen Anzahl von Gliedern ab.*

11. Wir beginnen den Nachweis dieses Satzes mit der Feststellung, daß, wenn zwei der Gleichungen $\chi_1 = 0$, $\chi_2 = 0$, ... identisch sind, die Größe a notwendig eine algebraische Zahl n^{ten} oder niederen Grades ist.

Es seien also χ_ι und $\chi_\varkappa$ zwei unter jenen Formen, die sich bloß durch einen Faktor θ unterscheiden, so daß $\chi_\varkappa = \theta \chi_\iota$ ist. Es sei $\iota < \varkappa$, so ist zufolge der Bemerkungen bei (30) der Betrag $|\theta| < 1$. Es seien P_ι und $P_\varkappa$ die Substitutionen der Kette, welche ξ in χ_ι und $\chi_\varkappa$ überführen. Durch $P_\varkappa P_\iota^{-1}$ geht dann ξ in $\theta \chi_\iota P_\iota^{-1}$, d. i. in $\theta \xi$ über. Es sei

$$(32) \qquad\qquad |q_h^{(k)}| \qquad\qquad (h, k = 1, \ldots, n),$$

h als den Index der Horizontal-, k als den Index der Vertikalreihen gedacht, das Koeffizientensystem der Substitution $P_\varkappa P_\iota^{-1}$, so ergibt die Vergleichung der Koeffizienten in den Formen $\theta\xi$ und $\xi P_\varkappa P_\iota^{-1}$:

$$(33) \qquad \theta a^{k-1} = q_1^{(k)} + a q_2^{(k)} + \cdots + a^{n-1} q_n^{(k)} \qquad (k = 1, \ldots, n).$$

Die Koeffizienten $q_h^{(k)}$ sind sämtlich rationale Zahlen. Man entnimmt aus
diesen Gleichungen, daß die Determinante

$$(34) \qquad\qquad |\theta e_h^{(k)} - q_h^{(k)}| = 0 \qquad \left(\begin{matrix} e_h^{(k)} = 0,\ h \neq k;\ e_h^{(h)} = 1 \\ h, k = 1, \ldots, n \end{matrix}\right)$$

ist, eine Gleichung, die symbolisch $|\theta P_\iota P_\iota^{-1} - P_\varkappa P_\iota^{-1}| = 0$ geschrieben
werden kann.

Nimmt man zwei aufeinanderfolgende der Gleichungen (33), für $k = j$
und $k = j + 1$ $(j = 1, \ldots, n-1)$, so entsteht aus ihnen durch Elimination
von θ:

$$(35) \quad q_1^{(j+1)} + a(q_2^{(j+1)} - q_1^{(j)}) + \cdots + a^{n-1}(q_n^{(j+1)} - q_{n-1}^{(j)}) - a^n q_n^{(j)} = 0.$$

Man hat $n - 1$ solcher Gleichungen für $j = 1, \ldots, n-1$.

Entweder ist nun wenigstens eine unter ihnen so beschaffen, daß in
ihr nicht alle Koeffizienten der Potenzen von a Null sind; dann erweist
sich durch die betreffende Gleichung die Größe a als eine algebraische
Zahl n^{ten} oder niederen Grades.

Oder aber, es wären die Ausdrücke in a auf den linken Seiten der
Gleichungen (35) für $j = 1, \ldots, n-1$ sämtlich identisch gleich Null;
dann hätte man

$$(36) \qquad q_1^{(j+1)} = 0, \quad q_2^{(j+1)} = q_1^{(j)}, \ldots, q_n^{(j+1)} = q_{n-1}^{(j)}, \quad 0 = q_n^{(j)}$$

für $j = 1, \ldots, n-1$, also zuvörderst

$$q_1^{(2)} = 0,\ q_1^{(3)} = 0, \ldots, q_1^{(n)} = 0;\quad q_n^{(1)} = 0,\ q_n^{(2)} = 0, \ldots, q_n^{(n-1)} = 0,$$

sodann allgemein, wenn $k > h$ ist, $q_h^{(k)} = q_{h-1}^{(k-1)} = \cdots = q_1^{(k-h+1)} = 0$,
und wenn $k < h$ ist, $q_h^{(k)} = q_{h+1}^{(k+1)} = \cdots = q_n^{(n-h+k)} = 0$, endlich noch
$q_1^{(1)} = q_2^{(2)} = \cdots = q_n^{(n)}$, welcher Wert $= q$ gesetzt werde. Nunmehr
würden die Gleichungen (33) in $\theta a^{k-1} = q a^{k-1}$ $(k = 1, \ldots, n)$ übergehen;
man fände $\theta = q$ und hätte allgemein $q_h^{(k)} = q e_h^{(k)}$, also $P_\varkappa P_\iota^{-1} = q P_\iota P_\iota^{-1}$,
mithin $P_\varkappa = \theta P_\iota$; jeder Koeffizient in $P_\varkappa$ wäre gleich dem entsprechenden
Koeffizienten aus P_ι, multipliziert in θ. Nun hat von den Koeffizienten
in $P_\varkappa$ wenigstens einer einen Betrag $= r_\varkappa$ und die Beträge der Koeffi-
zienten in P_ι sind sämtlich $\leq r_\iota$; es würde somit $r_\varkappa \leq |\theta| r_\iota$ folgen, was
mit $r_\varkappa > r_\iota$ und $|\theta| < 1$ im Widerspruch stünde. Die zweite Annahme,
daß keine der Gleichungen (34) eine Bedingung für a gibt, ist danach
unzulässig, und mithin ist notwendig a eine algebraische Zahl n^{ten} oder
niederen Grades.

12. Wir ziehen jetzt die Ergebnisse des § 1 heran. Es sei ε eine beliebige positive Größe; wir nehmen für die linearen Formen $\xi_1, \xi_2, \ldots$, an welche die Betrachtungen in § 1 anknüpfen, die $n+1$ Formen

$$x_1, \ldots, x_n \quad \text{und} \quad \frac{\xi}{\varepsilon} = \frac{1}{\varepsilon}(x_1 + a x_2 + \cdots + a^{n-1} x_n).$$

Der Körper K wird dann der durch

$$(37) \qquad -1 \leqq x_1 \leqq 1, \ldots, -1 \leqq x_n \leqq 1, \quad |\xi| \leqq \varepsilon$$

bestimmte Bereich. In diesem Bereich ist offenbar stets

$$|\xi| \leqq 1 + |a| + \cdots + |a^{n-1}|,$$

welche Größe C^* heiße; wir wollen deshalb jedenfalls $\varepsilon \leqq C^*$ voraussetzen. Wir haben nach (12) die fundamentale Ungleichung

$$(12\,\mathrm{b}) \qquad F_1 \ldots F_n J \leqq n!\, 2^n,$$

wo J das Volumen von K ist und die Bedeutung von $F_1, \ldots, F_n$ aus 3. zu ersehen ist.

Es werde $\sigma = 1$ gesetzt, wenn a reell ist, $\sigma = 2$, wenn a komplex ist, und im letzteren Falle setze man $\xi = \eta + i\zeta$, so daß η und ζ Formen mit reellen Koeffizienten sind. Die Bedingung $|\xi| \leqq \varepsilon$ kommt für $\sigma = 1$ auf $-\varepsilon \leqq \xi \leqq \varepsilon$, für $\sigma = 2$ auf $\eta^2 + \zeta^2 \leqq \varepsilon^2$ hinaus. Denkt man sich zu ξ, bzw. zu η, ζ weitere $n - \sigma$ reelle lineare Formen $v_1, \ldots, v_{n-\sigma}$ hinzugenommen, so daß n Formen mit einer Determinante 1 entstehen, so erkennt man, daß mit nach Null abnehmendem ε das Verhältnis $\frac{J}{2\varepsilon}$ für $\sigma = 1$ oder $\frac{J}{\pi \varepsilon^2}$ für $\sigma = 2$ nach dem Werte des über den Bereich

$$|\xi| = 0, \quad -1 \leqq x_1 \leqq 1, \ldots, -1 \leqq x_n \leqq 1$$

erstreckten Integrals $\int dv_1 \ldots dv_{n-\sigma}$, also nach einer bestimmten positiven Größe konvergiert. Danach wird man eine endliche von a abhängende, *von ε aber unabhängige* Größe M angeben können, so daß für alle Werte $\varepsilon \leqq C^*$ stets

$$(38) \qquad \left(\frac{n!\, 2^n}{J}\right)^{\frac{1}{\sigma}} \varepsilon \leqq M$$

ist. Die Ungleichung (12 b) geht dann in

$$(39) \qquad \varepsilon (F_1 \ldots F_n)^{\frac{1}{\sigma}} \leqq M$$

über. Wegen $F_1 \leqq \cdots \leqq F_n$ erhält man daraus insbesondere

$$(40) \qquad \varepsilon F_1^{\frac{n}{\sigma}} \leqq M$$

und ferner

$$(41) \qquad \varepsilon^\sigma F_1^{\,n-1} F_n \leqq M^\sigma.$$

20*

Nunmehr sollen einige Folgerungen aus diesen Ungleichungen (40) und (41) entwickelt werden.

13. Wenn in einer Form χ zur Kette der erste Koeffizient $\alpha_1 = 0$ ausfällt, erweist sich durch diese Gleichung a als eine algebraische Zahl $n - 1^{\text{ten}}$ oder niederen Grades. Eine solche Beschaffenheit von a wollen wir zunächst ausschließen. Dann ist also für jedes Kettenglied gewiß $|\alpha_1| > 0$. Wir zeigen, daß alsdann im Verlauf der Kette der Betrag $|\alpha_1|$ schließlich unter jede Grenze sinken muß.

Es sei P in (27) eine zur Zahl r gehörende Substitution, χ in (28) die zugehörige Transformierte von ξ. Wir nehmen in 12. den Parameter $\varepsilon = \dfrac{|\alpha_1|}{r}$; (diese Größe ist $\leq C^*$, weil $|p_1^{(1)}|,\ \ldots,\ |p_n^{(1)}| \leq r$ ist). Man hat hier ein von $0, \ldots, 0$ verschiedenes ganzzahliges System $x_1, \ldots, x_n$, wofür $|x_k| \leq r$ $(k = 1, \ldots, n)$ und $\left|\dfrac{\xi}{\varepsilon}\right| = \dfrac{|\alpha_1|}{\left|\dfrac{\alpha_1}{r}\right|} = r$ ist, aber kein System dieser Art, wofür stets $|x_k| < r$ und $\left|\dfrac{\xi}{\varepsilon}\right| < r$ wäre. Nach der Bedeutung von F_1 (s. 3.) ist daher dann $F_1 = r$. Die Ungleichung (40) ergibt nunmehr

$$(42) \qquad\qquad |\alpha_1| \leq M r^{-\frac{n-\sigma}{\sigma}}.$$

Diese Abschätzung für $|\alpha_1|$ zeigt in der Tat, daß mit wachsendem r der Wert $|\alpha_1|$ schließlich unter jede Grenze sinken muß.*) In den bezeichneten Fällen, in denen α_1 niemals Null werden kann, hat infolgedessen die Kette notwendig einen unendlichen Verlauf, sie kann niemals abbrechen.

Insbesondere bricht auf diese Weise die Kette niemals ab, wenn a *nicht* eine algebraische Zahl n^{ten} oder niedrigeren Grades ist. Verbindet

---

*) Sind α, β zwei reelle Größen und ist $0 < |\beta| \leq |\alpha|$, so hat man eine ganze Zahl y, so daß $|\alpha + y\beta| \leq \dfrac{1}{2}|\beta|$ ist. Sind α, β, γ drei reelle oder komplexe Größen, so daß $0 < |\gamma| \leq |\beta| \leq |\alpha|$ und $\dfrac{\gamma}{\beta} = \delta + i\varepsilon$ nicht reell, also $\varepsilon \neq 0$ ist, so kann man zwei reelle Größen v, w finden, so daß $\alpha + v\beta + w\gamma = \alpha + (v + \delta w)\beta + iw\varepsilon\beta = 0$ ist, und sind dann z und y zwei ganze Zahlen, so daß $|z - w| \leq \dfrac{1}{2}$ und $|y + \delta z - v - \delta w| \leq \dfrac{1}{2}$ ist, so wird $|\alpha + y\beta + z\gamma| \leq \dfrac{1}{\sqrt{2}}|\beta|$. Mit diesen Hilfsmitteln kann man direkt einsehen, daß in den Formen χ zur Kette sogar $|\alpha_n|$ schließlich unter jede Grenze sinkt, mit Ausnahme des Falles, daß $n = 3$, a komplex und der reelle Teil von a rational ist, in welchem Falle nur $|\alpha_1|$ und $|\alpha_2|$ unter jede Grenze sinken, aber für $|\alpha_3|$ eine positive untere Grenze besteht, und ferner der Fälle, daß a eine algebraische Zahl σ^{ten} Grades ist, in welchen Fällen die Kette mit einem letzten Gliede abbricht.

man hiermit das Ergebnis aus 11., wonach unter derselben Voraussetzung niemals zwei der Formen χ_x sich bloß durch einen Faktor unterscheiden, so ist zunächst der Punkt 1^0 unseres Kriteriums völlig sichergestellt.

14. Um den Punkt 2^0 zu erweisen, nehmen wir nunmehr an, daß a als eine algebraische Zahl n^{ten} Grades gegeben ist. In diesem Falle können wir außer mit der Ungleichung (39) noch mit dem Satze operieren, daß die *Norm* einer von Null verschiedenen *ganzen* algebraischen Zahl eine von Null verschiedene *ganze rationale* Zahl und daher dem Betrage nach ≥ 1 ist.

Es sei
$$(43) \qquad g_0 a^n + g_1 a^{n-1} + \cdots + g_n = 0$$

die Gleichung n^{ten} Grades mit rationalen ganzen Koeffizienten ohne gemeinsamen Teiler und positivem g_0, der a genügt. Es sei, wenn a komplex, $\sigma = 2$ ist, a^0 die zu a konjugiert imaginäre Größe. Die Wurzeln jener Gleichung n^{ten} Grades außer a, bzw. außer a und a^0, mögen a', a'', $\ldots$, $a^{(n-\sigma)}$ heißen. Ferner sollen die zu einer Zahl ξ des Körpers von a konjugierten Zahlen in den Körpern von (a^0), a', $\ldots$, $a^{(n-\sigma)}$ mit (ξ^0), ξ', $\ldots$, $\xi^{(n-\sigma)}$ bezeichnet werden.

Das Multiplum $g_0 a$ ist eine *ganze* algebraische Zahl n^{ten} Grades. Infolgedessen ist für ein ganzzahliges, von $0, \ldots, 0$ verschiedenes System x_1, $\ldots$, x_n der Wert von $g_0^{n-1}\xi$ stets eine von Null verschiedene *ganze* Zahl im Körper von a und daher deren Norm in diesem Körper $Nm(g_0^{n-1}\xi)$ $= g_0^{n(n-1)}\xi(\xi^0)\xi' \ldots, \xi^{(n-\sigma)}$ dem Betrage nach ≥ 1; der eingeklammerte Faktor ξ^0 kommt für $\sigma = 2$ in Betracht und dann ist $|\xi^0| = |\xi|$. Es sei C der größte Wert unter den $n - \sigma$ Ausdrücken $1 + |a^{(j)}| + \cdots + |a^{(j)}|^{n-1}$ für $j = 1, \ldots, n - \sigma$. Sind $x_1, \ldots, x_n$ in ihren Beträgen $\leq r$, wo r eine positive Größe ist, so hat man
$$(44) \qquad |\xi^{(j)}| \leq Cr \qquad\qquad (j = 1, \ldots, n - \sigma)$$
und entsteht nunmehr die Ungleichung $g_0^{n(n-1)} C^{n-\sigma} |\xi|^\sigma r^{n-\sigma} \geq 1$ oder
$$(45) \qquad |\xi|^\sigma r^{n-\sigma} \geq b^\sigma,$$
wo b eine gewisse, nur von a, nicht von der Größe von r abhängende Konstante vorstellt.

Es sei wieder P die zu einer ganzen Zahl r gehörende Substitution der Kette und χ in (28) die Form ξP. Dann geht, wenn für $x_1, \ldots, x_n$ die erste Vertikalreihe von P genommen wird, aus (45) zuvörderst
$$(46) \qquad |\alpha_1| \geq br^{-\frac{n-\sigma}{\sigma}}$$
hervor.

Es sei sodann ε wieder eine beliebige positive Größe $\leq C^*$ und betrachten wir die Ungleichung (41) dafür. Nach der Bedeutung von F_1

in 12. hat man ein von $0, \ldots, 0$ verschiedenes ganzzahliges System $x_1, \ldots, x_n$, wofür $|x_k| \leq F_1$ $(k = 1, \ldots, n)$ und $\left|\frac{\xi}{\varepsilon}\right| \leq F_1$, also $|\xi| \leq \varepsilon F_1$ ist. Die Ungleichung (45) ergibt daher $(\varepsilon F_1)^\sigma F_1^{\,n-\sigma} \geq b^\sigma$ oder

$$(47) \qquad \varepsilon F_1^{\frac{n}{\sigma}} \geq b.$$

Führt man die hierdurch angewiesene untere Grenze in (41) ein, so folgt

$$(48) \qquad \varepsilon F_n^{\frac{n}{\sigma}} \leq B,$$

wo $B = \dfrac{M^n}{b^{n-1}}$ wieder eine nur von a, nicht von ε abhängende Konstante vorstellt.

Nunmehr wollen wir speziell $\varepsilon = \dfrac{|\alpha_n|}{r}$ nehmen, wo α_n der letzte Koeffizient in χ ist. Dann ist $F_n = r$; denn man hat hier n unabhängige ganzzahlige Systeme $x_1, \ldots, x_n$, für welche $|x_k| \leq r$ $(k = 1, \ldots, n)$ und $\left|\dfrac{\xi}{\varepsilon}\right| \leq \dfrac{|\alpha_n|}{\left|\frac{\alpha_n}{r}\right|} = r$ ist, aber nach der Bedeutung von $|\alpha_n|$ jedenfalls nicht n unabhängige ganzzahlige Systeme $x_1, \ldots, x_n$, für welche $|x_k| < r$ $(k = 1, \ldots, n)$ und $\left|\dfrac{\xi}{\varepsilon}\right| < r$ wäre. Die Formel (48) ergibt nunmehr

$$(49) \qquad |\alpha_n| \leq B r^{-\frac{n-\sigma}{\sigma}}.$$

Wir stellen (46), (49) und (29) zusammen in:

$$(50) \qquad b r^{-\frac{n-\sigma}{\sigma}} \leq |\alpha_1| \leq \cdots \leq |\alpha_n| \leq B r^{-\frac{n-\sigma}{\sigma}}$$

Man ersieht daraus zunächst, daß im Verlauf der Kette selbst $|\alpha_n|$ schließlich unter jede Grenze sinkt. Die Kette bricht also jedenfalls niemals ab.

Gewisse weitere Ungleichungen erschließen wir für die Normen der Zahlen α_k $(k = 1, \ldots, n)$ und für ihre konjugierten Zahlen $\alpha_k^{(j)}$. Nach (44) werden wir, da die Zahlen der k^{ten} Vertikalreihe von P, welche $\xi = \alpha_k$ machen, $\leq r$ sind,

$$(51) \qquad |\alpha_k^{(j)}| \leq C r \qquad\qquad (j = 1, \ldots, n - \sigma)$$

haben. Nehmen wir dazu die in (49) erhaltene obere Grenze für $|\alpha_k|$, womit noch im Falle $\sigma = 2$ sich $|\alpha_k^0|$ deckt, so folgt

$$(52) \qquad |Nm(g_0^{\,n-1}\alpha_k)| \leq g_0^{\,n(n-1)} B^\sigma C^{n-\sigma},$$

wo die Grenze rechts nur von a, nicht von der Zahl r abhängig erscheint. Nun ist $Nm(g_0^{\,n-1}\alpha_k)$ eine ganze rationale Zahl und daher nach dieser Ungleichung nur einer endlichen Anzahl von Werten bei allen möglichen Werten von r fähig.

Andererseits hat man, indem diese Zahl $Nm(g_0^{n-1}\alpha_k)$ von Null verschieden ist:

$$(53) \qquad | Nm(g_0^{n-1}\alpha_k)| = g_0^{n(n-1)} |\alpha_k(\alpha_k^0)\alpha_k' \cdots \alpha_k^{(n-\sigma)}| \geqq 1.$$

Führt man hierin für $|\alpha_k|(|\alpha_k^0|)$ die obere Grenze aus (50) und für die Beträge $|\alpha_k'|, \ldots, |\alpha_k^{(n-\sigma)}|$ mit Ausnahme eines Faktors $|\alpha_k^{(j)}|$ die obere Grenze aus (51) ein, so folgt für diesen noch übrigen Betrag:

$$(54) \qquad\qquad\qquad |\alpha_k^{(j)}| \geqq cr \qquad\qquad (j=1,\ldots,n-\sigma),$$

wo $c = \dfrac{1}{g_0^{n(n-1)}B^\sigma C^{n-\sigma-1}}$ wieder nur von a, nicht von r abhängig ist.

Sind nun h, k irgend zwei der Indizes $1, 2, \ldots, n$, so hat man wegen (50):

$$(55) \qquad\qquad\qquad \left|\frac{\alpha_k}{\alpha_h}\right|\left(=\left|\frac{\alpha_k^0}{\alpha_h^0}\right|\right) \leqq \frac{B}{b}$$

und aus (51) und (54):

$$(56) \qquad\qquad\qquad \left|\frac{\alpha_k^{(j)}}{\alpha_h^{(j)}}\right| \leqq \frac{C}{c} \qquad\qquad (j=1,\ldots,n-\sigma).$$

Zudem sind $g_0^{n-1}\alpha_h$ und $g_0^{n-1}\alpha_k$ und alle ihre konjugierten Zahlen ganze algebraische Zahlen und liegt nach (52) die ganze rationale Zahl $|Nm(g_0^{n-1}\alpha_h)|$ unter einer bestimmten von a allein abhängenden Grenze. Aus diesen Umständen geht hervor, daß in der algebraischen Gleichung n^{ten} Grades für t:

$$(57) \qquad Nm(g_0^{n-1}\alpha_h) \cdot \left(t - \frac{\alpha_k}{\alpha_h}\right)\left(\left(t - \frac{\alpha_k^0}{\alpha_h^0}\right)\right)\left(t - \frac{\alpha_k'}{\alpha_h'}\right) \cdots \left(t - \frac{\alpha_k^{(n-\sigma)}}{\alpha_h^{(n-\sigma)}}\right) = 0$$

alle $n + 1$ Koeffizienten der linken Seite ganze rationale Zahlen sind und in ihren Beträgen unterhalb bestimmter nur von a abhängender Grenzen liegen. Danach kommen für die Koeffizienten dieser Gleichung von vornherein für alle r nur eine endliche Anzahl von Wertsystemen und also für ein jedes Verhältnis $\dfrac{\alpha_k}{\alpha_h}$ von vornherein für alle r nur eine endliche Anzahl von algebraischen Zahlen in Betracht. Mithin können in der Tat die sämtlichen unendlich vielen Linearformen $\chi_1, \chi_2, \ldots$ der Kette hier, wo a eine algebraische Zahl n^{ten} Grades ist, nur eine *endliche* Anzahl von verschiedenen Verhältnissen $\alpha_1 : \alpha_2 : \ldots : \alpha_n$ der Koeffizienten darbieten, sie gehen also sämtlich aus einer endlichen Anzahl unter ihnen durch Multiplikation mit Faktoren hervor. Damit ist der Punkt 2^0 unseres Kriteriums völlig erwiesen.

15. Wir können noch eine Bemerkung über die Natur derjenigen Faktoren θ hinzufügen, die hier in Beziehungen $\chi_\varkappa = \theta\chi_\iota$ auftreten und die als Quotienten von Zahlen im Körper von a jedenfalls auch in diesem Körper liegen.

Zu jeder Substitution P_ι der Kette kann man nach der in 2. auseinandergesetzten Methode eine ganzzahlige Substitution A_ι mit einer Determinante ± 1 bestimmen, so daß die Koeffizienten in $P_\iota^{-1} A_\iota$ den in (8) und (9) für die Zahlen $\gamma_h^{(k)}$ angegebenen Bedingungen entsprechen. In dieser Substitution $P_\iota^{-1} A_\iota$ sind die Koeffizienten rationale Zahlen mit der Determinante von P_ι als Nenner. Letztere ist nach dem in 9. Bewiesenen stets dem Betrage nach $\leq n!$. Nach den Bedingungen (8) und (9) kommen dadurch für alle Koeffizienten von $P_\iota^{-1} A_\iota$ von vornherein nur eine endliche Anzahl verschiedener Werte in Frage. Verbindet man damit das soeben in 14. erzielte Resultat, so erkennt man, daß auch für den Inbegriff der Gleichung $\chi_\iota = 0$ und der Substitution $P_\iota^{-1} A_\iota$ zusammen in der ganzen unendlichen Kette nur eine endliche Anzahl von verschiedenen Bestimmungen vorkommen.

Hat man nun für zwei Indizes ι und $\varkappa$ sowohl $\chi_\varkappa = \theta \chi_\iota$, wo θ ein Faktor ist, als auch $P_\varkappa^{-1} A_\varkappa = P_\iota^{-1} A_\iota$, so wird $P_\varkappa P_\iota^{-1} = A_\varkappa A_\iota^{-1}$, also eine ganzzahlige Substitution mit einer Determinante ± 1. Durch diese Substitution geht die Linearform ξ (in (26)) in $\theta \xi$ über, während $A_\iota A_\iota^{-1}$, d. i. die identische Substitution, ξ in ξ überführt. Für den Faktor θ erhält man dadurch eine Gleichung n^{ten} Grades, welche sich in der oben bei (34) erklärten symbolischen Weise $|\theta A_\iota A_\iota^{-1} - A_\varkappa A_\iota^{-1}| = 0$ oder $|\theta A_\iota - A_\varkappa| = 0$ schreiben läßt. In dieser Gleichung sind alle Koeffizienten ganze rationale Zahlen und ist sowohl der erste wie der letzte Koeffizient gleich ± 1. Also ist dann sowohl θ wie $\dfrac{1}{\theta}$ eine ganze algebraische Zahl, mithin θ eine Einheit in dem Zahlenkörper von a. Sonach gilt der Zusatz: Unter den Formen $\chi_1, \chi_2, \ldots$ der Kette kann man eine endliche Anzahl angeben so, daß aus ihnen alle Formen der Kette durch Multiplikation mit solchen Faktoren hervorgehen, welche *Einheiten* im Körper von a sind.

Ist $\chi_\iota = \alpha_1 z_1 + \cdots + \alpha_n z_n$, $\chi_\varkappa = \beta_1 z_1 + \cdots + \beta_n z_n$ und sind $r_\iota, r_\varkappa$ die Zahlen, zu denen $P_\iota, P_\varkappa$ gehören, so hat man ferner nach (51) und (54)

$$c r_\iota \leq |\alpha_k^{(j)}| \leq C r_\iota, \quad c r_\varkappa \leq |\beta_k^{(j)}| \leq C r_\varkappa \quad \left(\begin{aligned} k &= 1, \ldots, n, \\ j &= 1, \ldots, n - \sigma \end{aligned} \right);$$

indem $\beta_k = \theta \alpha_k$ ist, folgt daraus

$$\frac{c}{C} \frac{r_\varkappa}{r_\iota} \geq |\theta^{(j)}| \leq \frac{C}{c} \frac{r_\varkappa}{r_\iota} \qquad (j = 1, \ldots, n - \sigma).$$

Man hat sodann die von den Zahlen $r_\iota, r_\varkappa$ freie Beziehung

$$(58) \qquad \frac{c^2}{C^2} \leq \left| \frac{\theta^{(j_*)}}{\theta^{(j)}} \right| \leq \frac{C^2}{c^2} \qquad (j_* \neq j; j, j_* = 1, \ldots, n - \sigma).$$

Für die Einheiten θ, auf die man hier geführt wird, liegen also die Verhältnisse der Beträge der $n - \sigma$ konjugierten Werte $\theta', \ldots, \theta^{(n-\sigma)}$ stets zwischen zwei von vornherein anzuweisenden Grenzen, ein Umstand, der für die weitere Erforschung der Substitutionenketten zu algebraischen Zahlen n^{ten} Grades von hervorragender Bedeutung ist.

16. Es sei jetzt a eine algebraische Zahl $n - m^{\text{ten}}$ Grades, wo $m > 0$ und $< n$ ist, und es sei

$$(59) \qquad g_{n-m} + g_{n-m-1} a + \cdots + g_0 a^{n-m} = 0$$

die Gleichung $n - m^{\text{ten}}$ Grades mit rationalen ganzen Koeffizienten ohne gemeinsamen Teiler und positivem g_0, der a genügt. Es sei unter den Beträgen der Koeffizienten dieser Gleichung der größte Wert g^*. Man entnimmt aus (59)

$$g_{n-m} a^{h-1} + g_{n-m-1} a^h + \cdots + g_0 a^{n-m+h-1} = 0 \qquad (h = 1, \ldots, m),$$

d. i. $x_1 + a x_2 + \cdots + a^{n-1} x_n = 0$ für gewisse m besondere, von $0, \ldots, 0$ verschiedene ganzzahlige Systeme $x_1, \ldots, x_n$. Diese m Systeme sind voneinander unabhängig, denn schreibt man sie in m Vertikalreihen auf, so hat man in den letzten m Horizontalreihen der entstehenden Matrix, welche die Werte $x_{n-m+1}, \ldots, x_n$ enthalten, ein quadratisches Schema, wobei in der Hauptdiagonale alle Elemente $= g_0$ und unterhalb derselben alle Elemente $= 0$ sind, ein Schema also, das die von Null verschiedene Determinante $g_0{}^m$ ergibt. Alle jene Zahlen $x_1, \ldots, x_n$ sind ferner dem Betrage nach $\leq g^*$.

Es sei nun P eine zur Zahl r gehörende Substitution der Kette und χ die Form, in welche ξ durch P übergeht. Aus dem eben Gesagten erkennt man, daß, sowie $r \geq g^*$ ist, in χ jedenfalls $\alpha_1 = 0, \ldots, \alpha_m = 0$ sein muß. Dagegen muß stets α_{m+1} von Null verschieden bleiben. Denn hätte man $m + 1$ unabhängige ganzzahlige Systeme $x_1, \ldots, x_n$, wofür $\xi = 0$ ausfiele, so würde man aus den betreffenden $m + 1$ Gleichungen durch m Mal hintereinander vorgenommene Elimination der jedesmal sich darbietenden höchsten Potenz von a schließlich eine Gleichung für a mit rationalen Koeffizienten von einem Grade $< n - m$ gewinnen können.

Es sei wieder $\sigma = 1$ oder $= 2$, je nachdem a reell oder komplex ist, und im letzteren Falle sei a^0 die zu a konjugiert imaginäre Zahl. Ferner seien $a', a'', \ldots, a^{(n-m-\sigma)}$ die Wurzeln der Gleichung $n - m^{\text{ten}}$ Grades für a außer a, bzw. außer a und a^0. Endlich, wenn α eine Zahl im Körper von a bedeutet, so seien allgemein $(\alpha^0), \alpha', \ldots, \alpha^{(n-m-\sigma)}$ die konjugierten Zahlen in den Körpern von $(a^0), a', \ldots, a^{(n-m-\sigma)}$.

Wir können jetzt die in 14. gewonnenen Sätze über die Substitutionenketten mit n Variablen zu algebraischen Zahlen n^{ten} Grades in der Weise heranziehen, daß wir die Zahl n dort durch den Wert $n - m$ hier ersetzen. Das in (49) liegende Resultat zeigt alsdann, daß man im gegenwärtigen Falle zur beliebigen Zahl r stets $n - m$ ganzzahlige Systeme $y_1 = y_1^{(k)}, \ldots, y_{n-m}$ $= y_{n-m}^{(k)} (k = 1, \ldots, n - m)$ mit von Null verschiedener Determinante finden kann, so daß alle Zahlen $y_h^{(k)}$ darin dem Betrage nach $\leqq r$ sind, und daß für jedes einzelne dieser $n - m$ Systeme

$$|y_1 + a y_2 + \cdots + a^{n-m-1} y_{n-m}| \leqq \bar{B} r^{-\frac{n-m-\sigma}{\sigma}}$$

ausfällt, wo $\bar{B}$ eine gewisse nur von a, nicht von r abhängende Konstante ist. Setzt man zu jedem dieser Systeme $y_1, \ldots, y_{n-m}$ dann $x_1 = y_1, \ldots, x_{n-m} = y_{n-m}$, $x_{n-m+1} = 0, \ldots, x_n = 0$, so bekommt man $n - m$ ganzzahlige Systeme $x_1, \ldots, x_n$, die von den oben erwähnten speziellen m solchen Systemen unabhängig sind. Danach wird man, sowie $r \geqq g^*$ ist, außer $|\alpha_1| = \cdots = |\alpha_m| = 0$ weiter stets

$$(60) \qquad 0 < |\alpha_{m+1}| \leqq \cdots \leqq |\alpha_n| \leqq \bar{B} r^{-\frac{n-m-\sigma}{\sigma}}$$

haben.

     Es sei jetzt zuvörderst $n - m > \sigma$. Alsdann erkennt man aus (60), daß die Beträge $|\alpha_{m+1}|, \ldots, |\alpha_n|$ im Verlauf der Kette unter jede Grenze sinken, ohne jemals Null zu werden; die Kette bricht also jedenfalls nicht ab. Man hat ferner stets

$$(61) \qquad |\alpha_k^{(j)}| \leqq \bar{C} r \qquad \left(\begin{matrix} k = m+1, \ldots, n, \\ j = 1, \ldots, n-m-\sigma \end{matrix}\right),$$

wenn $\bar{C}$ der größte unter den Werten $1 + |a^{(j)}| + \cdots + |a^{(j)}|^{n-1}$ $(j = 1, \ldots, n-m-\sigma)$ ist. Andererseits ist $g_0 a$ eine ganze algebraische Zahl, desgleichen daher jede Zahl $g_0^{n-1} \alpha_k$ $(k = m+1, \ldots, n)$, und da diese Zahlen von Null verschieden sind, müssen mithin ihre Normen im Körper von a dem Betrage nach $\geqq 1$ sein; man hat also

$$(62) \qquad g_0^{(n-m)(n-1)} |\alpha_k|^{\sigma} |\alpha'_k \cdots \alpha_k^{(n-m-\sigma)}| \geqq 1 \qquad (k = m+1, \ldots, n).$$

Führt man hierin für $n - m - \sigma$ der $n - m - \sigma + 1$ absoluten Beträge $|\alpha_k|, |\alpha'_k|, \ldots, |\alpha_k^{(n-m-\sigma)}|$ die in (60) bzw. (61) angewiesenen oberen Grenzen ein, so erhält man für den noch übrigen dieser Beträge eine untere Grenze; man findet

$$(63) \qquad |\alpha_k| \geqq \bar{b} r^{-\frac{n-m-\sigma}{\sigma}}, \quad |\alpha_k^{(j)}| \geqq \bar{c} r \qquad \left(\begin{matrix} k = m+1, \ldots, n, \\ j = 1, \ldots, n-m-\sigma \end{matrix}\right)$$

mit gewissen von r nicht abhängenden Konstanten $\bar{b}$ und $\bar{c}$, und daraus folgt dann

$$(64) \qquad \left|\frac{\alpha_k}{\alpha_h}\right| \left(= \left|\frac{\alpha_k^0}{\alpha_h^0}\right|\right) \leqq \frac{\bar{B}}{\bar{b}}, \quad \left|\frac{\alpha_k^{(j)}}{\alpha_h^{(j)}}\right| \leqq \frac{\bar{C}}{\bar{c}} \qquad \left(\begin{matrix} h, k = m+1, \ldots, n; h \neq k, \\ j = 1, \ldots, n-m-\sigma \end{matrix}\right).$$

Andererseits findet man aus (60) und (61) die von r nicht abhängende Größe $g_0^{(n-m)(n-1)} \bar{B}^{\sigma} \bar{C}^{n-m-\sigma}$ als obere Grenze für die Beträge der Normen von $g_0^{n-1} \alpha_k$ $(k = m+1, \ldots, n)$. Aus (64) und aus diesem letzten Umstande schließt man endlich durch die entsprechende Überlegung wie bei (57), daß für die Verhältnisse der Koeffizienten $\alpha_{m+1}, \ldots, \alpha_n$ in χ (die

Zahl $r \geq g^*$ angenommen) nur eine endliche Anzahl von algebraischen Zahlen in Betracht kommen. Danach sind in der Tat sämtliche Formen $\chi_1, \chi_2, \ldots$ der Kette aus einer endlichen Anzahl unter ihnen durch Multiplikation mit Faktoren abzuleiten. Damit ist der Punkt 3^0 des Kriteriums erwiesen. Indem man noch den Umstand heranzieht, daß auch im gegenwärtigen Falle nach 9. die Determinante jeder Substitution der Kette dem Betrage nach $\leq n!$ ist, kann man wieder hinzufügen, daß sich unter den Formen $\chi_1, \chi_2, \ldots$ eine endliche Anzahl hervorheben läßt, aus denen alle diese Formen durch Multiplikation mit solchen Faktoren entstehen, welche *Einheiten* in dem Zahlenkörper von a sind.

Es sei endlich $n - m = \sigma$. Ist $\sigma = 2$, also a komplex, so bleiben in χ für $r \geq g^*$ allein die Koeffizienten α_{n-1}, α_n von Null verschieden. In den quadratischen Gleichungen

$$(t - g_0^{n-1}\alpha_{n-1})(t - g_0^{n-1}\alpha_{n-1}^0) = 0, \quad (t - g_0^{n-1}\alpha_n)(t - g_0^{n-1}\alpha_n^0) = 0$$

sind die Koeffizienten ganze rationale Zahlen und hat man durch (60) von r unabhängige obere Grenzen für die Beträge derselben. Danach kommen für α_{n-1}, α_n nur eine endliche Anzahl von Werten in Betracht. Da nun nach einer Bemerkung bei (30) alle Formen $\chi_\varkappa$ der Kette verschieden ausfallen, muß danach die Kette nach einer endlichen Anzahl von Gliedern abbrechen. — Ist $\sigma = 1$, also a reell und rational, so bleibt für $r \geq g^*$ nur α_n von Null verschieden, dabei ist $g_0^{n-1}\alpha_n$ eine ganze rationale Zahl und liegt zufolge (60) dem Betrage nach unterhalb einer gewissen von r unabhängigen Grenze. Die Kette bricht daher auch hier nach einer endlichen Anzahl von Gliedern ab. Damit ist auch der letzte Punkt des in 10. aufgestellten Satzes bewiesen.

Zürich, den 9. Februar 1899.

XVI.

Über die Annäherung an eine reelle Größe durch rationale Zahlen.

(Mathematische Annalen, Band 54, S. 91—124.)

Obwohl die Theorie der Annäherung an eine reelle Größe mit Hilfe von Kettenbrüchen seit **Euler** und **Lagrange** noch mannigfache Behandlung erfahren hat, scheint einer der interessantesten Sätze auf diesem Gebiete bisher nicht bemerkt worden zu sein. Nämlich unter den verschiedenen möglichen Kettenbruchentwicklungen für eine reelle Größe a, wobei die Teilzähler ± 1 und die Teilnenner positive ganze Zahlen sind, gibt es eine bestimmte Art der Entwicklung (und zwar die am besten konvergierende), *für welche die sämtlichen Näherungsbrüche $\frac{x}{y}$ sich von vornherein in einfachster Weise charakterisieren lassen: Als Zähler und Nenner der einzelnen Näherungsbrüche erscheinen dabei genau die sämtlichen Paare von ganzen Zahlen x, y, für die $y > 0$ ist, x und y relativ prim sind und dazu die Bedingung*

$$| (x - ay)y | < \frac{1}{2}$$

erfüllt ist. Von dem Falle, daß a gleich einer ganzen Zahl $+ \frac{1}{2}$ ist, hat man hierbei abzusehen.*)

---

*) Bekanntlich läßt sich eine nach fallenden Potenzen von z fortschreitende konvergente Reihe

$$f(z) = c_{-m}z^m + c_{-m+1}z^{m-1} + \cdots + c_0 + \frac{c_1}{z} + \frac{c_2}{z^2} + \cdots$$

in einen Kettenbruch

$$F_0(z) + \frac{1\,|}{|\,F_1(z)} + \frac{1\,|}{|\,F_2(z)} + \cdots$$

umwandeln, so daß $F_0(z)$ eine ganze rationale Funktion von z und $F_1(z)$, $F_2(z)$, ... ganze rationale Funktionen von z mindestens vom Grade 1 sind. Dabei gilt der Satz: Ein Quotient $\frac{P(z)}{Q(z)}$ zweier relativ primer ganzer rationaler Funktionen von z ist immer dann und nur dann Näherungsbruch dieses Kettenbruchs, wenn die Entwicklung von

$$(P(z) - f(z)\,Q(z))\,Q(z)$$

nach fallenden Potenzen von z mit einer Potenz von z, deren Exponent negativ ist,

Auf die betreffende noch durch weitere bemerkenswerte Eigenschaften ausgezeichnete Kettenbruchentwicklung habe ich bereits an anderer Stelle*) hingewiesen, ohne jedoch damals wahrzunehmen, daß die eben erwähnte Ungleichung für die Näherungsbrüche diese Entwicklung bereits vollständig charakterisiert.

Im folgenden gebe ich eine auf geometrischen Betrachtungen gegründete und dadurch sehr anschauliche *Theorie des Systems zweier linearer Formen* $\alpha x + \beta y$, $\gamma x + \delta y$ mit *beliebigen* reellen Koeffizienten und mit *ganzzahligen* Unbestimmten. Eine Anwendung der dabei zutage tretenden Resultate auf die spezielleren Ausdrücke $x - ay$, y liefert dann insbesondere jene Sätze über die Annäherung an eine Größe a.

§ 1.

Satz I. *Sind* $\xi = \alpha x + \beta y$, $\eta = \gamma x + \delta y$ *zwei lineare Formen mit beliebigen reellen Koeffizienten* α, β, γ, δ *und einer Determinante* $\alpha\delta - \beta\gamma = 1$, *so gibt es stets ganze Zahlen* x, y, *die nicht beide Null sind und für welche*

$$|\xi\eta| \leqq \frac{1}{2}$$

ausfällt.

Wird auf die Form $\xi\eta$ eine *ganzzahlige* Substitution $x = pX + p'Y$, $y = qX + q'Y$ mit einer *Determinante* ± 1 angewandt, so nennen wir $\xi\eta$ der transformierten Form in den neuen Variablen X, Y *äquivalent*. Zugleich mit dem Satze I beweisen wir den folgenden

Zusatz. *Ist* $\xi\eta$ *weder mit der Form* XY *noch mit der Form* $\frac{1}{2}(X^2 - Y^2)$ *äquivalent, so gibt es stets ganze Zahlen* x, y, *wofür* $\xi \neq 0$, $\eta \neq 0$ *und* $|\xi\eta| < \frac{1}{2}$ *ausfällt.*

Beweis. Wir deuten x, y als irgendwelche Parallelkoordinaten in einer Ebene, wobei noch für jede der zwei Koordinaten die Entfernung Eins parallel ihrer Achse in willkürlicher Weise angenommen sein kann. Es sei O der *Nullpunkt* ($x = 0$, $y = 0$). Bedeutet A einen von O verschiedenen Punkt $x = p$, $y = q$, so soll der zu ihm in bezug auf O symmetrische Punkt $x = -p$, $y = -q$ jedesmal mit A_0 bezeichnet werden.

Die Gesamtheit derjenigen Punkte, für welche x wie y ganze Zahlen sind, heiße das *Zahlengitter*, und die einzelnen Punkte daraus sollen *Gitterpunkte* heißen.

---

beginnt. Der Satz, den ich im Texte angebe, stellt das wohl von manchem Mathematiker vermißte Analogon in der Größenlehre zu diesem Satze der Funktionslehre vor.

*) Annales de l'École Normale supérieure, 3ᵉ série, T. XIII; 1896. Diese Ges. Abhandlungen, Bd. I, S. 278.

Sind ϱ, σ positive Parameter, so bilden die vier Punkte R, R_0, S, S_0, für welche $\xi = \varrho$, $\eta = 0$; $\xi = -\varrho$, $\eta = 0$; $\xi = 0$, $\eta = \sigma$; $\xi = 0$, $\eta = -\sigma$ ist, die Ecken für ein Parallelogramm mit O als Mittelpunkt und mit den Linien $\xi = 0$, $\eta = 0$ als *Diagonalen*. Ein solches Parallelogramm werde mit $\mathfrak{P}(\varrho, \sigma)$ bezeichnet. Seine vier Seiten besitzen die Gleichungen $\pm \frac{\xi}{\varrho} \pm \frac{\eta}{\sigma} = 1$, wo für die zwei Vorzeichen alle vier Kombinationen $+, +$; $-, +$; $-, -$; $+, -$ in Betracht kommen, und der Bereich von $\mathfrak{P}(\varrho, \sigma)$ wird daher durch

$$\left| \frac{\xi}{\varrho} \right| + \left| \frac{\eta}{\sigma} \right| \leqq 1$$

dargestellt.

Wir können nun von so kleinen Werten für ϱ und σ ausgehen, daß das zugehörige Parallelogramm $\mathfrak{P}(\varrho, \sigma)$ jedenfalls keinen Gitterpunkt außer dem Nullpunkte O in sich faßt. Dann lassen wir ϱ und σ *unter Festhaltung der Größe ihres Verhältnisses* $\varrho : \sigma$ wachsen. Dabei dehnt sich $\mathfrak{P}(\varrho, \sigma)$ nach allen Richtungen von O aus in gleichem Maße aus. Wir müssen daher schließlich zu gewissen Werten ϱ, σ kommen, wobei $\mathfrak{P}(\varrho, \sigma)$ auf seiner *Begrenzung* weitere Gitterpunkte aufnimmt, während immer noch O der einzige Gitterpunkt im *Inneren* von $\mathfrak{P}(\varrho, \sigma)$ ist. Es sei bei diesen Werten ϱ, σ, bei denen wir nun verweilen, A $(x = p, y = q)$ ein Gitterpunkt auf der Begrenzung von $\mathfrak{P}(\varrho, \sigma)$. Da zugleich mit A auch der Gitterpunkt A_0 $(x = -p, y = -q)$ auf der Begrenzung von $\mathfrak{P}(\varrho, \sigma)$ auftritt, so können wir annehmen, für A sei $\eta > 0$ oder $\eta = 0$, $\xi > 0$. Wir setzen für A: $\xi = \varepsilon\lambda$, $\eta = \mu$, so daß $\mu \geqq 0$, $\lambda \geqq 0$, $\varepsilon = \pm 1$ ist.

Die ganzen Zahlen p, q haben gewiß keinen gemeinsamen Teiler > 1, weil die Strecke OA keinen Gitterpunkt zwischen O und A enthält. Wir bestimmen zwei ganze Zahlen r, s irgendwie so, daß $ps - qr = \varepsilon$ ist, und setzen

$$x = p\overline{X} + rY, \quad y = q\overline{X} + sY.$$

Dabei werde $\varepsilon\xi = \lambda\overline{X} + \bar{\lambda}Y$, $\eta = \mu\overline{X} + \bar{\mu}Y$. Dann haben $\varepsilon\xi$, η in $\overline{X}$, Y die Determinante $\varepsilon\varepsilon = 1$ und folgt

(1) $$Y = \lambda\eta - \mu\varepsilon\xi.$$

Die Gitterpunkte x, y werden genau die Punkte mit ganzzahligen Bestimmungsstücken $\overline{X}$, Y. Diese Punkte ergeben auf der Linie $Y = 0$, d. i. der Geraden durch O und A die unendliche Punktreihe zu den Werten $\overline{X} = \cdots -2, -1, 0, 1, 2, \cdots$, wobei $\overline{X} = 0$ den Nullpunkt, $\overline{X} = 1$ den Punkt A liefert und alle diese Punkte sich in einem konstanten Abstande $= OA$ folgen. Sodann bilden sie auf einer jeden der zu $Y = 0$ parallelen Geraden $Y = 1$, $Y = -1$, $Y = 2$, $Y = -2, \cdots$ jedesmal eine äquidistante Punktreihe mit dem gleichen konstanten Abstande $= OA$ zwischen benachbarten Punkten. Von diesen sämtlichen einander parallelen Geraden sind $Y = 1$ und $Y = -1$ die zwei an $Y = 0$ nächstgelegenen.

1. Wir nehmen zunächst an, daß A *nicht* eine *Ecke* von $\mathfrak{P}(\varrho, \sigma)$, also $\lambda > 0$, $\mu > 0$ ist.[*] Es sei F der Punkt $\xi = -\varepsilon\lambda$, $\eta = \mu$. Das Parallelogramm mit den Ecken A, F, A_0, F_0 ist durch $-\lambda \leqq \xi \leqq \lambda$, $-\mu \leqq \eta \leqq \mu$ definiert und befindet sich, von den Ecken abgesehen, ganz im Inneren des Parallelogramms $\mathfrak{P}(\varrho, \sigma)$.

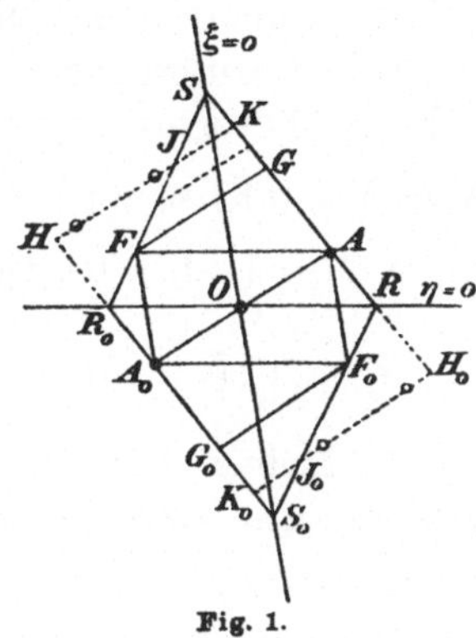

Fig. 1.

Nehmen wir weiter an, daß A auch *nicht Mitte* einer Seite von $\mathfrak{P}(\varrho, \sigma)$ ist. Die zu A_0OA parallele Gerade durch F trifft dann die Begrenzung von $\mathfrak{P}(\varrho, \sigma)$ außer in F in einem zweiten Punkte G, so daß die Strecke FG offenbar *größer* als OA ist. Ebenso würde jede parallele Gerade zu A_0OA, die in dem Streifen zwischen A_0OA und FG verläuft, eine Strecke $> OA$ ganz im Inneren von $\mathfrak{P}(\varrho, \sigma)$ liegen haben. Da nun im Inneren von $\mathfrak{P}(\varrho, \sigma)$ sich kein Gitterpunkt außer O befindet, welcher Punkt auf $Y = 0$ liegt, müssen danach die Geraden $Y = \pm 1$ außerhalb des durch die Parallelen FG und F_0G_0 begrenzten Streifens verlaufen, d. h. für den Punkt F muß jedenfalls $|Y| < 1$ sein. Nun hat man für F: $Y = 2\lambda\mu$, also folgt

$$2\lambda\mu < 1.$$

Danach ist der Gitterpunkt A hier von der im Satze I und dem Zusatze geforderten Beschaffenheit.

2. Ist A *Mitte* einer Seite von $\mathfrak{P}(\varrho, \sigma)$, also $\lambda = \frac{1}{2}\varrho$, $\mu = \frac{1}{2}\sigma$, so ist A_0OA, also die Gerade $Y = 0$ parallel einer Seite von $\mathfrak{P}(\varrho, \sigma)$. Jede Parallele zu A_0OA, welche ins Innere von $\mathfrak{P}(\varrho, \sigma)$ eintritt, hat dann mit $\mathfrak{P}(\varrho, \sigma)$ eine Strecke $= A_0OA > OA$ gemein. Die Geraden $Y = \pm 1$ können daher nicht ins Innere von $\mathfrak{P}(\varrho, \sigma)$ eintreten, $\mathfrak{P}(\varrho, \sigma)$ liegt also ganz in dem Streifen $-1 \leqq Y \leqq 1$. Insbesondere gilt danach für den Punkt F: $Y \leqq 1$, d. h. man hat

$$2\lambda\mu \leqq 1.$$

Der Punkt A hat also wieder die im Satze I verlangte Beschaffenheit.

Das Gleichheitszeichen in dieser Ungleichung, (dessen Eintreten zugleich $\varrho\sigma = 2$ bedeuten würde), hat dann statt, wenn eine Seite von

---

[*] Wie die Buchstaben R und R_0 in der Figur eingetragen sind, ist darin $\varepsilon = 1$ für den Punkt A angenommen. Die Gitterpunkte sind hier und in den weiteren Figuren durch kleine Kreise angedeutet.

21*

$\mathfrak{P}(\varrho, \sigma)$ auf die Gerade $Y = 1$ fällt. Da diese Seite an Länge $= 2\,OA$ ist, so enthält sie alsdann entweder *innerhalb* jeder ihrer durch F getrennten Hälften je einen Gitterpunkt, in welchem Falle für diese Gitterpunkte nach dem bereits in 1. Ausgeführten sich $\xi \neq 0$, $\eta \neq 0$, $|\xi\eta| < \frac{1}{2}$ herausstellt, oder aber es sind auf ihr sowohl beide Ecken wie die Mitte F Gitterpunkte. In diesem zweiten Falle wären in $\mathfrak{P}(\varrho, \sigma)$ alle vier Mitten der Seiten Gitterpunkte. Wir können dann A als die Mitte von RS, d. h. $\varepsilon = 1$ voraussetzen. Ist für F hier $Y = 1$, $\overline{X} = g$ und setzt man $\overline{X} = X + gY$, so sind $A\left(\xi = \frac{1}{2}\varrho,\ \eta = \frac{1}{2}\sigma\right)$ und $F\left(\xi = -\frac{1}{2}\varrho,\ \eta = \frac{1}{2}\sigma\right)$ durch $X = 1$, $Y = 0$ und $X = 0$, $Y = 1$ bestimmt, und hat man daher

$$\xi = \frac{1}{2}\varrho(X - Y),\quad y = \frac{1}{2}\sigma(X + Y),\quad \varrho\sigma = 2,\quad \xi\eta = \frac{1}{2}(X^2 - Y^2).$$

3. Endlich nehmen wir an, daß der Gitterpunkt A eine *Ecke* von $\mathfrak{P}(\varrho, \sigma)$, also dafür $\xi = 0$ oder $\eta = 0$ sei; dann ist selbstverständlich für diesen Punkt $|\xi\eta| = 0 < \frac{1}{2}$. In jedem Falle entspricht somit der Gitterpunkt A den Bedingungen des Satzes I.

Um auch noch den Zusatz unter den letzten Umständen als richtig zu erkennen, stellen wir uns A etwa als die Ecke $R(\xi = \varrho,\ \eta = 0)$ von $\mathfrak{P}(\varrho, \sigma)$ vor. Dann ist nach (1.): $Y = \varrho\eta$. Nunmehr halten wir ϱ fest und denken uns den Parameter σ als veränderlich. Dabei bleibt die Diagonale $R_0 R\,(A_0 OA)$ von $\mathfrak{P}(\varrho, \sigma)$ auf $Y = 0$ fest, während sich die Endpunkte S_0, S der anderen Diagonale auf der Linie $\xi = 0$ verschieben. Bei hinreichend kleinem σ liegt $\mathfrak{P}(\varrho, \sigma)$ ganz im Bereiche $-1 < Y < 1$, enthält dann also gewiß keinen Gitterpunkt außer A_0, O, A. Wird $\sigma = \frac{1}{\varrho}$, so erreicht $\mathfrak{P}(\varrho, \sigma)$ die Gerade $Y = 1$ mit der Ecke $S\,(\xi = 0, \eta = \sigma)$. Fällt dabei diese Ecke zugleich in einen Gitterpunkt, so sei für ihn $Y = 1$, $\overline{X} = g$. Setzt man alsdann $\overline{X} = X + gY$, so gilt für S: $\xi = 0$, $\eta = \sigma$; $X = 0$, $Y = 1$, für R: $\xi = \varrho$, $\eta = 0$; $X = 1$, $Y = 0$, also hat man in diesem Falle:

$$\xi = \varrho X,\quad \eta = \sigma Y,\quad \varrho\sigma = 1,\quad \xi\eta = XY.$$

Fällt hingegen der Punkt $\xi = 0$, $\eta = \frac{1}{\varrho}$ nicht in einen Gitterpunkt, so kann man σ über $\frac{1}{\varrho}$ hinaus wachsen lassen, ohne daß zunächst neue Gitterpunkte in $\mathfrak{P}(\varrho, \sigma)$ eintreten. Dabei wird die Strecke, welche der Bereich von $\mathfrak{P}(\varrho, \sigma)$ aus der Linie $Y = 1$ herausschneidet und deren variable Endpunkte J, K heißen mögen, nach beiden Enden zu immer ausgedehnter und wird sich schließlich einer dieser zwei Fälle ereignen: Entweder fällt, so lange noch diese Strecke $JK < OA$ ist, einer ihrer Endpunkte (wie in Fig. 2 der Punkt J) in einen Gitterpunkt A' auf der Geraden $Y = 1$. Dabei reicht dann wegen $JK < \frac{1}{2} A_0 O A$ das Parallelogramm $\mathfrak{P}(\varrho, \sigma)$ noch nicht an $Y = 2$ heran, enthält also gewiß keinen Gitterpunkt außer O, A, A_0, A', A_0', und zugleich liegt der Punkt A' auf $Y = 1$ näher an S (wofür $Y < 2$ ist), als an dem anderen Endpunkte (A_0 in Fig. 2) der durch ihn gehenden Seite von $\mathfrak{P}(\varrho, \sigma)$, also ist A' keinenfalls Mitte dieser Seite. In diesem Falle gilt für A' nach den früheren Bemerkungen $\xi \neq 0$, $\eta \neq 0$, $|\xi\eta| < \frac{1}{2}$.

Der andere mögliche Fall ist, daß erst, wenn die Strecke JK bis zur Länge OA gewachsen ist, ihre beiden Endpunkte in Gitterpunkte zu liegen kommen. In dieser Endlage stößt dann $\mathfrak{P}(\varrho, \sigma)$ gerade mit der Ecke S auf $Y = 2$, so daß auch hier noch $\mathfrak{P}(\varrho, \sigma)$ keinen Gitterpunkt außer O im Inneren enthält, aber in den Mitten aller vier Seiten Gitterpunkte aufweist. In diesem Falle erweist sich, wie schon oben unter 2. ausgeführt ist, $\xi\eta$ als äquivalent mit $\frac{1}{2}(X^2 - Y^2)$. Werden alle erörterten Einzelheiten zusammengefaßt, so tritt die Richtigkeit des zum Satze I gemachten Zusatzes hervor. —

Den Beweis der Ungleichung $2\lambda\mu \leqq 1$ für den Gitterpunkt A und damit des Satzes I können wir auch durch folgende, auf dem Begriffe des *Flächeninhalts* beruhende Betrachtung erhalten, die noch zu einem weiter reichenden Resultate führt.

Da wir im Hinblick auf die festzustellende Relation $|\xi\eta| \leqq \frac{1}{2}$ die Rolle der Formen ξ, η vertauschen, auch ξ durch $-\xi$ ersetzen können, wobei freilich als Wert der Determinante von ξ, η auch -1 zuzulassen ist, so dürfen wir ohne wesentliche Einschränkung annehmen, A falle auf die Seite RS von $\mathfrak{P}(\varrho, \sigma)$ und noch derart, daß $RA \leqq AS$ ist, d. h. wir setzen $\varepsilon = 1$ und $\frac{\lambda}{\varrho} \geqq \frac{\mu}{\sigma}$ voraus. Indem A auf der Begrenzung von $\mathfrak{P}(\varrho, \sigma)$ liegt, hat man

$$(2) \qquad \frac{\lambda}{\varrho} + \frac{\mu}{\sigma} = 1,$$

also $\frac{\lambda}{\varrho} = \frac{1}{2} + \omega$, $\frac{\mu}{\sigma} = \frac{1}{2} - \omega$, $\frac{\lambda\mu}{\varrho\sigma} = \frac{1}{4} - \omega^2 \leqq \frac{1}{4}$. Nun werden wir beweisen, daß für ein Parallelogramm wie $\mathfrak{P}(\varrho, \sigma)$, welches einen Gitterpunkt A auf der Berandung, im Inneren aber O als einzigen Gitterpunkt enthält, stets

$$(3) \qquad \varrho\sigma \leqq 2$$

gilt. Daraus folgt dann unmittelbar $\lambda\mu \leqq \frac{1}{2}$. Dieser Satz (3) ist aber einschneidender.

Der *Flächeninhalt* von $\mathfrak{P}(\varrho, \sigma)$, d. h. das Doppelintegral $\int\int dx\,dy$, über diesen Bereich erstreckt, ist, da ξ, η die Determinante ± 1 in x, y haben, $= 4 \cdot \frac{1}{2}\varrho\,\sigma = 2\varrho\,\sigma$. Es seien nun H, K (Fig. 1) die Schnittpunkte von $Y = 1$ mit den Geraden $S_0 R_0$ und RS. Wegen (2) haben die Formen $\frac{\xi}{\varrho} + \frac{\eta}{\sigma}$ und Y die Determinante 1 in den Variablen $\overline{X}, Y$ und dann eine Determinante ± 1 in x, y. Also ist der Flächeninhalt des Parallelogramms $K_0 H_0 K H$ gleich 4.

Tritt nun die Strecke HK in das *Innere* von $\mathfrak{P}(\varrho, \sigma)$ ein, so liegt K auf RS zwischen A und S und hat HK mit $\mathfrak{P}(\varrho, \sigma)$ eine Strecke JK gemein, die notwendig $\leq OA$ ist, weil kein Gitterpunkt außer O im Inneren von $\mathfrak{P}(\varrho, \sigma)$ liegt. Wegen $JK \leq OA$ liegt J auf $R_0 S$ und so, daß $R_0 J \geq JS$ ist. Infolgedessen ist der Flächeninhalt des Dreiecks JKS nicht größer als der des Dreiecks JHR_0. Nun entsteht das Parallelogramm $RSR_0 S_0$ aus dem Parallelogramm $K_0 H_0 K H$, indem von letzterem die Dreiecke $J_0 H_0 R$ und JHR_0 fortgenommen und die Dreiecke $J_0 K_0 S_0$ und JKS von nicht größerem Flächeninhalte hinzugefügt werden. Daraus folgt für die Flächeninhalte der zwei Parallelogramme das Verhältnis $2\varrho\,\sigma \leq 4$.

Tritt jedoch die Strecke HK überhaupt nicht in das Innere von $\mathfrak{P}(\varrho, \sigma)$ ein, so ist das Parallelogramm $RSR_0 S_0$ ganz im Parallelogramme $K_0 H_0 K H$ enthalten und daher ebenfalls $2\varrho\,\sigma \leq 4$.

§ 2.

1. Es mögen ξ und η dieselbe Bedeutung wie in Satz I haben. Wir wollen jedoch jetzt von vornherein die besonderen Fälle ausschließen, daß die Form $\xi\eta$ der Variablen x, y mit der Form XY oder mit der Form $\frac{1}{2}(X^2 - Y^2)$ der Variablen X, Y äquivalent ist. Von diesen Ausnahmefällen abgesehen, gilt der

Satz II. *Sind $x = p$, $y = q$ zwei relativ prime ganze Zahlen, wofür $|\xi| > 0$ und $|\xi\eta| < \frac{1}{2}$ ausfällt, so kann man stets zwei ganze Zahlen $x = p'$, $y = q'$ finden, so daß $pq' - qp' = \pm 1$ ist und für welche ebenfalls $|\xi\eta| < \frac{1}{2}$ ist, aber $|\xi|$ kleiner ausfällt als für das erstere System.*

Beweis. Da wir anstatt p, q ebensogut das System $-p, -q$ zugrunde legen können, nehmen wir an, für $x = p$, $y = q$ sei $\xi = \varepsilon\lambda$, $\eta = \mu$ und dabei $\mu > 0$, $\lambda > 0$, $\varepsilon = \pm 1$ oder $\mu = 0$, $\lambda > 0$, $\varepsilon = 1$. Wir bestimmen zwei ganze Zahlen r, s irgendwie so, daß

$$ps - qr = \varepsilon$$

ist, und setzen

$$x = p\overline{X} + rY, \quad y = q\overline{X} + sY.$$

Alsdann sei
$$\varepsilon\xi = \lambda\overline{X} + \overline{\lambda}Y, \quad \eta = \mu\overline{X} + \overline{\mu}Y,$$
so folgt noch
$$\lambda\overline{\mu} - \mu\overline{\lambda} = 1, \quad Y = \lambda\eta - \mu\varepsilon\xi = \varepsilon(py - qx).$$

Wir bezeichnen den Gitterpunkt $x = p$, $y = q$ ($\xi = \varepsilon\lambda$, $\eta = \mu$) mit A, ferner, wenn $\mu > 0$ ist, mit F den Punkt $\xi = -\varepsilon\lambda$, $\eta = \mu$. Für F wird $Y = 2\lambda\mu$, d. i. $Y < 1$ auf Grund unserer Voraussetzung über den Gitterpunkt A. Die Geraden $Y = \pm 1$ schließen also das Parallelogramm mit den Ecken A, F, A_0, F_0 ganz zwischen sich ein, ohne es zu treffen, so daß insbesondere F und F_0 gewiß nicht Gitterpunkte sind.

Die Gerade $Y = 1$ trifft nun die Linien $\xi = -\varepsilon\lambda$, $\xi = 0$, $\xi = \varepsilon\lambda$ in drei Punkten H, J, K (Fig. 3), für die $\eta = \dfrac{1-\lambda\mu}{\lambda}$, $\eta = \dfrac{1}{\lambda}$, $\eta = \dfrac{1+\lambda\mu}{\lambda}$ ist,

welche Größen sämtlich $> \mu$ sind. Da $HJ = JK = OA$ ist, so werden auf dieser Geraden $Y = 1$ entweder die drei Punkte H, J, K Gitterpunkte sein, oder es liegt ein Gitterpunkt B innerhalb der Strecke HJ und ein Gitterpunkt C innerhalb der Strecke JK. In diesem letzteren Falle sei dann M der Schnittpunkt der Geraden FB (oder A_0B im Falle $\mu = 0$) mit der Geraden $\xi = 0$ und N der Schnittpunkt der Geraden AC mit der Geraden $\xi = 0$.

Wir bezeichnen nun mit $A'(x = p'$, $y = q')$ *erstens*, wenn J ein Gitterpunkt ist, diesen Gitterpunkt, *zweitens*, wenn in J kein Gitterpunkt

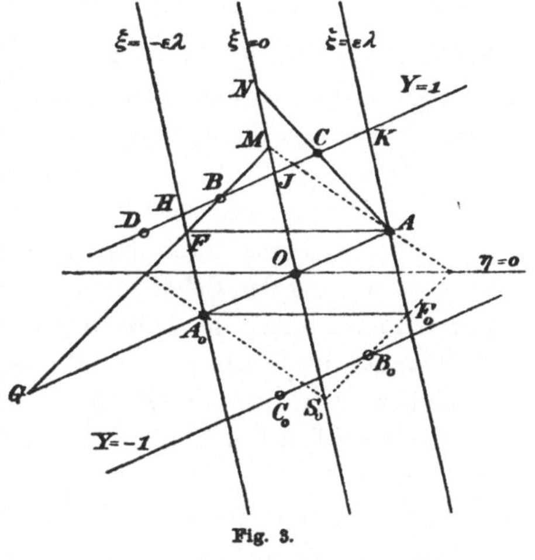

Fig. 3.

fällt und wenn zugleich M näher an O liegt als N, also $OM < ON$ ist, den Gitterpunkt B, *drittens*, wenn in J kein Gitterpunkt fällt und dabei $OM \geq ON$ ist, den Gitterpunkt C. Da A' auf $Y = 1$ liegt, gilt jedesmal $pq' - qp' = \varepsilon = \pm 1$. Für A' können wir sodann $\xi = \varepsilon'\lambda'$, $\eta = \mu'$ setzen, so daß $\lambda' = 0$ im ersten, $\varepsilon' = -\varepsilon$, $\lambda' > 0$ im zweiten, $\varepsilon' = \varepsilon$, $\lambda' > 0$ im dritten Falle ist, ferner in jedem Falle $\lambda' < \lambda$, $\mu' > \mu$. Im ersten Falle denken wir uns noch $\varepsilon' = -\varepsilon$. Wir wollen ferner hier unter $\mathfrak{P}(\varrho, \sigma)$ mit den Ecken RSR_0S_0 speziell dasjenige völlig bestimmte Parallelogramm mit $\xi = 0$, $\eta = 0$ als Diagonalen verstehen, dessen Berandung sowohl den Punkt A, wie den Punkt A' aufnimmt. Die Ecke $S(\xi = 0, \eta = \sigma)$ kommt dabei im ersten Falle in J, im zweiten in M, im dritten in N zu liegen. Wir können nun zeigen, daß in jedem Falle dieses Parallelogramm $\mathfrak{P}(\varrho, \sigma)$

keinen Gitterpunkt außer O im Inneren enthält und daß darin auch A' nicht Mitte einer Seite ist. Aus diesen Umständen folgt nach den Betrachtungen in § 1, daß $\lambda'\mu' < \frac{1}{2}$ ist, und, da zudem $\lambda > \lambda' \geq 0$ gilt, wird danach in der Tat der Gitterpunkt p', q' von der im Satze II geforderten Beschaffenheit sein. Wir unterscheiden nun die genannten drei Fälle:

Ist *erstens* J ein Gitterpunkt, $A' = J$, so erreicht das Parallelogramm $\mathfrak{P}(\varrho, \sigma)$ die Gerade $Y = 1$ nur im Punkte J. Dieses Parallelogramm enthält daher keinen Gitterpunkt außer O im Inneren und A, A_0, J, J_0 auf der Begrenzung. Dabei werden J, J_0 die Ecken S, S_0. Da ferner H außerhalb dieses Parallelogramms $\mathfrak{P}(\varrho, \sigma)$ fällt, so liegt wegen $OH = AJ$ der Punkt A von S weiter entfernt als die Mitte $\xi = \frac{\varepsilon\varrho}{2}$, $\eta = \frac{\sigma}{2}$ der Seite, welche A und S enthält. Man hat also $\lambda > \frac{\varrho}{2}$, $\mu < \frac{\sigma}{2}$. Andererseits gilt $\lambda' = 0 < \frac{\varrho}{2}$, $\mu' = \sigma > \frac{\sigma}{2}$. — Zu bemerken ist noch, daß hier jedenfalls $\mu > 0$ ist. Denn wäre $\mu = 0$, also auch A eine Ecke in $\mathfrak{P}(\varrho, \sigma)$, so enthielte dieses Parallelogramm in den vier Ecken Gitterpunkte. Dann wäre nach § 1, 3. die Form $\xi\eta$ der Variablen x, y äquivalent mit der Form XY der Variablen X, Y.

Wir verfolgen jetzt die Annahme, daß J kein Gitterpunkt ist. Es bedeute noch G den Schnittpunkt der Geraden FB mit der Geraden $Y = 0$; dieser Punkt liegt im Falle $\mu > 0$ auf der Verlängerung von $A_0 O$ über A_0 hinaus, im Falle $\mu = 0$ fällt er mit A_0 zusammen. Aus den zwei ähnlichen Dreiecken GOM und BJM einerseits und aus den zwei ähnlichen Dreiecken OAN und JCN andererseits erhält man die Proportionen

$$(1) \qquad \frac{JM}{OJ + JM} = \frac{BJ}{GO}, \qquad \frac{JN}{OJ + JN} = \frac{JC}{OA}.$$

Der *zweite* der obigen Fälle, $A' = B$, hat statt, wenn J kein Gitterpunkt ist und dabei $OM < ON$ ist. Der gezeichneten Figur 3 ist speziell dieser Fall zugrunde gelegt. Dabei gibt dann FBM (A_0BM für $\mu = 0$) eine Seite von $\mathfrak{P}(\varrho, \sigma)$ ab. Für den Punkt M gilt hier stets $Y < 2$. Denn entweder hat man $BJ < JC$; wegen $BJ + JC = A_0 O$ ist dann $BJ < \frac{1}{2}A_0 O \leq \frac{1}{2}GO$ und folgt aus (1): $JM < OJ$. Ist aber $BJ \geq JC$, so ist wegen $BJ + JC = OA$ jetzt $JC \leq \frac{1}{2}OA$ und folgt aus der zweiten Relation in (1): $JN \leq OJ$, und um so mehr gilt dann $JM < OJ$. In jedem Falle ist dann weiter $OM < 2OJ$, d. h. eben $Y < 2$ für den Punkt M.

Das Parallelogramm $\mathfrak{P}(\varrho, \sigma)$ liegt somit hier ganz im Bereiche $-2 < Y < 2$. Von der Geraden $Y = 1$ enthält es eine Strecke mit B als einem Endpunkte und mit einem Punkte zwischen J und C als anderem

Endpunkte, von der Geraden $Y = 0$ enthält es die Strecke $A_0\,OA$. Von Gitterpunkten finden sich also darin allein O im Inneren und A, A_0, B, B_0 auf der Begrenzung. Da ferner $BC = OA$ ist, die Strecke BC bei B ins Innere von $\mathfrak{P}(\varrho, \sigma)$ eintritt, aber C außerhalb $\mathfrak{P}(\varrho, \sigma)$ fällt, so liegt B an $S\,(= M)$ *näher* als die Mitte $\xi = -\frac{\varepsilon\varrho}{2}$, $\eta = \frac{\sigma}{2}$ der B und S enthaltenden Seite von $\mathfrak{P}(\varrho, \sigma)$, man hat also $\lambda' < \frac{\varrho}{2}$, $\mu' > \frac{\sigma}{2}$; und andererseits liegt deshalb der Punkt A von der Ecke $S\,(= M)$ *weiter* ab als die Mitte $\xi = \frac{\varepsilon\varrho}{2}$, $\eta = \frac{\sigma}{2}$ der A und S enthaltenden Seite von $\mathfrak{P}(\varrho, \sigma)$, mithin ist $\lambda > \frac{\varrho}{2}$, $\mu < \frac{\sigma}{2}$.

Über die Ermittlung des Gitterpunktes A' in diesen beiden ersten Fällen bemerken wir folgendes: Man hat für A' hier $\xi = -\varepsilon\lambda'$, $\eta = \mu'$ und $0 \leqq \lambda' < \lambda$, andererseits $\overline{X} = g$, $Y = 1$, wo g eine ganze Zahl ist, und dann $p' = r + gp$, $q' = s + gq$. Nun folgt $-\varepsilon\lambda' = \varepsilon(\overline{\lambda} + g\lambda)$, also soll $0 \leqq -\overline{\lambda} - g\lambda < \lambda$ oder $0 \leqq -\frac{\overline{\lambda}}{\lambda} - g < 1$ sein. Danach ist g die größte in $-\frac{\overline{\lambda}}{\lambda}$ enthaltene ganze Zahl:

$$g = \left[-\frac{\overline{\lambda}}{\lambda} \right].$$

Die Relation $Y = 1$ für A' ist gleichbedeutend mit $\lambda\mu' + \mu\lambda' = 1$. Ist nun $-\frac{\overline{\lambda}}{\lambda}$ genau eine ganze Zahl, so wird $\lambda' = 0$, $A' = J$. Anderenfalls wird $\lambda' > 0$ und ist der Punkt M auf der Geraden FB ($A_0 B$ für $\mu = 0$) bestimmt durch $\xi = 0$, $\frac{\eta - \mu'}{\xi + \varepsilon\lambda'} = \frac{\eta - \mu}{\xi + \varepsilon\lambda}$, also für M: $\eta(\lambda - \lambda') = \lambda\mu' - \mu\lambda' = 2\lambda\mu' - 1$, der Punkt N auf der Geraden AC hingegen ist, da C hier den Werten $\xi = -\varepsilon\lambda' + \varepsilon\lambda$, $\eta = \mu' + \mu$ entspricht, bestimmt durch $\xi = 0$, $\frac{\eta - \mu' - \mu}{\xi + \varepsilon\lambda' - \varepsilon\lambda} = \frac{\eta - \mu}{\xi - \varepsilon\lambda}$, also für N: $\eta\lambda' = \lambda\mu' + \mu\lambda' = 1$. Die Relation $OM < ON$ kommt danach auf $\frac{2\lambda\mu' - 1}{\lambda - \lambda'} < \frac{1}{\lambda'}$ d. i., da $\lambda > 0$ ist, auf $2\lambda'\mu' < 1$ hinaus.

Endlich nehmen wir als *dritten* Fall den, daß J kein Gitterpunkt ist und dabei $OM \geqq ON$ gilt. Dann hat für $A'(\xi = \varepsilon'\lambda', \eta = \mu')$ der Punkt C einzutreten, so daß $\varepsilon' = \varepsilon$ ist. Für B ist dann $\xi = -\varepsilon(\lambda - \lambda')$, $\eta = \mu' - \mu$; es folgt also zunächst $\mu' - \mu > \mu$. Die Relation $OM \geqq ON$ kommt hier nach der eben gemachten Ausführung auf $2(\lambda - \lambda')(\mu' - \mu) \geqq 1$ hinaus.

Es sei zunächst $OM > ON$. Aus $JM > JN$ folgt nach (1), da $GO \geqq OA$ ist, $BJ > JC$. Diese Beziehung ist hier gleichbedeutend mit $\lambda - \lambda' > \lambda'$. Wegen $BJ + JC = OA$ hat man sodann $JC < \frac{1}{2}OA$, und wegen (1) daher $JN < OJ$. Danach gilt für den Punkt N jedenfalls $Y < 2$. Das Parallelogramm $\mathfrak{P}(\varrho, \sigma)$ reicht also nicht an $Y = 2$ heran. Von der Geraden $Y = 1$ enthält es eine Strecke mit einem Punkte zwischen B und J als einem Endpunkte und mit dem anderen Endpunkte in C, von der Geraden $Y = 0$ enthält es die Strecke $A_0 O A$. Danach enthält es keinen Gitterpunkt außer O und A, A_0, C, C_0. Da ferner B außerhalb dieses Parallelogramms liegt und $AC = OB$ ist, so ist AC größer als die Hälfte der A und C enthaltenden Seite von $\mathfrak{P}(\varrho, \sigma)$ und befindet sich daher C näher an $S\,(= N)$ und A weiter von S als die Mitte $\xi = \dfrac{s\varrho}{2}$, $\eta = \dfrac{\sigma}{2}$ dieser Seite; man hat also $\lambda' < \dfrac{\varrho}{2} < \lambda,\ \mu' > \dfrac{\sigma}{2} > \mu$.

Jetzt sei $OM = ON$, so daß M mit N zusammenfällt. Nehmen wir zudem $\mu > 0$ an, so daß A nicht Ecke in $\mathfrak{P}(\varrho, \sigma)$ wird, so ist $GO > A_0 O$ und daher wieder $BJ > JC$, $\lambda - \lambda' > \lambda'$, und gelten alle Überlegungen wie vorhin, nur daß außer A, A_0, C, C_0 noch die Gitterpunkte B und B_0 auf die Begrenzung von $\mathfrak{P}(\varrho, \sigma)$ zu liegen kommen. Weil OB parallel AC ist, wird dabei B Mitte einer Seite von $\mathfrak{P}(\varrho, \sigma)$, also $\lambda - \lambda' = \dfrac{\varrho}{2}$, $\mu' - \mu = \dfrac{\sigma}{2}$, dagegen ist, weil $OB = AC$ und weder A noch C eine Ecke von $\mathfrak{P}(\varrho, \sigma)$ ist, weder C noch A Mitte einer Seite von $\mathfrak{P}(\varrho, \sigma)$; man hat wieder $\lambda' < \dfrac{\varrho}{2} < \lambda,\ \mu' > \dfrac{\sigma}{2} > \mu$.

Hat man schließlich $OM = ON$ *und dazu* $\mu = 0$, so ist $A_0 O A$ Diagonale von $(\mathfrak{P}\varrho, \sigma)$ und fällt G mit A_0 zusammen. Dann folgt $BJ = JC = \dfrac{1}{2} OA$, also $\lambda - \lambda' = \lambda'$ und weiter $JN = OJ$, $CN = AC = OB$. Unter diesen Umständen reicht $\mathfrak{P}(\varrho, \sigma)$ mit der Ecke S gerade an $Y = 2$ heran, es enthält wieder im Inneren außer O keinen Gitterpunkt, aber nicht bloß B, sondern auch C ist darin Mitte einer Seite. Für B wie für C gilt dann $|\xi \eta| = \dfrac{1}{2}$. Es wäre dieses derjenige Fall, wo $\xi \eta$ sich als äquivalent mit der Form $\dfrac{1}{2}(X^2 - Y^2)$ erweist, ein Fall, der vorweg ausgeschlossen wurde.

Aus den Betrachtungen in § 1 folgt nunmehr in jedem Falle, daß der Gitterpunkt A' den Forderungen des Satzes II entspricht. Zur Bestimmung dieses Gitterpunktes $x = p'$, $y = q'$ aus dem Gitterpunkte A hat sich sogleich die folgende Regel herausgestellt:

Man bezeichne mit g die größte in $-\dfrac{\bar{\lambda}}{\lambda}$ *enthaltene ganze Zahl und setze $h = g$ oder $h = g + 1$, je nachdem*

$$(-\bar{\lambda} - \lambda g)(\bar{\mu} + \mu g) < \text{oder} \geqq \dfrac{1}{2}$$

ist. Dann hat man $p' = r + ph$, $q' = s + qh$.

2. Verändern wir die Parameter ϱ, σ des in 1. betrachteten Parallelogramms $\mathfrak{P}(\varrho, \sigma)$ in der Weise, daß σ verkleinert wird, also S und S_0 näher an O heranrücken, daß aber die Seiten noch fortwährend durch A, A_0 (und F, F_0) gehen, so erhalten wir, so lange die Abnahme von σ eine gewisse Grenze nicht erreicht, ein neues Parallelogramm mit $\xi = 0$, $\eta = 0$ als Diagonalen, welches offenbar keine anderen Gitterpunkte außer A_0, O, A enthält. Daraus geht der Satz hervor:

Satz III. *Ist ein Gitterpunkt* $x = p$, $y = q$ *so beschaffen, daß die Zahlen* p, q *relativ prim sind und dafür* $|\xi\eta| < \frac{1}{2}$ *ausfällt, so kann man stets Parallelogramme*

$$\left|\frac{\xi}{\varrho}\right| + \left|\frac{\eta}{\sigma}\right| \leq 1$$

konstruieren, welche den Gitterpunkt auf der Begrenzung liegen haben und außer den drei Punkten $x, y = p, q$; $0, 0$; $-p, -q$ *überhaupt keinen Gitterpunkt enthalten.*

Wenn andererseits für einen Gitterpunkt $x = p$, $y = q$ ein Parallelogramm der hier bezeichneten Art existiert, so zeigt der Beweis zum Satze I, daß umgekehrt stets p, q relativ prim sind und dafür $|\xi\eta| < \frac{1}{2}$ ausfällt.

Auf Grund dieses Satzes III beweisen wir über das Verhältnis der in 1. mit A und A' bezeichneten zwei Gitterpunkte den folgenden wichtigen

Zusatz: *Es kann keinen von* A, A_0, A', A_0' *verschiedenen Gitterpunkt* x, y *geben, für den ebenfalls* x, y *relativ prim sind und ebenfalls* $|\xi\eta| < \frac{1}{2}$, *dabei aber* $\lambda \geq |\xi| \geq \lambda'$ *wäre.*

Beweis. Nehmen wir an, es existierte ein Gitterpunkt A^* der hier bezeichneten Art, und es sei für ihn $|\xi| = \lambda^*$, $|\eta| = \mu^*$. Wir bezeichnen (Fig. 4) mit E den Punkt $\xi = \lambda$, $\eta = \mu$, mit E' den Punkt $\xi = \lambda'$, $\eta = \mu'$, mit R und S die Schnittpunkte der Geraden EE' mit $\eta = 0$ und $\xi = 0$, weiter mit L den Punkt $\xi = \lambda$, $\eta = 0$, mit L' den Punkt $\xi = \lambda'$, $\eta = 0$, endlich mit E^* den Punkt $\xi = \lambda^*$, $\eta = \mu^*$. Nach dem Satze III müßte es zufolge unserer Voraussetzungen möglich sein, ein Parallelogramm $\mathfrak{P}(\varrho^*, \sigma^*)$ mit $\xi = 0$, $\eta = 0$ als Diagonalen zu konstruieren, dessen Begrenzung den Punkt A^* aufnimmt, welches

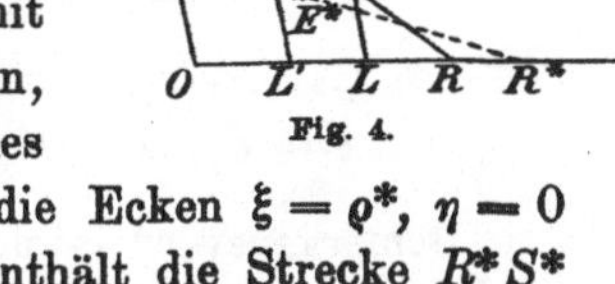

Fig. 4.

aber weder A noch A' enthielte. Sind R^*, S^* die Ecken $\xi = \varrho^*$, $\eta = 0$ und $\xi = 0$, $\eta = \sigma^*$ dieses Parallelogramms, so enthält die Strecke R^*S^* den Punkt E^*, es darf aber weder E, noch E' dem Dreiecke $O R^* S^*$ angehören. Da nun nach Voraussetzung E^* in dem Parallelstreifen $\lambda' \leqq \xi \leqq \lambda$ liegt und noch dafür $\eta \geqq 0$ ist, müßte danach E^* sich notwendig im Viereck $L'LEE'$ und dabei nicht auf der Seite EE' desselben befinden. Aber das Parallelogramm RSR_0S_0 enthält im Inneren O als einzigen Gitterpunkt, danach kann E^* nicht in $L'LEE'$ bei Ausschluß der Strecke EE' liegen. Ein Gitterpunkt, wie wir ihn in A^* angenommen haben, kann also nicht existieren.

In entsprechender Weise leuchtet ein, daß es keinen von A, A_0, A', A_0' verschiedenen Gitterpunkt geben kann, für den ebenfalls x, y relativ prim sind und ebenfalls $|\xi\eta| < \frac{1}{2}$, dabei aber $\mu \leqq |\eta| \leqq \mu'$ wäre.

3. Durch die aus A und A' entnommene Substitution
$$T) \qquad x = pX + p'Y, \quad y = qX + q'Y,$$
deren Determinante $pq' - qp' = \pm 1$ ist, geht die Form $\xi\eta$ in eine äquivalente Form
$$\varphi X^2 + \chi XY + \psi Y^2 = (\varepsilon\lambda X + \varepsilon'\lambda' Y)(\mu X + \mu' Y)$$
über.

Man erhält sodann zunächst die Gleichung $\chi^2 - 4\varphi\psi = 1$.

Sodann ist $\varphi = \varepsilon\lambda\mu$, $\psi = \varepsilon'\lambda'\mu'$ und gilt $|\varphi| < \frac{1}{2}$, $|\psi| < \frac{1}{2}$. Weiter hat man, wenn $\varepsilon' = -\varepsilon$ ist, $\lambda\mu' + \mu\lambda' = 1$, $\lambda > \lambda' \geqq 0$, $\mu' > \mu \geqq 0$ und $\chi = \varepsilon(\lambda\mu' - \mu\lambda') = \varepsilon(1 - 2\mu\lambda')$; also ist in diesem Falle $0 < \varepsilon\chi \leqq 1$. Wenn dagegen $\varepsilon' = \varepsilon$ ist, hat man $\lambda\mu' - \mu\lambda' = 1$, $\lambda > 2\lambda' > 0$, $\mu' > 2\mu \geqq 0$ und $\chi = \varepsilon(\lambda\mu' + \mu\lambda') = \varepsilon(1 + 2\mu\lambda')$; da hier $2\mu\lambda' < \mu'\lambda' < \frac{1}{2}$ ist, folgt also $1 \leqq \varepsilon\chi < \frac{3}{2}$. Die Relation $(\lambda - \lambda')(\mu' - \mu) \geqq \frac{1}{2}$, die in diesem zweiten Falle besteht, ergibt $\varepsilon(\chi - \varphi - \psi) \geqq \frac{1}{2}$. — Die Vorzeichen ε und ε' entnimmt man hiernach bereits aus dem Werte von χ allein, außer wenn gerade $\chi = \pm 1$ (also $\varphi = 0$ oder $\psi = 0$) ist.

Da aus $pq' - qp' = \pm 1$ schon hervorgeht, daß p und q einerseits und andererseits p' und q' relativ prim sind, so sind die besonderen Umstände, welche hier für die zwei Gitterpunkte $A(\xi = \varepsilon\lambda, \ \eta = \mu)$ und $A'(\xi = \varepsilon'\lambda', \ \eta = \mu')$ gelten, völlig zusammengefaßt in den Beziehungen: $\lambda > 0$; $\mu > 0$, $\varepsilon = \pm 1$ oder $\mu = 0$, $\varepsilon = 1$; $pq' - qp' = \varepsilon$, ferner *entweder:*
$$\varepsilon' = -\varepsilon, \quad \lambda > \lambda' \geqq 0, \quad \lambda\mu < \frac{1}{2}, \quad \lambda'\mu' < \frac{1}{2}$$
oder:
$$\varepsilon' = \varepsilon, \quad \lambda > \lambda' > 0, \quad \lambda\mu < \frac{1}{2}, \quad (\lambda - \lambda')(\mu' - \mu) \geqq \frac{1}{2}.$$

Bemerkenswert ist noch, daß bei dieser zweiten Reihe von Bedingungen für $\varepsilon' = \varepsilon$ die Ungleichung $\lambda\mu < \frac{1}{2}$ eine Folge der übrigen Ungleichungen ist. Denn man hat hier $\lambda\mu' - \lambda'\mu = 1$. Aus

$$(\lambda - \lambda')(\mu' - \mu) \geqq \tfrac{1}{2}$$

und $\lambda > \lambda'$ folgt zuvörderst $\mu' > \mu$; sodann kann diese Ungleichung ersetzt werden durch

$$\lambda\mu' + \lambda'\mu - \lambda\mu - \lambda'\mu' \geqq \tfrac{1}{2}(\lambda\mu' - \lambda'\mu),$$

d. i.

$$\tfrac{1}{2}\lambda\mu' + \tfrac{3}{2}\lambda'\mu - \lambda\mu - \lambda'\mu' \geqq 0$$

oder

$$\tfrac{1}{2}(\lambda - \lambda')(\mu' - 2\mu) \geqq \tfrac{1}{2}\lambda'(\mu' - \mu).$$

Daraus folgt $\mu' - 2\mu > 0$. Ersetzt man weiter hier $\lambda\mu'$ durch $1 + \lambda'\mu$, so entsteht endlich

$$\tfrac{1}{2} + 2\lambda'\mu \geqq \lambda\mu + \lambda'\mu', \quad \text{also} \quad \tfrac{1}{2} \geqq \lambda\mu + \lambda'(\mu' - 2\mu),$$

und daraus entnimmt man in der Tat $\tfrac{1}{2} > \lambda\mu$.

§ 3.

Fassen wir die Resultate des § 1 und § 2 zusammen und nehmen die Sätze hinzu, welche daraus bei Vertauschung der Rollen von ξ und η, bei Ersetzung von ξ, η durch $\eta, -\xi$, hervorgehen, so entsteht der folgende

Satz IV. *Es seien $\xi = \alpha x + \beta y$, $\eta = \gamma x + \delta y$ zwei lineare Formen mit beliebigen reellen Koeffizienten und einer Determinante $\alpha\delta - \beta\gamma = 1$; jedoch sei die Form $\xi\eta$ in x, y nicht äquivalent mit der Form XY oder der Form $\tfrac{1}{2}(X^2 - Y^2)$ in X, Y. Alsdann lassen sich die sämtlichen Systeme von ganzen Zahlen x, y, für welche x, y relativ prim sind und $|\xi\eta| < \tfrac{1}{2}$ und zudem $\eta > 0$, bzw. $\eta = 0$, $\xi > 0$ ist, in eine Reihe nach wachsendem Werte η ordnen. Dabei sind sie zugleich nach abnehmendem Werte $|\xi|$ geordnet.*

Für je zwei aufeinanderfolgende Systeme $x = p$, $y = q$ und $x = p'$, $y = q'$ in der Reihe gilt dann stets

$$pq' = qp' = \pm 1.$$

Diese Reihe weist ein bestimmtes erstes System auf, wofür $\eta = 0, \xi > 0$, also $\dfrac{x}{\delta} = \dfrac{y}{-\gamma}$ und > 0 ist, wenn $\dfrac{\delta}{-\gamma}$ rational ist; sie weist ein bestimmtes letztes System auf, wofür $\xi = 0$, $\eta > 0$, also $\dfrac{x}{-\beta} = \dfrac{y}{\alpha}$ und > 0 ist, wenn $\dfrac{-\beta}{\alpha}$ rational ist. Sie ist ohne ein erstes System, wenn $\dfrac{\delta}{-\gamma}$ irrational ist, *ohne ein letztes System, wenn $\dfrac{-\beta}{\alpha}$ irrational ist; sie ist nach Anfang und Ende hin unbegrenzt, wenn sowohl $\dfrac{\delta}{-\gamma}$ wie $\dfrac{-\beta}{\alpha}$ irrational sind.*

Ist die Reihe ohne ein letztes System, so konvergiert in ihrem Verlaufe $|\xi|$ nach Null und wächst η über jede Grenze; ist sie ohne ein erstes System, so wächst bei umgekehrter Folge der Systeme in ihr $|\xi|$ über jede Grenze und konvergiert η nach Null.

Diese zuletzt erwähnte Tatsache folgt aus dem Umstande, daß überhaupt nur für eine endliche Anzahl von Systemen der Reihe $|\xi|$ oder η zwischen gegebenen positiven Grenzen liegen kann. Denn soll etwa $\varrho_1 \geqq |\xi| \geqq \varrho_0 > 0$ sein, so folgt aus $|\xi\eta| < \dfrac{1}{2}$ und $|\xi| \geqq \varrho_0$ noch $|\eta| < \dfrac{1}{2\varrho_0}$; in einem Parallelogramme $|\xi| \leqq \varrho_1$, $|\eta| \leqq \dfrac{1}{2\varrho_0}$ liegen aber stets nur eine endliche Anzahl von Gitterpunkten x, y.

Die Reihe der hier in Betracht kommenden Gitterpunkte x, y, nach wachsendem Werte ihres η geordnet, soll die *Kette zu* den Formen ξ, η heißen, ein einzelner Gitterpunkt $x = p$, $y = q$ daraus ein *Kettenglied*, ferner die mittels zweier aufeinanderfolgender Kettenglieder $x = p$, $y = q$ und $x = p'$, $y = q'$ gebildete Substitution

$$x = pX + p'Y, \quad y = qX + q'Y$$

eine *Substitution der Kette* heißen.

Wir bezeichnen die nacheinander auftretenden Kettenglieder mit

$$p_i, q_i \qquad (i = \cdots -2, -1, 0, 1, 2, \cdots),$$

wobei wir, wenn ein erstes Glied vorhanden ist, *diesem* Gliede und anderenfalls einem beliebig gewählten Gliede den Index 0 erteilen wollen. Für $x = p_i$, $y = q_i$ setzen wir $\xi = \varepsilon_i \lambda_i$, $\eta = \mu_i$, so daß $\mu_i \geqq 0$, $\lambda_i \geqq 0$, $\varepsilon_i = \pm 1$ sei. Ferner schreiben wir allgemein, soweit die Indizes in Betracht kommen,

$$\frac{\varepsilon_i}{\varepsilon_{i-1}} = \vartheta_i.$$

Für ein etwa vorhandenes erstes Glied ist $\varepsilon_0 = 1$. Für einen etwa vorhandenen letzten Index $i = w$, wobei dann $\lambda_w = 0$ wäre, denken wir uns $\vartheta_w = -1$ gewählt. Die Substitution

$$x = p_{i-1}X_i + p_i Y_i, \quad y = q_{i-1}X_i + q_i Y_i$$

oder kurz $\begin{pmatrix} p_{i-1}, & p_i \\ q_{i-1}, & q_i \end{pmatrix}$ bezeichnen wir mit T_i.

Man hat dann allgemein:

$$\lambda_{i-1} > \lambda_i, \quad \mu_{i-1} < \mu_i,$$

ferner

(1) $$\lambda_{i-1}\mu_i - \vartheta_i\mu_{i-1}\lambda_i = 1, \quad p_{i-1}q_i - q_{i-1}p_i = \varepsilon_{i-1}.$$

Die am Schlusse von § 2, 1. entwickelte Regel, welche überhaupt dazu verhilft, aus einem Kettengliede das nächstfolgende abzuleiten, ergibt einen einfachen Zusammenhang zwischen drei aufeinanderfolgenden Kettengliedern: p_{i-1}, q_{i-1}; p_i, q_i; p_{i+1}, q_{i+1}. Wir können p_i, q_i mit dem Gitterpunkte p, q (ε_i mit ε, λ_i mit λ) und p_{i+1}, q_{i+1} mit p', q' aus § 2 identifizieren. Für die Zahlen r, s dort, welche der Bedingung $p_i s - q_i r = \varepsilon_i$ zu genügen haben, kann man dann mit Rücksicht auf (1): $s = - \vartheta_i q_{i-1}$, $r = - \vartheta_i p_{i-1}$ einführen, und dabei wird

$$\xi = \varepsilon_i \overline{\lambda} = - \vartheta_i \varepsilon_{i-1} \lambda_{i-1} \, .$$

Also ist dann $\overline{\lambda}$ durch $- \lambda_{i-1}$ zu ersetzen. Dadurch entsteht die folgende Regel:

Man bezeichne mit g_i die größte in $\dfrac{\lambda_{i-1}}{\lambda_i}$ enthaltene ganze Zahl und setze $h_i = g_i$ oder $= g_i + 1$, je nachdem

$$(\lambda_{i-1} - g_i \lambda_i)(g_i \mu_i - \vartheta_i \mu_{i-1}) < oder \geq \frac{1}{2}$$

ist, dann gilt

$$p_{i+1} = - \vartheta_i p_{i-1} + h_i p_i, \qquad q_{i+1} = - \vartheta_i q_{i-1} + h_i q_i$$

und überdies wird $\vartheta_{i+1} = - 1$ im ersten, $= 1$ im zweiten Falle.

Man erhält hiernach

$$(2) \quad \begin{pmatrix} p_{i-1}, & p_i \\ q_{i-1}, & q_i \end{pmatrix} \begin{pmatrix} 0, & - \vartheta_i \\ 1, & h_i \end{pmatrix} = \begin{pmatrix} p_i, & p_{i+1} \\ q_i, & q_{i+1} \end{pmatrix},$$

$$\begin{pmatrix} \varepsilon_{i-1} \lambda_{i-1}, & \varepsilon_i \lambda_i \\ \mu_{i-1}, & \mu_i \end{pmatrix} \begin{pmatrix} 0, & - \vartheta_i \\ 1, & h_i \end{pmatrix} = \begin{pmatrix} \varepsilon_i \lambda_i, & \varepsilon_{i+1} \lambda_{i+1} \\ \mu_i & \mu_{i+1} \end{pmatrix} .$$

Es wird also

$$p_{i-1} X_i + p_i Y_i = p_i X_{i+1} + p_{i+1} Y_{i+1},$$
$$q_{i-1} X_i + q_i Y_i = q_i X_{i+1} + q_{i+1} Y_{i+1}$$

vermöge

$$X_i = - \vartheta_i Y_{i+1}, \qquad Y_i = X_{i+1} + h_i Y_{i+1} \, .$$

Setzt man allgemein $- \dfrac{X_i}{Y_i} = t_i$, so gilt daher weiter

$$(3) \quad \frac{- p_{i-1} t_i + p_i}{- q_{i-1} t_i + q_i} = \frac{- p_i t_{i+1} + p_{i+1}}{- q_i t_{i+1} + q_{i+1}},$$

während

$$(4) \quad t_i = \frac{\vartheta_i}{h_i - t_{i+1}}$$

ist. Dabei ist zu bemerken, daß Zähler und Nenner der rechten Seite von (3) genau die Ausdrücke sind, die bei der naturgemäßen Umformung des Zählers oder des Nenners der linken Seite je in einen Quotienten zweier ganzer Funktionen von t_{i+1} als die Zähler dieser beiden Quotienten erscheinen. Aus (3) und (4) erhält man sogleich allgemeiner:

$$(5) \qquad \frac{-p_{i-1}\,t_i + p_i}{-q_{i-1}\,t_i + q_i} = \frac{-p_{k-1}\,t_k + p_k}{-q_{k-1}\,t_k + q_k}, \qquad i < k,$$

wenn

$$(6) \qquad t_i = \cfrac{\vartheta_i}{h_i - \cfrac{\vartheta_{i+1}}{h_{i+1} - \cdots - \cfrac{\vartheta_{k-1}}{h_{k-1} - t_k}}}$$

ist, und dabei gilt über die Entstehung von Zähler und Nenner der rechten Seite in (5) aus Zähler und Nenner der linken Seite eine ganz entsprechende Bemerkung wie bei den Beziehungen (3) und (4).

Ebenso wie ξ, η haben η, $-\xi$ die Determinante 1. Die Kette zu η, $-\xi$ ist im wesentlichen die umgekehrte Kette zu ξ, η. Durchläuft p_i, q_i die Gitterpunkte der Kette zu ξ, η in umgekehrter Reihenfolge, d. h. so daß die Indizes i abnehmen, so hat man dabei in den Systemen $x = -\varepsilon_i p_i$, $y = -\varepsilon_i q_i$, (für welche $-\xi \geqq 0$ ausfällt), die Glieder der Kette zu η, $-\xi$. Über den Fortgang in dieser letzteren Kette sei noch die aus (2) folgende Beziehung:

$$(7) \qquad \begin{pmatrix} -\varepsilon_{i+1}p_{i+1}, & -\varepsilon_i p_i \\ -\varepsilon_{i+1}q_{i+1}, & -\varepsilon_i q_i \end{pmatrix} \begin{pmatrix} 0, & -\vartheta_{i+1} \\ 1, & h_i \end{pmatrix} = \begin{pmatrix} -\varepsilon_i p_i, & -\varepsilon_{i-1}p_{i-1} \\ -\varepsilon_i q_i, & -\varepsilon_{i-1}q_{i-1} \end{pmatrix}$$

angemerkt.

§ 4.

An die Sätze in § 2 schließt sich folgendes Theorem an:

Satz V. *Sind $\xi = \alpha x + \beta y$, $\eta = \gamma x + \delta y$ zwei lineare Formen mit beliebigen reellen Koeffizienten und einer Determinante $\alpha\delta - \beta\gamma = 1$ und sind ξ_0, η_0 irgendwelche gegebene reelle Größen, so gibt es stets ganze Zahlen x, y, für welche*

$$| (\xi - \xi_0)(\eta - \eta_0) | \leqq \frac{1}{4}$$

ausfällt.

Beweis. Betrachten wir vorweg die Fälle, daß es eine ganzzahlige Substitution mit einer Determinante ± 1 gibt, durch welche die Form $\xi\eta$ der Variablen x, y in die Form XY oder in die Form $\frac{1}{2}(X^2 - Y^2)$ der neuen Variablen X, Y übergehe. Dem Wertsysteme $\xi = \xi_0$, $\eta = \eta_0$ entspreche dabei das System $X = X_0$, $Y = Y_0$, so erweist sich vermöge jener Substitution

$$(\xi - \xi_0)(\eta - \eta_0) = (X - X_0)(Y - Y_0), \text{ bzw. } = \frac{1}{2}\big((X - X_0)^2 - (Y - Y_0)^2\big).$$

Bestimmen wir nun X und Y als ganze Zahlen so, daß $|X - X_0| \leqq \frac{1}{2}$, $|Y - Y_0| \leqq \frac{1}{2}$ ist, so wird im ersten Falle, wo $\xi\eta$ äquivalent XY ist,

$|(\xi - \xi_0)(\eta - \eta_0)| \leq \frac{1}{4}$. Dabei ist zu bemerken, daß das Gleichheitszeichen hier unter gewissen Umständen wirklich in Betracht kommt, nämlich wenn sowohl X_0 wie Y_0 gleich ganzen Zahlen vermehrt um $\frac{1}{2}$ sind. — Im zweiten Falle, wo $\xi\eta$ äquivalent $\frac{1}{2}(X^2 - Y^2)$ ist, stellt sich sogar $|(\xi - \xi_0)(\eta - \eta_0)| \leq \frac{1}{8}$ heraus.

Nunmehr schließen wir die Fälle aus, daß $\xi\eta$ äquivalent mit XY oder mit $\frac{1}{2}(X^2 - Y^2)$ ist.

Betrachten wir irgendeine Substitution

$$x = pX + p'Y, \qquad y = qX + q'Y$$

der zu ξ, η gehörigen Kette. Wir bezeichnen den Gitterpunkt p, q mit A, den Gitterpunkt p', q' mit A'. Nach § 2 haben wir ein ganz bestimmtes Parallelogramm RSR_0S_0 oder $\mathfrak{P}(\varrho, \sigma)$: $\left|\frac{\xi}{\varrho}\right| + \left|\frac{\eta}{\sigma}\right| \leq 1$, dessen Berandung sowohl A, wie A' aufnimmt. Der größeren Anschaulichkeit wegen wollen wir in der Zeichnungsebene die Koordinaten x, y derart interpretieren, daß dieses Parallelogramm $\mathfrak{P}(\varrho, \sigma)$ ein *Quadrat* im gewöhnlichen Sinne wird. Für p, q sei $\xi = \varepsilon\lambda$, $\eta = \mu$, $(\lambda \geq 0, \ \mu \geq 0, \ \varepsilon = \pm 1)$, für p', q' sei $\xi = \varepsilon'\lambda'$, $\eta = \mu'$, $(\lambda' \geq 0, \ \mu' \geq 0, \ \varepsilon' = \pm 1)$. Wir haben nun die beiden, auch in § 2 unterschiedenen Fälle $\varepsilon' = -\varepsilon$ und $\varepsilon' = \varepsilon$ gesondert zu untersuchen.

1^{0}. Es sei zunächst $\varepsilon' = -\varepsilon$ und $\lambda > \lambda' \geq 0$, $\mu' > \mu \geq 0$. Ein gleichzeitiges Eintreten von $\mu = 0$ und $\lambda' = 0$ ist dadurch ausgeschlossen, daß $\xi\eta$ nicht äquivalent XY sein soll. Es sei M die Seitenmitte $\xi = \frac{\varepsilon\varrho}{2}$, $\eta = \frac{\sigma}{2}$ und M' die Seitenmitte $\xi = -\frac{\varepsilon\varrho}{2}$, $\eta = \frac{\sigma}{2}$ in $\mathfrak{P}(\varrho, \sigma)$. Nach den Bemerkungen in § 2 kommen A und A' derart auf der Berandung von $\mathfrak{P}(\varrho, \sigma)$ zu liegen, daß bei einer Umlaufung derselben in einem gewissen Sinne sich $A, M, (S), A', M', A_0, M_0, (S_0), A_0', M_0'$ folgen (s. Fig. 5; um die Figur nicht zu komplizieren, sind darin die Seiten von $\mathfrak{P}(\varrho, \sigma)$ nicht ausgezogen); A ist von M, A' von M' verschieden.

Da wir die Rollen von ξ und η vertauschen, anstatt ξ, η auch $\eta, -\xi$ zugrunde legen können, so dürfen wir noch die Annahme $\lambda'\mu' \geq \lambda\mu$ machen; (weil nicht zugleich $\lambda' = 0$, $\mu = 0$ sein kann, wird dann gewiß $\lambda' > 0$, also A' von S verschieden sein). Da auf jeder Seite des Quadrates $\mathfrak{P}(\varrho, \sigma)$ der Wert $\left|\frac{\xi\eta}{\varrho\sigma}\right|$ stets von der Mitte der Seite nach ihren Enden hin abnimmt und dabei auf allen vier Seiten gleichen Wert erhält bei der nämlichen *Entfernung* von der Seitenmitte, den Begriff der Entfernung im gewöhnlichen Sinne genommen, so läuft jene Annahme darauf hinaus, daß $A'M' \leq AM$ sein soll.

Wir konstruieren weiter das Quadrat $\mathfrak{P}\left(\frac{\varrho}{2}, \frac{\sigma}{2}\right)$, dessen Ecken auf $\eta = 0$, $\xi = 0$ halb so große Entfernungen von O haben wie R, R_0, S, S_0. Die Berandung von $\mathfrak{P}\left(\frac{\varrho}{2}, \frac{\sigma}{2}\right)$ nimmt die Punkte $X = \pm\frac{1}{2}$, $Y = 0$ und $X = 0$, $Y = \pm\frac{1}{2}$ auf. Legen wir sodann um jeden einzigen Gitterpunkt als Mittelpunkt ein Quadrat, welches dem Quadrate $\mathfrak{P}\left(\frac{\varrho}{2}, \frac{\sigma}{2}\right)$ gleich und in den Seiten parallel gestellt ist, so ergeben diese Quadrate das Bild der in Fig. 5 mit ausgezogener Umrandung gezeichneten Quadrate. Die einzelnen Gitterpunkte sind in dieser Figur durch ihre Koordinaten X, Y angedeutet. Das erste Quadrat $\mathfrak{P}\left(\frac{\varrho}{2}, \frac{\sigma}{2}\right)$ um den Nullpunkt stößt mit Stücken seiner Seiten an die Quadrate mit den Mittelpunkten A, A', A_0, A_0', während es die übrigen Quadrate überhaupt nicht trifft. Danach liegen jene Quadrate offenbar so, daß keine zwei ineinander eingreifen, und zwischen sich lassen sie noch lauter gleiche und parallel liegende Lücken in Form von Rechtecken, welche die einzelnen Punkte $X + \frac{1}{2}$, $Y + \frac{1}{2}$ mit ganzzahligen X, Y zu Mittelpunkten haben.

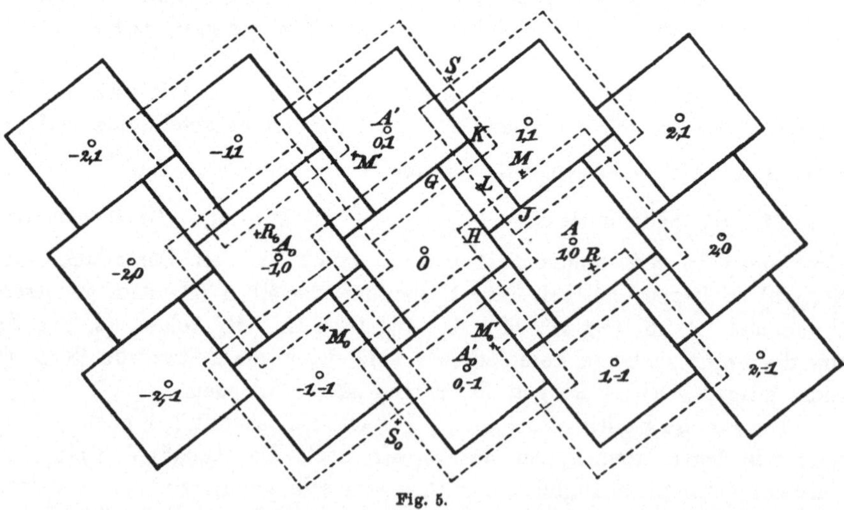

Fig. 5.

Es sei beispielsweise $GHJK$ die rechteckige Lücke mit dem Mittelpunkte $X = \frac{1}{2}$, $Y = \frac{1}{2}$ oder L, so daß die Seiten GH, HJ, JK, KG sich an die Quadrate mit den Mittelpunkten $X, Y = 0, 0;\ 1, 0;\ 1, 1;\ 0, 1$

anlegen. Da AH, $M'GM$, $A'K$ sämtlich parallel der Linie $\eta = 0$ sind, so ist $GH = MA \leq MS$ und $GK = M'A' < M'S$, also $GH \geq GK$ und überdies $\frac{1}{2} RS \geq GH$, $\frac{1}{2} RS > GK$; (man beachte, daß A' nicht in S fällt). In jeder der rechteckigen Lücken ist daher eine Seite kleiner, die andere höchstens so groß als die Seite des Quadrates $\mathfrak{P}\left(\frac{\varrho}{2}, \frac{\sigma}{2}\right)$.

Unter dem *Inhalt* einer Figur wollen wir den Wert des Integrales $\iint dX\, dY$ über ihre Fläche verstehen. Der Inhalt des Quadrates $\mathfrak{P}\left(\frac{\varrho}{2}, \frac{\sigma}{2}\right)$ ist dann, weil $\alpha\delta - \beta\gamma = 1$, $pq' - qp' = \pm 1$ ist, gleich $\frac{1}{2} \varrho\sigma$ und der Inhalt des Rechteckes $GHJK$ ist $< \frac{1}{2} \varrho\sigma$. Nun kommt in der ganzen Ebene auf jeden Gitterpunkt $X = X^*$, $Y = Y^*$ einerseits ein Parallelogramm $-\frac{1}{2} \leq X - X^* \leq \frac{1}{2}$, $-\frac{1}{2} \leq Y - Y^* \leq \frac{1}{2}$ vom Inhalte 1, wobei diese Parallelogramme die ganze Ebene lückenlos erfüllen, ohne gegenseitig ineinander einzudringen, andererseits kommt hier auf jeden Gitterpunkt X^*, Y^* ein Quadrat mit dem Mittelpunkte X^*, Y^* vom Inhalte $\frac{1}{2} \varrho\sigma$ und ein Rechteck mit dem Mittelpunkte $X^* + \frac{1}{2}$, $Y^* + \frac{1}{2}$ von einem gewissen Inhalte $< \frac{1}{2} \varrho\sigma$, und alle diese Quadrate und Rechtecke erfüllen ebenfalls die ganze Ebene lückenlos, ohne gegenseitig ineinander einzudringen. Danach folgt offenbar

$$(1) \qquad \frac{1}{2} \varrho\sigma < 1 < 2 \cdot \frac{1}{2} \varrho\sigma.$$

Es verhalte sich die Entfernung des Punktes O von der Geraden GH zu der des Punktes L von dieser Geraden, also $\frac{1}{2} M'S : \frac{1}{2} M'A'$ wie $1 : \varkappa - 1$, dabei ist $1 < \varkappa < 2$. Konstruieren wir dann das Quadrat $\mathfrak{P}\left(\frac{\varkappa\varrho}{2}, \frac{\varkappa\sigma}{2}\right)$ mit O als Mittelpunkt, dessen Seiten denen von $\mathfrak{P}\left(\frac{\varrho}{2}, \frac{\sigma}{2}\right)$ parallel sind, so geht dessen Berandung durch L und wird deshalb dieses Quadrat eine Hälfte der Lücke $GHJK$ vollständig überdecken. Legen wir nun um jeden Gitterpunkt als Mittelpunkt ein diesem Quadrate $\mathfrak{P}\left(\frac{\varkappa\varrho}{2}, \frac{\varkappa\sigma}{2}\right)$ gleiches und parallel gestelltes Quadrat, so werden daher diese Quadrate zweiter Art, die in Fig. 5 mit gestrichelter Berandung gezeichnet sind, jedenfalls die *ganze* Ebene, ohne Lücken zu lassen, überdecken. Also wird der Punkt, für den die Bestimmungsstücke ξ, η gleich den gegebenen Werten ξ_0, η_0 sind, in wenigstens eines dieser Quadrate fallen müssen; für den Gitterpunkt x, y, welcher der Mittelpunkt des betreffenden Quadrates ist, gilt dann

$$(2) \qquad \left|\frac{\xi - \xi_0}{\varrho}\right| + \left|\frac{\eta - \eta_0}{\sigma}\right| \leq \frac{\varkappa}{2}.$$

22*

In das Innere des Quadrates $\mathfrak{P}\left(\frac{\varkappa\varrho}{2},\frac{\varkappa\sigma}{2}\right)$ dringen von allen übrigen dieser Quadrate zweiter Art nur die vier Quadrate mit den Mittelpunkten A, A_0, A', A_0'. Dabei liegen diese vier Quadrate selbst völlig auseinander, auch reichen sie nicht bis an den Nullpunkt O heran. Danach zeigt sich, daß die Gesamtheit dieser Quadrate zweiter Art die Ebene so überdecken, daß sie kein Gebiet mehr als *zweifach* überlagern, während noch gewisse ⌐förmige Partien mit den einzelnen Gitterpunkten als Mittelpunkten vorhanden sind, die jedesmal nur je einem dieser Quadrate angehören. Infolgedessen ist der Inhalt des Quadrates $\mathfrak{P}\left(\frac{\varkappa\varrho}{2},\frac{\varkappa\sigma}{2}\right)$ notwendig <2, d. h. man hat

$$(3) \qquad\qquad \frac{1}{2}\,\varkappa^2\varrho\,\sigma < 2.$$

Aus (2) folgt, weil das geometrische Mittel zweier Beträge nicht größer als ihr arithmetisches Mittel ist,

$$\left|\frac{(\xi-\xi_0)(\eta-\eta_0)}{\varrho\,\sigma}\right| \leqq \left(\frac{\varkappa}{4}\right)^2,$$

und daraus mit Rücksicht auf (3)

$$|(\xi-\xi_0)(\eta-\eta_0)| < \frac{1}{4}.$$

2^0. Zweitens sei $\varepsilon'=\varepsilon$ und $\lambda>\lambda'>0$, $\mu'>\mu\geqq 0$. Die Punkte A und A' werden hier von einer und derselben Seite von $\mathfrak{P}(\varrho,\sigma)$ aufgenommen, wobei weder A noch A' in die Mitte der Seite fallen und A, aber nicht A' eine Ecke sein kann. Die Länge der betreffenden Seite ist $\leqq 2AA'$.

Gehen wir nunmehr zu dem Quadrat $\mathfrak{P}\left(\frac{\varrho}{2},\frac{\sigma}{2}\right)$ über und konstruieren um jeden Gitterpunkt als Mittelpunkt ein diesem gleiches und parallel gestelltes Quadrat, so liefern diese Quadrate das Bild der in Fig. 6 mit ausgezogener Umrandung gezeichneten Quadrate. Die Gitterpunkte sind dort durch ihre Koordinaten X, Y bezeichnet. Diese verschiedenen Quadrate nun greifen nicht ineinander ein und lassen zwischen sich im allgemeinen wieder lauter gleiche und parallel gelagerte rechteckige Lücken mit den einzelnen Punkten $X+\frac{1}{2}$, $Y+\frac{1}{2}$ für ganzzahlige X, Y als Mittelpunkten. Diese Lücken kommen nur zum Fortfall, wenn auch der Gitterpunkt $X=-1$, $Y=1$ auf die Begrenzung von $\mathfrak{P}(\varrho,\sigma)$ fällt, (wenn $(\lambda-\lambda')(\mu'-\mu)=\frac{1}{2}$ ist). Es sei, wenn nicht dieser Spezialfall statthat, $GHJK$ die rechteckige Lücke mit dem Mittelpunkte L: $X=\frac{1}{2}$, $Y=\frac{1}{2}$, wobei GH, HJ, JK, KG ihre an die Quadrate um X, $Y=0,0$; $1,0$; $1,1$; $0,1$ anstoßenden Seiten seien. Dann ist die Seite GK gleich der Seite des

Quadrates $\mathfrak{P}\left(\frac{\varrho}{2}, \frac{\sigma}{2}\right)$, die Seite GH kleiner als diese Seite. Der Grenzfall, daß $GH = GK$ wäre, würde nur eintreten, wenn A und A' beide in Ecken von $\mathfrak{P}(\varrho, \sigma)$ fielen, was dadurch ausgeschlossen ist, daß $\xi\eta$ nicht äquivalent der Form XY sein soll. Nunmehr erweist sich durch eine entsprechende Überlegung wie in 1°, daß der Inhalt des Quadrates $\mathfrak{P}\left(\frac{\varrho}{2}, \frac{\sigma}{2}\right)$ zusammen mit dem des Rechteckes $GHJK$ gleich 1 sein muß, woraus

$$(1) \qquad \frac{1}{2}\varrho\sigma \leqq 1 < 2 \cdot \frac{1}{2}\varrho\sigma$$

hervorgeht. Die Gleichung $\frac{1}{2}\varrho\sigma = 1$ hat statt, wenn die Lücken zum Fortfall kommen, also H mit G, J mit K zusammenfällt.

Es verhalte sich die Entfernung des Punktes A von der Geraden HJ zu der des Punktes L von dieser Geraden wie $1 : \varkappa - 1$, so ist $1 \leqq \varkappa < 2$. Konstruieren wir nun das Quadrat $\mathfrak{P}\left(\frac{\varkappa\varrho}{2}, \frac{\varkappa\sigma}{2}\right)$, so wird es die Hälfte der

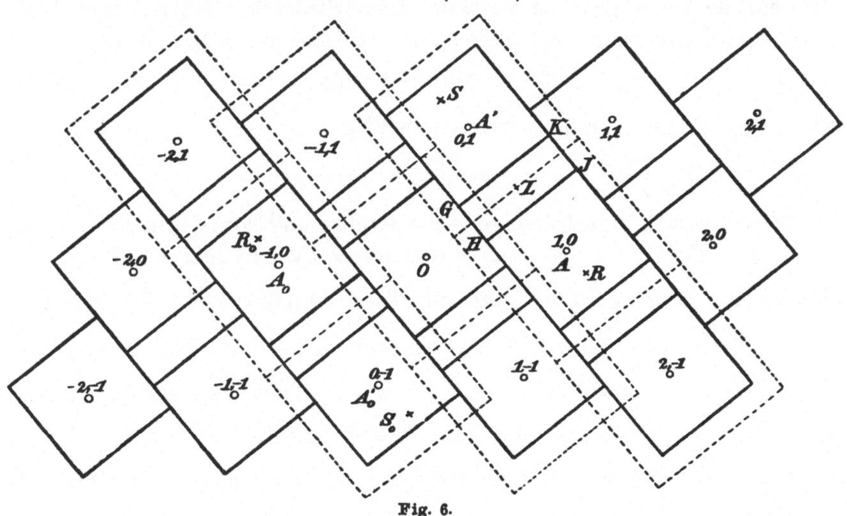

Fig. 6.

Lücke mit dem Mittelpunkte $X = -\frac{1}{2}$, $Y = \frac{1}{2}$ vollständig überdecken. Legen wir dann gleiche und parallel gestellte Quadrate um jeden Gitterpunkt als Mittelpunkt, so erfüllen daher diese Quadrate jedenfalls die ganze Ebene. Also wird derjenige Punkt, für den die Bestimmungsstücke ξ, η die gegebenen Werte $\xi = \xi_0$, $\eta = \eta_0$ haben, in wenigstens eines dieser Quadrate fallen müssen; alsdann gilt für den Gitterpunkt x, y, welcher der Mittelpunkt des betreffenden Quadrates ist,

$$(2) \qquad \left|\frac{\xi - \xi_0}{\varrho}\right| + \left|\frac{\eta - \eta_0}{\sigma}\right| \leqq \frac{\varkappa}{2}.$$

Andererseits überdecken diese neuen Quadrate keinen Teil der Ebene mehr als *zweimal*, während noch gewisse Rechtecke mit den einzelnen Gitterpunkten als Mittelpunkten da sind, welche jedesmal nur je einem dieser Quadrate angehören. Infolgedessen muß der Inhalt des Quadrates $\mathfrak{P}\left(\frac{\varkappa\varrho}{2},\ \frac{\varkappa\sigma}{2}\right)$ kleiner als 2, also

$$(3) \qquad\qquad \frac{1}{2}\varkappa^2\varrho\sigma < 2$$

sein. Aus (2) und (3) ergibt sich wie oben

$$|\,(\xi-\xi_0)\,(\eta-\eta_0)\,| < \frac{1}{4}.$$

Damit ist der Satz V vollständig bewiesen. —

Wir bemerken noch folgendes: Aus $1 < \varrho\sigma$ und $\varkappa^2\varrho\sigma < 4$ entnimmt man $\varkappa^2 < 4$. Aus (2) erhält man daher $|\,\xi-\xi_0\,| < \varrho$; nach § 2 ist aber stets $\varrho < 2\lambda$. Hat nun die Kette zu $\xi,\ \eta$ kein letztes Glied, ist also $\dfrac{-\beta}{\alpha}$ irrational, so konvergiert im Verlaufe ihrer Glieder die Größe λ nach Null. In solchem Falle kann man daher einen Gitterpunkt x, y bestimmen, wofür $|\,(\xi-\xi_0)\,(\eta-\eta_0)\,| < \frac{1}{4}$ ausfällt und zudem $|\,\xi-\xi_0\,|$ unter einer beliebig vorgeschriebenen positiven Größe liegt.

<h2 style="text-align:center">§ 5.</h2>

Es sei jetzt a eine beliebige reelle Größe, und wir setzen $\xi = x - ay$, $\eta = y$. Die Form $(x - ay)y$ ist nur dann äquivalent mit der Form XY, wenn a eine ganze Zahl ist, und nur dann äquivalent mit $\frac{1}{2}(X^2 - Y^2)$, wenn a gleich einer ganzen Zahl vermehrt um $\frac{1}{2}$ ist. Von diesen zwei Fällen wollen wir absehen. Die Kette zu $\xi,\ \eta$ hat hier ein bestimmtes erstes Glied $p_0,\ q_0$; für dasselbe soll $\frac{p_0}{1} = \frac{q_0}{0}$ und > 0 sein, also hat man $p_0 = 1$, $q_0 = 0$. Für das zweite Kettenglied $p_1,\ q_1$ soll $p_0q_1 - q_0p_1 = \varepsilon_0 = 1$, also $q_1 = 1$ und $|\,(p_1 - aq_1)q_1\,| < \frac{1}{2}$ sein; also ist dann p_1 gleich der an der Größe a *nächstgelegenen* ganzen Zahl h_0, für die $|\,h_0 - a\,| < \frac{1}{2}$ ist. Setzt man sodann in den Formeln (5) und (6) des § 3: $i = 1$, $t_k = 0$, so resultiert $\dfrac{p_k}{q_k} = h_0 - t_1$. Die in § 3 erhaltenen Resultate führen nunmehr zu folgendem Satze:

Satz VI. *Es sei a eine beliebige reelle Größe, jedoch weder eine ganze Zahl, noch gleich einer ganzen Zahl $+ \frac{1}{2}$. Man bilde in folgender Weise eine Reihe von ganzzahligen Systemen $p_i,\ q_i\ (i = 0, 1, 2, \ldots)$.*

Zunächst sei $p_0 = 1$, $q_0 = 0$, *sodann* $q_1 = 1$ *und* $p_1 = h_0$ *die an der Größe* a *nächstgelegene ganze Zahl so, daß* $|h_0 - a| < \frac{1}{2}$ *ist. Allgemein, wenn man bis zu einem Systeme* p_i, q_i *gelangt ist, wofür noch* $p_i - aq_i \neq 0$ *ausfällt, stelle man den Quotienten* $\dfrac{p_{i-1} - aq_{i-1}}{p_i - aq_i}$ *her. Es sei* ϑ_i *sein Vorzeichen und* g_i *die größte in dem absoluten Betrage dieses Quotienten enthaltene ganze Zahl, weiter* $h_i = g_i$ *oder* $= g_i + 1$, *je nachdem*

$$|((p_{i-1} - aq_{i-1}) - \vartheta_i g_i(p_i - aq_i))(g_i q_i - \vartheta_i q_{i-1})| < \text{ oder } \geqq \frac{1}{2}$$

ist. Man setze sodann

$$p_{i+1} = h_i p_i - \vartheta_i p_{i-1}, \quad q_{i+1} = h_i q_i - \vartheta_i q_{i-1}.$$

Der auf diese Weise ermittelten Reihe von Systemen p_i, q_i *kommen folgende Eigenschaften zu:*

1^0. *Wenn* a *rational ist, bricht die Reihe mit einem gewissen System* p_w, q_w *ab, wofür* $p_w - aq_w = 0$ *ist. Wenn* a *irrational ist, so läßt sich die Reihe dieser Systeme unbegrenzt fortsetzen.*

2^0. *Für je zwei aufeinanderfolgende Systeme gilt stets*

$$p_i q_{i+1} - q_i p_{i+1} = \vartheta_1 \vartheta_2 \cdots \vartheta_i = \pm 1.$$

Die Zahlen p_i, q_i *sind stets relativ prim.*

3^0. *Man hat*

$$\frac{p_k}{q_k} = h_0 - \frac{\vartheta_1|}{|h_1} - \frac{\vartheta_2|}{|h_2} - \cdots - \frac{\vartheta_{k-1}|}{|h_{k-1}}, \qquad (k = 1, 2, \ldots).$$

Dabei sind p_k *und* q_k *selbst denjenigen Ausdrücken gleich, die bei der naturgemäßen Darstellung der rechten Seite als Quotient zweier ganzer Funktionen der* h_i *und* ϑ_i *den Zähler bzw. Nenner abgeben.*

4^0. *Man hat*

$$0 < q_1 < q_2 < q_3 \cdots,$$
$$\frac{1}{2} > |p_1 - aq_1| > |p_2 - aq_2| > |p_3 - aq_3|, \ldots.$$

Umsomehr nehmen die Beträge $\left|\dfrac{p_k}{q_k} - a\right|$ *mit wachsendem Index ab. Wenn* a *irrational ist, konvergieren die Brüche* $\dfrac{p_k}{q_k}$ *mit wachsendem Index nach der Größe* a.

5^0. *Für jedes der Systeme* p_k, q_k ($k = 1, 2, \ldots$) *gilt*

$$|(p_k - aq_k)q_k| < \frac{1}{2}.$$

Umgekehrt: Ist x, y *irgendein System von relativ primen ganzen Zahlen, wofür* $y > 0$ *und*

$$|(x - ay)y| < \frac{1}{2}$$

gilt, so findet sich das Zahlenpaar x, y stets unter den Systemen p_k, $q_k (k = 1, 2 \ldots)$.

Aus dem Satze V entnimmt man noch: *Sind b, c irgend zwei weitere reelle Größen, so kann man stets ganze Zahlen x, y finden, so daß*

$$| (x - ay - b) (y - c) | < \tfrac{1}{4}$$

*ist, und zwar, wenn a irrational ist, noch derart, daß zugleich $| x - ay - b |$ unter einer beliebig kleinen positiven Größe liegt.**)

Die hier definierte Kettenbruchentwicklung mit den Näherungsbrüchen $\frac{p_1}{q_1}$, $\frac{p_2}{q_2}$, $\ldots$ zur Annäherung an die Größe a soll der *Diagonalkettenbruch* für a heißen, mit Rücksicht darauf, daß diese Näherungsbrüche zu den Parallelogrammen mit den Linien $x - ay = 0$ und $y = 0$ als *Diagonalen* in einer ganz entsprechenden Beziehung stehen, wie die Näherungsbrüche bei der gewöhnlichen Kettenbruchentwicklung

$$a = l_0 + \frac{1|}{|l_1} + \frac{1|}{|l_2} + \cdots,$$

wo l_0 eine ganze Zahl, l_1, l_2, $\ldots$ lauter positive Zahlen sind, zu den Parallelogrammen mit dem Nullpunkt als Mittelpunkt und mit Seiten *parallel* zu $x - ay = 0$, $y = 0$. Für diese *gewöhnliche* (auch sogenannte *regelmäßige* oder *normale*) Kettenbruchentwicklung würde ich alsdann den charakteristischeren Namen *Parallelkettenbruch* in Vorschlag bringen.

Nach einem bekannten Satze von Lagrange kommt jedes Zahlenpaar x, y, wobei x, y relativ prim sind, $y > 0$ und $\left| \dfrac{x}{y} - a \right| < \dfrac{1}{2y^2}$ ist, als Zähler und Nenner eines Näherungsbruches der gewöhnlichen Kettenbruchentwicklung für a vor. Danach erscheinen alle Näherungsbrüche des Diagonalkettenbruches für a auch unter den Näherungsbrüchen des Parallelkettenbruches für a und wird also, falls nicht beide Entwicklungen zusammenfallen, der Parallelkettenbruch stets langsamer konvergieren.

Der Diagonalkettenbruch für a möge mit $a = DK \begin{pmatrix} \vartheta_1, \vartheta_2, \ldots \\ h_0, h_1, h_2, \ldots \end{pmatrix}$, der Parallelkettenbruch für a mit $a = PK (l_0, l_1, l_2, \ldots)$ bezeichnet

---

*) Tschebyscheff hat (in einem russisch geschriebenen Aufsatze in den Mémoires der Petersburger Akademie, T. X, Appendix 4, 1866; Oeuvres, T. I, p. 679) gezeigt, daß, wenn a, b reelle Größen sind, stets ganze Zahlen x, y existieren, wofür $| (x - ay - b) y | < 2$ ist. Hermite hat (Crelles Journal, Bd. 88, 1880; Oeuvres, T. III) bewiesen, daß der Ausdruck links durch ganze Zahlen x, y kleiner als $\sqrt{\tfrac{2}{27}}$ gemacht werden kann. Der Satz im Texte ergibt ein schärferes Resultat, weil $\tfrac{1}{4} < \sqrt{\tfrac{2}{27}}$ ist.

werden. Die schon vorhin angedeutete geometrische Auffassung der Parallelkettenbrüche, welche der hier gegebenen Ableitung der Diagonalkettenbrüche entspricht, führt leicht zu folgendem Satze:

Um aus der Reihe der Systeme p_i, q_i $(i = 0, 1, 2, \ldots)$ für den Diagonalkettenbruch von a die Reihe der Zähler und Nenner der sämtlichen Näherungsbrüche des Parallelkettenbruches von a zu erhalten, hat man nur die erstere Reihe in der Weise zu erweitern, daß, so oft eine Zahl $\vartheta_i = 1$ (für ein $i \geq 1$) ausfällt, zwischen die beiden Systeme p_{i-1}, q_{i-1} und p_i, q_i noch das neue System $p_i - p_{i-1}$, $q_i - q_{i-1}$ eingefügt wird.

Man leitet aus diesem Satze die nachstehende Regel ab, welche erlaubt, aus einem Diagonalkettenbruche $a = DK \begin{pmatrix} \vartheta_1, \vartheta_2, \ldots \\ h_0, h_1, h_2, \ldots \end{pmatrix}$ sogleich den Parallelkettenbruch $a = PK(l_0, l_1, l_2, \ldots)$ zu entnehmen:

Aus der Reihe der Zahlen $h_0, h_1, h_2, \ldots$ entsteht die Reihe der Zahlen $l_0, l_1, l_2, \ldots$, indem an Stelle einer jeden Zahl h_i substituiert wird:

$$
\begin{array}{llll}
h_i, & wenn & \vartheta_i = -1, & \vartheta_{i+1} = -1, \\
h_i - 1, & wenn & \vartheta_i = 1, & \vartheta_{i+1} = -1, \\
h_i - 1, 1, & wenn & \vartheta_i = -1, & \vartheta_{i+1} = 1, \\
h_i - 2, 1, & wenn & \vartheta_i = 1, & \vartheta_{i+1} = 1
\end{array}
$$

ist; dabei hat man sich noch $\vartheta_0 = -1$ zu denken und dann von dieser Vorschrift auch für $i = 0$ Gebrauch zu machen.

Die Diagonalkettenbrüche sind hiernach nicht bloß wegen der einfacheren Charakterisierung ihrer Näherungsbrüche leichter zu handhaben, sie enthalten auch alle Einzelheiten über die darzustellenden Größen, welche die Parallelkettenbrüche erkennen lassen.

Beispiel: Der Parallelkettenbruch für $\sqrt{13}$ ist

$$PK(3, 1, 1; 1, 1, 6, 1, 1; 1, 1, 6, 1, 1; \ldots)$$

mit den Näherungsbrüchen

$$\frac{3}{1}, \frac{4}{1}, \frac{7}{2}; \frac{11}{3}, \frac{18}{5}, \frac{119}{33}, \frac{137}{38}, \frac{256}{71}; \frac{393}{109}, \frac{649}{180}, \frac{4287}{1189}, \frac{4936}{1369}, \frac{9223}{2558}; \ldots,$$

der Diagonalkettenbruch für $\sqrt{13}$ ist

$$DK \begin{pmatrix} +, -, +, +, -, +, +, \ldots \\ 4, 2; 2, 8, 2; 2, 8, 2; \ldots \end{pmatrix}$$

mit den Näherungsbrüchen

$$\frac{4}{1}, \frac{7}{2}; \frac{18}{5}, \frac{137}{38}, \frac{256}{71}; \frac{649}{180}, \frac{4936}{1369}, \frac{9223}{2558}; \ldots$$

d. i. dem 2, 3; 5, 7, 8; $\ldots 5k$, $5k + 2$; $5k + 3$; $\ldots$ ten Näherungsbruch der ersteren Entwicklung.

Dagegen würde diejenige Kettenbruchentwicklung

$$K\begin{pmatrix} \vartheta_1, \vartheta_2, \ldots \\ h_0, h_1, h_2, \ldots \end{pmatrix} = h_0 - \frac{\vartheta_1|}{|h_1} - \frac{\vartheta_2|}{|h_2} - \cdots,$$

wobei $\vartheta_1 = \pm 1$, $\vartheta_2 = \pm 1$, $\ldots$ und die $h_1, h_2, \ldots$ positive ganze Zahlen sind derart, daß die Reste $-\dfrac{\vartheta_k|}{|h_k} - \dfrac{\vartheta_{k+1}|}{|h_{k+1}} - \cdots$ stets zwischen $-\dfrac{1}{2}$ und $\dfrac{1}{2}$ liegen, für $\sqrt{13}$:

$$K\begin{pmatrix} 1, 1, -1, 1, 1, -1, 1, \ldots \\ 4, 3; 2, \quad 7, 3; 2, \quad 7, 3; \ldots \end{pmatrix}$$

sein mit den Näherungsbrüchen

$$\frac{4}{1}, \frac{11}{3}; \frac{18}{5}, \frac{137}{38}, \frac{393}{109}; \frac{649}{180}, \frac{4936}{1369}, \frac{14159}{3927}; \ldots$$

d. i. dem $2, 4; 5, 7, 9; \ldots 5k, 5k + 2, 5k + 4; \ldots$ ten Näherungsbruche des Parallelkettenbruches für $\sqrt{13}$. Also erfüllt bei dieser Art der Entwicklung einerseits nicht jeder Näherungsbruch $\dfrac{x}{y}$ die Bedingung

$$\left| \frac{x}{y} - \sqrt{13} \right| < \frac{1}{2y^2},$$

andererseits kommt nicht jeder Bruch $\dfrac{x}{y}$ mit dieser Eigenschaft unter den Näherungsbrüchen vor.

Der Diagonalkettenbruch für die Basis der natürlichen Logarithmen lautet:

$$e = DK\begin{pmatrix} 1, -1, 1, -1, \ldots, & 1, -1, \ldots \\ 3, 3, \quad 2, 5, \quad 2, \ldots, 2m + 1, \quad 2, \ldots \end{pmatrix}.$$

Die Zähler und Nenner der Näherungsbrüche dieses Kettenbruches geben also die sämtlichen Auflösungen der Bedingung

$$-\frac{1}{2} < (x - ey)y < \frac{1}{2}$$

in relativ primen positiven ganzen Zahlen x, y.

§ 6.

1. Ein unendlicher Diagonalkettenbruch

$$(1) \qquad DK\begin{pmatrix} \vartheta_1, \vartheta_2, \ldots \\ h_0, h_1, h_2, \ldots \end{pmatrix}$$

für eine irrationale Größe a soll *periodisch* heißen, wenn es eine positive Zahl v gibt, so daß von einem gewissen Index j an stets

$$(2) \qquad \vartheta_k = \vartheta_{k+v}, \quad h_k = h_{k+v} \qquad (k = j, j + 1, j + 2, \ldots)$$

ist. Das System der Werte

$$\begin{pmatrix} \vartheta_j, \vartheta_{j+1}, \ldots, \vartheta_{j+v-1} \\ h_j, h_{j+1}, \ldots, h_{j+v-1} \end{pmatrix}$$

heiße dann eine *Periode* des Kettenbruches.

Wir beweisen zunächst die folgende Tatsache:

Ist der Diagonalkettenbruch für eine irrationale Größe a periodisch, so ist a Wurzel einer quadratischen Gleichung mit rationalen Koeffizienten.

Wir verwenden für die Kette zu den Formen $\xi = x - ay$, $\eta = y$ die in § 3 eingeführten Bezeichnungen. Durch die Substitution

$$T_i = \begin{pmatrix} p_{i-1}, p_i \\ q_{i-1}, q_i \end{pmatrix}$$

geht ξ in $\varepsilon_{i-1}\lambda_{i-1}X_i + \varepsilon_i\lambda_iY_i$ über, man hat also die Formel der Komposition:

$$(1, -a)\, T_i = (\varepsilon_{i-1}\lambda_{i-1}, \varepsilon_i\lambda_i).$$

Aus § 3, Gleich. (2) leitet man allgemeiner die Regel

$$(\varepsilon_{i-1}\lambda_{i-1}, \varepsilon_i\lambda_i) \begin{pmatrix} 0, -\vartheta_i \\ 1, h_i \end{pmatrix} \begin{pmatrix} 0, -\vartheta_{i+1} \\ 1, h_{i+1} \end{pmatrix} \cdots \begin{pmatrix} 0, -\vartheta_{k-1} \\ 1, h_{k-1} \end{pmatrix} = (\varepsilon_{k-1}\lambda_{k-1}, \varepsilon_k\lambda_k),$$
$$i < k$$

ab, und daraus entnimmt man insbesondere eine Beziehung:

$$\varepsilon_k\lambda_k = \varepsilon_{i-1}\lambda_{i-1}r_{i,k} + \varepsilon_i\lambda_is_{i,k},$$

wo $r_{i,k}$, $s_{i,k}$ gewisse ganze Zahlen sind, die bloß von den Werten ϑ_i, h_i, ϑ_{i+1}, $h_{i+1}, \ldots, \vartheta_{k-1}$, h_{k-1} abhängen. Da mit unbegrenzt wachsendem k die Größe λ_k nach Null konvergiert, ersieht man danach, daß das Verhältnis $\dfrac{\varepsilon_{i-1}\lambda_{i-1}}{\varepsilon_i\lambda_i}$ durch die unendliche Reihe der Größen ϑ_k, h_k für die sämtlichen Indizes $k \geq i$ vollständig bestimmt ist.

Wenn nun mit irgendeinem Werte v für alle Indizes $k \geq j$ die Beziehungen (2) statthaben, muß daher notwendig

$$\frac{\varepsilon_{j+v-1}\lambda_{j+v-1}}{\varepsilon_{j+v}\lambda_{j+v}} = \frac{\varepsilon_{j-1}\lambda_{j-1}}{\varepsilon_j\lambda_j}$$

sein. Setzen wir $\dfrac{\varepsilon_{j+v-1}\lambda_{j+v-1}}{\varepsilon_{j-1}\lambda_{j-1}} = \tau$, wobei $0 < |\tau| < 1$ sein wird, so folgt

$$\varepsilon_{j+v-1}\lambda_{j+v-1} = \tau\varepsilon_{j-1}\lambda_{j-1}, \quad \varepsilon_{j+v}\lambda_{j+v} = \tau\varepsilon_j\lambda_j.$$

Nun hat man

$$(1, -a)\, T_{j+v} = (\tau\varepsilon_{j-1}\lambda_{j-1}, \tau\varepsilon_j\lambda_j), \quad (\varepsilon_{j-1}\lambda_{j-1}, \varepsilon_j\lambda_j)\, T_j^{-1} = (1, -a);$$

daraus entsteht

$$(1, -a)\, T_{j+v} T_j^{-1} = (\tau, -\tau a).$$

Bezeichnet man mit $\begin{pmatrix} p, & r \\ q, & s \end{pmatrix}$ das Koeffizientenschema der Substitution $T_{j+v}\,T_j^{-1}$, so bedeutet diese letzte Formel

$$p - aq = \tau, \quad r - as = -\tau a.$$

Daraus erhält man

$$(r - as) + (p - aq)\,a = 0,$$

und hierin kann nicht $q = 0$ sein, denn sonst müßte $p = \tau$ sein, während τ keine ganze Zahl ist, da $|\tau|$ zwischen 0 und 1 fällt.

2. Wir beweisen jetzt die Umkehrung der eben festgestellten Tatsache:

Satz VII. *Ist eine irrationale Größe a Wurzel einer quadratischen Gleichung mit rationalen Koeffizienten, so ist der Diagonalkettenbruch für a stets periodisch.*

Beweis. Es sei

$$n_0 a^2 + n_1 a + n_2 = 0$$

diejenige Gleichung für a, in der n_0, n_1, n_2 relativ prime ganze Zahlen sind und $n_0 > 0$ ist. Man hat $a = \dfrac{-n_1 \pm \sqrt{n_1^2 - 4 n_0 n_2}}{2 n_0}$, so daß die ganze Zahl $D = n_1^2 - 4 n_0 n_2$ positiv und wegen der vorausgesetzten Irrationalität von a jedenfalls nicht das Quadrat einer ganzen Zahl ist. Die zweite Wurzel jener Gleichung $\dfrac{-n_1 \mp \sqrt{D}}{2 n_0}$ werde mit $\bar{a}$ bezeichnet.

Wir setzen

$$\xi = x - ay = \alpha x + \beta y, \quad \eta = \frac{1}{a - \bar{a}}\,(x - \bar{a}y) = \gamma x + \delta y, \quad \zeta = y.$$

Dabei haben ξ, η ebenso wie ξ, ζ die Determinante 1, und gilt eine Beziehung:

$$\zeta = \eta + b\xi, \quad b = -\frac{1}{a - \bar{a}} = \mp \frac{n_0}{\sqrt{D}}.$$

Sodann entsteht

$$\mp \sqrt{D}\,\xi\eta = f = n_0 x^2 + n_1 xy + n_2 y^2.$$

Wir betrachten nunmehr die Kette zu den Formen ξ, η. Diese Kette wird jedenfalls nach beiden Seiten unbegrenzt sein. Wir verwenden für diese Kette die in § 3 eingeführten Bezeichnungen. Außerdem mögen ξ_i, η_i die Ausdrücke bedeuten, in welche ξ, η durch die Substitution

$$(T_i) \qquad x = p_{i-1} X_i + p_i Y_i, \quad y = q_{i-1} X_i + q_i Y_i$$

übergehen, und es bedeute T_i das quadratische Schema $\begin{pmatrix} \varepsilon_{i-1}\lambda_{i-1}, & \varepsilon_i\lambda_i \\ \mu_{i-1}, & \mu_i \end{pmatrix}$ der Koeffizienten von ξ_i, η_i, wobei dann $\begin{pmatrix} \alpha, & \beta \\ \gamma, & \delta \end{pmatrix} T_i = \mathsf{T}_i$ gilt.

Durch die ganzzahlige Substitution T_i, deren Determinante ± 1 ist, geht die Form $f = \pm \sqrt{D}\,\xi\eta$ in eine Form

$$f_i = \pm \sqrt{D}\,\xi_i\eta_i = N_0 X_i^2 + N_1 X_i Y_i + N_2 Y_i^2$$

über. Dabei sind N_0, N_1, N_2 ganze rationale Zahlen und folgt $N_1^2 - 4 N_0 N_2 = D$; da D nicht eine Quadratzahl ist, hat man gewiß $N_0 \neq 0$, $N_2 \neq 0$. Zudem bestehen dabei nach § 2, 3 diese Beziehungen:

entweder

$$\frac{N_2}{N_0} < 0, \quad \frac{N_1}{N_0} > 0, \quad |N_0| < \tfrac{1}{2}\sqrt{D}, \quad |N_2| < \tfrac{1}{2}\sqrt{D}, \quad |N_1| < \sqrt{D}$$

oder

$$\frac{N_2}{N_0} > 0, \quad \frac{N_1}{N_0} > 0, \quad |N_0| < \tfrac{1}{2}\sqrt{D}, \quad |N_2| < \tfrac{1}{2}\sqrt{D}, \quad \sqrt{D} < |N_1| < \tfrac{3}{2}\sqrt{D},$$

$$|N_1 - N_0 - N_2| > \tfrac{1}{2}\sqrt{D}.$$

In jedem Falle kommen hiernach für die ganzzahligen Koeffizienten N_0, N_1, N_2 einer Form f_i von vornherein nur eine endliche Anzahl von möglichen Wertsystemen in Betracht. Man wird also jedenfalls irgend zwei Indizes $i = j$ und $i = j + v$, wo $v > 0$ ist, finden können, für welche die beiden Formen f_j und f_{j+v} in den Koeffizienten N_0, N_1, N_2 übereinstimmen.

Ersetzt man X_{j+v}, Y_{j+v} in den Formen ξ_{j+v}, η_{j+v} durch die Zeichen X_j, Y_j der Variablen in ξ_j, η_j, so werden dadurch Beziehungen

$$\xi_{j+v} = \mathsf{A}\xi_j + \mathsf{B}\eta_j, \qquad \eta_{j+v} = \mathsf{\Gamma}\xi_j + \mathsf{\Delta}\eta_j$$

hergestellt, wobei die Koeffizienten A, B, $\mathsf{\Gamma}$, $\mathsf{\Delta}$ durch $\mathsf{T}_{j+v} = \begin{pmatrix} \mathsf{A}, & \mathsf{B} \\ \mathsf{\Gamma}, & \mathsf{\Delta} \end{pmatrix} \mathsf{T}_j$ bestimmt sind, und vermöge dieser Beziehungen muß dann $\xi_{j+v}\eta_{j+v} = \xi_j\eta_j$ entstehen. Vergleicht man die Koeffizienten von ξ_j^2, η_j^2, $\xi_j\eta_j$ auf beiden Seiten dieser Gleichung, so folgt $\mathsf{A}\mathsf{\Gamma} = 0$, $\mathsf{B}\mathsf{\Delta} = 0$, $\mathsf{A}\mathsf{\Delta} + \mathsf{B}\mathsf{\Gamma} = 1$. Danach muß entweder

$$(3) \qquad \mathsf{B} = 0, \quad \mathsf{\Gamma} = 0, \quad \mathsf{A} = \frac{1}{\mathsf{\Delta}} = \tau; \qquad \xi_{j+v} = \tau\xi_j, \; \eta_{j+v} = \frac{1}{\tau}\eta_j$$

oder

$$(3^*) \qquad \mathsf{A} = 0, \quad \mathsf{\Delta} = 0, \quad \mathsf{B} = \frac{1}{\mathsf{\Gamma}} = \tau; \qquad \xi_{j+v} = \tau\eta_j, \; \eta_{j+v} = \frac{1}{\tau}\xi_j$$

mit einem von Null verschiedenen Faktor τ sein. Die zweite Art von Beziehungen aber ist unmöglich, weil in der Form η_j der zweite Koeffizient einen größeren absoluten Betrag hat als der erste Koeffizient, in der Form ξ_{j+v} aber das Entgegengesetzte statthaben muß. Also gelten notwendig die Beziehungen (3) und die Vergleichung der Koeffizienten in η_j und η_{j+v} zeigt noch, daß τ positiv und < 1 ist.

Die Gleichungen (3) ergeben

$$\mathsf{T}_{j+v} = \begin{pmatrix} \tau, & 0 \\ 0, & \frac{1}{\tau} \end{pmatrix} \mathsf{T}_j, \qquad \begin{pmatrix} \alpha, & \beta \\ \gamma, & \delta \end{pmatrix} \mathsf{T}_{j+v}\,\mathsf{T}_j^{-1} = \begin{pmatrix} \tau, & 0 \\ 0, & \frac{1}{\tau} \end{pmatrix} \begin{pmatrix} \alpha, & \beta \\ \gamma, & \delta \end{pmatrix}.$$

Ist $\begin{pmatrix} p, & r \\ q, & s \end{pmatrix}$ das Koeffizientenschema der Substitution $T_{j+v}T_j^{-1}$, wobei p, q, r, s ganze Zahlen sind und $ps - qr = \pm 1$ ist, so verwandeln sich hiernach ξ, η, wenn man darin x, y durch $px + ry$, $qx + sy$ ersetzt, in die Ausdrücke $\tau\xi$, $\frac{1}{\tau}\eta$. Diese zwei Ausdrücke ergeben dasselbe Produkt wie ξ und η. Durch die umgekehrte Substitution werden ξ, η in $\frac{1}{\tau}\xi$, $\tau\eta$ übergehen. Hat man nun einen Gitterpunkt x, y, für den x, y relativ prim sind und $\xi = \varepsilon\lambda$, $\eta = \mu$ $(\mu > 0, \ \lambda > 0, \ \varepsilon = \pm 1)$, $\lambda\mu < \frac{1}{2}$ ist, so existiert dann also ein anderer Gitterpunkt, für den ebenfalls x, y relativ prim sind und $\xi = \tau\varepsilon\lambda$, $\eta = \frac{1}{\tau}\mu$ ist, und ferner ein Gitterpunkt, für den x, y relativ prim sind und $\xi = \frac{1}{\tau}\varepsilon\lambda$, $\eta = \tau\mu$ ist; und diese zwei weiteren Gitterpunkte müssen dann ebenso wie der erste als Glieder der Kette zu ξ, η auftreten.

Nach (3) haben wir $\varepsilon_{j+v}\lambda_{j+v} = \tau\varepsilon_j\lambda_j$, $\mu_{j+v} = \frac{1}{\tau}\mu_j$. Nun müssen weiter die Punkte $\xi = \varepsilon_{j+v+1}\lambda_{j+v+1}$, $\eta = \mu_{j+v+1}$ und $\xi = \tau\varepsilon_{j+1}\lambda_{j+1}$, $\eta = \frac{1}{\tau}\mu_{j+1}$, welche beide als Glieder der Kette auftreten, identisch sein. Denn hätte man $\mu_{j+v+1} > \frac{1}{\tau}\mu_{j+1}$, so würde der Punkt $\xi = \tau\varepsilon_{j+1}\lambda_{j+1}$, $\eta = \frac{1}{\tau}\mu_{j+1}$ ein Kettenglied sein, für das $\mu_{j+v} < \eta < \mu_{j+v+1}$ wäre, während $\eta = \mu_{j+v}$ und $\eta = \mu_{j+v+1}$ ja zwei aufeinanderfolgenden Kettengliedern entsprechen. Hätte man dagegen $\mu_{j+v+1} < \frac{1}{\tau}\mu_{j+1}$, so würde $\xi = \frac{1}{\tau}\varepsilon_{j+v+1}\lambda_{j+v+1}$, $\eta = \tau\mu_{j+v+1}$ ein Kettenglied sein, wofür $\mu_j < \eta < \mu_{j+1}$ wäre, was ebenfalls nicht möglich ist. Also muß $\mu_{j+v+1} = \frac{1}{\tau}\mu_{j+1}$ sein und müssen sodann jene zwei Punkte zusammenfallen.

Auf dieselbe Art erschließt man sukzessive weiter

$$(4) \qquad \varepsilon_{k+v}\lambda_{k+v} = \tau\varepsilon_k\lambda_k, \qquad \mu_{k+v} = \frac{1}{\tau}\mu_k$$

für $k = j + 2, \ j + 3, \dots$ Sodann kann man in der Reihe der Indizes rückwärts gehen und diese Beziehungen (4), welche auch für $k = j - 1$ bereits durch (3) feststehen, nacheinander für $k = j - 2, \ j - 3, \dots$ erhalten. Also gelten diese Beziehungen (4) überhaupt für jeden möglichen Index k. Man hat nunmehr für jeden Index i: $T_{i+v} = \begin{pmatrix} \tau, & 0 \\ 0, & \frac{1}{\tau} \end{pmatrix} T_i$; andererseits gilt nach § 3, (2) die Regel $T_{i+1} = T_i \begin{pmatrix} 0, & -\vartheta_i \\ 1, & h_i \end{pmatrix}$. Wendet man die erstere Formel für zwei aufeinanderfolgende Indizes $i = k$, $i = k + 1$ an und hernach die letztere für $i = k$ und $i = k + v$, so folgt zuerst $T_{k+v}^{-1} T_{k+v+1} = T_k^{-1} T_{k+1}$ und sodann:

$$(5) \qquad \vartheta_{k+v} = \vartheta_k, \qquad h_{k+v} = h_k \qquad (k = \cdots -2, -1, 0, 1, 2, \ldots).$$

Nach diesen Beziehungen (5) kann die Kette zu ξ, η als *vollkommen periodisch* bezeichnet werden.

Wir ziehen endlich auch die Form $\zeta = y$ heran. Für ein jedes Glied $x = p_i$, $y = q_i$ der Kette zu den Formen ξ, η gilt $\eta > 0$ und $|\xi \eta| < \frac{1}{2}$. Gleichzeitig ist dabei $\sqrt{D}\,|\xi \eta|$ stets eine rationale ganze Zahl. Indem diese Zahl $< \frac{1}{2}\sqrt{D}$ ist, kann sie nicht die größte in $\frac{1}{2}\sqrt{D}$ enthaltene ganze Zahl überschreiten. Wir setzen letztere ganze Zahl $\left[\frac{1}{2}\sqrt{D}\right] = \frac{1}{2}\sqrt{D} - d$, dabei wird $0 < d < 1$. Aus $\sqrt{D}\,|\xi \eta| \leqq \frac{1}{2}\cdot\sqrt{D} - d$ folgt mit Rücksicht auf $\zeta = y = \eta + b\xi$:

$$|\xi \zeta| \leqq \frac{1}{2} - \frac{d}{\sqrt{D}} + |b\xi^2|, \qquad \zeta \geqq \eta - |b\xi|.$$

Nun nimmt, wenn man die Reihe der Kettenglieder zu ξ, η durchläuft, darin sowohl $|\xi|$ wie $\left|\frac{\xi}{\eta}\right|$ beständig ab. Geht man soweit in dieser Reihe, daß $|b\xi^2| < \frac{d}{\sqrt{D}}$ und $\left|\frac{\xi}{\eta}\right| < \frac{1}{|b|}$ ist, so hat man dann also $|\xi \zeta| < \frac{1}{2}$, $\zeta > 0$ und müssen daher die betreffenden Systeme $x = p_i$, $y = q_i$, die man nun antrifft, sämtlich auch Glieder der Kette zu den Formen ξ, ζ sein.

Ist umgekehrt x, y ein Glied der Kette zu den Formen ξ, ζ, so ist dafür $\zeta > 0$ und $|\xi \zeta| < \frac{1}{2}$; daraus folgt

$$\sqrt{D}\,|\xi \eta| < \frac{1}{2}\sqrt{D} + |\sqrt{D}\,b\xi^2|, \qquad \eta \geqq \zeta - |b\xi|.$$

Geht man nun in der Reihe der Kettenglieder zu ξ, ζ so weit, daß $|\sqrt{D}\,b\xi^2| \leqq 1 - d$ und $\left|\frac{\xi}{\zeta}\right| < \frac{1}{|b|}$ ist, so folgt hier $\eta > 0$ und andererseits $\sqrt{D}\,|\xi \eta| < \left[\frac{1}{2}\sqrt{D}\right] + 1$. Da aber $\sqrt{D}\,|\xi \eta|$ hierbei stets eine ganze rationale Zahl wird, muß dann überhaupt $\sqrt{D}\,|\xi \eta| \leqq \left[\frac{1}{2}\sqrt{D}\right] < \frac{1}{2}\sqrt{D}$, mithin $|\xi \eta| < \frac{1}{2}$ sein. Danach findet sich alsdann das betreffende System x, y stets auch unter den Gliedern der Kette zu ξ, η.

Auf diese Weise stimmen überhaupt die zu ξ, η und die zu ξ, ζ gehörige Kette von gewissen zwei Gliedern an in dem ganzen weiteren Verlaufe ihrer Kettenglieder völlig miteinander überein. Da nun die einzelnen Werte ϑ_i, h_i in einer Kette jedesmal aus drei aufeinanderfolgenden

Kettengliedern abzuleiten sind, so werden sich danach auch die Relationen (5) von einem gewissen Index an auf die Kette zu $\xi = x - ay$, $\zeta = y$ übertragen, d. h. eben der Diagonalkettenbruch für die Größe a ist periodisch.

In entsprechender Beziehung wie der Diagonalkettenbruch für a zu der Kette steht, die zu den Formen ξ, η gehört, steht der Diagonalkettenbruch für die konjugierte algebraische Zahl $\bar{a}$ zu der Kette, die zu den Formen $(a - \bar{a})\eta$, $-\dfrac{1}{a - \bar{a}}\xi$ oder, was auf dasselbe hinauskommt, zu η, $-\xi$ gehört. Der einfache Zusammenhang der Kette zu ξ, η und der Kette zu η, $-\xi$ ist am Schlusse von § 3 erörtert; aus der dort angegebenen Beziehung (7) erhellt nun, daß, wenn $\begin{pmatrix} \vartheta_j, & \vartheta_{j+1}, & \cdots, & \vartheta_{j+v-1} \\ h_j, & h_{j+1}, & \cdots, & h_{j+v-1} \end{pmatrix}$ eine Periode des Diagonalkettenbruches für a ist, $\begin{pmatrix} \vartheta_j, & \vartheta_{j+v-1}, & \cdots, & \vartheta_{j+1} \\ h_{j+v-1}, & h_{j+v-2}, & \cdots, & h_j \end{pmatrix}$ eine Periode des Diagonalkettenbruches für $\bar{a}$ sein wird.

Zürich, den 31. Dezember 1899.

GESAMMELTE ABHANDLUNGEN

VON

HERMANN MINKOWSKI

UNTER MITWIRKUNG VON

ANDREAS SPEISER UND HERMANN WEYL

HERAUSGEGEBEN VON

DAVID HILBERT

ZWEITER BAND

MIT EINEM BILDNIS HERMANN MINKOWSKIS
34 FIGUREN IM TEXT UND EINER DOPPELTAFEL

LEIPZIG UND BERLIN

DRUCK UND VERLAG VON B. G. TEUBNER

1911

H. Minkowski

XXI.

Diskontinuitätsbereich für arithmetische Äquivalenz.

(Crelles Journal für die reine und angewandte Mathematik, Band 129, S. 220—274.)

Problemstellung.

Die vorliegende Arbeit benutzt mehrfach Methoden, welche von Dirichlet ausgebildet worden sind.

Ich stellte mir folgendes Problem:

Ein System von n linearen Formen ξ_1, ξ_2, ..., ξ_n mit n Variablen x_1, x_2, ..., x_n, mit beliebigen reellen Koeffizienten

$$\frac{\partial \xi_h}{\partial x_k} = \alpha_{hk}$$

und von Null verschiedener Determinante heiße einem zweiten solchen Systeme η_1, η_2, ..., η_n *arithmetisch äquivalent*, wenn jedes der zwei Systeme sich in das andere durch eine homogene lineare *Substitution mit lauter ganzzahligen Koeffizienten* transformieren läßt. Es soll nun *in der Mannigfaltigkeit* A *der* n^2 *reellen Parameter* α_{hk} *ein Bereich* B konstruiert werden, in welchem *jede* vollständige Vereinigung (*Klasse*) untereinander äquivalenter Systeme *durch einen Punkt*, und wenn der Punkt ins Innere des Bereichs zu liegen kommt, auch nur durch einen einzigen Punkt repräsentiert wird.

Dieses Problem läßt sich sofort auf ein entsprechendes Problem über positive quadratische Formen zurückführen. Wir bilden aus ξ_1, ξ_2, ..., ξ_n die Quadratsumme

$$\xi_1{}^2 + \xi_2{}^2 + \cdots + \xi_n{}^2 = f.$$

Sie ist eine *positive quadratische Form der* n *Variablen* x_1, x_2, ..., x_n mit den Koeffizienten

$$\frac{1}{2}\frac{\partial^2 f}{\partial x_h \partial x_k} = a_{hk} = \alpha_{1h}\alpha_{1k} + \alpha_{2h}\alpha_{2k} + \cdots + \alpha_{nh}\alpha_{nk}.$$

Wir betrachten die $\dfrac{n(n+1)}{2}$-dimensionale Mannigfaltigkeit A der $\dfrac{n(n+1)}{2}$ beliebig veränderlichen reellen Parameter a_{hk}. Jedem Punkte $f = (a_{hk})$ dieser Mannigfaltigkeit A, für den die Form f sich als wesentlich positiv

— 73 —

erweist, entspricht auf Grund der eben hingeschriebenen Gleichungen noch ein $\frac{n(n-1)}{2}$-dimensionales Gebiet $A(f)$ von Punkten (α_{hk}) in der Mannigfaltigkeit A.

Wir übertragen den Begriff der arithmetischen Äquivalenz und Klasse sinngemäß auf die positiven quadratischen Formen, und *wir suchen in der Mannigfaltigkeit A einen Bereich B, in dem jede Klasse positiver quadratischer Formen durch einen Punkt, und wenn der Punkt in das Innere von B fällt, auch nur durch einen einzigen Punkt repräsentiert wird.*

Alsdann bilden die Gebiete $A(f)$ zu allen in B gelegenen Punkten f den verlangten Diskontinuitätsbereich B in der Mannigfaltigkeit A.

Ich werde nachweisen, daß *der Diskontinuitätsbereich B für die arithmetische Äquivalenz der positiven quadratischen Formen* derart konstruiert werden kann, daß er *in der Mannigfaltigkeit A einen von einer endlichen Anzahl von Ebenen begrenzten konvexen Kegel* mit dem durch $f = 0$ repräsentierten Nullpunkte als Spitze vorstellt.

Durch diesen Satz wird für die positiven quadratischen Formen mit n Variablen die Theorie der arithmetischen Äquivalenz auf dieselbe Höhe gebracht, welche sie für die ternären Formen durch die Abhandlung von Dirichlet: *Über die Reduction der positiven quadratischen Formen mit drei unbestimmten ganzen Zahlen* erreichte.

Derjenige Teil des Diskontinuitätsbereichs B, welcher den Formen f mit einer Determinante ≤ 1 entspricht, besitzt ein endliches Volumen. Für $n = 2$ kommt dieses Volumen wesentlich auf den nichteuklidischen Flächeninhalt des Fundamentalbereichs der elliptischen Modulfunktion $J(\omega)$ hinaus. Die allgemeine Ermittlung jenes Volumens gelingt hier mit Hilfe derjenigen Prinzipien, auf welche Dirichlet die Berechnung der Klassenanzahlen der ganzzahligen binären quadratischen Formen gegründet hat, *und zwar kommt das analytische Element in diesen Prinzipien gerade bei der hier zu machenden Anwendung am reinsten zum Vorschein.*

Mit jenem Volumen hängen gewisse asymptotische Gesetze betreffs der Formen mit ganzzahligen Koeffizienten zusammen. Andererseits ermöglicht der Wert des Volumens einen Schluß auf die dichteste Ausfüllung des n-dimensionalen Raumes durch lauter kongruente Kugeln.

Die einschlägige Literatur zu den hier behandelten Gegenständen ist in meiner Arbeit im 107. Bande von Crelles Journal (Diese Ges. Abhandlungen, Bd. I, S. 243—260) ausführlich genannt und verweise ich dieserhalb auf die dortigen Angaben.

§ 1. Charakter der positiven quadratischen Formen.

Es sei

$$f(x_1, x_2, \ldots, x_n) = \sum a_{hk} x_h x_k \qquad (h, k = 1, 2, \ldots, n)$$

eine quadratische Form der n Variablen $x_1, x_2, \ldots, x_n$ mit reellen Koeffizienten a_{hk}. Wir setzen stets $a_{kh} = a_{hk}$ für $h < k$ voraus. Die aus der $h_1, h_2, \ldots, h_\nu$-ten Horizontal- und der $k_1, k_2, \ldots, k_\nu$-ten Vertikalreihe des quadratischen Schemas der a_{hk} hergestellte ν-reihige Determinante bezeichnen wir mit

$$D\begin{pmatrix} h_1, h_2, \ldots, h_\nu \\ k_1, k_2, \ldots, k_\nu \end{pmatrix}.$$

1. Dafür, daß f eine *wesentlich positive* Form sei, ist bekanntlich notwendig und hinreichend, daß die n Determinanten

$$D\begin{pmatrix} 1, 2, \ldots, h \\ 1, 2, \ldots, h \end{pmatrix} = D_h \quad \text{für} \quad h = 1, 2, \ldots, n$$

sämtlich positiv sind. Die letzte dieser Größen, D_n, ist die Determinante der Form f, deren Wert wir auch mit $D(f)$ bezeichnen. Wir setzen noch $D_0 = 1$,

$$\frac{D_h}{D_{h-1}} = q_h \ (h = 1, 2, \ldots, n); \quad \frac{D\begin{pmatrix} 1, \ldots, h-1, h \\ 1, \ldots, h-1, k \end{pmatrix}}{D\begin{pmatrix} 1, \ldots, h-1, h \\ 1, \ldots, h-1, h \end{pmatrix}} = \gamma_{hk} \quad \begin{pmatrix} h = 1, \ldots, n-1 \\ k = h+1, \ldots, n \end{pmatrix}.$$

Dann sind auch alle Größen $q_h > 0$ und besteht die identische Darstellung

$$(1) \qquad f = q_1 \xi_1^2 + q_2 \xi_2^2 + \cdots + q_n \xi_n^2$$

mit

$$(2) \qquad \xi_1 = x_1 + \gamma_{12} x_2 + \cdots + \gamma_{1n} x_n, \quad \xi_2 = x_2 + \cdots + \gamma_{2n} x_n, \ldots \ldots, \xi_n = x_n,$$

welche den *Charakter von f als positive Form in Evidenz* setzt.

2. Die Vergleichung der Koeffizienten von $x_1^2, x_2^2, \ldots, x_n^2$ auf beiden Seiten von (1) ergibt

$$(3) \qquad a_{11} = q_1, \quad a_{22} \geq q_2, \ldots, a_{nn} \geq q_n$$

und *durch Multiplikation dieser Ungleichungen folgt*

$$(4) \qquad a_{11} a_{22} \ldots a_{nn} \geq D(f).$$

3. Ist L ein gegebener positiver Wert und soll $f \leq L$ ausfallen, so folgt aus (1):

$$|\xi_n| \leq \sqrt{\frac{L}{q_n}}, \ |\xi_{n-1}| \leq \sqrt{\frac{L}{q_{n-1}}}, \ldots, |\xi_1| \leq \sqrt{\frac{L}{q_1}},$$

und diesen Ungleichungen können nach den Ausdrücken (2) nur eine *endliche* Anzahl verschiedener ganzzahliger Systeme $x_n, x_{n-1}, \ldots, x_1$ genügen. Wir haben daher den Satz:

Eine positive quadratische Form f kann nur für eine endliche Anzahl von ganzzahligen Systemen der Variablen Werte annehmen, die eine gegebene Schranke L nicht überschreiten.

§ 2. Anordnung in einer n-dimensionalen Mannigfaltigkeit.

Sind $a_1, a_2, \ldots, a_n$ und $b_1, b_2, \ldots, b_n$ zwei verschiedene Systeme von je n Größen und hat man

$$a_1 = b_1, \ldots, \quad a_{l-1} = b_{l-1}, \quad a_l > b_l,$$

wo l einen der Werte $1, 2, \ldots, n$ bedeuten kann, so heiße das erste System *höher*, das zweite *niedriger* als das andere, und zwar *an l^{ter} Stelle* höher .bzw. niedriger.

Es sei eine unendliche Menge von Systemen $S(a_1, a_2, \ldots, a_n)$ vorgelegt mit folgender Eigenschaft: Ist $a_1, a_2, \ldots, a_n$ ein beliebiges System daraus und l eine beliebige der Zahlen $1, 2, \ldots, n$, so soll bei allen vorhandenen Systemen $b_1, b_2, \ldots, b_n$ der Menge, welche genau an l^{ter} Stelle niedriger als das erste System sind, für die Größe b jedesmal nur eine *endliche* Anzahl verschiedener Werte in Betracht kommen.

Bildet man alsdann, von einem beliebigen Systeme S der Menge ausgehend, soweit als angängig, *eine Reihe von Systemen $S, S^{(1)}, S^{(2)}, \ldots$, so daß jedes folgende niedriger als das vorhergehende ist, so muß eine solche Reihe stets nach einer endlichen Anzahl von Schritten abbrechen.* Es muß sich also nach einer endlichen Anzahl von Schritten schließlich ein System einstellen, zu welchem es kein niedrigeres in der Menge gibt, und welches demnach das *niedrigste* System in der Menge vorstellt.

Für $n = 1$ ist die Behauptung evident. Nun sei $n > 1$. Betrachten wir zum Ausgangssysteme $S(a_1, a_2, \ldots, a_n)$ alle Systeme $a_1, b_2, \ldots, b_n$ der Menge, welche mit ihm in dem ersten Elemente a_1 übereinstimmen, so bilden die darin auftretenden Systeme $b_2, \ldots, b_n$ eine Menge von Systemen aus $n - 1$ Elementen mit ganz entsprechender Eigenschaft, wie wir sie für die gegebene Menge n-gliedriger Systeme voraussetzen. Nehmen wir nun den zu beweisenden Satz bereits als erwiesen an, wenn die Zahl $n - 1$ anstatt n steht, so kann eine Reihe $S, S^{(1)}, S^{(2)}, \ldots$ nur mit einer *endlichen* Anzahl von Termen derart fortschreiten, daß *das erste Element ungeändert* bleibt und jedesmal eine *Erniedrigung an der zweiten bis n^{ten} Stelle* eintritt. Da außerdem eine *Erniedrigung genau an erster Stelle* nach Voraussetzung ebenfalls nur eine endliche Anzahl von Malen vorkommen kann, so ist der zu beweisende Satz sofort für Systeme aus n Gliedern klar.

§ 3. Niedrigste Formen in einer Klasse.

Der Begriff der arithmetischen Äquivalenz von positiven quadratischen Formen ist schon in der Einleitung erwähnt worden. Zwei positive Formen

$$f = \sum a_{hk} x_h x_k, \qquad g = \sum b_{hk} y_h y_k \qquad (h, k = 1, \ldots, n)$$

sind hierbei dann und nur dann *äquivalent*, wenn f in g durch eine *ganzzahlige Transformation mit einer Determinante* ± 1 überzuführen ist.

1. Ist dabei

$$(5) \qquad a_{11} = b_{11}, \quad a_{22} = b_{22}, \ldots, a_{nn} = b_{nn},$$

so mögen f und g *gleichgestellt* heißen. Ist dagegen

$$(6) \qquad a_{11} = b_{11}, \ldots, a_{l-1,l-1} = b_{l-1,l-1}, \quad a_{ll} > b_{ll},$$

wobei l einen der Werte $1, 2, \ldots, n$ haben kann, so soll f *höher* als g und g *niedriger* als f und zwar *an l^{ter} Stelle* höher bzw. niedriger heißen.

Es sei

$$(7) \qquad x_h = s_{h1} y_1 + s_{h2} y_2 + \cdots + s_{hn} y_n \qquad (h = 1, 2, \ldots, n)$$

eine ganzzahlige Substitution mit der Determinante ± 1, welche f in g überführt, so hat man

$$b_{kk} = f(s_{1k}, \ldots, s_{nk}) \qquad (k = 1, 2, \ldots, n).$$

Ist g an l^{ter} Stelle niedriger als f, so folgt daher

$$(8) \quad f(s_{11}, \ldots, s_{n1}) = a_{11}, \ldots, f(s_{1,l-1}, \ldots, s_{n,l-1}) = a_{l-1,l-1}, \quad f(s_{1l}, \ldots, s_{nl}) < a_{ll}.$$

Ferner ist *die aus den l ersten Vertikalreihen* der Substitution (7) *gebildete Matrix*

$$(9) \qquad \| s_{hk} \| \qquad (h = 1, 2, \ldots, n; \; k = 1, 2, \ldots, l)$$

unimodular, d. h. der größte gemeinsame Teiler aller aus ihr zu bildenden l-reihigen Determinanten ist gleich 1.

Hiernach ist leicht zu entscheiden, *ob es in der Klasse von f eine Form g gibt, welche niedriger als f ist.* Wir nehmen für l nacheinander jeden der Werte $1, 2, \ldots, n$ und fassen jedesmal das System der Bedingungen (8) ins Auge. Nach § 1 kann es jedesmal gewiß nur eine *endliche* Anzahl von ganzen Zahlen $s_{hk} (k \leq l)$ geben, welche diesen Bedingungen genügen. Sowie für eines der betreffenden Lösungssysteme die *Matrix* (9) *unimodular* ist, können wir bekanntlich zu dieser Matrix $n - l$ weitere Vertikalreihen ganzzahliger Koeffizienten $s_{hk} (k = l + 1, \ldots, n)$ hinzufügen, so daß die Determinante des entstehenden quadratischen Schemas ± 1 wird, und es führt dann die zugehörige Substitution (7) in der Tat f in eine an l^{ter} Stelle niedrigere Form g über. *Dabei kommen jedesmal für b_{ll} nur eine endliche Anzahl verschiedener Werte in Frage.*

2. Auf Grund des Hilfssatzes in § 2 kann man nunmehr *in jeder Klasse f eine solche Form g ermitteln, zu welcher es keine niedrigere Form*

in der Klasse gibt und welche wir daher eine *niedrigste* Form der Klasse nennen. Alle äquivalenten mit ihr gleichgestellten Formen sind gleichzeitig niedrigste Formen der Klasse.

3. Soll die Form f durch die Substitution (7) in eine *gleichgestellte* Form übergehen, so müssen die n Gleichungen

$$f(s_{11}, \ldots, s_{n1}) = a_{11}, \ldots, f(s_{1n}, \ldots, s_{nn}) = a_{nn}$$

statthaben; es genügen ihnen nur eine endliche Zahl ganzzahliger Systeme s_{hk} und *gibt es daher gewiß auch nur eine endliche Anzahl ganzzahliger Substitutionen mit einer Determinante ± 1, durch welche eine Form in gleichgestellte übergeht.* Insbesondere zeigt sich, daß *jede positive Form nur eine endliche Anzahl ganzzahliger Transformationen in sich besitzt.*

4. Jede Form f geht durch die 2^n Substitutionen

(10) $$x_1 = \pm y_1, \quad x_2 = \pm y_2, \ldots, x_n = \pm y_n,$$

wobei ein jedes der n Vorzeichen unabhängig von den anderen als $+$ oder $-$ angenommen werden kann, in gleichgestellte Formen über.

5. Es möge für einen Moment eine Form f und die **ganze zugehörige** Klasse *allgemein* heißen, wenn eine Gleichung

$$f(x_1, x_2, \ldots, x_n) = f(y_1, y_2, \ldots, y_n)$$

mit ganzzahligen Werten $x_1, x_2, \ldots, x_n$; $y_1, y_2, \ldots, y_n$ niemals anders bestehen kann, als daß das System $y_1, y_2, \ldots, y_n$ mit $x_1, x_2, \ldots, x_n$ oder mit $-x_1, -x_2, \ldots, -x_n$ übereinstimmt. Insbesondere wird dieser Charakter für f zutreffen, wenn zwischen den $\dfrac{n(n+1)}{2}$ Koeffizienten a_{hk} von f keine homogene lineare Relation mit ganzzahligen Koeffizienten besteht. Vergleichen wir insbesondere die zwei Systeme

$$x_h = 1, \; x_{h+1} = 1, \; x_k = 0 \quad \text{und} \quad y_h = 1, \; y_{h+1} = -1, \; y_k = 0 \;\; (k \neq h, h+1)$$

miteinander, so zeigt sich, daß in einer allgemeinen Form f gewiß jeder Koeffizient $a_{h, h+1}$ von Null verschieden ausfällt.

Ist die Klasse f eine allgemeine, so geht offenbar jede Form daraus einzig durch die 2^n Substitutionen (10) in äquivalente gleichgestellte Formen über, und gibt es in der Klasse stets *eine einzige niedrigste Form g, welche noch die Bedingungen*

$$b_{12} > 0, \quad b_{23} > 0, \ldots, b_{n-1, n} > 0$$

erfüllt.

6. Wir bezeichnen mit E *die identische Substitution*, ferner zu jeder Substitution S als *entgegengesetzte* und mit $-S$ diejenige Substitution, welche durch Änderung aller Koeffizienten s_{hk} in die entgegengesetzten Werte $-s_{hk}$ entsteht.

§ 4. Reduzierte Formen.

Es sind wesentlich die niedrigsten Formen einer Klasse, welche Hermite (Crelles Journal, Bd. 40; Oeuvres, T. I, p. 100) als reduzierte Formen eingeführt hat mit der Absicht, in der Menge dieser Formen einen Diskontinuitätsbereich B von der in der Einleitung dargelegten Natur zu erhalten. Hier bringen wir gegenüber der Hermiteschen Definition eine Vereinfachung dadurch an, daß wir gewisse kompliziertere Charaktere, welche für niedrigste Formen zu fordern wären, die ihren Einfluß aber nur auf Teile der Begrenzung des Diskontinuitätsbereiches äußern würden, beiseite lassen.

1. Es sei l eine der Zahlen $1, 2, \ldots, n$, und wir wollen unter $s_1^{(l)}, s_2^{(l)}, \ldots, s_n^{(l)}$ hier *allgemein ein solches System von n ganzen Zahlen* verstehen, *wobei der größte gemeinsame Teiler der letzten $n - (l-1)$ Zahlen darunter, also von $s_l^{(l)}, s_{l+1}^{(l)}, \ldots, s_n^{(l)}$, gleich 1 ist.* Ferner bedeute $e_1^{(l)}$, $e_2^{(l)}, \ldots, e_n^{(l)}$ speziell die l^{te} Vertikalreihe der identischen Substitution E.

Zu jedem Systeme $s_1^{(l)}, s_2^{(l)}, \ldots, s_n^{(l)}$ kann man offenbar stets eine ganzzahlige Substitution $S^{(l)}$ von einer Determinante ± 1 herstellen, in deren quadratischem Koeffizientenschema die ersten $l-1$ Vertikalreihen wie bei der identischen Substitution E aussehen und die l^{te} Reihe von eben jenem Systeme gebildet wird, also eine Substitution

$$x_h = y_h + s_h^{(l)}y_l + s_{h,l+1}y_{l+1} + \cdots + s_{hn}y_n \qquad (h < l),$$
$$x_h = \qquad\; s_h^{(l)}y_l + s_{h,l+1}y_{l+1} + \cdots + s_{hn}y_n \qquad (h \geq l).$$

Durch eine solche Substitution $S^{(l)}$ geht eine Form

$$f = \sum a_{hk}x_h x_k \quad \text{in} \quad g = \sum b_{hk}y_h y_k$$

über, so daß

$$b_{11} = a_{11}, \ldots, b_{l-1,l-1} = a_{l-1,l-1}, \quad b_{ll} = f(s_1^{(l)}, s_2^{(l)}, \ldots, s_n^{(l)})$$

ist. Wenn nun f speziell eine niedrigste Form in ihrer Klasse ist, wird hierbei stets $b_{ll} \geq a_{ll}$ sein müssen.

2. Wir stellen nunmehr folgende Definition auf:

Eine quadratische Form

$$f(x_1, x_2, \ldots, x_n) = \sum a_{hk}x_h x_k$$

soll eine reduzierte Form heißen, wenn sie allen möglichen Ungleichungen

$$\text{(I)} \qquad f(s_1^{(l)}, s_2^{(l)}, \ldots, s_n^{(l)}) \geq a_{ll}$$

genügt für jedes $l = 1, 2, \ldots, n$ und alle ganzzahligen Systeme $s_1^{(l)}, s_2^{(l)}, \ldots, s_n^{(l)}$, wobei der größte gemeinsame Teiler der Zahlen $s_l^{(l)}, s_{l+1}^{(l)}, \ldots, s_n^{(l)}$ gleich 1 ist, und ferner noch den Bedingungen:

$$\text{(II)} \qquad a_{12} \geq 0, \quad a_{23} \geq 0, \ldots, a_{n-1,n} \geq 0.$$

Wir schließen bei den Ungleichungen (I) jedesmal ausdrücklich die zwei Systeme $s_h^{(l)} = e_h^{(l)} (h = 1, \ldots, n)$ und $s_h^{(l)} = - e_h^{(l)} (h = 1, \ldots, n)$ aus, wofür (I) keine wirkliche Bedingung in den a_{hk} vorstellen würde.

Bei dieser Definition einer reduzierten Form setzen wir *nicht bereits f als* eine *positive Form* voraus.

3. In einer Klasse positiver Formen ist eine niedrigste Form, welche noch die Zusatzbedingungen (II) erfüllt, stets eine reduzierte Form. Nach den Ergebnissen des § 3 *gibt es* daher *in jeder Klasse positiver Formen stets wenigstens eine reduzierte Form.*

4. Die zum Index l gehörigen der Ungleichungen (I) besagen, *daß a_{ll} das Minimum unter allen Werten $f(x_1, x_2, \ldots, x_n)$ für solche ganze Zahlen $x_1, x_2, \ldots, x_n$ ist, wobei $x_l, x_{l+1}, \ldots, x_n$ keinen gemeinsamen Teiler > 1 haben.*

Durch eine Substitution $S^{(l)}$ gehen die sämtlichen ganzzahligen Systeme $x_1, x_2, \ldots, x_n$, wobei $x_l, x_{l+1}, \ldots, x_n$ keinen gemeinsamen Teiler > 1 haben, in die sämtlichen ganzzahligen Systeme $y_1, y_2, \ldots, y_n$ über, wobei $y_l, y_{l+1}, \ldots, y_n$ keinen gemeinsamen Teiler > 1 haben.

5. Genügt eine positive Form f den Bedingungen (I) nur für $l = 1, 2, \ldots, m - 1$, aber nicht für $l = m$, so können wir aus ihr durch eine Substitution $S^{(m)}$ eine äquivalente Form herleiten, welche den entsprechenden Bedingungen für $l = 1, 2, \ldots, m - 1$ und auch noch für $l = m$ genügt.

Man hat einfach alle ganzzahligen Systeme $s_1^{(m)}, s_2^{(m)}, \ldots, s_n^{(m)}$ zu bestimmen, für welche $f(s_1^{(m)}, s_2^{(m)}, \ldots, s_n^{(m)}) < a_{mm}$ ist und zugleich $s_m^{(m)}, s_{m+1}^{(m)}, \ldots, s_n^{(m)}$ keinen Teiler > 1 haben. Nach Voraussetzung gibt es solche Systeme. Sie sind nur in endlicher Anzahl vorhanden. Man suche unter ihnen diejenigen heraus, welche der Form f den kleinsten Wert erteilen, und setze dann in $S^{(m)}$ als m^{te} Vertikalreihe ein beliebiges dieser Systeme an, so wird das gewünschte Ziel erreicht sein.

Beachtet man, daß der Typus $S^{(1)}$ eine *beliebige* ganzzahlige Substitution mit der Determinante ± 1 vorstellt, ferner, daß *bei zwei verschiedenen Substitutionen $S^{(l)}(l < n)$ mit genau gleicher l^{ter} Vertikalreihe die zweite gleich dem Produkt der ersten in eine Substitution $S^{(l+1)}$ ist*, so enthalten diese Bemerkungen eine Methode, um zu einer gegebenen positiven Form f *alle* ganzzahligen Substitutionen zu finden, durch welche sie in äquivalente reduzierte Formen übergeht.

Zugleich zeigt sich, daß *die Anzahl dieser reduzierenden Substitutionen für jede gegebene positive Form f stets eine endliche* ist.

6. Aus diesen Erwägungen leuchtet ferner ein: *Eine solche reduzierte Form, für welche in keiner einzigen von den Ungleichungen (I) und (II) das Gleichheitszeichen eintritt, kann nur bei Anwendung der identischen Substitution E oder der dazu entgegengesetzten $- E$ reduziert bleiben.*

7. Wir fassen nun die Koeffizienten a_{hk} einer quadratischen Form als *Koordinaten eines Punktes f in einer $\frac{n(n+1)}{2}$-fachen Mannigfaltigkeit A* auf. In dieser Mannigfaltigkeit bezeichnen wir mit B das Gebiet derjenigen Punkte f, welche allen Ungleichungen (I) und (II) genügen. Wir nennen B den *reduzierten Raum*. Das letzte Ergebnis besagt dann:

Eine Form f im Inneren des reduzierten Raumes B, d. h. für welche in keiner der Ungleichungen (I) und (II) das Gleichheitszeichen statthat, geht durch jede von E und $- E$ verschiedene unimodulare ganzzahlige Substitution in eine Form außerhalb B über.

Insbesondere wird eine *allgemeine* Klasse immer durch einen *inneren* Punkt von B repräsentiert.

Der Bereich B geht durch jedes Paar entgegengesetzter unimodularer ganzzahliger Substitutionen $S, - S$ in eine bestimmte *äquivalente Kammer $B_S = B_{-S}$* über, und *die Kammern, die verschiedenen* solchen *Paaren $S, - S$ entsprechen, stoßen untereinander höchstens in Punkten der Begrenzung zusammen.* Die sämtlichen Kammern B_S überdecken den ganzen Raum der positiven Formen.

§ 5. Die Wände des reduzierten Raumes.

Die Ungleichungen (I) zur Definition einer reduzierten Form f sind *in unendlicher Anzahl* vorhanden. Wir werden nunmehr den Satz beweisen:

Es gibt unter den Ungleichungen (I) eine endliche Anzahl, welche alle übrigen dieser Ungleichungen zur Folge haben.

Beweis: 1. *Es sei zunächst $n = 2$, also*

$$f = a_{11} x_1^2 + 2 a_{12} x_1 x_2 + a_{22} x_2^2.$$

Nehmen wir in (I): $s_1^{(2)} = \pm 1$, $s_2^{(2)} = 1$, so folgt

$$(11) \qquad a_{11} \pm 2 a_{12} + a_{22} \geqq a_{22}, \quad \mp a_{12} \leqq \tfrac{1}{2} a_{11}.$$

Aus diesen zwei Bedingungen für die zwei Vorzeichen $\pm$ geht noch $a_{11} \geqq 0$ hervor. Nehmen wir $s_1^{(1)} = 0$, $s_2^{(1)} = 1$, so entsteht

$$(12) \qquad a_{22} \geqq a_{11}.$$

Ist $a_{11} = 0$, so folgt aus (11) auch $a_{12} = 0$ und gelten wegen $a_{22} \geqq 0$ bereits alle Ungleichungen (I).

Ist $a_{11} > 0$, so folgt aus (11) und (12):

$$a_{12}^2 \leqq \tfrac{1}{4} a_{11}^2 \leqq \tfrac{1}{4} a_{11} a_{22}, \quad D_2 = a_{11} a_{22} - a_{12}^2 \geqq \tfrac{3}{4} a_{11} a_{22}.$$

Schreiben wir

$$f = q_1 (x_1 + \gamma_{12} x_2)^2 + q_2 x_2^2,$$

so ist

$$q_1 = a_{11}, \ \gamma_{12} = \frac{a_{12}}{a_{11}}, \quad \pm \gamma_{12} \leqq \frac{1}{2}, \quad q_2 = \frac{D_2}{q_1} \geqq \frac{8}{4}\, a_{22}.$$

Für ganze Zahlen s_1, s_2 wird nun, wenn $|s_1| > 1$, $s_2 = 1$ ist:

$$f(\pm |s_1|, 1) = a_{11}(s_1^2 - |s_1|) + (a_{11} \pm 2a_{12})|s_1| + a_{22} > a_{22},$$

andererseits, wenn $|s_2| > 1$ ist:

$$f(s_1, s_2) \geqq q_2 s_2^2 \geqq 3 a_{22} > a_{22}.$$

So leuchtet ein, daß aus (11) *und* (12) *bereits alle Ungleichungen* (I) *folgen.*

2. *Es sei jetzt* $n > 2$. Setzen wir einen Teil der Variablen $x_1, \ldots, x_n$ Null und sind die noch übrigen dieser Variablen $x_{h_1}, x_{h_2}, \ldots, x_{h_m}$ ($h_1 < h_2 < \cdots < h_m$), so wird aus f eine Form $f\{x_{h_1}, x_{h_2}, \ldots, x_{h_m}\}$ dieser m Variablen, und die zu (I) entsprechenden Bedingungen für diese Form sind, wie man leicht erkennt, spezielle von den Bedingungen (I) für die Form f selbst. Jede aus einer reduzierten Form f in solcher Weise abzuleitende Form von weniger als n Variablen trägt also, von den Zusatzforderungen (II) abgesehen, ebenfalls den Charakter einer reduzierten Form bei ihrer Variablenzahl.

Greifen wir nun von den Ungleichungen (I) für f *erstens* diejenigen heraus, welche gerade nach sich ziehen, daß *die sämtlichen binären Formen*

$$a_{hh}x_h^2 + 2a_{hk}x_h x_k + a_{kk}x_k^2 \qquad\qquad (h < k)$$

die Bedingungen (I) *für reduzierte Formen* erfüllen, so handelt es sich um gewisse Ungleichungen in endlicher Anzahl und *kommen diese Ungleichungen auf die folgenden*

(13) $$\pm 2a_{hk} \leqq a_{hh} \qquad\qquad (h < k)$$

und

(14) $$0 \leqq a_{11} \leqq a_{22} \leqq \cdots \leqq a_{nn}$$

hinaus.

3. Wir nehmen nun an, *der zu beweisende Satz sei bereits für Formen von weniger als* n *Variablen sichergestellt*, und wir können unter den Ungleichungen (I) *zweitens* eine *endliche* Anzahl auswählen, welche zur Folge haben, daß *die sämtlichen aus f abgeleiteten Formen* $f\{x_{m+1}, x_{m+2}, \ldots, x_n\}$ *für* $m = 1, 2, \ldots, n - 2$, *reduziert* sind.

Ist nun etwa

$$0 = a_{11} = a_{22} = \cdots = a_{mm} \ (1 \leqq m < n), \qquad 0 < a_{m+1,\,m+1},$$

so sind infolge von (13) überhaupt *alle Koeffizienten* a_{hk} ($h \leqq k$), bei welchen *der Index h einen der Werte* 1, 2, $\ldots$, m *hat, Null* und wird aus f einfach $f\{x_{m+1}, \ldots, x_n\}$. Die Ungleichungen (I) in bezug auf letztere Form haben dann *bereits sämtliche Ungleichungen* (I) *für f zur Folge.*

4. *Nunmehr setzen wir weiterhin* $a_{11} > 0$ *voraus.* Wir greifen *drittens* aus den Ungleichungen (I) diejenigen in *endlicher Anzahl vorhandenen*

heraus, welche zur Folge haben, daß auch *die sämtlichen aus f abzuleitenden Formen* $f\{x_1, x_2, \ldots, x_m\}$ *für* $m = 2, 3, \ldots, n-1$ *reduziert sind.*

5. Jetzt werden wir (in 5.—8.) zeigen, daß wir zu den bereits gewählten der Ungleichungen (I) *viertens* eine weitere *endliche* Anzahl jener Ungleichungen derart hinzufügen können, *daß aus diesen für die Determinante D_n der Form f eine Ungleichung*

$$(15) \qquad D_n \geq \lambda_n a_{11} a_{22} \cdots a_{nn}$$

folgt, wo λ_n eine gewisse positive nur von n und nicht von den Koeffizienten der speziellen Form f abhängende Konstante bedeutet.

Nach 1. ist diese Tatsache bereits für $n = 2$ mit dem Werte $\lambda_2 = \frac{3}{4}$ zutreffend, und wir nehmen sie als *bereits erwiesen für Formen mit weniger als n Variablen* an.

Es sei jetzt m einer der Werte $1, 2, \ldots, n-1$, so haben wir unter Verwendung der in § 1 eingeführten Bezeichnungen für die Determinante der Form $f\{x_1, x_2, \ldots, x_m\}$ die Ungleichung:

$$(16) \qquad D\begin{pmatrix} 1, 2, \ldots, m \\ 1, 2, \ldots, m \end{pmatrix} = D_m \geq \lambda_m a_{11} a_{22} \cdots a_{mm} \qquad (m \leq n-1)$$

und für die Determinante der Form $f\{x_{m+1}, x_{m+2}, \ldots, x_n\}$:

$$(17) \qquad D\begin{pmatrix} m+1, m+2, \ldots, n \\ m+1, m+2, \ldots, n \end{pmatrix} = \overline{D}_{n-m} \geq \lambda_{n-m} a_{m+1, m+1} a_{m+2, m+2} \cdots a_{nn}.$$

In den Fällen $m = 1$ und $m = n-1$ setzen wir $\lambda_1 = 1$.

Entwickeln wir nun den Ausdruck der Determinante D_n von f, so kommen darin $m!(n-m)!$ Terme vor, die sich zu dem Produkte $D_m \overline{D}_{n-m}$ zusammenfassen lassen, und weiter $n! - m!(n-m)!$ Glieder vom Typus

$$\pm\, a_{1k_1} a_{2k_2} \cdots a_{mk_m} a_{m+1, k_{m+1}} \cdots a_{nk_n},$$

wobei $k_1, k_2, \ldots, k_m$ *nicht*, abgesehen von der Reihenfolge, mit $1, 2, \ldots, m$ übereinstimmen und infolgedessen *auch noch unter den Indizes $k_{m+1}, \ldots, k_n$ jedesmal wenigstens eine der Zahlen $1, 2, \ldots, m$ sich findet.* Nach den Beziehungen $a_{hk} = a_{kh}$ und den Ungleichungen (13) erweist sich nun ein jedes solches Glied dem Betrage nach

$$\leq \frac{1}{4} a_{11} a_{22} \cdots a_{mm} a_{mm} a_{m+2, m+2} \cdots a_{nn}.$$

Benutzen wir die Ungleichungen (16) und (17) und verstehen unter λ_n eine in der Folge noch zu fixierende positive Konstante, so entsteht jetzt

$$D - \lambda_n a_{11} a_{22} \cdots a_{nn} \geq \{(\lambda_m \lambda_{n-m} - \lambda_n) a_{m+1, m+1}$$
$$- \frac{1}{4}(n! - m!(n-m)!) a_{mm}\} a_{11} a_{22} \cdots a_{mm} a_{m+2, m+2} \cdots a_{nn}.$$

Wir können

$$1 = \lambda_1 > \lambda_2 > \cdots > \lambda_{n-1}$$

voraussetzen. Die positive Größe λ_n denken wir uns zunächst irgendwie, jedoch kleiner als jedes der Produkte $\lambda_m \lambda_{n-m}$ für $m = 1, 2, \ldots, n - 1$ gewählt und setzen zur Abkürzung

$$\frac{1}{4} \frac{(n! - m!\,(n - m)!)}{\lambda_m \lambda_{n-m} - \lambda_n} = \varkappa_{m+1} \quad (m = 1, 2, \ldots, n - 1).$$

Alsdann wird die Ungleichung (15) *mit dem betreffenden Werte* λ_n *jedenfalls schon statthaben, wenn für wenigstens einen der Indizes* $m = 1, 2, \ldots, n - 1$ *sich*

$$a_{m+1,\,m+1} \geqq \varkappa_{m+1} a_{mm}$$

herausstellt.

6. Nunmehr haben wir uns nur noch mit der *Annahme* zu beschäftigen, *daß sämtliche Ungleichungen*

(18) $$\varkappa_2 a_{11} > a_{22}, \quad \varkappa_3 a_{22} > a_{33}, \quad \ldots, \quad \varkappa_n a_{n-1,\,n-1} > a_{nn}$$

gelten.

Aus den Ungleichungen (16) geht unter Beachtung der Ungleichungen (14) und von $a_{11} > 0$ hervor, daß sicherlich die *Determinanten*

$$D_1, \; D_2, \; \ldots, \; D_{n-1}$$

positiv ausfallen *und daher auch*

$$q_1 = D_1, \quad q_2 = \frac{D_2}{D_1}, \quad \ldots, \quad q_{n-1} = \frac{D_{n-1}}{D_{n-2}}$$

sämtlich endlich und > 0 *sind.* Wir können daher, mag nun die Determinante $D_n > 0$ und damit auch f positiv sein oder nicht, *jedenfalls bereits für* f *die Darstellung* aus § 1:

(19) $$f = q_1 \zeta_1^2 + q_2 \zeta_2^2 + \cdots + q_n \zeta_n^2,$$

(20) $$\zeta_1 = x_1 + \gamma_{12} x_2 + \cdots + \gamma_{1n} x_n, \quad \zeta_2 = x_2 + \cdots + \gamma_{2n} x_n, \quad \ldots, \quad \zeta_n = x_n$$

mit

$$q_n = \frac{D_n}{D_{n-1}}, \quad \gamma_{hk} = \frac{D\begin{pmatrix} 1, \ldots, h-1, h \\ 1, \ldots, h-1, k \end{pmatrix}}{D_h} \quad \begin{pmatrix} h = 1, \ldots, n-1 \\ k = h+1, \ldots, n \end{pmatrix}$$

ansetzen.

Die Determinante, welche den Zähler des vorstehenden Quotienten für γ_{hk} bildet, besteht aus $h!$ Gliedern, von denen ein jedes mit Rücksicht auf die Ungleichungen (13) sich dem Betrage nach $\leqq \frac{1}{2} a_{11} a_{22} \cdots a_{hh}$ erweist, während der Nenner dieses Quotienten nach (16) sich $\geqq \lambda_h a_{11} a_{22} \cdots a_{hh}$ findet. Danach hat man

(21) $$|\gamma_{hk}| \leqq \frac{1}{2} \frac{h!}{\lambda_h} \qquad \begin{aligned} &(h = 1, \ldots, n-1) \\ &(k = h+1, \ldots, n). \end{aligned}$$

Aus (19) und (20) geht

$$q_1 = a_{11}, \quad q_2 \leqq a_{22}, \quad \ldots, \quad q_{n-1} \leqq a_{n-1,\,n-1}$$

hervor, woraus mit Rücksicht auf (18)

$$(22) \qquad q_1 = a_{11}, \ q_2 < \varkappa_2 a_{11}, \ \ldots, \ q_{n-1} < \varkappa_2 \varkappa_3 \ldots \varkappa_{n-1} a_{11}$$

folgt.

7. Es kommt jetzt vor allem darauf an, zu erkennen, daß wir *von den Ungleichungen* (I) *eine endliche Anzahl* herausgreifen können, *infolge deren sich auch q_n als > 0* und damit also f als eine wesentlich positive Form *erweist.* Für diesen wichtigen Nachweis können wir uns des elementaren Prinzips bedienen, welches D i r i c h l e t so meisterhaft in der Theorie der algebraischen Einheiten gehandhabt hat, *wonach bei Verteilung einer Anzahl von Größensystemen in eine kleinere Anzahl von Bereichen darunter irgendein Bereich da sein muß, der wenigstens zwei der Systeme auf einmal aufnimmt.*

Wir bilden zum Ausdrucke (19) von f mit den nämlichen $\zeta_1, \zeta_2, \ldots, \zeta_n$ die *Hilfsform*

$$(23) \qquad F = \zeta_1^2 + \varkappa_2 \zeta_2^2 + \cdots + \varkappa_2 \varkappa_3 \ldots \varkappa_{n-1} \zeta_{n-1}^2 + \mu \zeta_n^2,$$

wobei μ folgende Bedeutung haben soll. Es seien $t_1, t_2, \ldots, t_{n-1}$ beziehlich die *kleinsten* ganzen Zahlen, für welche

$$(24) \qquad t_1^2 \geqq n, \ t_2^2 \geqq n\varkappa_2, \ \ldots, \ t_{n-1}^2 \geqq n\varkappa_2\varkappa_3 \ldots \varkappa_{n-1}$$

ausfällt, und es werde

$$(25) \qquad \mu = \frac{1}{n\, t_1^2\, t_2^2 \ldots t_{n-1}^2}$$

gesetzt.

Danach ist μ eine bestimmte positive Größe, mithin F eine *positive* Form der Variablen $x_1, x_2, \ldots, x_n$.

Wir zeigen, *daß man für* $x_1, x_2, \ldots, x_n$ *ganze Zahlen, unter denen* $x_n \neq 0$ *ist, finden kann, so daß dafür* $F \leq 1$ *ausfällt.*

In der Tat, zunächst ist $\zeta_n = x_n$. Wir setzen der Reihe nach $x_n = 0, 1, 2, \ldots, t_1 t_2 \ldots t_{n-1}$ und können zu jedem dieser Werte von x_n nacheinander $x_{n-1}, x_{n-2}, \ldots, x_1$ als *ganze* Zahlen derart bestimmen, daß

$$(26) \qquad 0 \leqq \zeta_{n-1} < 1, \ 0 \leqq \zeta_{n-2} < 1, \ \ldots, \ 0 \leqq \zeta_1 < 1$$

wird. Wir erhalten damit $t_1 t_2 \ldots t_{n-1} + 1$ *in* x_n durchweg *verschiedene* Wertsysteme $x_1, x_2, \ldots, x_n$, welche sämtlich diese Bedingungen (26) erfüllen.

Zerlegen wir nun für $h = n-1, \ n-2, \ \ldots, 1$ jedesmal das Intervall $0 \leqq \zeta_h < 1$ in die t_h Intervalle

$$0 \leqq \zeta_h < \frac{1}{t_h}, \ \frac{1}{t_h} \leqq \zeta_h < \frac{2}{t_h}, \ \ldots, \ \frac{t_h - 1}{t_h} \leqq \zeta_h < 1,$$

so tritt eine Teilung des ganzen durch (26) definierten Gebietes in $t_1 t_2 \ldots t_{n-1}$ völlig untereinander getrennte Gebiete ein und wird man unter jenen Systemen x_1, x_2, ..., x_n, deren Anzahl $> t_1 t_2 \ldots t_{n-1}$ ist, gewiß *irgend zwei*, etwa

$$x_1', x_2', \ldots, x_n'; \quad x_1'', x_2'', \ldots, x_n'' \qquad (x_n'' > x_n')$$

finden können, für welche ξ_1, ξ_2, ..., ξ_{n-1} *demselben* Teilgebiete angehören.

Für das *durch Subtraktion aus beiden* hervorgehende System

$$x_1 = x_1'' - x_1', \; x_2 = x_2'' - x_2', \; \ldots, \; x_n = x_n'' - x_n'$$

gelten dann die Ungleichungen

$$(27) \qquad |\xi_1| < \frac{1}{t_1}, \; \ldots, \; |\xi_{n-1}| < \frac{1}{t_{n-1}}, \; |\xi_n| \leqq t_1 t_2 \ldots t_{n-1},$$

während zugleich $x_n > 0$ ist. Aus (27), (24) und (25) ersieht man, daß infolgedessen weiter die $n-1$ ersten Terme des Ausdrucks F ein jeder $< \frac{1}{n}$, der $n^{\text{te}} \leqq \frac{1}{n}$ werden und also für das betreffende ganzzahlige Wertsystem x_1, x_2, ..., x_n mit positivem x_n der ganze Ausdruck F gewiß < 1 ausfällt.

Das erhaltene System x_1, x_2, ..., x_n befreien wir noch von einem in den Zahlen etwa vorhandenen gemeinsamen Teiler > 1, wobei die Ungleichung $F \leqq 1$ nicht verloren geht.

Andererseits können wir, *allein in Berücksichtigung* der Ausdrücke (20) für ξ_1, ξ_2, ..., ξ_n und *der Ungleichungen* (21) *für die Koeffizienten* γ_{hk}, *von vornherein eine endliche Anzahl* bestimmter *ganzzahliger Systeme* x_1, x_2, ..., x_n *mit positivem* x_n *und ohne gemeinsamen Teiler* > 1 anweisen, welche überhaupt als *die einzigen derartigen Systeme* in Frage kommen, *die vielleicht den Ungleichungen* (27) *genügen können*. Wir ermitteln die sämtlichen bezüglichen Systeme und wir heben nunmehr *viertens* unter den Ungleichungen (I) diejenigen heraus, welche ausdrücken, daß *für diese besonderen Systeme stets* $f(x_1, x_2, \ldots, x_n) \geqq a_{11}$ sein soll.

Alsdann muß infolge aller bereits herausgehobenen Ungleichungen (I) *notwendig*

$$(28) \qquad q_n \geqq \mu a_{11}$$

werden. Denn in dem Ausdrucke (19) von f sind wegen (22) die Koeffizienten von ξ_1^2, ξ_2^2, ..., ξ_{n-1}^2 durchweg nicht größer als in dem Multiplum $a_{11} F$ von F. Wäre nun $q_n < \mu a_{11}$, so würde daher bei von Null verschiedenem x_n stets $f < a_{11} F$ sein. Wir haben aber ein solches ganzzahliges System x_1, x_2, ..., x_n mit von Null verschiedenem x_n, wofür $F \leqq 1$ ist, während wir für das betreffende System hier bereits einer der Ungleichungen (I) gemäß $a_{11} \leqq f$ fordern, also ergäbe sich ein Widerspruch und folgt in der Tat die Ungleichung (28).

8. Indem wir (28) mit allen Ungleichungen (18) multiplizieren, geht

$$q_n > \frac{\mu}{x_2 x_3 \ldots x_n} a_{nn}$$

hervor, und indem wir weiter diese Ungleichung mit der Ungleichung für D_{n-1} nach (16) multiplizieren, folgt

$$D_n > \frac{\lambda_{n-1}\mu}{\varkappa_2\varkappa_3\ldots\varkappa_n} a_{11} a_{22}\ldots a_{nn}.$$

Nach der Bedeutung von μ, die aus (24) und (25) ersichtlich ist, können wir nun über λ_n *definitiv* in solcher Art verfügen, daß *hieraus wieder die Ungleichung* (15) *für* D_n hervorgeht. Wir brauchen dazu nur λ_n kleiner als die $n-1$ Größen $\lambda_m\lambda_{n-m}\,(m < n)$ derart zu wählen, daß

$$\lambda_{n-1} \geqq \lambda_n n\varkappa_2\varkappa_3\ldots\varkappa_n([\sqrt{n}] + 1)^2([\sqrt{n\varkappa_2}] + 1)^2\ldots([\sqrt{n\varkappa_2\ldots\varkappa_{n-1}}] + 1)^2$$

ist. Die Klammer [ ] soll hier das bekannte Zeichen für größte Ganze vorstellen. Dieser Forderung für λ_n aber können wir immer entsprechen, weil der Ausdruck rechts hier nach der Art, wie $\varkappa_2, \ldots, \varkappa_n$ von λ_n abhängen, gleichzeitig mit λ_n abnimmt und der Null zustrebt.

Bei dieser Bestimmungsweise von λ_n gilt nunmehr infolge der bisher herausgehobenen Ungleichungen (I) *in allen Fällen die Ungleichung* (15) *für* D_n.

9. Indem wir auf den Zähler einer Größe $q_h = D_h : D_{h-1}$ die Ungleichung (16) bzw. (15), auf den Nenner die Ungleichung

$$D_{h-1} \leqq a_{11} a_{22}\ldots a_{h-1,h-1}$$

in Anwendung bringen, entsteht allgemein

$$q_h \geqq \lambda_h a_{hh} \qquad\qquad (h = 1, 2, \ldots, n),$$

und nun zeigt sich in der Tat leicht, daß eine endliche Anzahl unter den Ungleichungen (I) angewiesen werden kann, welche alle übrigen dieser Ungleichungen zur Folge haben.

Wir setzen für jeden Wert $l = 1, 2, \ldots, n$ *die folgenden Ungleichungen an:*

(29) $$\lambda_n\xi_n^2 < 1,\ \lambda_{n-1}\xi_{n-1}^2 < 1, \ldots, \lambda_l\xi_l^2 < 1,$$

(30) $$\lambda_{l-1}\xi_{l-1}^2 < \frac{l-1}{4},\ \lambda_{l-2}\xi_{l-2}^2 < \frac{l-2}{4}, \ldots, \lambda_2\xi_2^2 < \frac{2}{4},\ \lambda_1\xi_1^2 \leqq \frac{1}{4}$$

mit den Ausdrücken

(31) $$\xi_1 = x_1 + \gamma_{12}x_2 + \cdots + \gamma_{1n}x_n,\ \xi_2 = x_2 + \cdots + \gamma_{2n}x_n, \ldots, \xi_n = x_n$$

und den Einschränkungen

(32) $$|\gamma_{hk}| \leqq \frac{1}{2}\frac{h!}{\lambda_h}.$$

Es ist einleuchtend, daß diesen Bedingungen jedesmal nur eine *endliche* Anzahl ganzzahliger Systeme $x_1, x_2, \ldots, x_n$ entsprechen können. *Unter diesen wählen wir alle Systeme* $s_1^{(l)}, s_2^{(l)}, \ldots, s_n^{(l)}$ *aus, in welchen* $s_l^{(l)}, s_{l+1}^{(l)}, \ldots, s_n^{(l)}$ *keinen gemeinsamen Teiler* > 1 *haben, und fordern jedesmal die Bedingung* (I) *für die betreffenden Systeme.*

5*

Die in solcher Weise bisher hervorgehobenen der Ungleichungen (I) *ziehen dann notwendig die Gesamtheit dieser unendlich vielen Ungleichungen nach sich.*

In der Tat, es sei $x_1 = s_1^{(l)}, \ldots, x_n = s_n^{(l)}$ ein ganzzahliges System, welches nicht zu den eben hervorgehobenen gehört und wobei $s_l^{(l)}, \ldots, s_n^{(l)}$ keinen gemeinsamen Teiler > 1 haben. Alsdann bestehen dafür insbesondere mit den zu f gehörigen Ausdrücken $\zeta_1, \zeta_2, \ldots, \zeta_n$ *nicht alle* Ungleichungen (29), (30).

Wir nehmen *erstens* an, es sei dafür etwa $\lambda_h \zeta_h^2 \geq 1$ und $h \geq l$. Dann folgt aus

$$f = q_1 \zeta_1^2 + q_2 \zeta_2^2 + \cdots + q_n \zeta_n^2$$

mit Rücksicht auf $q_h \geq \lambda_h a_{hh}$ und $a_{hh} \geq a_{ll}$ sofort $f \geq a_{ll}$.

Es seien *zweitens* für das bezügliche System in f sämtliche Ungleichungen (29) erfüllt, und es sei $h (< l)$ der *größte* Index, für den statt der in (30) genannten Ungleichung vielmehr sich die Ungleichung $\lambda_h \zeta_h^2 \geq \frac{1}{4} h$ bzw. $\zeta_1^2 > \frac{1}{4}$, je nachdem $h > 1$ oder $= 1$ ist, einstellt. Dann haben wir wegen $q_h \geq \lambda_h a_{hh}$ für das betreffende System $x_1, \ldots, x_n$ jedenfalls

$$(33) \quad f(x_1, \ldots, x_n) \geq \frac{1}{4} (a_{11} + a_{22} + \cdots + a_{hh}) + q_{h+1} \zeta_{h+1}^2 + \cdots + q_n \zeta_n^2.$$

Wir denken uns nun die Zahlen $x_{h+1}, \ldots, x_n$ festgehalten, statt der Zahlen $x_h, x_{h-1}, \ldots, x_1$ aber, was offenbar möglich ist, nacheinander solche ganze Zahlen $x_h^*, x_{h+1}^*, \ldots, x_1^*$ gewählt, daß die neuen dazugehörigen Ausdrücke (31) die Bedingungen

$$(34) \quad -\frac{1}{2} \leq \zeta_h^* \leq \frac{1}{2}, \ -\frac{1}{2} \leq \zeta_{h-1}^* \leq \frac{1}{2}, \ldots, -\frac{1}{2} \leq \zeta_1^* \leq \frac{1}{2}$$

erfüllen. Wir haben damit ein modifiziertes ganzzahliges System $x_1^*, \ldots, x_n^*$ erhalten, in welchem $x_l^* = x_l, \ldots, x_n^* = x_n$ keinen gemeinsamen Teiler > 1 haben, und welches nunmehr *allen* Bedingungen (29), (30) genügt, für das wir also bereits $f \geq a_{ll}$ voraussetzen. Jetzt folgt aus (33) und (34), da stets $a_{kk} \geq q_k$ ist,

$$f(x_1, \ldots, x_n) \geq f(x_1^*, \ldots, x_n^*) \geq a_{ll}.$$

10. Wir können unser Endergebnis folgendermaßen aussprechen:

Der reduzierte Raum B ist ein konvexer Kegel mit der Spitze im Nullpunkte $f = 0$, der von einer endlichen Anzahl durch diesen Punkt laufender Ebenen begrenzt wird.

§ 6. Die Kanten des reduzierten Raumes.

1. Im ganzen reduzierten Raume B gilt $a_{11} \geq 0$; *die Punkte darin, für welche $a_{11} > 0$ ist, entsprechen positiven Formen; die Punkte darin,*

für welche $a_{11} = 0$ *ist,* erfüllen zugleich die Bedingungen $a_{12} = 0$, $a_{13} = 0$, $\ldots$, $a_{1n} = 0$ und *bilden eine nur* $\dfrac{n(n-1)}{2}$ *-fache Mannigfaltigkeit auf der Begrenzung von B.*

Die zur Charakterisierung des reduzierten Raumes dienenden Ungleichungen haben eine jede die Gestalt

(I, II) $$\sum m_{hk} a_{hk} \geqq 0,$$

worin die m_{hk} gewisse gegebene numerische Koeffizienten vorstellen. Daraus geht hervor:

Ist f eine reduzierte Form, so ist auch jedes Produkt cf, wo c einen positiven Faktor vorstellt, sind f und g zwei reduzierte Formen, so ist auch jede Verbindung $(1-t)f + tg$, *wo* $0 < t < 1$ *ist, eine reduzierte Form.*

2. Die allgemeinen Prinzipien über lineare Ungleichungen, welche ich in meiner „*Geometrie der Zahlen*" § 19 dargelegt habe, ergeben folgende Aufschlüsse über die zur Definition des Raumes *B wirklich notwendigen* von den sämtlichen Ungleichungen (I) und (II).

Wir wollen eine nicht identisch verschwindende reduzierte Form φ eine *Kantenform* des reduzierten Raumes nennen, *wenn es nicht möglich ist,* φ *als Summe zweier reduzierter Formen darzustellen,* die weder identisch verschwinden, noch positive Vielfache voneinander sind.

Eine Kantenform ist vollständig zu charakterisieren als eine reduzierte Form, für welche unter den Ungleichungen (I, II) *irgend* $\dfrac{n(n+1)}{2} - 1$ *solche, deren linke Seiten linear unabhängige Funktionen der* a_{hk} *sind, mit dem Zeichen* = *erfüllt sind.*

Gelten uns die Formen, die Vielfache voneinander sind, als *nicht wesentlich verschieden,* so gibt es *nur eine endliche Anzahl wesentlich verschiedener Kantenformen.* Die Strahlen vom Nullpunkte nach ihnen bilden die *Kanten* des reduzierten Raumes.

Von den Ungleichungen (I, II) *ist zur Definition des reduzierten Raumes nur jede solche wesentlich, die mit dem Zeichen* = *eine Ebene liefert, welche* $\dfrac{n(n+1)}{2} - 1$ *unabhängige Kanten des reduzierten Raumes aufnimmt, d. h. solche* $\dfrac{n(n+1)}{2} - 1$ *Kanten, durch die sich nur eine einzige Ebene legen* läßt. *Die so charakterisierten Ungleichungen bestimmen die Wände des reduzierten Raumes. Alle übrigen Ungleichungen* (I, II) *können bei der Definition des reduzierten Raumes als aus diesen Ungleichungen folgend fortgelassen werden.*

3. Wir greifen *auf jeder Kante* des reduzierten Raumes *eine Form* heraus, *etwa diejenige, für welche der erste von Null verschiedene unter den*

Koeffizienten $a_{11}, a_{22}, \ldots, a_{nn}$ *den Wert* 1 *hat.* Wir erhalten auf diese Weise eine endliche Anzahl völlig bestimmter Formen $\varphi_1, \varphi_2, \ldots, \varphi_r$. Indem der reduzierte Raum ein konvexer Kegel vom Nullpunkte aus ist, besteht alsdann der Satz:

Jede reduzierte Form f *läßt sich* (auf eine oder auf unendlich viele Weisen) *in die Gestalt*

$$(35) \qquad f = c_1 \varphi_1 + c_2 \varphi_2 + \cdots + c_r \varphi_r$$

mit Koeffizienten $c_1, c_2, \ldots, c_r$, *die sämtlich* ≥ 0 *sind, setzen, und umgekehrt ist jede Form, die sich in dieser Weise darstellen läßt, eine reduzierte.*

§ 7. Die Nachbarkammern des reduzierten Raumes.

Wir beweisen in betreff der reduzierten Formen noch den Satz:

Die ganzzahligen Substitutionen von der Determinante ± 1, *welche fähig sind, positive reduzierte Formen wieder in reduzierte Formen überzuführen, existieren nur in endlicher Anzahl.*

Wir können diesen Satz auch folgendermaßen aussprechen:

Im Gebiete der positiven Formen grenzt der reduzierte Raum nur an eine endliche Anzahl von den äquivalenten Kammern an.

1. Es sei S:

$$x_h = s_{h1} y_1 + s_{h2} y_2 + \cdots + s_{hn} y_n \qquad (h = 1, 2, \ldots, n)$$

eine unimodulare ganzzahlige Substitution, welche

$$f = \sum a_{hk} x_h x_k \text{ in } g = \sum b_{hk} y_h y_k$$

überführt, wobei beide Formen reduziert sind und $a_{11} > 0$ ist.

Wir haben dabei

$$(36) \qquad f(s_{1k}, s_{2k}, \ldots, s_{nk}) = b_{kk} \qquad (k = 1, 2, \ldots, n).$$

Ist die *letzte* der Zahlen $s_{1k}, s_{2k}, \ldots, s_{nk}$, die *von Null verschieden* ist, s_{hk}, so ergibt sich, da ihr absoluter Betrag mindestens 1 sein muß, bei Gebrauch der früheren Bezeichnungen q_h in bezug auf f:

$$b_{kk} \geqq q_h \geqq \lambda_h a_{hh} \geqq \lambda_n a_{hh}.$$

2. Daraus schließen wir zunächst, daß *für jeden Index* l *durchaus*

$$b_{ll} \geqq \lambda_n a_{ll} \qquad\qquad (l = 1, 2, \ldots, n)$$

sein muß.*)

Denn hätte man für einen Index l:

$$b_{ll} < \lambda_n a_{ll},$$

so würde daraus weiter

$$b_{11} \leqq b_{22} \leqq \cdots \leqq b_{ll} < \lambda_n a_{ll} \leqq \lambda_n a_{l+1,\, l+1} \leqq \cdots \leqq \lambda_n a_{nn}$$

---

*) Eine ähnliche Überlegung findet sich bei C. Jordan, Journal de l'École polytechnique, T. XXIX, cahier 48, p. 127.

hervorgehen und daher könnte keine Größe

$$s_{hk}\,(h = l,\ l+1,\ \ldots,\ n;\ k = 1, 2, \ldots, l)$$

in ihrer, der k^{ten} Vertikalreihe die letzte von Null verschiedene Zahl sein, d. h. diese Größen müßten *sämtlich Null* sein. Sie bilden aber in der Determinante der Substitution S die Elemente, die gleichzeitig in bestimmten l Vertikal- und $n - l + 1$ Horizontalreihen vorkommen, also wäre diese Determinante Null, während sie ± 1 sein sollte.

Ganz entsprechend wird, weil auch g durch eine unimodulare ganzzahlige Substitution in f übergeht, *stets*

$$(37) \qquad\qquad a_{kk} \geqq \lambda_n b_{kk} \qquad\qquad (k = 1, 2, \ldots, n)$$

sein.

3. Wir nehmen nun erstens an, *für jeden Index* $k = 1, 2, \ldots, n - 1$ fände sich *stets*

$$(38) \qquad\qquad b_{kk} \geqq \lambda_n a_{k+1, k+1},$$

so folgt daraus vermöge (37) allgemein

$$\alpha_{kk} \geqq \lambda_n^2 a_{k+1, k+1}$$

und weiter

$$a_{11} \geqq \lambda_n^{2k-2} a_{kk} \geqq \lambda_n^{2k-1} b_{kk} \qquad (k = 1, 2, \ldots, n).$$

Die zu den Zahlen $x_1 = s_{1k}, \ldots, x_n = s_{nk}$ gehörenden Werte von $\zeta_1, \ldots, \zeta_n$ erfüllen dann nach (36) und da allgemein $q_h \geqq \lambda_n a_{hh} \geqq \lambda_n a_{11}$ ist, die Ungleichung

$$\lambda_n^{2k}(\zeta_1^2 + \zeta_2^2 + \cdots + \zeta_n^2) \leqq 1,$$

und hieraus ist zu ersehen, daß für jede Vertikalreihe $s_{1k}, \ldots, s_{nk}$ von S nur eine *endliche* Anzahl ganzzahliger Systeme in Betracht kommen.

4. Ist die Annahme (38) nicht immer zutreffend, so sei l *der größte Index, wofür*

$$(39) \qquad\qquad b_{l-1, l-1} < \lambda_n a_{ll} \qquad\qquad (l \geqq 2)$$

ist. Wir haben dann nacheinander *viererlei* Umstände in Betracht zu ziehen.

Erstens zeigt eine ähnliche Überlegung wie in 2., daß jedenfalls *alle Koeffizienten*

$$s_{hk}\,(h = l,\ l+1,\ \ldots,\ n;\ k = 1, 2, \ldots, l - 1)$$

Null sind. Die Substitution S kann also geschrieben werden:

$$x_h = s_{h1} y_1 + \cdots + s_{h, l-1} y_{l-1} + s_{hl} y_l + \cdots + s_{hn} y_n \qquad (h < l),$$
$$x_h = \qquad\qquad\qquad\qquad s_{hl} y_l + \cdots + s_{hn} y_n \qquad (h \geqq l).$$

Jetzt ist

$$x_h = s_{h1} y_1 + \cdots + s_{h, l-1} y_{l-1} \qquad (h = 1, 2, \ldots, l - 1)$$

eine unimodulare ganzzahlige Substitution von $l - 1$ Variablen, und durch sie geht die positive Form

$$f(x_1, \ldots, x_{l-1}, 0, \ldots, 0) \quad \text{in} \quad g(y_1, \ldots, y_{l-1}, 0, \ldots, 0)$$

über, wobei beide Formen reduzierte von $l-1$ Variablen sind. Nehmen wir den zu beweisenden Satz, der für Formen von einer Variable evident ist, als bereits bewiesen für Formen mit weniger als n Variablen an, so kommen danach *zweitens für die Koeffizienten*

$$s_{hk}(h = 1, 2, \ldots, l-1;\ k = 1, 2, \ldots, l-1)$$

nur eine endliche Anzahl von Systemen in Betracht.

Unsere Annahme über die Zahl l schließt in sich, daß, falls $l < n$ ist, die Beziehungen

$$b_{kk} \geqq \lambda_n a_{k+1, k+1} \qquad (k = l, l+1, \ldots, n-1)$$

gelten, woraus wir vermöge (37) weiter

$$a_{kk} \geqq \lambda_n^2 a_{k+1, k+1} \qquad (k = l, l+1, \ldots, n-1)$$

und sodann

$$a_{ll} \geqq \lambda_n^{2k-2l} a_{kk} \geqq \lambda_n^{2k-2l+1} b_{kk} \qquad (k = l, l+1, \ldots, n-1, n)$$

entnehmen; letztere Beziehung besteht auch für $l = n$, $k = n$.

Die Gleichung (36) für b_{kk} liefert daraufhin für die zu $s_{lk}, s_{l+1,k}, \ldots, s_{nk}$ gehörenden Werte $\zeta_l, \zeta_{l+1}, \ldots, \zeta_n$ die Relation

$$\lambda_n^{2k-2l+2}(\zeta_l^2 + \zeta_{l+1}^2 + \cdots + \zeta_n^2) \leqq 1.$$

Hieraus ist *drittens* zu ersehen, daß *für die Zahlen*

$$s_{hk}\ (h = l, l+1, \ldots, n;\ k = l, l+1, \ldots, n)$$

nur eine endliche Anzahl von Systemen in Betracht kommen.

Endlich muß g als reduzierte Form insbesondere allen Ungleichungen

$$g(y_1, \ldots, y_{l-1}, e_l^{(k)}, \ldots, e_n^{(k)}) \geqq b_{kk} \qquad (k = l, l+1, \ldots, n)$$

genügen, in welchen $e_k^{(k)} = 1$, die anderen Zahlen $e_h^{(k)} = 0$ und $y_1, \ldots, y_{l-1}$ beliebige ganze Zahlen sind. Diese Ungleichungen kommen nach der bereits festgestellten besonderen Gestalt der Substitution S auf die sämtlichen Ungleichungen

$$f(x_1, \ldots, x_{l-1}, s_{lk}, \ldots, s_{nk}) \geqq f(s_{1k}, \ldots, s_{l-1,k}, s_{lk}, \ldots, s_{nk}) \qquad (k = l, l+1, \ldots, n)$$

für beliebige ganze Zahlen $x_1, \ldots, x_{l-1}$ hinaus.

Eine ähnliche Überlegung, wie sie am Schlusse von § 5 zur Anwendung kam, ergibt nun, daß hiernach die zu $s_{1k}, \ldots, s_{nk}(k \geqq l)$ gehörenden Verbindungen $\zeta_{l-1}, \ldots, \zeta_1$ jedenfalls die Bedingungen

$$\frac{1}{4}(q_1 + \cdots + q_h) \geqq q_1 \zeta_1^2 + \cdots + q_h \zeta_h^2 \qquad (h = l-1, \ldots, 1)$$

und umsomehr die Bedingungen

$$\lambda_n \zeta_{l-1}^2 \leqq \frac{l-1}{4}, \ldots, \lambda_n \zeta_1^2 \leqq \frac{1}{4}$$

erfüllen, und hiernach kommen *viertens* auch *für die Zahlen*

$$s_{hk}(h = 1, 2, \ldots, l-1;\ k = l, l+1, \ldots, n)$$

nur eine endliche Anzahl von Systemen in Betracht.

Damit ist der zu führende Nachweis in allen Punkten erbracht.

§ 8. Die Determinantenfläche.

Der Raum der positiven Formen wird von der *Flächenschar $D(f) = \text{const.}$* durchzogen, deren einzelne Flächen jedesmal alle Formen f zu einem und dem nämlichen positiven Determinantenwert aufnehmen. Alle Flächen dieser Schar sind untereinander ähnlich und ähnlich gelegen vom Nullpunkte aus, so daß es für die meisten Zwecke genügt, von ihnen etwa die eine Fläche $D(f) = 1$ in Betracht zu ziehen.

Wir beweisen hier folgenden Satz:

Sind f und g zwei verschiedene positive Formen von der Determinante 1 und ist t ein beliebiger Wert > 0 und < 1, so hat die gleichfalls positive Form $(1 - t)f + tg$ stets eine Determinante > 1.

Wir können bekanntlich (sowie von den Formen f und g auch nur eine positiv ist) immer eine *lineare Transformation* von der Determinante 1 *mit lauter reellen Koeffizienten* finden, *wodurch f und g gleichzeitig in Aggregate*

$$\alpha_1 z_1^2 + \alpha_2 z_2^2 + \cdots + \alpha_n z_n^2, \quad \beta_1 z_1^2 + \beta_2 z_2^2 + \cdots + \beta_n z_n^2$$

übergehen, welche nur die Quadrate der neuen Variablen enthalten. Die Determinante der Verbindung $(1 - t)f + tg$ gewinnt dann allgemein den Produktausdruck

$$\Delta(t) = (\alpha_1 + t(\beta_1 - \alpha_1))(\alpha_2 + t(\beta_2 - \alpha_2)) \cdots (\alpha_n + t(\beta_n - \alpha_n)),$$

und nach Voraussetzung ist

$$\Delta(0) = \alpha_1 \alpha_2 \cdots \alpha_n = 1, \quad \Delta(1) = \beta_1 \beta_2 \cdots \beta_n = 1.$$

Nun erhalten wir

$$\frac{d^2 \log \Delta(t)}{dt^2} = -\left(\frac{\beta_1 - \alpha_1}{\alpha_1 + t(\beta_1 - \alpha_1)}\right)^2 - \cdots - \left(\frac{\beta_n - \alpha_n}{\alpha_n + t(\beta_n - \alpha_n)}\right)^2.$$

Dieser Ausdruck fällt danach im ganzen Intervalle $0 \leq t \leq 1$ stets < 0 aus, d. h. *die Kurve $u = \log \Delta(t)$ in einer t, u-Ebene ist im Bereich $0 \leq t \leq 1$ stets konvex von der t-Achse fort.* Mithin ist diese Funktion u, da sie an den zwei Endpunkten des Intervalls $= 0$ ist, im Inneren desselben durchweg > 0, also ist hier stets $\Delta(t) > 1$, was zu zeigen war.

Setzen wir

$$c(1 - t)\alpha_h = a_h, \quad ct\beta_h = b_h \qquad (h = 1, 2, \ldots, n),$$

wo c ein positiver Faktor sei, so kommt die in betreff des Ausdrucks $\Delta(t)$ bewiesene Ungleichung auf den Satz hinaus:

Sind $a_1, a_2, \ldots, a_n$ und $b_1, b_2, \ldots, b_n$ lauter positive Größen, ohne daß man gerade $a_1 : a_2 : \ldots : a_n = b_1 : b_2 : \ldots : b_n$ hat, so gilt stets die Beziehung

$$\sqrt[n]{(a_1 + b_1)(a_2 + b_2) \ldots (a_n + b_n)} > \sqrt[n]{a_1 a_2 \ldots a_n} + \sqrt[n]{b_1 b_2 \ldots b_n}.$$

Das über die Fläche $D(f) = 1$ gefundene Resultat können wir auch folgendermaßen ausdrücken:

Konstruiert man in irgendeinem Punkte der Determinantenfläche $D(f) = 1$, welcher einer positiven Form f entspricht, die Tangentialebene an diese Fläche, so liegt im ganzen Bereiche der positiven Formen diese Fläche, abgesehen vom Berührungspunkte, vollständig auf der dem Nullpunkte abgewandten Seite der Ebene.

Indem wir diese Lage der Tangentialebene an $D(f) =$ const. durch einen Punkt f in bezug auf irgendeinen zweiten Punkt g der Fläche in eine Formel fassen, kommen wir auf Grund der schon oben verwandten gleichzeitigen Transformation von f und g in Aggregate von Quadraten zu

$$(40) \qquad \frac{1}{n}\left(\frac{\beta_1}{\alpha_1} + \frac{\beta_2}{\alpha_2} + \cdots + \frac{\beta_n}{\alpha_n}\right) > \sqrt[n]{\frac{\beta_1 \beta_2 \cdots \beta_n}{\alpha_1 \alpha_2 \cdots \alpha_n}},$$

d. i. einfach zu der bekannten *Ungleichung zwischen dem arithmetischen und geometrischen Mittel von n positiven,* nicht lauter gleichen *Größen.*

Kürzer können wir den Charakter der Fläche $D(f) = 1$ noch dahin schildern:

Die Determinantenfläche $D(f) = 1$ ist im Gebiete der positiven Formen überall konvex nach dem Nullpunkte zu.

§ 9. Das Problem der dichtesten gitterförmigen Lagerung von Kugeln.

1. Für den Koeffizienten a_{11} einer positiven reduzierten Form f haben wir stets

$$f(x_1, x_2, \ldots, x_n) \geqq a_{11},$$

wenn $x_1, x_2, \ldots, x_n$ ganze Zahlen ohne gemeinsamen Teiler > 1 sind, und diese Ungleichung überträgt sich sofort auf beliebige Systeme von ganzen Zahlen $x_1, x_2, \ldots, x_n$, die nur nicht sämtlich Null sind. Danach ist a_{11} *die kleinste durch die Form f mittels ganzer, nicht sämtlich verschwindender Zahlen darstellbare Größe.* Wir nennen diese Größe das *Minimum der Form f* und schreiben sie $M(f)$; sie ist (wie die ganze reduzierte Form) offenbar eine *Invariante der Klasse f.*

2. Aus den Ungleichungen (14) und (15) in § 5 (nach der Größenfolge von $a_{11}, a_{22}, \ldots, a_{nn}$ und der oberen Begrenzung ihres Produktes mit Rücksicht auf die Determinante) entnehmen wir

$$(41) \qquad D(f) \geqq \lambda_n (M(f))^n.$$

Danach überschreitet $\dfrac{M(f)}{\sqrt[n]{D(f)}}$ niemals eine gewisse nur von n abhängende Grenze.

Es ist nun durch Hermite die Frage nach dem *präzisen Maximum* der Werte dieses Quotienten gestellt worden.

Korkine und Zolotareff*) definierten:

---

*) Mathematische Annalen, Bd. 6 und Bd. 11.

Eine positive quadratische Form f mit n Variablen soll eine extreme Form (ihre Klasse eine extreme Klasse) heißen, wenn bei den infinitesimalen Variationen der Form der Quotient $M(f) : \sqrt[n]{D(f)}$ niemals zunimmt.

Da wir bei den Variationen durch bloße Multiplikation der variierten Form mit passendem Faktor den Wert des Minimums konstant erhalten können, so dürfen wir auch sagen:

Eine positive Form ist extrem, wenn bei keiner infinitesimalen Variation der Form, welche das Minimum ungeändert läßt, die Determinante abnehmen kann.

3. Den extremen Formenklassen kommt eine *bemerkenswerte geometrische Bedeutung* zu.

Bringen wir eine positive quadratische Form $f(x_1, x_2, \ldots, x_n)$ auf die Gestalt

$$f = \xi_1^2 + \xi_2^2 + \cdots + \xi_n^2,$$

so daß $\xi_1, \xi_2, \ldots, \xi_n$ n reelle lineare Formen in $x_1, x_2, \ldots, x_n$ sind, und deuten $\xi_1, \xi_2, \ldots, \xi_n$ als rechtwinklige Koordinaten in einem Raume $\mathfrak{R}_n$ von n Dimensionen, so können wir $f \leq 1$ als eine n-dimensionale *Kugel* vom Radius 1 in diesem Raume bezeichnen. Ihr Volumen in $\xi_1, \xi_2, \ldots, \xi_n$ ist

$$\gamma_n = \frac{\pi^{\frac{n}{2}}}{\Gamma\left(1 + \dfrac{n}{2}\right)}.$$

Die Punkte $x_1 = m_1, x_2 = m_2, \ldots, x_n = m_n$, welche ganzzahligen Werten $m_1, m_2, \ldots, m_n$ entsprechen, bilden in dem Raume $\mathfrak{R}_n$ ein *parallelepipedisches Punktsystem (Gitter)* mit der *Dichtigkeit* $\dfrac{1}{\sqrt{D(f)}}$. Nämlich *die einzelnen Parallelepipede*

$$m_h - \frac{1}{2} \leq x_h \leq m_h + \frac{1}{2} \qquad (h = 1, 2, \ldots, n)$$

mit diesen Punkten als Mittelpunkten *erfüllen* in ihrer Gesamtheit *den Raum* $\mathfrak{R}_n$ *lückenlos*, sind untereinander kongruent *und enthalten jedesmal je einen Gitterpunkt bei einem Volumen je* $= \sqrt{D(f)}$.

Die n-dimensionalen Kugeln vom Radius $\frac{1}{2}\sqrt{M(f)}$ *um diese einzelnen Gitterpunkte werden* nun, nach der Bedeutung von $M(f)$, *derart liegen, daß sie untereinander nur in Punkten der Begrenzung zusammenstoßen.* Infolgedessen wird insbesondere

$$(42) \qquad \gamma_n \left(\frac{1}{2}\sqrt{M(f)}\right)^n < \sqrt{D(f)}$$

gelten, eine Ungleichung, die den Charakter der Ungleichung (41) trägt, aber jener vorzuziehen sein wird, wie λ_n in § 5 festgesetzt wurde.

Halten wir nun die Bedeutung der Koordinaten $\xi_1, \xi_2, \ldots, \xi_n$ in $\mathfrak{R}_n$ fest und variieren die Koeffizienten von f derart, daß $M(f)$ *unverändert* bleibt, so bleiben diese Kugeln hier in ihrer Größe sowie in dem Charakter, nicht ineinander einzudringen, erhalten, es ändert sich nur das parallelepipedische Gitter ihrer Mittelpunkte.

Die Frage nach dem Maximum von $M(f) : \sqrt[n]{D(f)}$ oder *den extremen Formenklassen ist* danach, geometrisch gefaßt, *gleichbedeutend mit der Frage nach den dichtesten gitterförmigen Lagerungen von lauter gleichen Kugeln im Raume von n Dimensionen.*

§ 10. Bestimmung der extremen Formenklassen.

Eine Reihe interessanter Eigenschaften der extremen Klassen haben bereits Korkine und Zolotareff nachgewiesen. Auf Grund der hier entwickelten Reduktionsmethode der positiven Formen läßt sich die Theorie der extremen Formen in sehr befriedigender Weise zum Abschluß bringen.

1. Ich bezeichne eine reduzierte Form als eine *extreme Form in bezug auf den reduzierten Raum,* wenn bei allen denjenigen infinitesimalen Variationen der Form, *wobei die Form im reduzierten Raume verbleibt,* der Quotient $\dfrac{M(f)}{\sqrt[n]{D(f)}}$ niemals zunimmt.

2. Ist f eine positive Form und ·legen wir an die durch f laufende Determinantenfläche $D(f) = \text{const.}$ im Punkte f die Tangentialebene, so läßt nach dem Satze in § 8 diese Ebene die Fläche im Gebiete der positiven Formen (und vom Punkte f selbst abgesehen) ganz auf der dem Nullpunkte abgewandten Seite liegen. *Also nimmt in dieser Tangentialebene beim Fortgang vom Punkte f aus die Determinante stets ab.*

3. Wenn nun f *reduziert* ist, *aber nicht* gerade *eine Kantenform* des reduzierten Raumes vorstellt, so können wir f als Summe zweier positiven reduzierten Formen φ, ψ darstellen, die nicht Vielfache voneinander sind. Es seien dann φ^*, ψ^* diejenigen Vielfachen von φ, ψ, welche in die genannte Tangentialebene fallen, so liegt f *innerhalb* der geradlinigen Strecke von φ^* nach ψ^*. Nun *wächst entweder* beim Fortgang von f aus *nach einer Seite dieser Strecke hin der Koeffizient* a_{11}, *oder er ist auf dieser ganzen Strecke konstant,* also wäre es immer möglich, f so zu variieren, daß $D(f)$ abnimmt und gleichzeitig $M(f)$ nicht abnimmt, mithin $M(f) : \sqrt[n]{D(f)}$ wächst, und f wäre jedenfalls keine extreme Form in bezug auf den reduzierten Raum.

Wir erhalten demnach das Resultat:

Eine extreme Form in bezug auf den reduzierten Raum kann nur eine Kantenform in diesem Raume sein.

4. Jetzt sei $f = (a_{hk})$ eine positive Kantenform des reduzierten Raumes und extrem in bezug auf diesen Raum, und wir legen wieder die Deter-

minantenfläche durch f und daran die Tangentialebene im Punkte f. Ist $g = (b_{hk})$ eine beliebige *andere positive Kantenform* dieses Raumes und cg dasjenige Multiplum von g, welches in jene Tangentialebene fällt, so darf beim Fortgang auf der geradlinigen Strecke von f nach cg hin das Minimum weder zunehmen noch konstant bleiben, d. h. während

$$c \sum \frac{\partial D(f)}{\partial a_{hk}} b_{hk} = n D(f)$$

ist, muß gleichzeitig $cb_{11} < M(f) = a_{11}$ sein, oder also *es muß*

$$(43) \qquad \frac{1}{n D(f)} \sum \frac{\partial D(f)}{\partial a_{hk}} b_{hk} > \frac{b_{11}}{a_{11}}$$

sein.

5. *Erfüllt* andererseits *eine positive Kantenform f des reduzierten Raumes in bezug auf jede andere positive Kantenform g dieses Raumes die vorstehende Bedingung* (43), *so ist in der Tat f eine extreme Form in bezug auf den reduzierten Raum.*

Denn für jede nicht wesentlich positive Kantenform g des reduzierten Raumes gilt diese Ungleichung (43) ohne weiteres (vgl. die Ungleichung (40)); für f selbst an Stelle von g gilt die aus (43) durch Änderung des Zeichens $>$ in $=$ hervorgehende Beziehung; und nach der in (35) gefundenen Darstellung jeder beliebigen reduzierten Form als Aggregat $\sum cg$ aus Kantenformen würde dann diese Ungleichung (43) überhaupt für jede beliebige reduzierte Form g hervorgehen, die nicht ein bloßes Vielfaches von f ist.

In dieser Allgemeinheit aber besagt die Ungleichung (43) in der Tat, daß bei jeder infinitesimalen Variation von f, wobei die variierte Form im reduzierten Raume verbleibt und auch nicht bloß auf dem Strahle vom Nullpunkte aus durch f sich bewegt, die Größe $\frac{M(f)}{\sqrt[n]{D(f)}}$ stets abnimmt.

6. *Soll nun eine Klasse f eine extreme sein, so ist jedenfalls notwendig, daß jede einzelne in der Klasse vorhandene reduzierte Form eine extreme Form in bezug auf den reduzierten Raum ist.* Es gilt aber auch die Umkehrung hiervon und erlangen wir damit folgendes Charakteristikum der extremen Klassen:

Eine positive Formenklasse f ist nur dann und immer dann eine extreme Klasse, wenn jede einzelne reduzierte Form der Klasse eine extreme Form in bezug auf den reduzierten Raum ist.

In der Tat, es sei für die Klasse einer positiven Form $f = \sum a_{hk} x_h x_k$ die hier genannte Bedingung erfüllt. Wir bestimmen *jede existierende unimodulare ganzzahlige Substitution S, welche f in eine reduzierte Form überführt.* Wir bestimmen weiter jedesmal für die sich durch die Substitution S ergebende reduzierte Form $g = \sum b_{hk} y_h y_k$ eine positive Größe ε_S folgender Art: Das Gebiet aller Formen $g^* = \sum (b_{hk} + \varepsilon_{hk}) y_h y_k$, für welche alle Beträge $|\varepsilon_{hk}| < \varepsilon_S$ sind, soll, soweit es in den reduzierten Raum hineinfällt, dort nur solche Seitenwände dieses Raumes treffen, die auch g enthalten, und, außer auf der Kante vom Nullpunkte durch g, überall kleinere Werte der Funktion $M(f) : \sqrt[n]{D(f)}$ als im Punkte g darbieten.

Wir ermitteln endlich eine positive Größe δ derart, daß alle Formen $\sum \delta_{hk} x_h x_k$, wobei die Beträge $|\delta_{hk}| < \delta$ sind, durch die Substitutionen S nur in solche Formen $\sum \varepsilon_{hk} y_h y_k$ übergehen,· in denen dann die Beträge $|\varepsilon_{hk}| < \varepsilon_S$ sind.

Alsdann kann der ganze Bereich der durch $f^* = \sum (a_{hk} + \delta_{hk}) x_h x_k$ mit den Bedingungen $|\delta_{hk}| < \delta$ dargestellten Formen in den einzelnen, mit dem reduzierten Raume B äquivalenten Kammern B_{S-1}, denen f angehört, immer nur solche Wände treffen, die auch f enthalten, und kann daher nicht aus diesen Kammern B_{S-1} heraustreten. Es gibt daher zu jeder solchen Form f^* wenigstens eine von den Substitutionen S, welche sie gleichzeitig mit f in eine reduzierte Form überführt, und danach wird in diesem ganzen Bereiche, außer auf dem vom Nullpunkte aus durch f gehenden Strahl, die Funktion $M(f) : \sqrt[n]{D(f)}$ stets kleiner als in f sein.

7. Diejenigen positiven Kantenformen auf der Fläche $D(f) = 1$, welche den allergrößten Wert von a_{11} haben, repräsentieren notwendig extreme Klassen und bestimmen die *präzise obere Grenze aller Werte von* $M(f) : \sqrt[n]{D(f)}$.

§ 11. Die binären, ternären, quaternären Formen.

Auf Grund der Ergebnisse des § 5 und § 6 können wir für jeden Wert n die Seitenwände und die Kanten des reduzierten Raumes angeben und können wir nunmehr auch alle extremen Formenklassen ermitteln.

1. Man findet beispielsweise, *daß in den Fällen* $n = 2, 3, 4$ *bereits diejenigen Ungleichungen*

$$f(s_1, s_2, \ldots, s_n) \geqq a_{ll} \qquad (l = 1, 2, \ldots, n),$$

worin $s_l = 1$ *und die übrigen Zahlen* $s_h = \pm 1$ *oder zum Teil* $= 0$ *sind, alle übrigen der Ungleichungen* (I) *nach sich ziehen.*

Nämlich aus diesen besonderen Ungleichungen läßt sich dann bereits *allgemein*

$$f(m_1, m_2, \ldots, m_n) \geqq a_{ll}$$

für jedes beliebige System von ganzen Zahlen $m_1, m_2, \ldots, m_n$, *wobei* $m_l, m_{l+1}, \ldots, m_n$ *nicht sämtlich Null sind, erschließen.*

Da wir uns vorbehalten können, von den Substitutionen

$$x_1 = \pm y_1, \quad x_2 = \pm y_2, \ldots, x_n = \pm y_n$$

Gebrauch zu machen, genügt es, die hiermit behauptete Tatsache für den Fall einzusehen, daß $m_1, m_2, \ldots, m_n$ sämtlich ≥ 0 sind. Andererseits dürfen wir bei dem Nachweis dieser engeren Tatsache die entsprechenden Ungleichungen für die kleineren Werte des n bereits als sichergestellt annehmen, so daß wir überhaupt nur noch Werte $m_1, m_2, \ldots, m_n$, die sämtlich > 0 sind, und dabei den Index $l = n$ in Betracht zu ziehen brauchen.

Unter den positiven Werten $m_1, m_2, \ldots, m_n$ sei m_j der *letzte von kleinstem Betrage*. Wir setzen $u_h = m_j$, wenn $h \neq j$ ist, und $u_j = 0$, dabei wird immer

$$m_h - u_h \geq 0, \quad m_n - u_n > 0$$

sein, und die n Argumente $m_h - u_h$ erscheinen gegenüber den Argumenten m_h verringert bis auf eines, das unverändert geblieben ist. Nun haben wir:

$$f(m_1, m_2, \ldots, m_n) - f(m_1 - u_1, m_2 - u_2, \ldots, m_n - u_n)$$
$$= m_j^2(f(1, 1, \ldots, 1) - a_{jj}) + 2 \sum_{h \neq j} (m_h - m_j) m_j \sum_{k \neq j} a_{hk},$$

und die rechte Seite hier erweist sich durch $f(1, 1, \ldots, 1) \geq a_{jj}$ und durch die Ungleichungen $a_{hh} + 2a_{hk} \geq 0$ in Anbetracht von $n \leq 4$ als ≥ 0, so daß

$$f(m_1, m_2, \ldots, m_n) \geq f(m_1 - u_1, m_2 - u_2, \ldots, m_n - u_n)$$

folgt. Damit ist hier eine Rekursionsformel gewonnen, die durch einen Induktionsschluß sofort den verlangten Beweis liefert.

2. Stellen wir eine Form f durch das quadratische Schema ihrer Koeffizienten dar, *so sind in den Fällen $n = 2, 3, 4$ die positiven Kantenformen mit $M(f) = 2$*:

$$\begin{pmatrix} 2, 1 \\ 1, 2 \end{pmatrix}, \quad \begin{pmatrix} 2, 1, 1 \\ 1, 2, 1 \\ 1, 1, 2 \end{pmatrix}, \quad \begin{pmatrix} 2, 1, 1, 1 \\ 1, 2, 1, 1 \\ 1, 1, 2, 1 \\ 1, 1, 1, 2 \end{pmatrix} \quad und \quad \begin{pmatrix} 2, 0, 0, 1 \\ 0, 2, 0, 1 \\ 0, 0, 2, 1 \\ 1, 1, 1, 2 \end{pmatrix}$$

sowie die diesen äquivalenten reduzierten Formen; die bezüglichen Determinanten sind

$$3, \ 4, \ 5 \ \text{und} \ 4.$$

Alle diese Formen sind extreme Formen. Im vierdimensionalen Raume existieren danach zwei wesentlich verschiedene dichteste gitterförmige Lagerungen von lauter gleichen Kugeln.

Die nicht wesentlich positiven Kantenformen erhält man bei der Schreibweise hier aus den positiven Kantenformen für die geringeren

Variablenzahlen durch Vorsetzen so vieler aus lauter Nullen bestehender Horizontal- und Vertikalreihen, daß quadratische Systeme von n Reihen resultieren.

3. Auf die Fälle $n = 5$ und $n = 6$ bin ich in einem Aufsatze in Crelles Journal, Bd. 101 (diese Ges. Abhandlungen, Bd. I, S. 217) eingegangen. Für $n = 5$ haben Korkine und Zolotareff die extremen Formenklassen in den Mathematischen Annalen, Bd. 11 bestimmt.

§ 12. Volumen des reduzierten Raumes bis zur Determinantenfläche.

Unter dem *Volumen eines Bereichs in der Mannigfaltigkeit* A der quadratischen Formen verstehen wir den Wert des $\dfrac{n(n+1)}{2}$-fachen Integrals

$$\int\!\!\int \cdots \int da_{11}\, da_{12} \cdots da_{nn},$$

erstreckt über diesen Bereich.

1. Es sei D irgendein fester positiver Wert. Wir wollen den Satz beweisen:

Dasjenige Gebiet $B(D)$ *des reduzierten Raumes, in welchem* $D(f) \leqq D$ *gilt*, welches also in bezug auf die Determinantenfläche $D(f) = D$ auf der Seite des Nullpunktes liegt, *besitzt ein bestimmtes endliches Volumen.*

Da die einzelnen Gebiete dieser Art, welche zu verschiedenen Werten D gehören, untereinander homothetisch vom Nullpunkte aus sind, so wird das fragliche Volumen einen Ausdruck $v_n D^{\frac{n+1}{2}}$ haben, wobei v_n eine nur von n abhängende Konstante sein wird.

2. Wir bezeichnen mit $B(D, \varepsilon)$ den Teil des reduzierten Raumes, worin

$$D(f) \leqq D, \quad a_{11} \geqq \varepsilon$$

gilt, unter ε eine positive Größe verstanden. Diese Ungleichungen in Verbindung mit den Ungleichungen

$$(44) \qquad a_{11} \leqq a_{22} \leqq \cdots \leqq a_{nn}, \quad \pm 2 a_{hk} \leqq a_{hh} \qquad (h < k),$$

$$(45) \qquad \lambda_n a_{11} a_{22} \cdots a_{nn} \leqq D(f)$$

für eine reduzierte Form liefern *obere Grenzen für die Beträge aller Koordinaten in* $B(D, \varepsilon)$, und kommt daher diesem Bereiche $B(D, \varepsilon)$ ein bestimmtes endliches Volumen zu.

3. Ist nun $\varepsilon > \varepsilon^* > 0$, so umfaßt $B(D, \varepsilon^*)$ das Gebiet $B(D, \varepsilon)$ und in der Partie, mit welcher $B(D, \varepsilon^*)$ über $B(D, \varepsilon)$ hinausragt, gilt erstlich:

$$\varepsilon^* \leqq a_{11} \leqq \varepsilon, \quad |a_{1k}| \leqq \tfrac{1}{2} a_{11} \ (k = 2, 3, \ldots, n), \quad a_{12} \geqq 0,$$

$$\lambda_n a_{11} \frac{\partial D(f)}{\partial a_{11}} \leqq D,$$

und ist darin zudem $\sum\limits_{2}^{n} a_{hk} x_h x_k$ eine Form von $n-1$ Variablen mit der Determinante $\dfrac{\partial D(f)}{\partial a_{11}}$, welche alle Bedingungen einer reduzierten solchen Form erfüllt.

Nehmen wir nun das zu beweisende Resultat als bereits sichergestellt für den Fall von $n-1$ Variablen an, so vergrößert sich hiernach beim Übergang von $B(D, \varepsilon)$ zu $B(D, \varepsilon^*)$ das Volumen dieses Bereichs gewiß um weniger, als der Wert des Integrals

$$\frac{1}{2}\int a_{11}^{n-1}\, v_{n-1}\left(\frac{D}{\lambda_n a_{11}}\right)^{\frac{n}{2}} da_{11}$$

über den Bereich $0 < a_{11} \leqq \varepsilon$ beträgt, d. i. um weniger als

$$\frac{v_{n-1}\,\varepsilon^{\frac{n}{2}}\, D^{\frac{n}{2}}}{n\,\lambda_n^{\frac{n}{2}}}.$$

Daraus folgt, daß das Volumen von $B(D, \varepsilon)$ mit nach Null abnehmendem ε einer bestimmten endlichen Grenze zustrebt, welche eben das Volumen von $B(D)$ definiert.

Nachdem so die Existenz der Konstante v_n erwiesen ist, können wir hinzusetzen:

Das Volumen von $B(D, \varepsilon)$ ist

$$(46) \qquad < v_n D^{\frac{n+1}{2}} \quad und \quad > v_n D^{\frac{n+1}{2}} - \tilde{v}_n \varepsilon^{\frac{n}{2}} D^{\frac{n}{2}},$$

wo $\tilde{v}_n$ zur Abkürzung für $\dfrac{1}{n} v_{n-1} \lambda_n^{-\frac{n}{2}}$ steht.

4. Wir bemerken ferner:

Das durch
$$(47) \qquad D \leqq D(f) \leqq D^*, \; a_{11} \geqq \varepsilon$$
definierte Gebiet des reduzierten Raumes, wobei $0 < D < D^*$ und $\varepsilon > 0$ sei, hat ein Volumen, das

$$(48) \qquad < v_n\left(D^{*\frac{n+1}{2}} - D^{\frac{n+1}{2}}\right) \quad und \quad > \left(v_n - \tilde{v}_n \frac{\varepsilon^{\frac{n}{2}}}{D^{\frac{1}{2}}}\right)\left(D^{*\frac{n+1}{2}} - D^{\frac{n+1}{2}}\right)$$

ist.

Das Gebiet (47) nämlich ist ganz enthalten in dem Teile
$$D \leqq D(f) \leqq D^*$$
des reduzierten Raumes, woraus die obere Grenze in (48) hervorgeht.

Andererseits enthält jenes Gebiet ganz das Gebiet
$$D \leqq D(f) \leqq D^*, \quad \vartheta = \frac{\varepsilon}{\sqrt[n]{D}} \leqq \frac{a_{11}}{\sqrt[n]{D(f)}}$$

des reduzierten Raumes. Das Volumen des letzteren Gebiets ist das $\left(D^{*\frac{n+1}{2}} - D^{\frac{n+1}{2}}\right) : D^{\frac{n+1}{2}}$-fache des Volumens des Gebiets

$$(49) \qquad D(f) \leqq D, \quad \vartheta \leqq \frac{a_{11}}{\sqrt[n]{D(f)}}$$

vom reduzierten Raume, da die durch die letzteren Bedingungen bei festem ϑ und verschiedenen Werten D definierten Gebiete homothetische Kegel vom Nullpunkte aus darstellen. Das durch (49) bestimmte Gebiet des reduzierten Raumes endlich enthält ganz das Gebiet $B(D, \varepsilon)$, woraus die untere in (48) genannte Grenze hervorgeht.

§ 13. Verwendung Dirichletscher Reihen.

Wir werden nunmehr zur Ermittlung des Volumens v_n wesentlich diejenigen Methoden heranziehen, auf welche Dirichlet die Bestimmung der Klassenanzahlen in der Theorie der binären Formen gegründet hat. Wir werden an Stelle des Volumenintegrals über den Bereich $B(D)$ das Integral einer gewissen Funktion über diesen Bereich betrachten, welche in einem überwiegenden Teile dieses Bereiches angenähert gleich 1 ist, und vermöge des Ausdrucks dieser Funktion wird eine Zurückführung der Bestimmung von v_n auf diejenige von v_{n-1} gelingen.

1. Es seien ε, G und σ positive Größen; wir werden schließlich unter Forderung eines gewissen Zusammenhanges unter ihnen G über jede Grenze wachsen, ε und σ nach Null abnehmen lassen. Wir setzen bereits $\sigma < \frac{1}{2}$, $G > \varepsilon$ und etwa $\varepsilon \leqq 1$ voraus.

Wir haben es hier mit dem folgenden Ausdrucke zu tun:

$$(50) \qquad \Phi(f) = \sigma (D(f))^{\frac{1}{2}+\frac{\sigma}{n}} \sum \frac{1}{(f(x_1, \ldots, x_n))^{\frac{n}{2}+\sigma}}.$$

Darin bedeute $f(x_1, \ldots, x_n) = \sum a_{hk} x_h x_k$ eine positive reduzierte quadratische Form von n Variablen, $D(f)$ ihre Determinante und die Summe soll über alle diejenigen Systeme von ganzen Zahlen $x_1, \ldots, x_n$ erstreckt werden, welche die Ungleichungen

$$(51) \qquad \varepsilon \leqq f(x_1, \ldots, x_n) < G$$

erfüllen und wobei $x_1, \ldots, x_n$ keinen gemeinsamen Teiler > 1 haben.

2. Es bedeute andererseits $\Psi(f)$ den Wert des Ausdrucks (50), wenn darin die Summe ausnahmslos über *alle* existierenden ganzzahligen Systeme $x_1, \ldots, x_n$ erstreckt wird, welche den Bedingungen (51) genügen. *Wir lassen also bei der Definition von $\Psi(f)$ die Bedingung fallen, daß $x_1, \ldots, x_n$ relativ prim sein sollen.*

Wir erinnern noch an die in § 7, 1. gefundene Tatsache:

Sind $x_1, \ldots, x_n$ ganze Zahlen $\neq 0, \ldots, 0$ und ist darunter x_h die letzte von Null verschiedene Zahl, so fällt dafür

$$f(x_1, \ldots, x_n) \geqq \lambda_n a_{hh}$$

aus.

3. Die Untersuchung des Ausdrucks $\Psi(f)$ gründen wir auf folgende Tatsachen.

Deuten wir $x_1, \ldots, x_n$ als Koordinaten eines Punktes in einem n-dimensionalen Raume $\mathfrak{R}_n$, so stellt

$$(52) \qquad f(x_1, \ldots, x_n) < T,$$

wenn T eine positive Konstante ist, *das Innere eines n-dimensionalen Ellipsoids* in diesem Raume vor. *Das Volumen in $x_1, \ldots, x_n$ hat für dieses Ellipsoid den Wert*

$$(53) \qquad \gamma_n \frac{(\sqrt{T})^n}{\sqrt{D(f)}},$$

wobei

$$(54) \qquad \gamma_n = \frac{\pi^{\frac{n}{2}}}{\Gamma\left(1 + \frac{n}{2}\right)} = \frac{\pi^{\left[\frac{n}{2}\right]}}{\frac{n}{2}\left(\frac{n}{2} - 1\right) \cdots \left(\frac{n}{2} - \left[\frac{n-1}{2}\right]\right)}$$

das Volumen einer n-dimensionalen Kugel vom Radius 1 vorstellt (vgl. § 9).

Wir bemerken ferner, daß *der Würfelbereich*

$$(55) \qquad -\frac{1}{2} \leqq x_1 \leqq \frac{1}{2}, \ldots, -\frac{1}{2} \leqq x_n \leqq \frac{1}{2}$$

den Ungleichungen (44) zufolge *völlig in das Ellipsoid*

$$(56) \qquad f(x_1, \ldots, x_n) \leqq \frac{n(n+1)}{8} a_{nn}$$

zu liegen kommt.

Auf Grund dieser Umstände erhalten wir eine *approximative Bestimmung für die Anzahl derjenigen ganzzahligen Systeme (Gitterpunkte) $x_1, \ldots, x_n$, welche die Bedingung (52) erfüllen.*

Wir konstruieren nämlich um jeden einzelnen der betreffenden Gitterpunkte als Mittelpunkt einen Würfel mit Seitenflächen parallel den Koordinatenebenen und von der Kantenlänge 1, d. i. jedesmal den Würfel, der durch Parallelverschiebung des Würfels (56) vom Nullpunkte nach dem betreffenden Gitterpunkte entsteht.

Da wir jeden dieser Würfel durch ein dem Ellipsoide (55) homologes Ellipsoid umschließen können, *fällt der gesamte Bereich dieser Würfel völlig in das Gebiet des Ellipsoids*

$$f(x_1, \ldots, x_n) < \left(\sqrt{T} + \sqrt{\frac{n(n+1)}{8} a_{nn}}\right)^2$$

6*

hinein. Alle jene Würfel dringen nicht gegenseitig ineinander ein und sind je vom Volumen 1. Danach ist die Anzahl der fraglichen Gitterpunkte sicher

$$< \frac{\gamma_n}{\sqrt{D(f)}} \left(\sqrt{T} + \sqrt{\frac{n(n+1)}{8} a_{nn}} \right)^n.$$

Wir schreiben zur Abkürzung

$$\gamma_n \left\{ \left(1 + \sqrt{\frac{n(n+1)}{8\lambda_n}} \right)^n - 1 \right\} = \varkappa_n,$$

und wir können behaupten:

Die Anzahl der ganzzahligen Auflösungen von

$$f(x_1, \ldots, x_n) < T$$

ist, wenn $T \geq \lambda_n a_{nn}$ *ist, sicher*

$$(57) \qquad < \frac{1}{\sqrt{D(f)}} \left(\gamma_n T^{\frac{n}{2}} + \varkappa_n (\lambda_n a_{nn})^{\frac{1}{2}} T^{\frac{n-1}{2}} \right).$$

Andererseits überzeugen wir uns davon, *daß die vorhin konstruierten Würfel, falls* $T > \frac{n(n+1)}{8} a_{nn}$ *ist, gewiß das Gebiet des kleineren Ellipsoids*

$$f(x_1 \ldots, x_n) < \left(\sqrt{T} - \sqrt{\frac{n(n+1)}{8} a_{nn}} \right)^2$$

völlig überlagern, und hieraus leiten wir die folgende andere Tatsache her:

Die Anzahl der ganzzahligen Auflösungen von

$$f(x_1, \ldots, x_n) < T$$

ist, wenn $T \geq \lambda_n a_{nn}$ *ist, sicher*

$$(58) \qquad > \frac{1}{\sqrt{D(f)}} \left(\gamma_n T^{\frac{n}{2}} - \varkappa_n (\lambda_n a_{nn})^{\frac{1}{2}} T^{\frac{n-1}{2}} \right).$$

Aus den beiden in (57) und (58) enthaltenen Grenzen entnehmen wir weiter:

Ist $T \geq \lambda_n a_{nn}$ *und* t *ein Wert* > 1, *so liegt die Anzahl der ganzzahligen Systeme* $x_1, \ldots, x_n$, *welche die Ungleichungen*

$$T \leq f(x_1, \ldots, x_n) < Tt$$

befriedigen, jedenfalls innerhalb der zwei Grenzen

$$(59) \qquad \frac{1}{\sqrt{D(f)}} \left(\gamma_n (t^{\frac{n}{2}} - 1) T^{\frac{n}{2}} \pm \varkappa_n (t^{\frac{n-1}{2}} + 1) (\lambda_n a_{nn})^{\frac{1}{2}} T^{\frac{n-1}{2}} \right).$$

4. Wir fassen *zunächst diejenigen Glieder aus* $\Psi(f)$ *zusammen, in denen* $f \geq \lambda_n a_{nn}$ *und dabei jedenfalls auch* $f \geq \varepsilon$ *ist.* Es sei T_n die größere der zwei unteren Schranken ε und $\lambda_n a_{nn}$ (bzw. ihr gemeinsamer Wert). Auf die letzte Angabe gestützt, können wir das ganze Aggregat der betreffenden Glieder aus $\Psi(f)$ sofort in zwei Grenzen einschließen.

Es sei $G > \lambda_n a_{nn}$. Wir setzen $G = T_n t^l$, so daß der Exponent l eine positive ganze Zahl und der Wert $t > 1$ wird, und wir teilen das Intervall $T_n \leqq f < G$ durch Einschalten von $T_n t, \ldots, T_n t^{l-1}$ in die l Intervalle

$$T_n \leqq f < T_n t, \ldots, T_n t^{l-1} \leqq f < G.$$

Wir bestimmen für die einzelnen Intervalle nach (59) eine obere (bzw. untere) Grenze der Anzahl der ganzzahligen Systeme $x_1, \ldots, x_n$, für die f in das Intervall fällt, und ersetzen in den Nennern der betreffenden Glieder aus $\Psi(f)$ die Größe $f(x_1, \ldots, x_n)$ durch die untere (bzw. obere) Grenze des Intervalls. Dadurch erhalten wir eine obere (bzw. untere) Grenze für jenes Aggregat aus $\Psi(f)$.

Wir finden zunächst, daß jener Anteil aus $\Psi(f)$

$$(60) \quad < \left\{ \gamma_n \frac{\sigma(t^{\frac{n}{2}} - 1)}{\left(1 - \frac{1}{t^\sigma}\right)} \left(\frac{1}{T^\sigma} - \frac{1}{G^\sigma}\right) + \varkappa_n (t^{\frac{n-1}{2}} + 1) \frac{\sigma}{1 - \frac{1}{t^{\frac{1}{2}+\sigma}}} T_n^{\frac{1}{2}} \left(\frac{1}{T_n^{\frac{1}{2}+\sigma}} - \frac{1}{G^{\frac{1}{2}+\sigma}}\right) \right\} (D(f))^{\frac{\sigma}{n}}$$

ist.

5. Es sei D eine feste positive Größe. Wir denken uns *augenblicklich f speziell im Bereiche $B(D, \varepsilon)$ gelegen.* Dann ist also $a_{11} \geqq \varepsilon$ und aus (44) und (45) folgt

$$\lambda_n \varepsilon^n \leqq D(f) \leqq D, \quad \lambda_n \varepsilon \leqq \lambda_n a_{nn} \leqq \frac{D}{\varepsilon^{n-1}}.$$

Wir verfügen bei dem beabsichtigten Grenzprozesse

$$(61) \quad \lim \varepsilon = 0, \quad \lim \sigma = 0, \quad \lim G = \infty$$

über σ, ε, G derart, daß dabei

$$(62) \quad \lim \varepsilon^\sigma = 1, \quad \lim G^{-\sigma} = 0$$

wird. Alsdann wird auch $\lim T_n^\sigma = 1$ sein.

Ferner können wir l als ganze Zahl abhängig von ε, σ und G noch derart einrichten, daß hierbei

$$\frac{1}{\log t} = \frac{\sigma l}{\sigma(\log G - \log T_n)}$$

nach unendlich, aber $\frac{\sigma}{\log t}$ nach Null konvergiert. Dann konvergiert also $\log t$ nach Null, mithin t nach 1. Infolge dieser Umstände *konvergiert der Term mit $\varkappa_n$ in (60) nach Null.* In dem ersten Term mit dem Koeffizienten γ_n ist der Faktor

$$\frac{\sigma(t^{\frac{n}{2}} - 1)}{\left(1 - \frac{1}{t^\sigma}\right)} = \frac{n}{2} t^\sigma t^{*\frac{n}{2} - \sigma},$$

wo t^* einen Mittelwert zwischen 1 und t bedeutet, und *konvergiert dieser erste Term in (60) nach $\frac{n}{2} \gamma_n$.*

Die analog herzustellende untere Grenze des fraglichen Anteils aus $\Psi(f)$ wird von dem Ausdrucke (60) her dadurch gewonnen, daß der zweite Term subtraktiv statt additiv genommen und beiden Termen noch der Faktor $t^{-\frac{n}{2}-\sigma}$ hinzugesetzt wird. Es leuchtet ein, *daß unter den angegebenen Voraussetzungen diese untere Grenze ebenfalls nach dem Werte $\frac{n}{2}\,\gamma_n$ konvergiert.*

6. Wir haben *weiter diejenigen Terme des Ausdrucks $\Psi(f)$ abzuschätzen, in welchen f zwar $\geq \varepsilon$, aber $< \lambda_n a_{nn}$ ausfällt.* Da die Konstante $\lambda_n < 1$ und a_{11} das Minimum von f ist, wird in allen Gliedern von $\Psi(f)$ stets $f > \lambda_n a_{11}$ sein.

Wir nehmen *alle diejenigen Glieder aus $\Psi(f)$* zusammen, soweit solche überhaupt vorhanden sind, *in welchen*

$$\left.\begin{array}{r}\lambda_n a_{hh} \leq \\ \varepsilon \leq \end{array}\right\} f(x_1,\ldots,x_n) < \lambda_n a_{h+1,h+1}$$

gilt, wobei h eine der Zahlen $1, 2, \ldots, n-1$ sein kann. Es sei T_h die größere der zwei Größen $\lambda_n a_{hh}, \varepsilon$ bzw. ihr gemeinsamer Wert. *Wegen $f < \lambda_n a_{h+1,h+1}$ müssen hierbei notwendig $x_{h+1}, \ldots, x_n$ sämtlich Null sein;* das ganze Aggregat der in Rede stehenden Glieder ist daher sicherlich kleiner als der Wert der unendlichen Reihe

$$\sigma\,(D(f))^{\frac{1}{2}+\frac{\sigma}{n}} \sum_{(f(x_1,\ldots,x_h,0,\ldots,0))^{\frac{n}{2}+\sigma}} \frac{1}{},$$

erstreckt über *alle vorhandenen* ganzzahligen Systeme $x_1, \ldots, x_h$, bei welchen

$$T_h \leq f(x_1, \ldots, x_h,\, 0, \ldots, 0)$$

ist.

Wir übertragen das in der Formel (59) entwickelte Resultat auf den Fall von Formen mit h Variablen, und wir finden die Anzahl derjenigen ganzzahligen Systeme $x_1, \ldots, x_h$, für die eine Einschränkung

$$T_h t^j \leq f(x_1, \ldots, x_h,\, 0, \ldots, 0) < T_h t^{j+1} \qquad\qquad (j \geq 0)$$

statthat, unter t eine fest angenommene positive Konstante (etwa 2) verstanden, kleiner als eine Größe

$$\overline{\gamma}_h \frac{(T_h t^j)^{\frac{h}{2}}}{\sqrt{a_{11} a_{22} \ldots a_{hh}}},$$

worin $\overline{\gamma}_h$ eine gewisse nur von h abhängende positive Konstante vorstellt. Das Aggregat der in Rede stehenden Terme ist dann sicher

$$< \sigma\,(D(f))^{\frac{1}{2}+\frac{\sigma}{n}} \frac{\overline{\gamma}_h}{\left(1 - \dfrac{1}{t^{\frac{n-h}{2}+\sigma}}\right) T_h^{\frac{n-h}{2}+\sigma} \sqrt{a_{11} a_{22} \ldots a_{hh}}}.$$

Hierin machen wir im Nenner von

$$\lambda_n^{-\frac{n-h-1}{2}} \, T_h^{\frac{n-h}{2}+\sigma} \sqrt{a_{11}\,a_{22}\ldots a_{hh}} \geqq \varepsilon^{\frac{1}{2}+\sigma}\, a_{hh}^{\frac{n-h-1}{2}} \sqrt{a_{11}\,a_{22}\ldots a_{hh}} \geqq \varepsilon^{\frac{1}{2}+\sigma}\, a_{11}^{\frac{n-}{2}}$$

Gebrauch, und mit Rücksicht hierauf kommen wir sogleich zu dem Ergebnisse:

Das Aggregat aller Terme in $\Psi(f)$, *welche den Bedingungen*

$$\varepsilon \leqq f(x_1,\ldots,x_n) < \lambda_n a_{nn}$$

entsprechen, ist

$$(63) \qquad < \mu_n \frac{\sigma(D(f))^{\frac{1}{2}+\frac{\sigma}{n}}}{\varepsilon^{\frac{1}{2}+\sigma}\, a_{11}^{\frac{n-1}{2}}},$$

worin μ_n *eine gewisse nur von* n *abhängende Konstante bedeutet.*

7. Wir setzen *jetzt wieder die Form* f *speziell im Gebiete* $B(D,\varepsilon)$ *gelegen* voraus, so daß $D(f) \leqq D$, $a_{11} \geqq \varepsilon$ ist. *Wir verfügen über* σ im Zusammenhang mit ε *noch so, daß für* $\lim \varepsilon = 0$ auch

$$\lim\left(\frac{\sigma}{\varepsilon^{\frac{n}{2}}}\right) = 0$$

wird. Dabei wird von selber auch

$$\log(\varepsilon^\sigma) = \left(\sigma\,\varepsilon^{-\frac{n}{2}}\right)\left(\varepsilon^{\frac{n}{2}}\log\varepsilon\right)$$

nach Null, also ε^σ nach 1 konvergieren. Der vorstehende Ausdruck (63) wird nunmehr für die Form f nach Null konvergieren, und wir gelangen zu dem Resultate:

Liegt f *im Gebiete* $B(D,\varepsilon)$, *so läßt sich der Wert von* $\Psi(f)$ *in zwei Grenzen einschließen, die unter den Voraussetzungen*

$$(64) \qquad \lim \varepsilon = 0,\ \lim\left(\frac{\sigma}{\varepsilon^{\frac{n}{2}}}\right) = 0,\ \lim G^{-\sigma} = 0$$

beide zugleich nach dem Werte $\frac{n}{2}\gamma_n$ *konvergieren.*

8. Es sei *immer noch* f *speziell in* $B(D,\varepsilon)$ *gelegen.* Um von dem Ausdrucke $\Psi(f)$ zu dem für uns eigentlich notwendigen Ausdrucke $\Phi(f)$ zu kommen, wollen wir *mit* Ψ_d *den Wert des Ausdrucks* (50) *bezeichnen, wenn darin die Summe über alle solchen, den Bedingungen* $\varepsilon \leqq f < G$ *entsprechenden ganzzahligen Systeme* $x_1,\ldots,x_n$ *erstreckt wird, bei denen* $x_1,\ldots,x_n$ *sämtlich durch eine bestimmte positive Zahl* d *teilbar sind.* Bei Werten d, für welche $d^2\varepsilon \geqq G$ ist, wird es Systeme $x_1,\ldots,x_n$ der eben bezeichneten Art überhaupt nicht geben und ist daher $\Psi_d = 0$ zu setzen. *Die vorhin behandelte Summe* $\Psi(f)$ *kommt auf die Summe* Ψ_1 *hinaus.*

Wir gelangen nun von Ψ_1 zu der von uns gesuchten Summe $\Phi(f)$, indem wir, der Reihe der Primzahlen $2, 3, 5, \ldots$ folgend, aus dem Aggregate Ψ_1 sukzessive alle diejenigen Terme aussondern, in denen $x_1, \ldots, x_n$ sämtlich durch 2, oder doch sämtlich durch 3, oder doch sämtlich durch 5, usf. aufgehen.[*])

Danach ergibt sich

$$(65) \quad \Phi(f) = \Psi_1 - \Psi_2 - (\Psi_3 - \Psi_6) - (\Psi_5 - \Psi_{10} - \Psi_{15} + \Psi_{30}) - \cdots.$$

Die Bildung dieser Reihe ist am besten dahin zu beschreiben, daß das über alle Primzahlen $p = 2, 3, 5, \ldots$ zu erstreckende unendliche Produkt

$$(66) \quad \prod \left(1 - \frac{1}{p^s} \right) = 1 - \frac{1}{2^s} - \left(\frac{1}{3^s} - \frac{1}{6^s} \right) - \left(\frac{1}{5^s} - \frac{1}{10^s} - \frac{1}{15^s} + \frac{1}{30^s} \right) - \cdots$$

entwickelt und jedem in dieser Entwicklung auftretenden Gliede $\pm \dfrac{1}{d^s}$ ein Glied $\pm \Psi_d$ *mit dem nämlichen Vorzeichen* $\pm$ in der Reihe (65) zugeordnet wird.

Es sei hier $s = n + 2\sigma$, so ist die Reihe (66) absolut konvergent und ihr Wert das Reziproke der über alle positiven ganzen Zahlen erstreckten Summe

$$(67) \quad S_s = 1 + \frac{1}{2^s} + \frac{1}{3^s} + \frac{1}{4^s} + \cdots.$$

Setzen wir in den Gliedern von Ψ_d die Variablen $x_h = d y_h$ an, so wird darin $f(x_1, \ldots, x_n) = d^2 f(y_1, \ldots, y_n)$, und da f in $B(D, \varepsilon)$ liegen soll, das Minimum von f also nach Voraussetzung $\geqq \varepsilon$ ist, so haben wir in Ψ_d die Summation über alle ganzzahligen Systeme $y_1, \ldots, y_n$ zu erstrecken, für welche

$$\varepsilon \leqq f(y_1, \ldots, y_n) < \frac{G}{d^2}$$

wird.

Wir denken uns nun d^* als ganze Zahl, abhängig von σ, derart gewählt, daß die Summe der Beträge aller derjenigen Glieder in (66), welche Werten $d > d^*$ entsprechen, beliebig nahe an Null liegt und daß andererseits unter den Voraussetzungen (64) auch $\lim (d^{*\sigma}) = 1$ wird. Alsdann haben wir nach dem Ergebnisse in 7., wenn $d \leqq d^*$ ist, unter den Voraussetzungen (64) jedenfalls

$$\lim \left(\Psi_d : \frac{1}{d^{n+2\sigma}} \right) = \frac{n}{2} \gamma_n.$$

Wenn aber $d > d^*$ ist, so gilt zum mindesten die Relation

$$0 \leqq \Psi_d \leqq \frac{1}{d^{n+2\sigma}} \Psi_1.$$

____

[*]) Vgl. hierzu Lipschitz, Über die asymptotischen Gesetze von gewissen Gattungen zahlentheoretischer Funktionen, Monatsbericht der Berliner Akademie, 1865, S. 174.

Mit Rücksicht auf diese Umstände folgt offenbar unter jenen Voraussetzungen

$$(68) \qquad \lim \Phi(f) = \frac{n}{2}\gamma_n \lim \prod \left(1 - \frac{1}{p^{n+2\sigma}}\right) = \frac{n}{2}\frac{\gamma_n}{S_n}.$$

Damit sind wir zu folgendem Ergebnisse gelangt:

Für alle Formen f im ganzen Bereiche $B(D,\varepsilon)$ liegt der Wert der Funktion $\Phi(f)$ zwischen zwei Grenzen, die unter den Voraussetzungen (64) beide zugleich nach dem Werte $\frac{n}{2}\frac{\gamma_n}{S_n}$ konvergieren.

9. Es habe *jetzt das Minimum a_{11} von f einen beliebigen Wert,* so können wir *für das Aggregat derjenigen Glieder in $\Psi(f)$, bei welchen außer $\varepsilon \leq f$ noch $\lambda_n a_{nn} \leq f$ gilt,* durch (60) *eine Konstante ν_n als obere Grenze* bestimmen, und *für das Aggregat der übrigen Glieder in $\Psi(f)$ besteht die obere Grenze* (63). Diese oberen Grenzen gelten um so mehr für den Wert der Summe $\Phi(f)$, und wir finden:

Es ist stets

$$(69) \qquad 0 \leqq \Phi(f) < \mu_n \frac{\sigma(D(f))^{\frac{1}{2}+\frac{\sigma}{n}}}{\varepsilon^{\frac{1}{2}+\sigma}\,a_{11}^{\frac{n-1}{2}}} + \nu_n,$$

worin μ_n und ν_n zwei positive, nur von n abhängende Konstanten vorstellen.

10. Es sei jetzt δ *eine positive Größe* $\leq \varepsilon$ und wir betrachten das $\frac{n(n+1)}{2}$-*fache Integral*

$$(70) \qquad J(\delta) = \int\!\!\int \cdots \int \Phi(f)\, da_{11}\, da_{12} \cdots da_{nn}$$

der in (50) definierten Funktion $\Phi(f)$, *erstreckt über den durch*

$$D(f) \leq D,\ a_{11} \geqq \delta$$

bestimmten Teil $B(D,\delta)$ des reduzierten Raumes.

Nehmen wir zunächst $\delta = \varepsilon$, so ergibt das Resultat aus 8. in Verbindung mit den Sätzen aus § 12, daß unter den Voraussetzungen (64) jedenfalls

$$\lim J(\varepsilon) = \frac{n}{2}\frac{\gamma_n}{S_n}\, \nu_n\, D^{\frac{n+1}{2}}$$

ist.

Nun sei $\delta < \varepsilon$, so benutzen wir dazu noch in dem Gebiete, mit welchem der Bereich $B(D,\delta)$ über $B(D,\varepsilon)$ hinausragt, für die Funktion $\Phi(f)$ die obere Grenze (69). Das Volumen jenes Zusatzgebietes ist nach § 12 sicher $< \tilde{\nu}_n\, \varepsilon^{\frac{n}{2}}\, D^{\frac{n}{2}}$. Im ersten Term von (69) ersetzen wir $(D(f))^{\frac{\sigma}{n}}$ durch die obere Grenze $D^{\frac{\sigma}{n}}$; andererseits ermitteln wir eine obere Grenze für das $\frac{n(n+1)}{2}$-fache Integral

$$\iint \cdots \int \frac{(D(f))^{\frac{1}{2}}}{a_{11}^{\frac{n-1}{2}}}\, da_{11}\, da_{12} \ldots da_{nn},$$

erstreckt über den ganzen Bereich $B(D, \delta)$, indem wir ähnlich wie in § 12 vorgehen. Indem wir die Integration nach $a_{22}, a_{23}, \ldots, a_{nn}$ und zwar zunächst über die Flächen $\dfrac{\partial D(f)}{\partial a_{11}} = \text{konst.}$ ausführen, ferner nach $a_{12}, \ldots, a_{1n}$ integrieren, finden wir das betreffende Integral (vgl. § 12, 3.)

$$< \int_{a_{11}^{\frac{n-1}{2}}}^{a_{11}^{\frac{1}{2}}} \frac{1}{2}\, a_{11}^{n-1}\, da_{11} \int C^{\frac{1}{2}}\, v_{n-1}\, d\left(C^{\frac{n}{2}}\right),$$

über den Bereich

$$0 < \lambda_n a_{11}^n \leqq D, \qquad 0 < \lambda_n a_{11} C \leqq D$$

erstreckt. Das Doppelintegral hier wird

$$\frac{n}{n+1}\, v_{n-1} \left(\frac{D}{\lambda_n}\right)^{\frac{n+1}{2}} \int \frac{1}{2}\, a_{11}^{-\frac{1}{2}}\, da_{11} = \frac{n}{n+1}\, v_{n-1} \left(\frac{D}{\lambda_n}\right)^{\frac{n+1}{2}+\frac{1}{2n}}.$$

Berücksichtigen wir nun, *daß im ersten Term von* (69) *noch der Faktor* $-\dfrac{\sigma}{\frac{1}{2}+\sigma}$ *auftritt, der unter den Voraussetzungen* (64) *nach Null kon-*

vergiert, so können wir endlich den Satz aussprechen:

Das Integral $J(\delta)$, *über den Bereich* $B(D, \delta)$ *erstreckt, wobei* δ *beliebig* $\leqq \varepsilon$ *ist, liegt zwischen zwei Grenzen, die unter den Voraussetzungen* (64) *beide nach dem Werte*

$$(71) \qquad\qquad \frac{n}{2}\, \frac{\gamma_n}{S_n}\, v_n\, D^{\frac{n+1}{2}}$$

konvergieren.

§ 14. Auswertung des Volumens.

Auf Grund dieses Satzes können wir jetzt die Berechnung von v_n auf die Berechnung von v_{n-1} zurückführen.

1. Sind $p_1, p_2, \ldots, p_n$ n ganze Zahlen *ohne gemeinsamen Teiler* > 1, so kann man stets dazu ganzzahlige unimodulare Substitutionen P *mit diesen Zahlen als erster Vertikalreihe* finden. Ist P_0 eine erste solche Substitution, P eine beliebige Substitution dieser Art, so hat *die Substitution* $P_0^{-1}P$ *als erste Vertikalreihe die Zahlen* $1, 0, \ldots, 0$ wie die identische Substitution, und können wir *jedesmal in bestimmter Weise* $P = P_0 Q R$ setzen, so daß Q die erste Variable völlig ungeändert läßt, also *in* Q

auch noch die erste Horizontalreihe $1, 0, \ldots, 0$ *ist und* R *eine Substitution von der Gestalt*

$$y_1 = z_1 + r_2 z_2 + \cdots + r_n z_n, \quad y_2 = z_2, \ldots, \quad y_n = z_n$$

wird.

2. Nun mögen ε, G, σ und $\delta \leq \varepsilon$ wie in § 13 vorausgesetzt sein, und f sei eine Form im Bereiche $B(D, \delta)$. Sodann seien $p_1, p_2, \ldots, p_n$ solche ganzen Zahlen *ohne gemeinsamen Teiler* > 1, daß

$$(72) \qquad \varepsilon \leq f(p_1, p_2, \ldots, p_n) = b_{11} < G$$

wird. Wir führen P_0, P, Q, R wie soeben ein. Die durch $P = P_0 Q R$ aus f hervorgehende Form hat b_{11} *als ersten Koeffizienten*. Wir schreiben diese Form

$$(73) \qquad \varphi = \sum b_{hk} y_h y_k = b_{11} \left(y_1 + \frac{b_{12}}{b_{11}} y_2 + \cdots + \frac{b_{1n}}{b_{11}} y_n \right)^2 + \psi,$$

$$(74) \qquad \psi = c_{22} y_2^2 + 2 c_{23} y_2 y_3 + \cdots + c_{nn} y_n^2,$$

wobei

$$(75) \qquad c_{hk} = b_{hk} - \frac{b_{1h} b_{1k}}{b_{11}} \qquad (h \leq k;\ h, k = 2, 3, \ldots, n)$$

gesetzt ist. Die Determinante von ψ wird dabei

$$= \frac{D(f)}{b_{11}}.$$

Wir können *zunächst* P_0 *irgendwie unimodular mit* $p_1, p_2, \ldots, p_n$ *als erster Vertikalreihe gewählt* annehmen, sodann Q derart bestimmen, daß *die Form* $\psi(y_2, y_3, \ldots, y_n)$ *von* $n - 1$ *Variablen als solche reduziert* wird, also gewisse nach § 5 und § 6 in endlicher Anzahl anzuweisende lineare Ungleichungen

$$(76) \qquad \sum{}' m_{hk} c_{hk} \geq 0 \qquad (h, k = 2, 3, \ldots, n)$$

erfüllt, wobei im allgemeinen für Q die Wahl zwischen zwei entgegengesetzten Substitutionen $Q^*, - Q^*$ sein wird. Weiter können wir R so bestimmen, *daß alle Ungleichungen*

$$(77) \qquad \pm \frac{b_{12}}{b_{11}} \leq \frac{1}{2}, \cdots, \pm \frac{b_{1n}}{b_{11}} \leq \frac{1}{2}$$

eintreten, und endlich können wir uns noch zwischen Q^* und $- Q^*$ derart entscheiden, *daß*

$$(78) \qquad b_{12} \geq 0$$

wird. Durch die vorstehenden Forderungen sind dann Q, R und damit auch $P = P_0 Q R$ in dem Falle *eindeutig* bestimmt, wo in keiner der dabei zu betrachtenden Ungleichungen (76), (77), (78) sich das Gleichheitszeichen einstellt.

3. *Jetzt sei ϑ ein positiver Wert $\leq \delta$ und wir fassen für φ den Bereich aller derjenigen Formen ins Auge, bei welchen*

$$(79) \qquad \varepsilon \leq b_{11} < G, \quad D(\varphi) \leq D, \quad \vartheta \leq c_{22}$$

ist und zudem alle Ungleichungen (76), (77), (78) *bestehen.*

Das Minimum einer nach (73), (74) dargestellten Form φ ist gewiß nicht größer als das Minimum der binären Form

$$b_{11}\left(y_1 + \frac{b_{12}}{b_{11}} y_2\right)^2 + c_{22} y_2^2$$

und letzteres Minimum ist (vgl. § 5, 1.) $\leq \sqrt{\frac{4}{3} b_{11} c_{22}}$. Soll φ einer Form f in $B(D, \delta)$ äquivalent sein und (72) gelten, so ist daher notwendig

$$\delta \leq \sqrt{\frac{4}{3} G c_{22}},$$

und φ *kommt sicher in den obigen Bereich zu liegen, wofern wir* $\vartheta = \dfrac{3\delta^2}{4G}$ *voraussetzen.*

Andererseits ist eine beliebige durch φ mittels ganzer, nicht sämtlich verschwindender Zahlen $y_1, y_2, \ldots, y_n$ darstellbare Größe entweder $\geq c_{22} \geq \vartheta$, weil c_{22} das Minimum von ψ ist, oder, wofern dabei $y_2, \ldots, y_n$ sämtlich Null sind, doch $\geq b_{11} \geq \varepsilon \geq \delta \geq \vartheta$. *Danach fallen die zu den Formen φ des obigen Bereichs äquivalenten reduzierten Formen f sicher stets in $B(D, \vartheta)$ hinein.*

Für die Koeffizienten $b_{11}, b_{22}, \ldots, b_{nn}$ in φ sind gewisse obere, bloß von $\varepsilon, G, \vartheta, D$ abhängende Grenzen angebbar, und kommen dadurch bei gegebenen Werten dieser Größen von vornherein nur eine *endliche* Anzahl unimodularer ganzzahliger Substitutionen P in Frage, durch welche eine reduzierte Form f in $B(D, \vartheta)$ in eine den Bedingungen (76), (77), (78), (79) entsprechende Form φ übergehen könnte.

Danach verteilt sich der obige Bereich der Formen φ ganz auf eine endliche Anzahl der mit dem reduzierten Raume B äquivalenten Kammern B_P. Angenommen ferner, φ fällt weder auf die begrenzenden Seitenwände dieser Kammern noch auf eine der durch die Gleichheitszeichen in (76), (77), (78) angewiesenen Flächen; dann ist einerseits die zu φ äquivalente reduzierte Form f sowie das Paar entgegengesetzter ganzzahliger unimodularer Substitutionen $P, -P$, durch welche f in φ übergeht, *eindeutig* bestimmt; und andererseits gibt es auch keine von P und $-P$ verschiedene ganzzahlige unimodulare Substitution P^* mit der nämlichen ersten Vertikalreihe wie P oder $-P$, durch welche f in eine *andere*, ebenfalls allen jenen Ungleichungen (76), (77), (78), (79) genügende Form φ^* überginge.

4. *Wir bilden nun das* $\dfrac{n\,(n+1)}{2}$*-fache Integral*

$$(80) \qquad K(\vartheta) = \iint \cdots \int 2\sigma \, \frac{(D(\varphi))^{\frac{1}{2}+\frac{\sigma}{n}}}{b_{11}^{\frac{n}{2}+\sigma}} \, db_{11}\, db_{12} \ldots db_{nn},$$

erstreckt über den ganzen, durch die Ungleichungen (76), (77), (78), (79) *definierten Bereich.* Aus den soeben entwickelten Tatsachen geht dann folgendes Verhältnis dieses Integrals zu dem in (70) eingeführten Integrale $J(\delta)$ hervor:

Wir haben, wenn $\delta \leq \varepsilon$ *ist:*

$$(81) \qquad J(\delta) < K\!\left(\frac{3\,\delta^2}{4\,G}\right) < J\!\left(\frac{3\,\delta^2}{4\,G}\right).$$

Um das Integral $K(\vartheta)$ auszuwerten, führen wir zunächst $c_{22}, c_{23}, \ldots, c_{nn}$ anstatt $b_{22}, b_{23}, \ldots, b_{nn}$ gemäß (75) ein, wobei die zugehörige Funktionaldeterminante den Wert 1 hat, sodann bewerkstelligen wir die Integration nach $c_{22}, c_{23}, \ldots, c_{nn}$ und zwar *zunächst über Flächen konstanter Determinante von* ψ und hernach für alle in Betracht kommenden Werte C dieser Determinante, endlich leisten wir auch die Integration nach $b_{12}, \ldots, b_{1n}$.

Übertragen wir das in § 12 (47) und (48) dargestellte Ergebnis auf den Fall von $n-1$ Variablen, so erhalten wir auf diese Weise als eine *obere Grenze für* $K(\vartheta)$ den Wert

$$\int 2\sigma b_{11}^{\frac{1}{2}+\frac{\sigma}{n}} \, \frac{1}{2} \, \frac{b_{11}^{n-1}\, db_{11}}{b_{11}^{\frac{n}{2}+\sigma}} \int C^{\frac{1}{2}+\frac{\sigma}{n}} v_{n-1}\, d\!\left(C^{\frac{n}{2}}\right),$$

über den Bereich

$$\varepsilon \leqq b_{11} < G, \qquad 0 < b_{11}C \leqq D$$

erstreckt, d. i.

$$(82) \qquad \frac{n}{n+1+\dfrac{2\sigma}{n}}\, v_{n-1}\, D^{\frac{n+1}{2}+\frac{\sigma}{n}}\left(\frac{1}{\varepsilon^{\sigma}} - \frac{1}{G^{\sigma}}\right).$$

Sodann haben wir eine *untere Grenze für das Integral* $K(\vartheta)$, welche *aus dieser oberen Grenze durch Verminderung um*

$$\int \sigma b_{11}^{\frac{n}{2}-\frac{1}{2}-\sigma+\frac{\sigma}{n}}\, db_{11} \int C^{\frac{\sigma}{n}}\, \vartheta^{\frac{n-1}{2}}\, \tilde v_{n-1}\, d\!\left(C^{\frac{n}{2}}\right)$$

entsteht; letzterer Ausdruck ist

$$(83) \qquad = \frac{n}{n+\dfrac{2\sigma}{n}}\, \tilde v_{n-1}\, D^{\frac{n}{2}+\frac{\sigma}{n}}\, \frac{\sigma}{\dfrac{1}{2}-\sigma}\, \vartheta^{\frac{n-1}{2}}\left(G^{\frac{1}{2}-\sigma} - \varepsilon^{\frac{1}{2}-\sigma}\right)$$

und *konvergiert für* $\vartheta \leqq \dfrac{3\,\varepsilon^2}{4\,G}$ *und unter den Voraussetzungen* (64) *nach Null.*

Auf Grund der Ungleichungen (81) und des in § 13, 10. festgestellten Satzes über das Integral $J(\vartheta)$ gelangen wir nun durch Ausführung des Grenzprozesses (64) zu folgender *Rekursionsformel:*

$$(84) \qquad \frac{n}{2}\frac{\gamma_n}{S_n}\,v_n = \frac{n}{n+1}\,v_{n-1}.$$

Da $v_1 = 1$ ist, erhalten wir unter Einführung des Wertes von γ_n (vgl. (54)) diese *Bestimmung von* v_n:

$$(85) \qquad v_n = \frac{2}{n+1}\,\frac{\Gamma\left(\frac{2}{2}\right)\Gamma\left(\frac{3}{2}\right)\ldots\Gamma\left(\frac{n}{2}\right)}{\left(\Gamma\left(\frac{1}{2}\right)\right)^{2+3+\cdots+n}}\,S_2 S_3 \ldots S_n.$$

Darin bedeutet Γ das Zeichen für die Gammafunktion und S_k steht für den Wert der unendlichen Reihe

$$1 + \frac{1}{2^k} + \frac{1}{3^k} + \frac{1}{4^k} + \cdots.$$

§ 15. Maximale Dichte bei gitterförmiger Lagerung von Kugeln.

Von der Bestimmung des Volumens v_n machen wir eine *Anwendung auf die Frage der dichtesten Lagerung von Kugeln im n-dimensionalen Raume.*

Nehmen wir an, der größte Wert, den das Minimum $M(f)$ bei den sämtlichen positiven Formen f von der Determinante 1 überhaupt erreicht, sei ϱ_n, so enthält jede positive Formenklasse f von einer Determinante ≤ 1 wenigstens eine Form

$$\varphi(y_1, y_2, \ldots y_n) = \sum{}' b_{hk} y_h y_k = b_{11}\left(y_1 + \frac{b_{12}}{b_{11}} y_2 + \cdots + \frac{b_{1n}}{b_{11}} y_n\right)^2 + \psi(y_2, \ldots, y_n),$$

wobei

$$0 < b_{11} \leqq \varrho_n \sqrt[n]{D(f)}, \quad \pm\frac{b_{12}}{b_{11}} \leqq \frac{1}{2}, \cdots, \pm\frac{b_{1n}}{b_{11}} \leqq \frac{1}{2}, \quad b_{12} \geqq 0,$$

$$D(f) = b_{11}\,\text{Det.}\,(\psi) \leq 1$$

und ψ eine reduzierte Form der $n-1$ Variablen $y_2, \ldots, y_n$ ist.

Das über den hierdurch definierten Bereich von Formen φ erstreckte $\frac{n(n+1)}{2}$-fache Integral

$$\iint \ldots \int db_{11}\, db_{12} \ldots db_{nn}$$

wird infolgedessen mindestens so groß, ja, wie man leicht erkennt, größer als das Volumen des reduzierten Raumes der Formen mit Determinanten ≤ 1 sein. Dieses Integral hier findet sich

$$= \int_0^{\varrho_n} \frac{1}{2}\,b_{11}^{n-1}\,v_{n-1}\left(\left(\frac{1}{b_{11}}\right)^{\frac{n}{2}} - \left(\frac{b_{11}^{n-1}}{\varrho_n{}^n}\right)^{\frac{n}{2}}\right) db_{11} = \frac{v_{n-1}}{n+1}\,\varrho_n^{\frac{n}{2}}.$$

Daraus folgt

$$(86) \qquad \frac{1}{2^n} \, \varrho_n^{\frac{n}{2}} \, \gamma_n > \frac{1}{2^{n-1}} \, S_n.$$

Wir können dieses Resultat folgendermaßen aussprechen:

Im n-dimensionalen Raume gibt es sicher solche parallelepipedische Lagerungen von lauter kongruenten Kugeln, daß der von den Kugeln erfüllte Raum mehr als das $\frac{1}{2^{n-1}} S_n$*-fache des ganzen unendlichen Raumes beträgt.*

Dazu bemerken wir, daß bei einer „*tetraedrischen*" Schichtung von Kugeln, welche der jedenfalls *extremen* Form

$$f = (x_1 + x_2 + \cdots + x_n)^2 + x_1^2 + x_2^2 + \cdots + x_n^2$$

entspricht, genau der

$$\frac{1}{2^{\frac{n}{2}} \sqrt{n+1}} \, \gamma_n = \frac{\pi^{\frac{n}{2}}}{2^{\frac{n}{2}} \sqrt{n+1} \; \Gamma\left(1 + \frac{n}{2}\right)} \text{-te Teil}$$

des unendlichen Raumes durch die Kugeln ausgefüllt wird, welcher Anteil *bei großem n wesentlich kleiner als der vorhin genannte Teil* ist, während allerdings in der Ebene und im Raume von 3 Dimensionen diese Schichtung nach regulären Dreiecken bzw. Tetraedern überhaupt die einzige dichteste gitterförmige Lagerung von kongruenten Kreisen bzw. Kugeln vorstellt.

§ 16. Asymptotisches Gesetz für die Klassenanzahlen ganzzahliger Formen.

Dem Volumen v_n kommt eine besondere *arithmetische Bedeutung* zu. Wir betrachten speziell die positiven Formen f mit lauter *ganzzahligen* Köeffizienten a_{hk}. Dabei ist immer $a_{11} \geq 1$. Mit Rücksicht hierauf haben wir den Ungleichungen (44), (45) zufolge *zu einem gegebenen positiven ganzzahligen Wert* $D(f) = D$ immer nur eine endliche Anzahl verschiedener reduzierter Formen mit ganzzahligen Koeffizienten und also auch *nur eine endliche Anzahl verschiedener Klassen ganzzahliger positiver Formen. Diese Klassenanzahl für die Determinante D* werde mit $H(D)$ bezeichnet.

Wir werden das asymptotische Gesetz nachweisen:

$$(87) \qquad \lim_{D = \infty} \left(\frac{H(1) + H(2) + \cdots + H(D)}{D^{\frac{n+1}{2}}} \right) = v_n.$$

1. Wir fassen in der Mannigfaltigkeit A aller quadratischen Formen $f = (a_{hk})$ diejenigen Punkte (a_{hk}^0) ins Auge, bei welchen *alle* $\dfrac{n(n+1)}{2}$

Koordinaten a_{hk}^0 *ganze rationale Zahlen* sind, und wir konstruieren um jeden solchen Punkt (a_{hk}) als Mittelpunkt den Würfelbereich

$$(88) \qquad -\frac{1}{2} \leq a_{hk} - a_{hk}^0 \leq \frac{1}{2} \qquad (h, k = 1, 2, \ldots, n).$$

Wir erhalten ein *Netz von Würfeln*, welches die ganze Mannigfaltigkeit A *einfach und lückenlos* überdeckt.

Es sei nun D eine positive ganze Zahl, und wir bilden den Bereich $B(D, 1)$, der aus dem reduzierten Raume B durch die Forderungen

$$D(f) \leq D, \qquad a_{11} \geq 1$$

herausgeschnitten wird. Es mögen N jener Würfel vollständig in diesen Bereich $B(D, 1)$ fallen und N^* darunter vorhanden sein, welche zwar nicht ganz in diesen Bereich fallen, aber doch in das Innere dieses Bereiches eintreten. *Zufolge der Ungleichungen* (46) *wird dann*

$$(89) \qquad N < v_n D^{\frac{n+1}{2}}, \qquad N + N^* > v_n D^{\frac{n+1}{2}} - \tilde{v}_n D^{\frac{n}{2}}$$

sein.

Andererseits repräsentieren die Mittelpunkte der hier in der Anzahl N gezählten Würfel lauter *verschiedene* Klassen *ganzzahliger* positiver Formen, *wobei die Determinante einen der Werte* 1, 2, $\ldots$, D *hat*, und wird *jede* Klasse solcher Formen durch *wenigstens einen* unter den Mittelpunkten jener $N + N^*$ Würfel repräsentiert. *Also ist*

$$(90) \qquad N \leq H(1) + H(2) + \cdots + H(D) \leq N + N^*.$$

Um das Resultat (87) zu gewinnen, wird nunmehr nach (89) und (90) eine solche Abschätzung der Größe N^* hinreichend sein, aus welcher sich

$$\lim_{D = \infty} \left(\frac{N^*}{D^{\frac{n+1}{2}}} \right) = 0$$

erschließen läßt.

2. Zu diesem Ende stellen wir zunächst einen einfach zu charakterisierenden Bereich fest, der alle jene $N + N^*$ Würfel vollständig in sich aufnimmt.

In einem beliebigen dieser Würfel gibt es stets solche Punkte (a_{hk}^*), die in $B(D, 1)$ hineinfallen, für welche also insbesondere

$$(91) \qquad 1 \leq a_{11}^* \leq a_{22}^* \leq \cdots \leq a_{nn}^*, \quad \pm 2a_{hk}^* \leq a_{hh}^* \qquad (h < k),$$
$$(92) \qquad \lambda_n a_{11}^* a_{22}^* \ldots a_{nn}^* \leq D$$

ist. Andererseits erfüllt im ganzen Bereiche des einzelnen Würfels *jeder* Punkt (a_{hk}) in bezug auf den *Mittelpunkt* (a_{hk}^0) des Würfels die Bedingungen (88). Namentlich gelten also diese Bedingungen für die Punkte $(a_{hk}) = (a_{hk}^*)$, und folgt daher

$$\frac{1}{2} \leqq a_{hh}^{*} - \frac{1}{2} \leqq a_{hh}^{0}.$$

Als *ganze* Zahlen sind hiernach die Werte a_{hh}^{0} notwendig sämtlich $\geqq 1$. Nunmehr haben wir im ganzen Würfel

$$\frac{1}{2} \leqq a_{hh}^{0} - \frac{1}{2} \leqq a_{hh}.$$

Sodann folgt, immer mit Heranziehung von (91) und von (88),

$$a_{hh} \leqq a_{hh}^{*} + 1 \leqq a_{h+1, h+1}^{*} + 1 \leqq a_{h+1, h+1} + 2 \leqq 5\, a_{h+1, h+1} \qquad (h < n),$$

weiter

$$|a_{hk}| - 1 \leqq |a_{hk}^{*}| \leqq \frac{1}{2} a_{hh}^{*} \leqq \frac{1}{2}(a_{hh} + 1), \qquad |a_{hk}| \leqq \frac{7}{2} a_{hh} \qquad (h < k).$$

Endlich haben wir

$$a_{hh} \leqq a_{hh}^{*} + 1 \leqq 2 a_{hh}^{*}$$

und bringen diese Ungleichungen mit (92) in Verbindung.

Wir kommen damit zu folgendem Ergebnisse:

Die oben konstruierten $N + N^{*}$ Würfel fallen mit allen ihren Punkten in den durch die Bedingungen

$$(93) \qquad \frac{1}{2} \leqq a_{11}, \qquad a_{hh} \leqq 5 a_{h+1, h+1}, \qquad |a_{hk}| \leqq \frac{7}{2} a_{hh} \qquad (h < k),$$

$$(94) \qquad \frac{\lambda_n}{2^n} a_{11} a_{22} \ldots a_{nn} \leqq D$$

definierten Bereich hinein.

3. Der anschaulicheren Ausdrucksweise wegen wollen wir in der Mannigfaltigkeit A von der *Größe einer Oberfläche* und von *orthogonalen Projektionen auf eine Ebene* sprechen, indem wir der Definition dieser Begriffe die Formel

$$\sqrt{da_{11}^{2} + da_{12}^{2} + \cdots + da_{nn}^{2}}$$

als *Länge eines Linienelements* zugrunde legen. Es wird sich nunmehr um die *Oberfläche des durch* (93), (94) *definierten Körpers* handeln, und wir werden *für die Größe dieser Oberfläche eine obere Grenze von der Gestalt*

$$(95) \qquad \varpi_2 D \log D \text{ für } n = 2 \text{ bzw. } \varpi_n D^{\frac{n+1}{2} - \frac{1}{n}} \text{ für } n > 2$$

nachweisen, worin ϖ_n eine nur von n abhängende Konstante vorstellt. Im Falle $n = 2$ wollen wir uns hierbei $D \geqq 2$ denken.

Im Volumenintegral des durch (93), (94) angewiesenen Körpers entspricht einem Intervall a_{11} bis $a_{11} + da_{11}$ des ersten Koeffizienten ein gewisser Beitrag

$$7^{n-1} a_{11}^{n-1} da_{11} \int\!\!\int \ldots \int da_{22} da_{23} \ldots da_{nn}.$$

Projizieren wir andererseits diesen Körper orthogonal auf die Ebene $a_{11} = 0$ und beachten, wie diese Projektion sukzessive anwächst, während der Parameter a_{11} von $\frac{1}{2}$ an kontinuierlich zunimmt, so entspricht der

Zunahme von a_{11} bis $a_{11} + da_{11}$ des Parameters eine Vergrößerung jener Projektionsfläche um

$$d(7^{n-1} a_{11}^{n-1}) \int\!\!\int \ldots \int da_{22}\, da_{23} \ldots da_{nn},$$

wobei der Integrationsbereich von a_{22}, a_{23}, $\ldots$, a_{nn} der nämliche wie soeben ist. Dadurch zeigt sich, daß die durch das Gleichheitszeichen in (94) gelieferte begrenzende Fläche dieses Körpers auf die Ebene $a_{11} = 0$ eine Projektion ergibt, deren Flächeninhalt gewiß nicht größer ist als der Wert des Integrals

$$\int\!\!\int \ldots \int (n-1)\frac{da_{11}}{a_{11}}\, da_{12} \ldots da_{nn},$$

über den ganzen Körper erstreckt. *Hieraus resultiert zunächst für diese Projektion der Fläche* (94) *auf die Ebene* $a_{11} = 0$ *eine obere Grenze vom Typus* (95).

Nun hat in einem beliebigen Punkte (a_{hk}) der begrenzenden Fläche (94) die Tangentialebene an diese Fläche in laufenden Koordinaten (b_{hk}) die Gleichung

$$\frac{1}{n}\left(\frac{b_{11}}{a_{11}} + \frac{b_{22}}{a_{22}} + \cdots + \frac{b_{nn}}{a_{nn}} \right) = 1;$$

wir ersehen daraus in Anbetracht der Ungleichungen (93), *daß die Größe dieser Oberfläche ein gewisses, nur von* n *abhängendes Vielfaches ihrer Projektion auf die Ebene* $a_{11} = 0$ *nicht überschreitet.*

Projizieren wir andererseits den ganzen durch (93), (94) definierten Körper auf die Ebene

$$(96) \qquad\qquad b_{11} + b_{22} + \cdots + b_{nn} = 0,$$

welche einer Tangentialebene der begrenzenden Fläche (94) parallel läuft, so wird die entstehende Projektion *einmal* genau von der Projektion dieser begrenzenden Fläche (94) geliefert und *ein zweites Mal* genau von den Projektionen aller übrigen durch die Ungleichungen (93) angewiesenen ebenen Seitenwände des Körpers überdeckt, wobei keine dieser ebenen Seitenwände orthogonal zur Ebene (96) ist. *Danach bestehen auch für die Flächeninhalte aller jener ebenen Seitenwände obere Grenzen vom Typus* (95) und folgt endlich auch eine solche obere Grenze für die gesamte Oberfläche des in Rede stehenden Körpers.

4. Wir kommen endlich auf die oben in der Anzahl N^* gezählten Würfel zurück. *Jeder dieser Würfel hat mit der Begrenzung des Bereichs* $B(D, 1)$ *Punkte gemein.* Diese Begrenzung besteht *erstens* aus einem Anteil der Fläche $D(f) = D$, *zweitens* aus Partien in den ebenen Seitenwänden des reduzierten Raumes, *drittens* aus einem Stück der Ebene $a_{11} = 1$.

Betrachten wir *zunächst diejenigen unter jenen N^* Würfeln, welche die Fläche $D(f) = D$ treffen.* Wir ordnen diese Würfel in *Serien* nach ihren Projektionen auf die Ebene $a_{11} = 0$. Es seien darunter zwei Würfel mit gleicher Projektion auf diese Ebene da, ihre Mittelpunkte seien a_{11}^0, a_{12}^0, ..., a_{nn}^0 und $a_{11}^0 + d$, a_{12}^0, ..., a_{nn}^0, so daß d eine positive ganze Zahl ist, und es seien a_{11}, a_{12}, ..., a_{nn} und $a_{11} + \varepsilon_{11}$, $a_{12} + \varepsilon_{12}$, ..., $a_{nn} + \varepsilon_{nn}$ je ein Punkt in diesen Würfeln auf der Determinantenfläche $D(f) = D$. Dabei ist $d - 1 \leq \varepsilon_{11} \leq d + 1$ und sind ε_{12}, ..., ε_{nn} dem Betrage nach ≤ 1; für $h \geq 2$ folgt aus $a_{hh} + \varepsilon_{hh} \geq 1$ und $\varepsilon_{hh} \geq -1$ noch $a_{hh} + \varepsilon_{hh} \geq \frac{1}{2} a_{hh}$. Bilden wir nun die Differenz

$$\frac{1}{\dfrac{\partial \, \mathrm{Det.}\,|a_{hk} + \varepsilon_{hk}|}{\partial a_{\iota}}} \left(\mathrm{Det.}\,|a_{hk} + \varepsilon_{hk}| - \mathrm{Det.}\,|a_{hk}| \right) = 0,$$

so hat darin ε_{11} den Koeffizienten 1; für die übrigen Glieder aber können wir vermöge (91) (vgl. auch (17) für $m = 1$) obere Grenzen angeben, die nur von n abhängen, so daß sich aus dieser Gleichung für $d + 1$ und damit auch *für die Maximalzahl der Würfel in einer jener Serien eine nur von n abhängende obere Grenze* ergibt. Das Volumen der in Rede stehenden Würfel übersteigt nun nicht das Produkt dieser Maximalzahl in die Projektion der Gesamtheit jener Würfel auf die Ebene $a_{11} = 0$, und letztere Projektion ist sicher nicht größer als die Projektion des ganzen, durch (93), (94) bestimmten Körpers auf die Ebene $a_{11} = 0$.

Nehmen wir *weiter diejenigen der N^* Würfel, welche eine bestimmte ebene Seitenwand*

$$\text{(I, II)} \qquad\qquad \sum m_{hk} a_{hk} = 0$$

des reduzierten Raumes treffen. Wählen wir irgendeinen solchen Koeffizienten a_{hk} aus, für den der Faktor m_{hk} hier $\neq 0$ ist, so finden wir, daß die Anzahl derjenigen unter den betrachteten Würfeln, welche eine und die nämliche Projektion auf die Ebene $a_{hk} = 0$ liefern, nicht größer als eine gewisse aus den numerischen Faktoren in dieser Gleichung folgende Größe ist. Andererseits ist die gesamte Projektion aller dieser Würfel auf die Ebene $a_{hk} = 0$ nicht größer als die Projektion des ganzen Bereichs (93), (94) auf diese Ebene.

Endlich ist die Anzahl derjenigen unter den N^* Würfeln, welche die Ebene $a_{11} = 1$ durchsetzen, nicht größer als die Seitenwand $a_{11} = \frac{1}{2}$ des durch (93), (94) bestimmten Körpers.

Aus allen diesen Umständen zusammen entnehmen wir für die Zahl N^* ebenfalls eine obere Grenze vom Typus (95), und wir gelangen dadurch zu folgendem Theoreme:

7*

Die Gesamtanzahl aller verschiedenen Klassen ganzzahliger positiver quadratischer Formen mit n Variablen und von den Determinanten $1, 2, \ldots, D$ *ist zwischen zwei Grenzen*

$$v_2 D^{\frac{3}{2}} \pm \omega_2 D \log D \; \textit{für} \; n = 2 \quad \textit{bzw.} \quad v_n D^{\frac{n+1}{2}} \pm \omega_n D^{\frac{n+1}{2}-\frac{1}{n}} \; \textit{für} \; n > 2$$

eingeschlossen, wobei v_n *das Volumen des Raumes der reduzierten Formen mit Determinanten* ≤ 1 *und* ω_n *eine gewisse andere positive, nur von n abhängende Konstante vorstellt.*

Dabei ist im Falle $n = 2$ die Zahl $D \geq 2$ gedacht.

Inhalt.

XXII.

Allgemeine Lehrsätze über die konvexen Polyeder.

(Nachrichten der K. Gesellschaft der Wissenschaften zu Göttingen.
Mathematisch-physikalische Klasse. 1897. S. 198—219.)

(Vorgelegt von David Hilbert in der Sitzung vom 31. Juli 1897.)

Ein *konvexer Körper* ist vollständig dadurch gekennzeichnet*), daß er eine abgeschlossene Punktmenge ist, innere Punkte besitzt, und daß jede gerade Linie, die innere Punkte von ihm aufnimmt, mit seiner Begrenzung stets zwei Punkte gemein hat (niemals mehr als zwei Punkte, falls auch die konvexen Körper, die sich ins Unendliche erstrecken, mit in Betracht gezogen werden). Infolge dieses einfachen Charakters spielen diese Gebilde eine gewisse Rolle bei der Behandlung einiger partieller Differentialgleichungen, die in der mathematischen Physik auftreten. Neuerdings habe ich in dem Buche „Geometrie der Zahlen" gezeigt, daß auch merkwürdige arithmetische Beziehungen sich an die konvexen Körper knüpfen. Einen besonderen Reiz bieten die Sätze über konvexe Körper noch durch den Umstand dar, daß sie in der Regel für diese ganze Kategorie von Gebilden ohne jede Ausnahme Geltung haben.

Der vorliegende Aufsatz entstand bei Gelegenheit von Versuchen, den folgenden Satz zu beweisen, den ich seit längerer Zeit vermutete und dessen elementare Fassung nicht auf die Schwierigkeiten seiner Verifizierung schließen läßt: Wenn aus einer endlichen Anzahl von lauter *Körpern***) *mit Mittelpunkt*, die untereinander nur in den Begrenzungen zusammenstoßen, sich ein *konvexer* Körper aufbaut, so hat dieser stets ebenfalls einen Mittelpunkt.

Ich behandle hier nur diejenigen konvexen Körper, die ihre ganze Begrenzung in einer endlichen Anzahl von Ebenen liegen haben und auch

---

*) Geometrie der Zahlen, I. Lieferung, Leipzig bei B. G. Teubner, 1896; S. 200. Ich habe dort die betreffenden Gebilde *nirgends konkave* Körper genannt, hier will ich mich der kürzeren Bezeichnung *konvex* bedienen.

**) Unter den „Körpern mit Mittelpunkt" dürfen hier, wie aus Lehrsatz V (S. 119) der Arbeit leicht ersichtlich ist, jedenfalls beliebige abgeschlossene Punktmengen mit Mittelpunkt, denen eine bestimmte Größe der Oberfläche zukommt, verstanden werden.

– 121 –

sich nicht ins Unendliche erstrecken; ich entwickle über die eindeutige Festlegung eines derartigen *Polyeders* unter Verwendung der *Inhalte seiner Seitenflächen* einige Theoreme, die durch ihren leicht verständlichen Inhalt und andererseits die zu ihrem Nachweise erforderlichen Methoden Beachtung verdienen. Diese Theoreme sowie ihre Ausdehnung auf beliebige konvexe Körper werfen auch ein neues Licht auf die Eigenschaft der Kugel, unter allen Körpern von gleicher Oberfläche das größte Volumen zu besitzen.

§ 1. Vorbemerkungen.

1. Es seien rechtwinklige Koordinaten x, y, z zugrunde gelegt. Wenn von einer Richtung (α, β, γ) gesprochen wird, so soll gemeint sein, daß α, β, γ die Kosinus der Neigungswinkel der Richtung gegen die Richtungen der Koordinatenachsen sind. Es sei $\mathfrak{P}$ ein *konvexes Polyeder* mit n Seitenflächen, die in beliebiger Ordnung numeriert sein mögen. Es sei J das Volumen von $\mathfrak{P}$, $F_\nu (\nu = 1, \ldots, n)$ der Flächeninhalt der ν^{ten} Seitenfläche, mithin $O = F_1 + \cdots + F_n$ die Größe der Oberfläche von $\mathfrak{P}$. Es sei ferner $(\alpha_\nu, \beta_\nu, \gamma_\nu)$ die Richtung einer auf der ν^{ten} Seitenfläche nach dem *Äußeren* von $\mathfrak{P}$ hin errichteten Normalen. Die n Richtungen $(\alpha_\nu, \beta_\nu, \gamma_\nu)$ sind verschieden und jedenfalls derart, daß darunter sich irgend drei *unabhängige* finden, d. h. daß sie nicht alle einer einzigen Ebene angehören können.

Es sei $\mathfrak{p}$ irgendein innerer Punkt von $\mathfrak{P}$, und es sei p_ν für $\nu = 1, \ldots, n$ die Länge des von $\mathfrak{p}$ auf die ν^{te} Seitenfläche von $\mathfrak{P}$ gefällten Perpendikels. Hält man den Punkt $\mathfrak{p}$ und die Richtungen $(\alpha_\nu, \beta_\nu, \gamma_\nu)$ fest, betrachtet hingegen die Längen p_ν als veränderlich, so ändert sich das Polyeder $\mathfrak{P}$ und mit ihm sein Volumen J gemäß der Differentialformel:

$$(1) \qquad dJ = F_1 dp_1 + \cdots + F_n dp_n.$$

Will man diese Formel auf den Unterschied des Volumens derjenigen zwei Polyeder anwenden, die aus $\mathfrak{P}$ durch *Dilatation* vom Punkte $\mathfrak{p}$ aus in allen Richtungen in einem Verhältnisse $t : 1$, beziehlich $t + dt : 1$ entstehen, so hat man F_ν durch $F_\nu t^2$ und dp_ν durch $p_\nu dt$ zu ersetzen. Wird die hervorgehende Formel nach t zwischen 0 und 1 integriert, so ergibt sich

$$(2) \qquad 3J = F_1 p_1 + \cdots + F_n p_n.$$

Benutzen wir statt $\mathfrak{p}$ irgendeinen anderen Punkt in $\mathfrak{P}$, der die relativen Koordinaten a, b, c in bezug auf $\mathfrak{p}$ haben mag, so haben wir p_ν durch $p_\nu - (a\alpha_\nu + b\beta_\nu + c\gamma_\nu)$ zu ersetzen. Weil a, b, c innerhalb gewisser Grenzen beliebig sind, so führt die Formel (2) zu

$$(3) \qquad \sum F_\nu \alpha_\nu = 0, \quad \sum F_\nu \beta_\nu = 0, \quad \sum F_\nu \gamma_\nu = 0,$$

wo die Summen sich auf die Werte $\nu = 1, \ldots, n$ beziehen. Die n Richtungen $(\alpha_\nu, \beta_\nu, \gamma_\nu)$ sind also weiter jedenfalls derart, daß diese drei Gleichungen (3) eine Auflösung in *positiven* Größen F_ν zulassen.

2. Es sei (α, β, γ) irgendeine Richtung und Θ das *Maximum*, ϑ das *Minimum* von $\varphi = \alpha x + \beta y + \gamma z$ im Bereiche des Polyeders $\mathfrak{P}$, so liegt $\mathfrak{P}$ zwischen den zwei parallelen Ebenen $\varphi = \vartheta$ und $\varphi = \Theta$ eingeschlossen und kann $\Theta - \vartheta = d$ als die *Breite* des Polyeders in der Richtung (α, β, γ) bezeichnet werden. Projiziert man die gesamte Oberfläche des Polyeders senkrecht auf die Ebene $\varphi = \vartheta$, so wird von der Projektion ein gewisses Polygon in dieser Ebene im ganzen Inneren doppelt überlagert, und ist danach der Flächeninhalt dieses Polygons gewiß $< \frac{1}{2} O$. Sodann schließt derjenige Zylinder, der senkrecht auf diesem Polygon steht und die Höhe d hat, so daß er von der Ebene $\varphi = \vartheta$ bis zur Ebene $\varphi = \Theta$ reicht, das Polyeder $\mathfrak{P}$ ganz in sich ein, und daraus folgt

$$(4) \qquad \frac{1}{2} O d > J.$$

Es sei $\mathfrak{f}$ der *Schwerpunkt* von $\mathfrak{P}$ und s sein Abstand von der Ebene $\varphi = \Theta$. Nimmt man irgendeinen Punkt aus $\mathfrak{P}$ in der Ebene $\varphi = \vartheta$, so zerlegt sich das Polyeder $\mathfrak{P}$ in die Pyramiden, welche diesen Punkt als Spitze und die einzelnen, nicht durch ihn gehenden Seitenflächen von $\mathfrak{P}$ als Grundflächen haben; diese Pyramiden stoßen untereinander nur in den Begrenzungen zusammen. Da in einer Pyramide der Abstand des Schwerpunkts von der Basis $^1/_4$ der Höhe beträgt, so hat in jeder dieser Pyramiden der Schwerpunkt von der Ebene $\varphi = \Theta$ einen Abstand $\geqq \frac{1}{4} d$, und daher ist auch $s \geqq \frac{1}{4} d$; mit Hilfe von (4) folgt daher

$$(5) \qquad s > \frac{J}{2 O}.$$

Da dieses Resultat für jede beliebige Richtung (α, β, γ) gilt, so ist danach die Kugel vom Radius $\frac{J}{2 O}$ mit $\mathfrak{f}$ als Mittelpunkt ganz im Inneren von $\mathfrak{P}$ enthalten, daraus folgt

$$J > \frac{4\pi}{3}\left(\frac{J}{2 O}\right)^3, \quad \frac{O^3}{J^2} > \frac{\pi}{6}.$$

Betrachtet man weiter irgendeinen Punkt aus $\mathfrak{P}$ in der Ebene $\varphi = \vartheta$, irgendeinen Punkt aus $\mathfrak{P}$ in der Ebene $\varphi = \Theta$ und dazu den größten Kreis dieser Kugel in der parallelen Ebene $\varphi = \Theta - s$, so enthält das Polyeder sogleich die zwei Kegel, welche die Fläche dieses Kreises als Basis und ihre Spitze beziehlich in jenen zwei Punkten haben; daraus folgt

$$(6) \qquad \frac{1}{3}\pi\left(\frac{J}{2 O}\right)^2 d < J.$$

Ersetzt man (α, β, γ) durch $(-\alpha, -\beta, -\gamma)$, so vertauschen sich die Rollen der Ebenen $\varphi = \vartheta$ und $\varphi = \Theta$, und anstatt $s \geqq \frac{1}{4}d$ gewinnt man die weitere Ungleichung $s \leqq \frac{3}{4}d$.

Die Werte von s und d für die Richtung $(\alpha_\nu, \beta_\nu, \gamma_\nu)$ mögen s_ν und d_ν heißen. Für einen beliebigen Punkt $\mathfrak{p}$ im Inneren von $\mathfrak{P}$ gilt offenbar stets

$$(7) \qquad\qquad p_\nu < d_\nu.$$

Nimmt man endlich für den Punkt $\mathfrak{p}$, auf den sich (2) bezieht, den Schwerpunkt $\mathfrak{f}$ des Polyeders, so zeigt sich, daß der größte unter den Abständen s_ν vorkommende Wert $\geqq \frac{3J}{O}$ sein muß. Verbindet man diesen Umstand mit $s_\nu \leqq \frac{3}{4}d_\nu$ und mit der Ungleichung (6), so folgt

$$(8) \qquad\qquad \frac{O^3}{J^2} > \frac{\pi}{3}.$$

3. Als *konvexen Bereich* will ich überhaupt jede abgeschlossene Punktmenge bezeichnen, zu der mit irgend zwei Punkten stets auch die ganze sie verbindende Strecke gehört; ein *konvexer Körper* bedeutet dann einen solchen konvexen Bereich, der auch *innere* Punkte enthält, d. h. nicht ganz in einer Ebene gelegen ist.

Unter einer *Stützebene* eines konvexen Bereichs verstehe ich eine Ebene, die nicht zu beiden Seiten von sich Punkte des Bereichs liegen hat und selbst mindestens einen Punkt des Bereichs enthält. Ein konvexer Bereich besitzt durch jeden Punkt seiner Begrenzung wenigstens eine Stützebene. Wenn ferner ein konvexer Bereich sich *nicht ins Unendliche* erstreckt, gibt es zu jeder Richtung (α, β, γ) eine und nur eine Stützebene des Bereichs mit dieser Richtung als Normale und so, daß auf *der* Seite der Ebene, nach welcher die Richtung weist, kein Punkt des Bereichs liegt. Die Gleichung der betreffenden Stützebene ist

$$\alpha x + \beta y + \gamma z = r^*,$$

wenn r^* das *Maximum* von $\alpha x + \beta y + \gamma z$ im Bereiche bedeutet. —

Es seien jetzt irgend n verschiedene Richtungen $(\alpha_\nu, \beta_\nu, \gamma_\nu)$ für $\nu = 1, \ldots, n$ gegeben, so, daß darunter drei unabhängige sich finden und daß die drei Gleichungen

$$(9) \qquad \sum H_\nu \alpha_\nu = 0, \quad \sum H_\nu \beta_\nu = 0, \quad \sum H_\nu \gamma_\nu = 0$$

eine Lösung in *positiven* Werten H_ν zulassen. Dann läßt sich zunächst zeigen, daß es jedenfalls ein Polyeder gibt mit n Seitenflächen, bei welchem jene Richtungen als die der äußeren Normalen der Flächen auftreten. In der Tat, durch die n Ungleichungen

$$(10) \qquad\qquad \alpha_\nu x + \beta_\nu y + \gamma_\nu z - 1 \leqq 0 \qquad\qquad (\nu = 1, \ldots, n)$$

wird ein konvexer Bereich Π definiert. Die n Ebenen $\alpha_\nu x + \beta_\nu y + \gamma_\nu z = 1$

sind Tangentialebenen der Kugel $x^2 + y^2 + z^2 \leq 1$. Also enthält Π diese Kugel, und es wird die Begrenzung des Bereichs Π von n, aber nicht schon von weniger Stützebenen geliefert. Ist jetzt x, y, z ein Punkt aus Π, so stellt $p_\nu = 1 - \alpha_\nu x - \beta_\nu y - \gamma_\nu z$ die Länge des von x, y, z auf die ν^{te} jener Ebenen gefällten Perpendikels vor; unter Verwendung der vorausgesetzten Lösung von (9) folgt dann $\sum H_\nu p_\nu = \sum H_\nu$. Da die Größen H_ν alle > 0 sind, ergibt sich hieraus, daß die Längen p_ν nicht über eine gewisse Grenze hinausgehen. Da nun unter jenen n Ebenen sich drei solche finden, die sich nur in einem Punkte schneiden, ist danach Π in einem gewissen Parallelepipedum enthalten und kann sich also nicht ins Unendliche erstrecken; somit ist Π ein Polyeder, das der gestellten Forderung entspricht. Das Volumen von Π werde $= \dfrac{1}{\varrho^3}$ gesetzt.

Wir bezeichnen die Linearform $\alpha_\nu x + \beta_\nu y + \gamma_\nu z$ mit φ_ν. Es seien nun r_ν für $\nu = 1, \ldots, n$ irgendwelche n Größen ≥ 0, und es sei etwa r der größte darunter vorkommende Wert; dann wird durch

$$(11) \qquad\qquad \varphi_\nu - r_\nu \leq 0 \qquad\qquad (\nu = 1, \ldots, n)$$

ein konvexer Bereich — er heiße $\mathfrak{P}(r_\nu)$ — definiert, der ganz in demjenigen Polyeder liegt, welches durch Dilatation des Polyeders Π vom Nullpunkte aus im Verhältnisse $r : 1$ entsteht. Es kann $\mathfrak{P}(r_\nu)$ ein Polyeder mit n oder mit weniger Seitenflächen von nichtverschwindenden Inhalten werden oder auch sich auf die Fläche eines konvexen Polygons in einer Ebene oder auf eine Strecke oder gar auf den Nullpunkt allein reduzieren.

Wenn $\mathfrak{P}(r_\nu)$ nicht ein Polyeder mit n Polygonen als Begrenzung wird, so brauchen nicht alle n Ebenen $\varphi_\nu = r_\nu$ wirklich Punkte der Begrenzung des Polyeders zu enthalten. Es sei allgemein r_ν^* das *Maximum* von φ_ν im Bereiche $\mathfrak{P}(r_\nu)$, so ist jedenfalls $r_\nu^* \leq r_\nu$ und dann $\mathfrak{P}(r_\nu)$ identisch mit $\mathfrak{P}(r_\nu^*)$; die Ebenen $\varphi_\nu = r_\nu^*$ sind nunmehr sämtlich Stützebenen dieses Bereichs. Die so bestimmten Größen r_ν^* mögen *tangentiale Parameter* von $\mathfrak{P}(r_\nu)$ heißen.

Ein solcher Bereich $\mathfrak{P}(r_\nu)$ wird nun, da er sich nicht ins Unendliche erstreckt, stets ein bestimmtes Volumen $J = J(r_\nu)$ besitzen, wobei jedenfalls

$$(12) \qquad\qquad J \leq \left(\frac{r}{\varrho}\right)^3$$

sein wird; ferner wird das Gebiet von $\mathfrak{P}(r_\nu)$ in der Ebene $\varphi_\nu = r_\nu^*$, welches allgemein die ν^{te} *Seitenfläche* von $\mathfrak{P}(r_\nu)$ genannt werden möge, einen bestimmten Flächeninhalt F_ν besitzen; es kann J und jedes F_ν auch Null sein. Diese Größen J und F_ν $(\nu = 1, \ldots, n)$ sind offenbar im ganzen durch $r_1 \geq 0, \ldots, r_n \geq 0$ definierten Gebiete *stetige* Funktionen von $r_1, \ldots, r_n$. Wenn für $\mathfrak{P}(r_\nu)$ alle Größen $F_\nu > 0$ ausfallen, sind die Werte r_ν ohne weiteres tangentiale Parameter. — Sind für zwei Bereiche $\mathfrak{P}(q_\nu)$ und $\mathfrak{P}(r_\nu)$ die Systeme q_ν und r_ν tangentiale Parameter, so stellen für $\mathfrak{P}((1-t)q_\nu + tr_\nu)$, wenn $0 < t < 1$ ist, die Werte $(1-t)q_\nu + tr_\nu$ ebenfalls tangentiale Parameter vor. Daraus ist zu erkennen, daß die Menge derjenigen Systeme r_ν, welche tangentiale Parameter sind, einen konvexen Körper in der n-fachen Mannigfaltigkeit aller Systeme r_ν bilden. Die Begrenzung dieses Körpers wird von einer endlichen Anzahl von Stützebenen geliefert, die sämtlich durch den Punkt $r_1 = 0, \ldots, r_n = 0$ gehen, so daß der Körper ein Kegel mit diesem Punkte als Spitze ist; derselbe ist leicht mittels seiner Kanten zu charakterisieren, doch gehe ich auf diese Untersuchung, die für das Folgende entbehrlich ist, nicht weiter ein. — Wenn von zwei Bereichen $\mathfrak{P}(q_\nu)$ und $\mathfrak{P}(r_\nu)$, von denen keiner sich auf den Nullpunkt allein reduziere, der eine aus dem anderen durch *Dilatation und Translation* hervorgeht, d. h. beide *ähnlich und ähnlich gelegen* sind, so besteht zwischen ihren tangentialen Parametern $q_\nu{}^*$ und $r_\nu{}^*$ ein System von Gleichungen

$$(13) \qquad\qquad q_\nu{}^* = a\alpha_\nu + b\beta_\nu + c\gamma_\nu + dr_\nu{}^*$$

mit bestimmten Werten a, b, c, d; dabei ist noch stets $d > 0$; wenn $J(r_\nu) > 0$ ist, hat man $d = \dfrac{\sqrt[3]{J(q_\nu)}}{\sqrt[3]{J(r_\nu)}}$.

§ 2. Die Grundlagen der Untersuchung.

4. Herr Hermann Brunn[*]) hat den folgenden Satz entwickelt: Wenn ein konvexer Körper durch drei parallele Ebenen $\mathfrak{A}$, $\mathfrak{B}$, $\mathfrak{C}$ geschnitten wird, von denen die mittlere $\mathfrak{B}$ den Abstand zwischen $\mathfrak{A}$ und $\mathfrak{C}$ im Verhältnisse $t : 1 - t$ teilt, und es haben die Schnittfiguren des Körpers in $\mathfrak{A}$, $\mathfrak{B}$, $\mathfrak{C}$ die Flächeninhalte A, B, C, so besteht die Ungleichung

$$\sqrt{B} \geqq (1-t)\sqrt{A} + t\sqrt{C};$$

dabei gilt hier das Zeichen $=$ nur dann, wenn der Teil des Körpers zwischen den Ebenen $\mathfrak{A}$ und $\mathfrak{C}$ sei es ein Zylinder, sei es ein Kegelstumpf mit den Grundflächen in diesen Ebenen, sei es ein Kegel mit der Grundfläche in der einen und der Spitze in der anderen dieser Ebenen ist. Eine entsprechende Eigenschaft der ebenen konvexen Figuren ist sehr einfach einzusehen, und die Methode von Brunn zum Nachweis jener Ungleichung ist wesentlich ein Schluß von 2 auf 3 Dimensionen, wobei die Schnitte des konvexen Körpers mit allen denjenigen Ebenen zu Hilfe genommen werden, welche die Schnittfigur in $\mathfrak{A}$ in einer Schar paralleler

---

[*]) *Über Ovale und Eiflächen*, S. 23, Inaugural-Dissertation, München 1887; *Über Kurven ohne Wendepunkte*, S. 50, Habilitationsschrift, München 1889.

Linien schneiden und gleichzeitig die Schnittfigur in $\mathfrak{C}$ jedesmal in zwei Stücke von gleichem Verhältnis der Flächeninhalte wie die Schnittfigur in $\mathfrak{A}$ zerlegen. Besondere Schwierigkeiten macht die strenge Erledigung der Grenzfälle, in welchen das Zeichen $=$ in jener Ungleichung eintritt.[*])

Brunn hat auch bereits bemerkt, daß die eben erwähnten Sätze sich auf konvexe Körper in Mannigfaltigkeiten von mehr als drei Dimensionen ausdehnen lassen. Die hierzu erforderlichen Entwicklungen sind vollständig und in analytischer Form in den §§ 56—57 meiner „Geometrie der Zahlen" auseinandergesetzt.

5. Hier nun werden uns die betreffenden Sätze für eine Mannigfaltigkeit von 4 Dimensionen dienlich sein; diese lassen sich auch leicht als Sätze über konvexe Körper in 3 Dimensionen fassen. Ich gehe wieder nur auf die Behandlung von Polyedern ein.

Es seien die n Richtungen $(\alpha_\nu, \beta_\nu, \gamma_\nu)$ für $\nu = 1, \ldots, n$ wie in 3. beschaffen, und es sollen alle dort erklärten Bezeichnungen für sie Verwendung finden. Es seien q_ν $(\nu = 1, \ldots, n)$ und r_ν $(\nu = 1, \ldots, n)$ zwei Systeme von jedesmal n Größen ≥ 0, so wird durch

$$0 \leq t \leq 1, \quad \alpha_\nu x + \beta_\nu y + \gamma_\nu z - (1 - t)q_\nu - tr_\nu \leq 0 \quad (\nu = 1, \ldots, n)$$

ein konvexer Bereich in der Mannigfaltigkeit der vier Variablen x, y, z, t definiert. Liegt dieser Bereich ganz in einer dreidimensionalen Ebene, so sind alle Größen $J((1 - t)q_\nu + tr_\nu)$ für $0 \leq t \leq 1$ gleich Null. Anderenfalls haben wir, wenn wir den in Rede stehenden Satz auf die Schnitte dieses Bereichs mit *den* drei Ebenen anwenden, die durch $t = 0$, durch $t = 1$ und durch einen beliebigen Wert $t > 0$ und < 1 bestimmt sind, für letzteren Wert t die Ungleichung zu verzeichnen:

$$(14) \qquad \sqrt[3]{J((1 - t)q_\nu + tr_\nu)} \geq (1 - t)\sqrt[3]{J(q_\nu)} + t\sqrt[3]{J(r_\nu)};$$

des weiteren tritt, wenn wir noch die q_ν für $\mathfrak{P}(q_\nu)$ und die r_ν für $\mathfrak{P}(r_\nu)$ als tangentiale Parameter voraussetzen, in dieser Ungleichung insbesondere das Gleichheitszeichen dann und nur dann ein, wenn alle q_ν oder alle r_ν Null sind oder die Bereiche $\mathfrak{P}(q_\nu)$ und $\mathfrak{P}(r_\nu)$ auseinander durch Dilatation und Translation hervorgehen, also Beziehungen

$$q_\nu = a\alpha_\nu + b\beta_\nu + c\gamma_\nu + dr_\nu \qquad\qquad (d > 0)$$

statthaben. —

Sind $J(q_\nu)$ und $J(r_\nu)$ beide > 0 und wird $\dfrac{\sqrt[3]{J(q_\nu)}}{\sqrt[3]{J(r_\nu)}} = d$ gesetzt, so geht

---

[*]) Geometrie der Zahlen, §§ 56—57. — H. Brunn, Referat über eine Arbeit: Exakte Grundlagen für eine Theorie der Ovale, Sitzungsberichte der mathematisch-physikalischen Klasse der bayrischen Akademie der Wissenschaften, 1894, Bd. XXIV, S. 101.

(14) vermöge der Substitution $\dfrac{(1-t)d}{t} = \dfrac{1-\tau}{\tau}$ bei Multiplikation mit $\dfrac{\tau}{t}$ in

$$\sqrt[3]{J\left((1-\tau)\frac{q_\nu}{d} + \tau r_\nu\right)} \geqq (1-\tau)\sqrt[3]{J\left(\frac{q_\nu}{d}\right)} + \tau\sqrt[3]{J(r_\nu)} = \sqrt[3]{J(r_\nu)}$$

über. Man erkennt daraus, daß die Ungleichung (14) wesentlich auf den einfacheren Satz hinausläuft: Hat man $J(q_\nu) = J(r_\nu)$, so gilt für $0 < t < 1$ stets $J((1-t)q_\nu + tr_\nu) \geqq J(r_\nu)$.

6. Wir schreiben nun $\sqrt[3]{J((1-t)q_\nu + tr_\nu)} = j(t)$. Diese Funktion $j(t)$ ist im Intervalle $0 \leq t \leq 1$ eine stetige Funktion von t, und aus der allgemein aufgefaßten Regel (14) geht des weiteren

$$(15) \qquad j(t) \geqq \frac{t_1 - t}{t_1 - t_0} j(t_0) + \frac{t - t_0}{t_1 - t_0} j(t_1)$$

für $0 \leqq t_0 < t < t_1 \leqq 1$ hervor. Diese Ungleichung lehrt, daß, wenn wir t, u als Parallelkoordinaten eines Punktes in einer zweidimensionalen Ebene $\mathfrak{E}$ deuten, durch $0 \leqq t \leqq 1$, $u = j(t)$, kurz ausgedrückt, ein nach der Seite der wachsenden u hin *konvexer Zug* in dieser Ebene geliefert wird; derselbe kann auch geradlinige Strecken aufweisen oder selbst eine einzige Strecke sein.

Nun wollen wir speziell annehmen, daß die q_ν und die r_ν und somit auch alle Systeme $(1-t)q_\nu + tr_\nu$ für $0 \leqq t \leqq 1$ tangentiale Parameter sind und weder alle q_ν noch alle r_ν Null sind, noch auch $\mathfrak{P}(q_\nu)$ und $\mathfrak{P}(r_\nu)$ auseinander durch Dilatation und Translation hervorgehen. Dann gilt nach den Ausführungen in 5. in der Ungleichung (15) stets das Zeichen $>$ und enthält daher der ebengenannte konvexe Zug keine geradlinige Strecke. Es sei J das Volumen, F_ν der Flächeninhalt der ν^{ten} Seitenfläche von $\mathfrak{P}((1-t)q_\nu + tr_\nu)$ und t dabei irgendein Wert > 0 und < 1; aus der Gleichung (1) entnimmt man dann leicht, daß durch

$$(1-\bar{t})(F_1 q_1 + \cdots + F_n q_n) + \bar{t}(F_1 r_1 + \cdots + F_n r_n) = 3 J^{\frac{2}{3}} \bar{u},$$

$\bar{t}, \bar{u}$ als Koordinaten eines variablen Punktes in $\mathfrak{E}$ gedacht, die einzige vorhandene Tangente an diesen konvexen Zug im Punkte $t, u = j(t)$ dargestellt wird. Der Schnittpunkt dieser Tangente mit der Geraden $\bar{t} = 1$ hat die Ordinate

$$\bar{u} = \frac{F_1 r_1 + \cdots + F_n r_n}{3 J^{\frac{2}{3}}};$$

nach der Natur *eines nach der Seite der wachsenden u hin konvexen Zuges ohne geradlinige Strecken* wird daher der Ausdruck

$$(16) \qquad \frac{F_1 r_1 + \cdots + F_n r_n}{3 J^{\frac{2}{3}}},$$

(in welchem $r_1, \ldots, r_n$ fest und $J, F_1, \ldots, F_n$ mit t variabel sind), eine *mit wachsendem* t *von* $t = 0$ *bis* $t = 1$ *beständig abnehmende Funktion von* t *sein.* Insbesondere also wird dieser Ausdruck für $t = 0$ stets größer als für $t = 1$, d. h. $> J^{\frac{1}{3}}$ sein.

§ 3. Die einer Kugel umbeschriebenen Polyeder.

7. Nehmen wir speziell alle Größen $r_\nu = 1$, also für $\mathfrak{P}(r_\nu)$ das Polyeder Π aus 3., so geht der Ausdruck (16) in

$$\frac{O}{3\,J^{\frac{2}{3}}}$$

über, wo J das Volumen, $O = F_1 + \cdots + F_n$ die Gesamtoberfläche von $\mathfrak{P}((1-t)q_\nu + t)$ darstellt. Für das Polyeder Π ist zufolge (2): $3J = O$, also, wenn das Volumen von Π wie in der Zeile vorher mit $\frac{1}{\varrho^3}$ bezeichnet wird, $\dfrac{O}{3\,J^{\frac{2}{3}}} = \dfrac{1}{\varrho}$.

Mit Bezug auf *die* Fälle, in welchen $\frac{O^3}{J^2}$ in der unbestimmten Form $\frac{0}{0}$ erscheint, sei folgendes bemerkt. Hat ein Bereich $\mathfrak{P}(p_\nu)$ ein Volumen $J > 0$ und sind die p_ν tangentiale Parameter, so gilt nach (7) und (6) für ihn stets $p_\nu < \frac{12}{\pi} J^{\frac{1}{3}} \left(\frac{O^3}{J^2}\right)^{\frac{2}{3}}$. Läßt man nun die p_ν als tangentiale Parameter sich stetig verändern und nach Grenzwerten konvergieren, die nicht sämtlich Null sind, während J dabei nach Null konvergiere, so wird daher das Verhältnis $\frac{O^3}{J^2}$ dabei stets *über jede Grenze hinaus* wachsen, selbst wenn auch O zugleich nach Null konvergiert.

Die hier erlangten Resultate sprechen wir folgendermaßen aus:

Lehrsatz I. *Es seien* $(\alpha_\nu, \beta_\nu, \gamma_\nu)$ *für* $\nu = 1, \ldots, n$ *irgend* n *verschiedene Richtungen so, daß darunter drei unabhängige sind und die Gleichungen*

$$\sum H_\nu \alpha_\nu = 0, \quad \sum H_\nu \beta_\nu = 0, \quad \sum H_\nu \gamma_\nu = 0$$

eine Auflösung in n *positiven Größen* H_ν *zulassen. Dann und nur dann existieren Polyeder* $\mathfrak{P}$ *mit* n *oder weniger Seitenflächen, bei welchen die Richtungen der äußeren Normalen der Flächen zu jenen* n *Richtungen gehören. Unter diesen Polyedern gibt es solche mit* n *Flächen, die Kugeln umbeschrieben sind; es sind dies diejenigen, welche dem Polyeder* $\alpha_\nu x + \beta_\nu y + \gamma_\nu z \leq 1$ $(\nu = 1, \ldots, n)$ *ähnlich und ähnlich gelegen sind. Unter allen Polyedern* $\mathfrak{P}$ *haben diese letzteren das Minimum von* $\frac{O^3}{J^2}$, *des Verhältnisses der dritten Potenz der Oberfläche zum Quadrat des Volumens.*

Ist ferner $\mathfrak{P}_0$ ein beliebiges unter den Polyedern $\mathfrak{P}$, das nicht zu den eben erwähnten speziellen Polyedern gehört, und konstruiert man zu den n Stützebenen von $\mathfrak{P}_0$ mit den Richtungen $(\alpha_\nu, \beta_\nu, \gamma_\nu)$ als äußeren Normalen Parallelebenen in einem Abstande l nach dem Äußeren des Polyeders hin, so begrenzen diese ein gewisses Polyeder $\mathfrak{P}_l$; dann ist für diese Polyeder $\mathfrak{P}_l$ die Funktion $\frac{O^3}{J^2}$ eine mit wachsendem l beständig abnehmende, und sie konvergiert für $l = \infty$ nach jenem Minimumwerte von $\frac{O^3}{J^2}$.

Dilatiert man vom Nullpunkte aus ein jedes Polyeder $\mathfrak{P}_l$ zu einem Polyeder $\overline{\mathfrak{P}}_l$ mit einer Oberfläche $= \frac{3}{\varrho^3}$, so ist für diese Polyeder $\overline{\mathfrak{P}}_l$ *das Volumen eine mit l beständig wachsende Größe*, und es deckt sich $\overline{\mathfrak{P}}_\infty$ mit Π.

Der erste Teil des Lehrsatzes I ist bereits von Herrn L. Lindelöf*) durch interessante, ganz andersartige Betrachtungen bewiesen worden. Hier hat sich nicht allein die betreffende Maximumeigenschaft des Polyeders Π herausgestellt, es hat sich zugleich für jedes Polyeder $\mathfrak{P}$, das nicht Π ähnlich und ähnlich gelegen ist, ein ganz bestimmter einfacher Übergang zu einem Polyeder dieser Art ergeben, wobei das Verhältnis $\frac{O^3}{J^2}$ beständig abnimmt und nach seinem Minimumwerte konvergiert.

Wenn man in derselben Weise, wie wir soeben die Ungleichung (14) und die Bemerkungen über das Eintreten des Gleichheitszeichens in ihr behandelt haben, von den entsprechenden Sätzen über beliebige konvexe Körper Gebrauch macht, so kommt man zu den Sätzen:

Unter allen konvexen Körpern besitzen die Kugeln das Minimum von $\frac{O^3}{J^2}$. Ist $\mathfrak{K}_0$ ein konvexer Körper, der keine Kugel vorstellt, und konstruiert man zu jeder Stützebene von $\mathfrak{K}_0$ eine parallele Ebene im Abstande l auf der dem Körper abgewandten Seite der Ebene, so begrenzen diese sämtlichen Parallelebenen jedesmal wieder einen konvexen Körper $\mathfrak{K}_l$; dann ist für diese Körper $\mathfrak{K}_l$ die Funktion $\frac{O^3}{J^2}$ eine mit wachsendem l beständig abnehmende, und sie konvergiert für $l = \infty$ nach ihrem Werte für Kugeln. Während für eine Kugel $O^3 = 36\pi J^2$ gilt, besteht danach für jeden konvexen Körper, der keine Kugel ist, die bekannte Ungleichung $O^3 > 36\pi J^2$.

Die Begrenzung von $\mathfrak{K}_l$ wird von der *äußeren Parallelfläche* im Abstande l zur Begrenzung von $\mathfrak{K}_0$ gebildet, und an diese Bemerkung knüpft sich leicht eine Ausdehnung der letzten Sätze auch auf nicht konvexe Körper, wie ich bei einer anderen Gelegenheit auseinandersetzen will.

---

*) Propriétés générales des polyèdres qui, sous une étendue superficielle donnée, renferment le plus grand volume, Mathematische Annalen, Bd. 2, S. 150. — Mémoire couronné par l'Académie Royale des Sciences de Berlin du prix Steiner en 1880.

§ 4. Bestimmung eines konvexen Polyeders unter Verwendung der Größen der Seitenflächen.

8. Es mögen alle Bezeichnungen wie in 5. Geltung haben, und man setze allgemein $\sqrt[3]{J(r_\nu)} = \psi(r_\nu)$; die Ungleichung (14) geht dann in

$$(17) \qquad \psi((1-t)q_\nu + tr_\nu) \geqq (1-t)\psi(q_\nu) + t\psi(r_\nu)$$

über. Es sei nun $\mathfrak{W}$ in der Mannigfaltigkeit der $n+1$ Variablen $r_1, \ldots, r_n, w$ der durch

$$r_1 \geqq 0, \ldots, r_n \geqq 0, \quad 0 \leqq w \leqq \psi(r_\nu)$$

definierte Bereich. Aus (17) ist zu ersehen, daß mit irgend zwei Punkten, die diesem Bereiche $\mathfrak{W}$ angehören, stets jeder Punkt der sie verbindenden Strecke zu ihm gehört. Da überdies wegen der Stetigkeit von $\psi(r_\nu)$ als Funktion der r_ν dieser Bereich in jener Mannigfaltigkeit eine abgeschlossene Punktmenge ist, so stellt er einen *konvexen Körper* in derselben vor, freilich einen solchen, der sich auch ins Unendliche erstreckt. Wegen der Beziehung $\psi(tr_\nu) = t\psi(r_\nu)$ $(t \geqq 0)$ ist $\mathfrak{W}$ ein Kegel mit der Spitze im Nullpunkte $r_1 = 0, \ldots, r_n = 0$.

Es sei weiter $\mathfrak{V}$ die Menge der durch

$$r_1 \geqq 0, \ldots, r_n \geqq 0, \quad w = \psi(r_\nu)$$

definierten Punkte. Die *Begrenzung* von $\mathfrak{W}$ wird von den Punkten aus $\mathfrak{W}$, für welche $w = 0$ ist, und zudem von der Menge $\mathfrak{V}$ gebildet. Nach der Natur eines konvexen Körpers gibt es daher durch jeden Punkt von $\mathfrak{V}$ mindestens eine (n-dimensionale) *Stützebene* an $\mathfrak{W}$, also eine Ebene, die $\mathfrak{W}$ ganz auf einer Seite liegen hat, abgesehen von den Punkten aus $\mathfrak{W}$, die sie selbst enthält.

Sind $p_1, \ldots, p_n$ lauter Werte > 0, und ist J das Volumen, F der Flächeninhalt der ν^{ten} Seitenfläche von $\mathfrak{P}(p_\nu)$, so besitzt, wie man leicht aus der Gleichung (1) erkennt, die Menge $\mathfrak{V}$ im Punkte $r_1 = p_1, \ldots, r_n = p_n$, $w = \psi(p_\nu)$ die durch die Gleichung

$$3J^{\frac{2}{3}}w = F_1 r_1 + \cdots + F_n r_n$$

dargestellte Ebene als *Tangentialebene*. Diese Ebene ist somit die einzige Ebene durch den Punkt, welche überhaupt Stützebene an $\mathfrak{W}$ sein könnte, und demnach gilt dann für jeden beliebigen Punkt $r_1, \ldots, r_n, w$ in $\mathfrak{W}$ stets

$$(18) \qquad 3J^{\frac{2}{3}}w \leqq F_1 r_1 + \cdots + F_n r_n.$$

9. Wir können nunmehr den folgenden Lehrsatz beweisen:

Lehrsatz II. *Es seien $(\alpha_\nu, \beta_\nu, \gamma_\nu)$ für $\nu = 1, \ldots, n$ irgend n Richtungen, unter denen sich drei unabhängige finden, und F_ν für $\nu = 1, \ldots, n$ irgend n gegebene positive Größen so, daß*

Minkowski, Gesammelte Abhandlungen. II. 8

$$\sum F_\nu \alpha_\nu = 0, \quad \sum F_\nu \beta_\nu = 0, \quad \sum F_\nu \gamma_\nu = 0$$

ist, endlich sei o *irgendein gegebener Punkt; dann existiert stets ein und nur ein konvexes Polyeder mit* o *als Schwerpunkt und mit* n *Seitenflächen, wobei je eine Seitenfläche die Richtung* $(\alpha_\nu, \beta_\nu, \gamma_\nu)$ *als äußere Normale und* F_ν *als Flächeninhalt hat.*

Beweis. Wir setzen der Einfachheit halber o als den Nullpunkt der Koordinaten voraus. Wir machen in bezug auf die gegebenen n Richtungen $(\alpha_\nu, \beta_\nu, \gamma_\nu)$ von den in 3. und 8. eingeführten Bezeichnungen Gebrauch und bilden dazu gemäß 8. die Punktmengen $\mathfrak{W}$ und $\mathfrak{V}$ in einer $n + 1$-fachen Mannigfaltigkeit.

Zunächst wollen wir annehmen, daß ein Bereich $\mathfrak{P}(p_\nu)$ je mit F_ν als Größe der ν^{ten} Seitenfläche und mit o als Schwerpunkt bereits bekannt ist, und wir beweisen, daß es nicht noch einen *anderen* Bereich derselben Art geben kann. Da alle $F_\nu > 0$ sein sollen, stellen die p_ν gewiß *tangentiale Parameter* vor; da sie jedenfalls nicht alle Null sind, folgt aus (2): $J(p_\nu) > 0$, und da nunmehr der Schwerpunkt gewiß ein *innerer* Punkt in $\mathfrak{P}(p_\nu)$ ist, fallen die Größen p_ν sämtlich > 0 aus. Nach (18) gilt für ein jedes System $r_1 \geq 0, \ldots, r_n \geq 0$, da alsdann $r_1, \ldots, r_n$, $w = \psi(r_\nu)$ ein Punkt in $\mathfrak{W}$ ist, stets

$$3(\psi(p_\nu))^2 \psi(r_\nu) \leq F_1 r_1 + \cdots + F_n r_n.$$

Jetzt sei $\mathfrak{P}(q_\nu)$ gleichfalls ein Bereich mit o als Schwerpunkt und F_ν als Größe der ν^{ten} Seitenfläche, so ist $F_1 q_1 + \cdots + F_n q_n = 3(\psi(q_\nu))^3$ und folgt daher mit Rücksicht auf die vorstehende Ungleichung $\psi(p_\nu) \leq \psi(q_\nu)$. Genau so würde $\psi(q_\nu) \leq \psi(p_\nu)$ hervorgehen und also müßte zunächst $\psi(p_\nu) = \psi(q_\nu)$ sein. Dann würde also der Punkt $r_1 = q_1, \ldots, r_n = q_n$, $w = \psi(q_\nu)$ in der Stützebene

$$3(\psi(p_\nu))^2 w = F_1 r_1 + \cdots + F_n r_n$$

durch den Punkt $r_1 = p_1, \ldots, r_n = p_n$, $w = \psi(p_\nu)$ an $\mathfrak{W}$ liegen. Mit diesen zwei Punkten in einer Stützebene müßte die ganze sie verbindende Strecke zur Begrenzung von $\mathfrak{W}$, also zu $\mathfrak{V}$, gehören; es würde demnach in der Ungleichung

$$\psi((1 - t)p_\nu + tq_\nu) \geq (1 - t)\psi(p_\nu) + t\psi(q_\nu) \quad \text{für } 0 < t < 1$$

stets das Gleichheitszeichen gelten. Dies hätte nach den Bemerkungen bei (14) zur Folge, daß das System q_ν von der Form

$$q_\nu = a\alpha_\nu + b\beta_\nu + c\gamma_\nu + dp_\nu$$

mit einem Koeffizienten $d > 0$ wäre. Dabei wäre nun d das Verhältnis $\sqrt[3]{J(q_\nu)} : \sqrt[3]{J(r_\nu)}$, also $= 1$, und da auch die Schwerpunkte von $\mathfrak{P}(p_\nu)$ und $\mathfrak{P}(q_\nu)$ übereinstimmen sollen, so hätte man weiter $a = 0$, $b = 0$, $c = 0$; also wäre $\mathfrak{P}(q_\nu)$ nicht von $\mathfrak{P}(p_\nu)$ verschieden.

Ich will jetzt den Schnitt von $\mathfrak{W}$ durch die Ebene $w = 1$ mit $\mathfrak{W}'$ bezeichnen. Ferner bedeute $\frac{1}{\varrho^3}$ das Volumen des speziellen Polyeders $\mathfrak{P}(r_\nu = 1)$; der Punkt $r_1 = \varrho, \ldots, r_n = \varrho, w = 1$ liegt dann in $\mathfrak{W}'$ und $\mathfrak{W}$. Es mögen nun irgendwelche positive Werte F_ν von der im Lehrsatze angegebenen Beschaffenheit vorausgesetzt werden; es sei F das Minimum unter diesen Werten. Für jeden Punkt $r_1 = r_1', \ldots, r_n = r_n'$, $w = 1$ in $\mathfrak{W}'$ gilt dann, wenn r' das Maximum unter den Werten r_ν' bedeutet, mit Rücksicht auf (12):

$$(19) \qquad F_1 r_1' + \cdots + F_n r_n' \geqq F r' \geqq F \varrho \sqrt[3]{J(r_\nu')} \geqq F \varrho.$$

Für den Punkt $r_1' = \varrho, \ldots, r_n' = \varrho, w = 1$ in $\mathfrak{W}'$ wird

$$F_1 r_1' + \cdots + F_n r' = \left(\textstyle\sum F_\nu\right) \varrho.$$

Nun wird durch die Bedingung $F_1 r_1' + \cdots + F_n r_n' \leqq \left(\sum F_\nu\right) \varrho$ aus $\mathfrak{W}'$ ein bestimmter konvexer Bereich ausgesondert, in dem für alle Koordinaten r_ν' obere Grenzen bestehen. In diesem endlichen Bereich wird der Ausdruck $F_1 r_1' + \cdots + F_n r_n'$ ein bestimmtes Minimum besitzen, das zufolge (19) jedenfalls > 0 ausfallen wird und welches $3l^2$ heißen möge. Es sei $r_1 = p_1', \ldots, r_n = p_n', w = 1$ ein Punkt aus $\mathfrak{W}'$, in dem dieses Minimum eintritt. Dieses Minimum ist zugleich das Minimum von $F_1 r_1' + \cdots + F_n r_n'$ im ganzen Bereiche $\mathfrak{W}'$, und also gilt in $\mathfrak{W}'$ stets $F_1 r_1' + \cdots + F_n r_n' \geqq 3l^2$ und somit im Bereiche $\mathfrak{W}$, der ein Kegel mit der Spitze im Nullpunkte ist, stets $F_1 r_1 + \cdots + F_n r_n \geqq 3l^2 w$. Die Ebene

$$(20) \qquad F_1 r_1 + \cdots + F_n r_n = 3l^2 w$$

ist nunmehr eine Stützebene durch den Punkt $r_1 = p_1', \ldots, r_n = p_n'$, $w = 1$ an $\mathfrak{W}$, dieser Punkt somit jedenfalls ein Punkt aus $\mathfrak{W}$, mithin das Volumen von $\mathfrak{P}(p_\nu')$ gleich 1. Es seien a, b, c die Koordinaten des Schwerpunktes von $\mathfrak{P}(p_\nu')$ und allgemein

$$q_\nu' = p_\nu' - a\alpha_\nu - b\beta_\nu - c\gamma_\nu,$$

so sind wegen $J(p_\nu') = 1$ alle Größen $q_\nu' > 0$; es entsteht nun $\mathfrak{P}(q_\nu')$ durch Translation aus $\mathfrak{P}(p_\nu')$ und hat den Nullpunkt $\mathfrak{o}$ als Schwerpunkt. Wegen der für die Größen F_ν vorausgesetzten drei linearen Gleichungen liegt auch der Punkt $r_1 = q_1', \ldots, r_n = q_n', w = 1$ in der Ebene (20). Da durch diesen Punkt nur eine Stützebene an $\mathfrak{W}$ geht, so leuchtet ein, daß für das Polyeder $\mathfrak{P}(q_\nu')$ der Inhalt der ν^{ten} Seitenfläche $= \frac{F_\nu}{l^2}$ ausfällt.

Das Polyeder $\mathfrak{P}(lq_\nu')$ ist dann ein solches mit F_ν als Größe der ν^{ten} Seitenfläche und $\mathfrak{o}$ als Schwerpunkt, trägt mithin genau den im Lehrsatze geforderten Charakter.

10. Es seien die n Richtungen $(\alpha_\nu, \beta_\nu, \gamma_\nu)$ wieder so beschaffen, daß der Bereich $\alpha_\nu x + \beta_\nu y + \gamma_\nu z \leqq 1$ sich nicht ins Unendliche erstreckt, und

8*

es seien F_ν ($\nu = 1, \ldots, n$) irgend n Größen ≥ 0, so daß $\sum F_\nu \alpha_\nu = 0$, $\sum F_\nu \beta_\nu = 0$, $\sum F_\nu \gamma_\nu = 0$ ist. Es sollen diese Größen nicht sämtlich Null sein, so daß $F_1 + \cdots + F_n = O > 0$ ist; sie brauchen aber jetzt nicht sämtlich > 0 zu sein.

Wir betrachten diejenigen Richtungen $(\alpha_\nu, \beta_\nu, \gamma_\nu)$, zu denen ein $F_\nu > 0$ gegeben ist. Haben wir *erstens* den Fall, daß unter diesen Richtungen schon drei unabhängige vorkommen, so gibt es nach dem Lehrsatze II unter den Bereichen $\mathfrak{P}(r_\nu)$ zu den gegebenen n Richtungen ein und nur ein Polyeder $\mathfrak{P}(p_\nu)$ je mit F_ν als Größe der ν^{ten} Seitenfläche für $\nu = 1, \ldots, n$ und noch mit beliebigem Schwerpunkte; wir wollen dann unter $J(F_\nu)$ das Volumen dieses Polyeders verstehen. *Zweitens* mögen dagegen alle jene Richtungen $(\alpha_\nu, \beta_\nu, \gamma_\nu)$, für welche ein $F_\nu > 0$ gegeben ist, einer einzigen Ebene E angehören. Nähern wir uns dann dem gegebenen Systeme F_ν irgendwie vermittels solcher Systeme $F_\nu^{(0)}$, die dem zuerst genannten Falle entsprechen, und konstruieren für diese jedesmal das zugehörige Polyeder $\mathfrak{P}(p_\nu^{(0)})$ wie soeben, so konvergiert für diese Polyeder $\mathfrak{P}(p_\nu^{(0)})$ die senkrechte Projektion ihrer Oberfläche auf die Ebene E schließlich nach Null; es wird damit für diese Polyeder auch die kleinste unter ihren *Breiten* d (s. 2.) in den Richtungen dieser Ebene und zufolge der Formel (4): $\frac{1}{2} O d > J$ also auch $J(F_\nu^{(0)})$ stets nach Null konvergieren. In diesem zweiten Falle setzen wir demgemäß $J(F_\nu) = 0$. Endlich werde, wenn alle Größen $F_\nu = 0$ sind, ebenfalls $J(F_\nu) = 0$ gesetzt.

Auf solche Weise ist nun für jedes System F_ν in dem durch

$$(21) \qquad F_\nu \geq 0, \quad \sum F_\nu \alpha_\nu = 0, \quad \sum F_\nu \beta_\nu = 0, \quad \sum F_\nu \gamma_\nu = 0$$

definierten Bereiche der Wert $J(F_\nu)$ eindeutig festgelegt und stellt dieser Wert, wie aus dem Lehrsatze II und den eben gemachten Bemerkungen leicht ersichtlich ist, eine stetige Funktion der F_ν in diesem ganzen Bereiche vor.

Wir setzen nun $(J(F_\nu))^{\frac{2}{3}} = \Psi(F_\nu)$. Dann gilt, wenn G_ν und H_ν ($\nu = 1, \ldots, n$) irgend zwei Systeme in dem Bereiche (21) sind und noch $\Psi(H_\nu) > 0$ ist, für jeden Wert $t > 0$ und < 1 stets

$$\Psi((1 - t) G_\nu + t H_\nu) \geq (1 - t) \Psi(G_\nu) + t \Psi(H_\nu),$$

und zwar tritt das Zeichen $=$ hier nur dann ein, wenn $G_1 : \ldots : G_n = H_1 : \ldots : H_n$ ist.

Daß in dem zuletzt bezeichneten Falle diese Ungleichung und zwar mit dem Zeichen $=$ erfüllt ist, leuchtet ohne weiteres ein. Nehmen wir nun an, es sei nicht $G_1 : \ldots : G_n = H_1 : \ldots : H_n$. Nach (18) gilt für jedes System von Größen $r_\nu \geq 0$ stets

$$(22) \qquad G_1 r_1 + \cdots + G_n r_n \geq 3 \Psi(G_\nu) \psi(r_\nu),$$

$$(23) \qquad H_1 r_1 + \cdots + H_n r_n \geq 3 \Psi(H_\nu) \psi(r_\nu).$$

Wegen $\Psi(H_\nu) > 0$ und $t > 0$ gibt es ein bestimmtes Polyeder $\mathfrak{P}(p_\nu)$ mit $(1 - t)G_\nu + tH_\nu$ als Größe der ν^{ten} Seitenfläche und dem Nullpunkt als Schwerpunkt. Für dieses Polyeder hat man dann

$$((1 - t)G_1 + tH_1)p_1 + \cdots + ((1 - t)G_n + tH_n)p_n = 3\Psi((1 - t)G_\nu + tH_\nu)\psi(p_\nu).$$

Es sind dabei die p_ν sämtlich > 0 und geht daher durch den Punkt $r_1 = p_1, \ldots, r_n = p_n, w = \psi(p_\nu)$ nur eine Stützebene an $\mathfrak{W}$; nun gelten die Ungleichungen (22), (23) auch für $r_1 = p_1, \ldots, r_n = p_n$; aus dem eben angeführten Grunde und weil nicht

$$(1 - t)G_1 + tH_1 : \ldots : (1 - t)G_n + tH_n = H_1 : \ldots : H_n$$

ist, hat dabei in der zweiten jedenfalls das Zeichen $>$ statt. Man erhält somit aus ihnen

$$((1-t)G_1+tH_1)p_1 + \cdots + ((1-t)G_n+tH_n)p_n > 3((1-t)\Psi(G_\nu)+t\Psi(H_\nu))\psi(p_\nu);$$

der Vergleich dieser Relation mit der davor angegebenen liefert unmittelbar die zu beweisende Ungleichung.

Es sei jetzt O eine beliebige positive Größe. Unter allen Polyedern $\mathfrak{P}(r_\nu)$ mit einer Gesamtoberfläche $= O$ gibt es, wie schon in 7. ausgeführt wurde, ein, bis auf Translationen völlig bestimmtes Polyeder wirklich mit n Seitenflächen, welches einer Kugel umbeschrieben ist. Es sei Φ_ν die Größe der ν^{ten} Seitenfläche bei diesem Polyeder. Ist dann F_ν $(\nu = 1, \ldots, n)$ irgendein von dem Systeme der Φ_ν $(\nu = 1, \ldots, n)$ verschiedenes System von Größen ≥ 0 im Bereiche (21) und gleichfalls mit der Summe $F_1 + \cdots + F_n = O$, so gilt nach dem Lehrsatze I stets $\Psi(F_\nu) < \Psi(\Phi_\nu)$. Betrachtet man nun t, u als Parallelkoordinaten in einer Ebene und faßt die Punkte $0 \leq t \leq 1$, $u = \Psi((1 - t)F_\nu + t\Phi_\nu)$ ins Auge, so bilden diese Punkte nach den vorhin gewonnenen Ungleichungen daselbst einen nach der Seite der wachsenden u hin konvexen Zug, und nach der eben gemachten Bemerkung hat dabei u für $t = 1$ seinen größten Wert. Nach der Natur eines solchen Zuges muß nun, wenn auf demselben u zugleich mit t am größten ist, auf seiner ganzen Ausdehnung u mit abnehmendem t beständig abnehmen. Danach stellt $J((1 - t)F_\nu + t\Phi_\nu)$ im Intervalle $0 \leq t \leq 1$ eine mit wachsendem t beständig wachsende Funktion vor. Damit ist ein sehr bemerkenswerter *neuer Prozeß* gefunden, *um von einem beliebigen der Polyeder* $\mathfrak{P}(r_\nu)$, *welches nicht einer Kugel und zwar mit n Berührungen umbeschrieben ist, zu einem Polyeder* $\mathfrak{P}(r_\nu)$ *dieser besonderen Art überzugehen so, daß die Oberfläche sich nicht ändert und das Volumen beständig wächst.*

§ 5. Konvexe Körper mit Mittelpunkt.

11. Es sei jetzt n eine gerade Zahl $= 2m$ und die $2m$ Richtungen $(\alpha_\nu, \beta_\nu, \gamma_\nu)$ $(\nu = 1, \ldots, 2m)$ sollen aus m Paaren entgegengesetzter Rich-

tungen bestehen. Sowie sich unter diesen $2m$ Richtungen drei unabhängige finden, was wir jetzt voraussetzen wollen, zeigt sich bereits, daß der Bereich $\alpha_\nu x + \beta_\nu y + \gamma_\nu z - 1 \leq 0$ $(\nu = 1, \ldots, n)$ ganz im Endlichen liegt; denn es begrenzen alsdann die sechs Ebenen $\alpha_\nu x + \beta_\nu y + \gamma_\nu z = 1$ zu diesen drei Richtungen und den drei ihnen entgegengesetzten ein Parallelepipedum, welches jenen Bereich ganz in sich schließt.

Es sei

$$(24) \qquad \alpha_{m+\mu} = -\alpha_\mu, \quad \beta_{m+\mu} = -\beta_\mu, \quad \gamma_{m+\mu} = -\gamma_\mu \qquad (\mu = 1, \ldots, m).$$

Wir wollen nun von den Bereichen $\mathfrak{P}(r_\nu)$ zu den $2m$ gegebenen Richtungen nur diejenigen betrachten, bei welchen $r_{m+\mu} = r_\mu$ für $\mu = 1, \ldots, m$ ist; einen solchen Bereich bezeichnen wir durch $\mathfrak{P}\{r_\mu\}$, er ist stets ein Bereich mit dem Nullpunkt als *Mittelpunkt*, und haben wir dabei stets $F_{m+\mu} = F_\mu$ $(\mu = 1, \ldots, m)$, unter F_ν die Größe der ν^{ten} Seitenfläche des Bereichs verstanden. Bezeichnen wir das Volumen von $\mathfrak{P}\{r_\mu\}$ mit $J\{r_\mu\}$, so folgt aus (14) sogleich

$$\sqrt[3]{J\{(1-t)q_\mu + tr_\mu\}} \geq (1-t)\sqrt[3]{J\{q_\mu\}} + t\sqrt[3]{J\{r_\mu\}},$$

und auch die Bemerkungen über das Eintreten des Gleichheitszeichens in (14) sind sinngemäß auf diese Ungleichung zu übertragen. Setzen wir $\sqrt[3]{J\{r_\mu\}} = \psi\{r_\mu\}$, so ist danach der durch

$$r_1 \geq 0, \ldots, r_m \geq 0, \quad 0 \leq w \leq \psi\{r_\mu\}$$

definierte Bereich in der Mannigfaltigkeit der $m+1$ Variablen $r_1, \ldots, r_m, w$ ein *konvexer Körper*; und durch jeden Punkt, wo $r_1 > 0, \ldots, r_m > 0$, $w = \psi\{r_\mu\}$ ist, gibt es stets nur eine Stützebene an diesen Körper.

Erwägen wir nun, daß für beliebige $2m$ Größen $F_\nu \geq 0$ $(\nu = 1, \ldots, 2m)$, bei welchen $F_{m+\mu} = F_\mu$ $(\mu = 1, \ldots, m)$ ist, wegen (24) die Gleichungen $\sum F_\nu \alpha_\nu = 0$, $\sum F_\nu \beta_\nu = 0$, $\sum F_\nu \gamma_\nu = 0$ stets erfüllt sind, so gelangen wir durch ganz entsprechende Überlegungen wie in 9. zu dem Satze:

Lehrsatz III. *Es seien $(\alpha_\mu, \beta_\mu, \gamma_\mu)$ für $\mu = 1, \ldots, m$ irgend m verschiedene Richtungen, von denen auch keine zwei einander entgegengesetzt sind und unter denen sich drei unabhängige finden, ferner seien F_μ für $\mu = 1, \ldots, m$ irgend m positive Größen, und $\mathfrak{o}$ ein gegebener Punkt; dann gibt es stets ein und nur ein konvexes Polyeder mit $\mathfrak{o}$ als Mittelpunkt und mit $2m$ paarweise parallelen Seitenflächen, von denen je ein Paar als Richtungen der äußeren Normalen $(\alpha_\mu, \beta_\mu, \gamma_\mu)$ und $(-\alpha_\mu, -\beta_\mu, -\gamma_\mu)$ und als Größe der Seitenfläche F_μ haben.*

Wir ziehen hieraus und aus Lehrsatz II sogleich die weitere Folgerung:

Lehrsatz IV. *Ein konvexes Polyeder mit einer geraden Anzahl von Seitenflächen, wobei diese paarweise parallel und von gleichem Flächeninhalt sind, ist stets ein Polyeder mit Mittelpunkt.*

Denn es sei $n = 2m$ die Anzahl der Seitenflächen des Polyeders, $(\alpha_\nu, \beta_\nu, \gamma_\nu)$ für $\nu = 1, \ldots, n$ die Richtung der äußeren Normalen, F_ν die Größe seiner ν^{ten} Seitenfläche, und man habe $\alpha_{m+\mu} = -\alpha_\mu$, $\beta_{m+\mu} = -\beta_\mu$, $\gamma_{m+\mu} = -\gamma_\mu$, $F_{m+\mu} = F_\mu$ $(\mu = 1, \ldots, m)$, endlich sei o der Schwerpunkt des Polyeders. Nach dem Lehrsatze II kann es überhaupt nur *ein* konvexes Polyeder, also nur das vorgelegte geben, bei welchem alle die eben erwähnten Stücke in der betreffenden Weise eintreten; andererseits ist nach Lehrsatz III zu diesen Stücken speziell ein konvexes Polyeder mit o als Mittelpunkt vorhanden; mithin ist das vorgelegte Polyeder notwendig ein Polyeder mit Mittelpunkt.

12. Wir können weiter den Satz aufstellen:

Lehrsatz V. *Wenn irgendwelche* (nicht notwendig konvexe) *Polyeder in endlicher Anzahl, von denen jedes einen Mittelpunkt hat und die untereinander nur in Punkten der Begrenzungen zusammenstoßen, durch ihre Vereinigung ein konvexes Polyeder erfüllen, so hat dieses zusammengesetzte konvexe Polyeder stets ebenfalls einen Mittelpunkt.*

Denn betrachten wir irgendeine Seitenfläche $\mathfrak{F}$ dieses so zusammengesetzten konvexen Polyeders $\mathfrak{P}$. Es sei (α, β, γ) die Richtung der äußeren Normale von $\mathfrak{F}$. Unter den Einzelpolyedern, deren Vereinigung $\mathfrak{P}$ vorstellt, finden sich dann notwendig ebenfalls solche, welche sei es eine, sei es mehrere Seitenflächen mit (α, β, γ) als Richtung der äußeren Normalen darbieten. Bei jedem hier in Betracht kommenden Einzelpolyeder treten, da das Polyeder jedesmal einen Mittelpunkt besitzt, symmetrisch in bezug auf diesen, zu den Seitenflächen mit der äußeren Normalenrichtung (α, β, γ) ebensoviele Seitenflächen mit der äußeren Normalenrichtung $(-\alpha, -\beta, -\gamma)$ auf; und irgend zwei einander auf diese Weise entsprechende Seitenflächen haben stets gleichen Flächeninhalt. Bilden wir den gesamten Flächeninhalt aller bei den Einzelpolyedern auftretenden Seitenflächen mit der äußeren Normalenrichtung (α, β, γ) und subtrahieren davon den gesamten Flächeninhalt aller bei ihnen auftretenden Seitenflächen mit der äußeren Normalenrichtung $(-\alpha, -\beta, -\gamma)$, so muß daher die Differenz $= 0$ sein. Nun wird, soweit diese verschiedenen Seitenflächen im Inneren von $\mathfrak{P}$ liegen, hier die Gesamtheit der Seitenflächen der ersteren Stellung genau überdeckt von der Gesamtheit der Seitenflächen der anderen Stellung; also verschwindet für sich der Teil jener Differenz, welcher sich auf Seitenflächen bezieht, die (abgesehen vielleicht von Punkten ihres Randes) ins Innere von $\mathfrak{P}$ fallen. Weiter setzen diejenigen von den Seitenflächen der ersteren Stellung, welche auf die Begrenzung von $\mathfrak{P}$ fallen, hier eben die Seitenfläche $\mathfrak{F}$ von $\mathfrak{P}$ zusammen. Nunmehr leuchtet ein, daß noch Seitenflächen der anderen Stellung übrig bleiben, welche zusammen eine begrenzende Seitenfläche von $\mathfrak{P}$ mit der äußeren Normalenrichtung $(-\alpha, -\beta, -\gamma)$ und genau von einem Flächeninhalt gleich dem von $\mathfrak{F}$ ergeben müssen. Es sind danach die Seitenflächen des konvexen Polyeders $\mathfrak{P}$ paarweise parallel und von gleichem Flächeninhalt. Nach dem Lehrsatze IV ist somit $\mathfrak{P}$ ein Polyeder mit Mittelpunkt.

§ 6. Konvexe Restbereiche.

Die Gesamtheit der Punkte x, y, z, für welche sowohl x, wie y, wie z ganze rationale Zahlen sind, soll das *Zahlengitter* heißen; ein einzelner Punkt daraus heiße ein *Gitterpunkt*. Unter einem *konvexen Restbereich* soll ein konvexer Körper $\mathfrak{K}$ von solcher Art verstanden werden, daß $\mathfrak{K} = \mathfrak{K}_{0,0,0}$ und die Gesamtheit derjenigen Körper $\mathfrak{K}_{a,b,c}$, die aus $\mathfrak{K}_{0,0,0}$ durch die Translationen vom Nullpunkte $0, 0, 0$ nach den verschiedenen anderen Gitterpunkten a, b, c hervorgehen, den ganzen Raum *lückenlos* überdecken, und zwar so, daß irgend zwei von diesen Körpern *höchstens in Punkten der Begrenzung* zusammenstoßen.

Lehrsatz VI. *Ein jeder konvexe Restbereich ist ein konvexes Polyeder mit Mittelpunkt und wird von nicht mehr als* $2(2^3 - 1)$ *Seitenflächen begrenzt; dabei ist weiter jede Seitenfläche ein konvexes Polygon mit Mittelpunkt.*

Beweis. Es sei $\mathfrak{K} = \mathfrak{K}_{0,0,0}$ ein konvexer Restbereich; man erkennt sofort, daß $\mathfrak{K}$ nicht einen ganz im Endlichen gelegenen konvexen Körper von einem Volumen > 1 enthalten kann und somit selbst ganz im Endlichen liegen muß; also wird $\mathfrak{K}$ auch nur mit einer endlichen Anzahl der anderen Körper $\mathfrak{K}_{a,b,c}$ in Punkten der Begrenzung zusammenstoßen. Da der Körper $\mathfrak{K}$ von jedem dieser Körper $\mathfrak{K}_{a,b,c}$, mit dem er zusammentrifft, durch eine gemeinsame Stützebene geschieden werden kann, so daß die gemeinschaftlichen Punkte beider Körper in dieser Ebene und im übrigen der eine ganz auf der einen, der andere ganz auf der anderen Seite von ihr liegt, so leuchtet zuvörderst ein, daß $\mathfrak{K}$ jedenfalls ein von einer endlichen Anzahl von Ebenen begrenztes konvexes Polyeder ist.

Wir wollen unter $\mathfrak{L}$ denjenigen Körper verstehen, der zu $\mathfrak{K}$ symmetrisch in bezug auf den Nullpunkt liegt; dann ist $\mathfrak{L}$ ebenfalls ein konvexer Restbereich, so daß die sämtlichen Körper $\mathfrak{L}_{a,b,c}$, die aus $\mathfrak{L}$ durch die Translationen nach den einzelnen Gitterpunkten a, b, c entstehen, den ganzen Raum erfüllen und dabei je zwei unter ihnen stets in den inneren Punkten durchweg verschieden sind. Es wird nun unter allen diesen Polyedern $\mathfrak{L}_{a,b,c}$ eine endliche Anzahl von solchen geben, welche ins Innere von $\mathfrak{K}$ eintreten; und der Körper $\mathfrak{K}$ erscheint dann genau zusammengesetzt aus den einzelnen Polyedern, welche $\mathfrak{K}$ mit diesen einzelnen Körpern $\mathfrak{L}_{a,b,c}$ gemein hat. Nun ist ein Bereich $\mathfrak{L}_{a,b,c}$ jedesmal symmetrisch zu $\mathfrak{K}$ in bezug auf den Punkt $\frac{a}{2}$, $\frac{b}{2}$, $\frac{c}{2}$; ein Polyeder, welches

$\Re$ und $\mathfrak{L}_{a,b,c}$ gemein haben, wird danach ein Polyeder mit $\frac{a}{2}$, $\frac{b}{2}$, $\frac{c}{2}$ als Mittelpunkt sein. Es erscheint also $\Re$ zerlegt in eine endliche Anzahl von Polyedern mit Mittelpunkt; nach dem Lehrsatze V ist daher $\Re$ selbst ein Polyeder mit Mittelpunkt.

Da durch eine Translation eines konvexen Restbereichs offenbar stets wieder ein solcher Bereich hervorgeht, so wollen wir jetzt der Einfachheit wegen annehmen, es habe $\Re$ den Nullpunkt als Mittelpunkt. Betrachten wir nun irgendeine Seitenfläche $\mathfrak{S}$ von $\Re = \Re_{0,0,0}$, so gibt es unter allen übrigen Polyedern $\Re_{a,b,c}$ eines oder mehrere, welche sich an diese Seitenfläche mit einem Flächenstück (nicht bloß mit Punkten einer Kante) anlegen. Ist $\Re_{a,b,c}$ ein derartiges Polyeder, so ist das Flächenstück aus $\mathfrak{S}$, das $\Re$ und $\Re_{a,b,c}$ gemein haben, da $\Re_{a,b,c}$ symmetrisch zu $\Re$ in bezug auf den Punkt $\frac{a}{2}$, $\frac{b}{2}$, $\frac{c}{2}$ ist, ein Polygon mit $\frac{a}{2}$, $\frac{b}{2}$, $\frac{c}{2}$ als Mittelpunkt. Danach erscheint das konvexe Polygon $\mathfrak{S}$ zerlegt in Polygone mit Mittelpunkt, und von diesen ist noch leicht ersichtlich, daß sie untereinander nur in den Rändern zusammentreffen können. Nun gilt ein dem Satze V ganz entsprechender Satz für zwei Dimensionen, und danach ist die Fläche $\mathfrak{S}$ notwendig selbst ein Polygon mit Mittelpunkt.

Wie sich ferner ergeben hat, liegt auf der Fläche $\mathfrak{S}$, noch von ihrem Rande abgesehen, mindestens ein Punkt $\frac{a}{2}$, $\frac{b}{2}$, $\frac{c}{2}$, wo a, b, c ganze Zahlen sind. Dabei können a, b, c niemals sämtlich gerade Zahlen sein, weil die Gitterpunkte im Inneren der betrachteten Polyeder liegen.

Andererseits kann kein Punkt $\frac{a}{2}$, $\frac{b}{2}$, $\frac{c}{2}$, bei dem a, b, c ganze Zahlen, aber nicht sämtlich Null sind, ins Innere von $\Re$ fallen; denn sonst hätte $\Re$ mit dem Körper $\Re_{a,b,c}$ einen inneren Punkt gemein. Es sei nun $\overline{\mathfrak{S}}$ eine Seitenfläche von $\Re$, die von $\mathfrak{S}$ und auch von der zu $\mathfrak{S}$ parallelen Seitenfläche verschieden ist, und $\frac{\overline{a}}{2}$, $\frac{\overline{b}}{2}$, $\frac{\overline{c}}{2}$ ein in dieser Seitenfläche, aber nicht auf ihrem Rande gelegener Punkt mit ganzen Zahlen $\overline{a}$, $\overline{b}$, $\overline{c}$; dann kann nicht $\overline{a} \equiv a$, $\overline{b} \equiv b$, $\overline{c} \equiv c$ (mod 2) sein, da sonst $\frac{\overline{a}+a}{4}$, $\frac{\overline{b}+b}{4}$, $\frac{\overline{c}+c}{4}$ ein Punkt der eben besprochenen Art im Inneren von $\Re$ wäre. Da es nun im ganzen $2^3 - 1$ nach 2 inkongruente und von 0, 0, 0 (mod 2) verschiedene Systeme a, b, c (mod 2) gibt, so besteht danach die Begrenzung von $\Re$ aus höchstens $2(2^3 - 1)$ Seitenflächen.

Die Lehrsätze I—VI sind hier nur für komplexe Polyeder im Raume von drei Dimensionen ausgesprochen, sie sind mit ihren hier auseinandergesetzten Beweisen unmittelbar auf Mannigfaltigkeiten von beliebig vielen Veränderlichen zu übertragen.

Zürich, den 22. Juli 1897.

XXIII.

Über die Begriffe Länge, Oberfläche und Volumen.

(Referat über einen Vortrag: Jahresbericht der Deutschen Mathematikervereinigung, Band IX, S. 115—121.)

1. Der Begriff des Ausdehnungsintegrals in einer Mannigfaltigkeit: $\int dx_1\, dx_2 \ldots dx_n$, d. i. für $n = 3$ der Begriff des *Volumens eines Körpers*, gehört zu den elementarsten Begriffen in der Analysis des Unendlichen; es knüpft dieser Begriff unmittelbar an den Begriff der Anzahl an. (Vgl. C. Jordan, Cours d'Analyse, 2ᵉ éd., T. I, pp. 18—31.)

Wesentlich schwieriger als die Einführung des Volumenbegriffs ist die Begründung der *Länge einer Kurve* als Grenze der Länge von Polygonen, die der Kurve geeignet eingeschrieben sind, und der *Oberfläche einer krummen Fläche* als Grenze der Oberfläche von Polyedern, die in bezug auf die Fläche geeignet konstruiert sind.

Man kann jedoch diese anderen Begriffe Länge und Oberfläche auch allein aus dem Begriffe des Volumens mittels eines einfachen Grenzüberganges entwickeln:

Es sei C eine Kurve. Um jeden Punkt von C als Mittelpunkt denke man sich eine Kugel mit dem Radius r abgegrenzt, unter r eine feste positive Größe verstanden. Die Menge aller derjenigen Punkte des Raumes, welche in das Innere oder die Begrenzung von wenigstens einer dieser Kugel zu liegen kommen, definiert uns den *Bereich der Entfernung $\leq r$ von der Kurve C*. Es sei $V(r)$ das Volumen dieses Bereichs (falls ihm ein bestimmtes Volumen zukommt), so kann der Grenzwert von $\frac{V(r)}{\pi r^2}$ für ein nach Null abnehmendes r (falls dieser Grenzwert existiert), als die *Länge der Kurve C* eingeführt werden. — Es sei F eine Fläche. Man konstruiere in entsprechender Weise den *Bereich der Entfernung $\leq r$ von F*. Es sei $V(r)$ das Volumen dieses Bereichs, so kann der Grenzwert von $\frac{V(r)}{2r}$ für ein nach Null abnehmendes r (vorausgesetzt, daß die Größe $V(r)$ sowie dieser Grenzwert existiert), als die *Oberfläche der Fläche F* eingeführt werden.

Es ist einleuchtend, daß hierbei zunächst die Länge einer geradlinigen Strecke und die Oberfläche eines ebenen Dreiecks genau mit den gewöhnlich dafür angenommenen Werten sich ergeben; infolgedessen werden überhaupt in *regulären* Fällen Längen und Oberflächen in dem eben erklärten und andererseits in dem üblichen Sinne die gleichen Werte vorstellen.

2. Die soeben gegebene Definition einer Oberfläche führt uns zu einer bemerkenswerten Verallgemeinerung des Begriffs Oberfläche, indem wir an Stelle von Kugeln beliebige einander ähnliche und ähnlich gelegene konvexe Körper verwenden. Ich werde mich hier auf die Betrachtung geschlossener Flächen beschränken.

Unter einem *konvexen Körper* verstehe ich eine Punktmenge im Raume, welche abgeschlossen ist, die Eigenschaft hat, mit einer beliebigen Geraden stets entweder eine Strecke oder einen Punkt oder keinen Punkt gemein zu haben, und endlich nicht ganz in einer Ebene liegt. Eine *konvexe Fläche* bedeute die vollständige Begrenzung eines konvexen Körpers. Denken wir uns nun einen beliebigen konvexen Körper K zugrunde gelegt. Es sei G die Begrenzung von K und O irgendein bestimmter innerer Punkt von K. Ich will G die *Fläche der Distanz* 1 *von* O nennen (auch die *Eichfläche der Distanzen*). Ist P ein beliebiger Punkt und r eine positive Größe, so soll dann unter der *Fläche der Distanz* r *von* P diejenige konvexe Fläche H verstanden werden, welche P umschließt und mit G ähnlich und ähnlich gelegen ist derart, daß je zwei *gleichgerichtete* Radienvektoren von P nach H und von O nach G stets in ihren Längen das konstante Verhältnis $r:1$ darbieten. Der von dieser Fläche H umschlossene konvexe Körper ist dann der Bereich der Distanz $\leq r$ von P.

Es sei nun F eine beliebige, ganz im Endlichen gelegene *geschlossene Fläche*, d. h. eine Punktmenge, mittels deren der ganze Raum sich in zwei *abgeschlossene* Mengen, A und J, zerlegt, von denen eine jede die Menge F als *vollständige* Begrenzung besitzt und welche sonst untereinander keinen Punkt gemein haben; dasjenige von diesen zwei durch F geschiedenen Raumgebieten, in dem keine Grenzen für die Koordinaten der Punkte vorhanden sind, A, heiße der *äußere Raum* von F, das andere, J, der *innere Raum* von F. Wir denken uns um jeden Punkt von F den Körper der Distanz $\leq r$ von dem Punkte abgegrenzt. Es sei $Q_A(r)$, bzw. $Q_J(r)$ der Teil des Gebiets A, bzw. des Gebiets J, welcher von der Gesamtheit aller dieser Körper überdeckt wird, weiter $V_A(r)$, bzw. $V_J(r)$ das Volumen von $Q_A(r)$, bzw. von $Q_J(r)$, so heiße der Grenzwert von $\frac{V_A(r)}{r}$, bzw. $\frac{V_J(r)}{r}$ für ein nach Null abnehmendes r die *verallgemeinerte Außenoberfläche*, bzw. *Innenoberfläche* (abgekürzt v. A O. bzw. v. J O.) von F, immer stillschweigend vorausgesetzt, daß die betreffenden Volumina und Grenzen existieren. Die halbe Summe aus v. AO. und v. JO. von F heiße die *verallgemeinerte Oberfläche* von F.

3. Die Existenz der hier in Frage kommenden Grenzwerte läßt sich in einfacher Weise dartun, wenn die zu behandelnde Fläche F, ebenso wie die Eichfläche der Distanzen G, *eine konvexe Fläche* ist. Dann ist der innere Raum J von F ein konvexer Körper, und es sei C_0 sein Volumen. Der Raum $Q_A(r)$ wird hier jedesmal außer von F noch von einer zweiten konvexen Fläche $F_A(r)$ begrenzt, der Fläche derjenigen Punkte in A, für welche die kleinste Distanz von den Punkten in F gleich r ist.

Sind zunächst sowohl J wie K *Polyeder*, d. h. je von einer *endlichen* Anzahl von Ebenen vollständig begrenzt, so wird auch der von $F_A(r)$ begrenzte konvexe Körper bei beliebigem Werte des r ein Polyeder sein. Bei Zugrundelegung irgendeines Parallelkoordinatensystems erweisen sich alsdann die Koordinaten der Ecken von $F_A(r)$ als ganze lineare Funktionen von r, und vermöge der dreireihigen Determinanten für Volumina von Tetraedern erscheint hernach $V_A(r)$ als eine bestimmte ganze Funktion dritten Grades von r, d. h. *der vierte Differentialquotient der Funktion $V_A(r)$ ist gleich Null.*

Nun kann man eine beliebige konvexe Fläche stets durch zwei Polyederflächen annähern, von denen die eine ganz im inneren Raume, die andere ganz im äußeren Raume der Fläche verläuft, und welche miteinander ähnlich und ähnlich gelegen sind, und zwar noch derart, daß dabei das lineare Dilatationsverhältnis zur Erzeugung der zweiten Polyederfläche aus der ersten beliebig nahe an 1 liegt. (Vgl. meine Geometrie der Zahlen, S. 33.) Wenden wir diesen Hilfssatz sowohl in bezug auf die eine Fläche F, wie auch in bezug auf die Eichfläche G an, so zeigt sich, daß jene Eigenschaft des Verschwindens des vierten Differenzenquotienten von $V_A(r)$ sich von Polyederflächen sofort auf zwei beliebige konvexe Flächen F, G überträgt. Danach wird in allen Fällen das Volumen des von $F_A(r)$ begrenzten Körpers einen Ausdruck haben:

$$W(r) = C_0 + V_A(r) = C_0 + 3\,C_1 r + 3\,C_2 r^2 + C_3 r^3,$$

wo C_0, C_1, C_2, C_3 gewisse von r unabhängige Konstanten sind.

Nunmehr wird $3\,C_1$ die verallgemeinerte Außenoberfläche von F.

Man erkennt leicht, daß bei Veränderung des Punktes O im Inneren von K die Größen C_0, C_1, C_2, C_3 sich nicht ändern, daß sie also nur von den zwei Flächen F und G, nicht von dem Punkte O abhängen. Vertauscht man die Rollen dieser zwei Flächen, so treten an die Stelle von C_0, $3\,C_1$, $3\,C_2$, C_3 die Werte C_3, $3\,C_2$, $3\,C_1$, C_0. Es ist also C_3 das Volumen von K und $3\,C_2$ die v. Außenoberfläche von G, wenn F als Eichfläche der Distanzen benutzt wird. Alle Größen C_0, C_1, C_2, C_3 sind danach positiv.

Für den hier eingeführten Begriff der v. Außenoberfläche heben wir als *in gewissem Sinne charakteristisch* die Eigenschaft hervor:

Enthält ein konvexer Körper einen anderen konvexen Körper in sich, so besitzt stets die Begrenzung des ersteren Körpers eine größere v. Außenoberfläche.

Weiter läßt sich zeigen: Die v. Innenoberfläche einer konvexen Fläche F ist gleich dem Werte, der für ihre v. Außenoberfläche entsteht, wenn die Eichfläche der Distanzen G durch die zu ihr in bezug auf den Punkt O symmetrische Fläche ersetzt wird. Danach erweisen sich v. Außenoberfläche und v. Innenoberfläche für eine konvexe Fläche F stets als gleich, wenn die Eichfläche eine *Fläche mit Mittelpunkt* ist.

Wird nunmehr *als Eichfläche eine Kugelfläche vom Radius* 1 genommen, so erweist sich $3C_1$ als die *Oberfläche* der konvexen Fläche F *im üblichen Sinne*, während alsdann $3C_2$ die gesamte mittlere Krümmung von F darstellt.

Endlich machen wir die folgende Bemerkung:

Sind F und G miteinander ähnlich und ähnlich gelegen (worunter der Fall einzubegreifen ist, daß die Flächen durch bloße Parallelverschiebung auseinander hervorgehen), so ergibt sich

$$\frac{C_0}{C_1} = \frac{C_1}{C_2} = \frac{C_2}{C_3} = \sqrt[3]{\frac{C_0}{C_3}}.$$

4. Von diesen Betrachtungen will ich hier hauptsächlich Gebrauch machen, um einen *neuen* und *strengen Beweis* für den Satz zu geben, *daß unter allen konvexen Körpern von gleichem Volumen die Kugel die kleinste Oberfläche hat*, und *um zugleich diesen Satz auf einen inhaltreicheren und analytisch einfacheren zurückzuführen.*

Ich stütze mich dabei auf den folgenden, von Herrn H. Brunn[*]) bewiesenen Satz:

Es seien J_0 und J_1 zwei beliebige konvexe Körper, die nicht miteinander sowohl ähnlich wie ähnlich gelegen sind, vom Volumen W_0 bzw. W_1. Verbindet man jeden Punkt von J_0 mit jedem von J_1 und teilt die Verbindungsstrecke jedesmal in einem festen Verhältnisse $t : 1 - t$, wobei $0 < t < 1$ ist, so erfüllt die Menge aller verschiedenen solchen Teilpunkte wieder einen konvexen Körper J_t und gilt für dessen Volumen W_t die Ungleichung:

$$\sqrt[3]{W_t} > (1 - t)\sqrt[3]{W_0} + t\sqrt[3]{W_1}.$$

---

[*]) Inauguraldissertation, München, 1887, S. 31. — Herr Brunn hat freilich an der angeführten Stelle ausdrücklich die Meinung geäußert: „Zum Beweise der Maximaleigenschaft der Kugel läßt sich dieser Satz nicht verwenden."

Wir nehmen nun an, es seien die Flächen F und G nicht einander ähnlich und ähnlich gelegen, und können alsdann diesen Satz in der Weise anwenden, daß wir für J_0 und J_1 die zwei konvexen Körper nehmen, welche von zwei der oben betrachteten Flächen $F_A(r)$ für irgend zwei Werte $r = r_0$ und $r = r_1$ begrenzt werden; für J_t erscheint hierbei der von $F_A(r)$ für $r = (1-t)r_0 + tr_1$ begrenzte Körper. Die entstehende Ungleichung kommt nun darauf hinaus, daß die durch

$$w = \sqrt[3]{W(r)}$$

für $r \geqq 0$ dargestellte Kurve, wenn man r und w als Abszisse und Ordinate in einer Ebene deutet, überall konvex auf ihrer der r-Achse abgewandten Seite ist, oder anders formuliert, daß

$$\frac{d^2 \sqrt[3]{W(r)}}{dr^2} < 0$$

ist im ganzen Bereiche $r \geqq 0$.

Führen wir den in 3. gewonnenen Ausdruck von $W(r)$ ein, so muß danach

$$-\frac{1}{2}\,[W(r)]^{-\frac{5}{3}}\,\frac{d^2[W(r)]^{\frac{1}{3}}}{dr^2} = (C_1{}^2 - C_0 C_2) + (C_1 C_2 - C_0 C_3)r + (C_2{}^2 - C_1 C_3)r^2$$

für alle Werte $r \geqq 0$ stets > 0 sein. Hierfür wieder sind die zwei Bedingungen

(I) $\qquad\qquad\qquad\qquad\qquad C_1{}^2 - C_0 C_2 > 0,$

(II) $\qquad\qquad\qquad\qquad\qquad C_2{}^2 - C_1 C_3 > 0$

oder also die Ungleichungen

$$\frac{C_0}{C_1} < \frac{C_1}{C_2} < \frac{C_2}{C_3}$$

erforderlich und hinreichend.

Beachten wir, daß wir die Rollen der beiden Flächen F und G vertauschen können und daß alsdann an Stelle der Größen C_0, C_1, C_2, C_3 diese Größen in umgekehrter Folge treten, so sehen wir, daß vermöge dieser Reziprozität die Ungleichung (I), *für zwei beliebige konvexe Flächen* genommen, bereits die Ungleichung (II) in sich schließt.

Nun leiten wir aus (I):

$$C_1{}^4 > C_0{}^2 C_2{}^2,$$

dann aus (II):

$$C_0{}^2 C_2{}^2 > C_0{}^2 C_1 C_3,$$

also mit Elimination von C_2:

$$C_1{}^3 > C_0{}^2 C_3$$

her. Nehmen wir jetzt für die Eichfläche der Distanzen eine Kugelfläche vom Radius 1, so ist

$$C_3 = \frac{4\pi}{3},$$

ferner C_0 das Volumen und $3C_1$ die Oberfläche des von F begrenzten Körpers im gewöhnlichen Sinne; setzen wir

$$C_0 = \frac{4\pi}{3} R^3,$$

so folgt daher $3C_1 > 4\pi R^2$, d. i. der Satz, daß unter allen konvexen Körpern von gleichem Volumen die Kugel die kleinste Oberfläche besitzt.

Diese Eigenschaft der Kugel erscheint aber hier als Ausfluß des weit allgemeineren und analytisch einfacheren Theorems

$$C_1^2 > C_0 C_2,$$

welches sich auf zwei beliebige konvexe Körper bezieht. Dieses Theorem liefert im speziellen, wenn man für einen der Körper die Kugel nimmt, zwei neue, die Kugel unter allen konvexen Körpern charakterisierende Beziehungen: Nämlich unter allen konvexen Körpern von gleicher Oberfläche besitzt die Kugel erstens *die kleinste mittlere Krümmung*, zweitens *das größte Produkt aus Volumen und mittlerer Krümmung*. Aus beiden Sätzen zugleich resultiert als Folgerung jene bekannte isoperimetrische Eigenschaft der Kugel.

5. Der Schluß des Vortrags brachte noch ein Theorem über die Bestimmung einer geschlossenen konvexen Fläche, wenn für sie in jedem Punkte die Gaußische Krümmung als Funktion der Normalenrichtung in dem Punkte beliebig vorgeschrieben ist.

XXVI.
Volumen und Oberfläche.

Herrn Rudolf Lipschitz zum fünfzigjährigen Doktorjubiläum, 9. August 1903,
in herzlicher Verehrung gewidmet vom Verfasser.
(Mathematische Annalen, Band 57, S. 447—495).

Für die konvexen Körper gibt es einen elementaren Weg, um den Begriff der Oberfläche aus dem einfacheren Begriffe des Volumens heraus zu entwickeln, und in Verfolg dieses Weges gelangt man zu sehr bemerkenswerten Erweiterungen der Tatsache, wonach unter allen Körpern gleichen Volumens die Kugel die kleinste Oberfläche besitzt.

Liegt ein konvexer Körper $\mathfrak{K}$ vor und versteht man unter x, y, z rechtwinklige Koordinaten eines Punktes aus $\mathfrak{K}$, so nimmt ein linearer Ausdruck $ux + vy + wz$, wo u, v, w feste Größen sind, in $\mathfrak{K}$ immer einen bestimmten größten Wert $H(u, v, w)$ an; und diese Funktion $H(u, v, w)$ von drei beliebigen reellen Argumenten, die Stützebenenfunktion von $\mathfrak{K}$, charakterisiert den konvexen Körper $\mathfrak{K}$ vollkommen. Das Volumen des Körpers $\mathfrak{K}$ erscheint als ein gewisser homogener Ausdruck dritten Grades V_H^3 in den sämtlichen Werten $H(u, v, w)$. Aus diesem Ausdrucke entspringt für drei beliebige konvexe Körper $\mathfrak{K}_1$, $\mathfrak{K}_2$, $\mathfrak{K}_3$ eine polare Bildung, ein symbolisches Produkt $V_{H_1} V_{H_2} V_{H_3}$, das gemischte Volumen der drei Körper $\mathfrak{K}_1$, $\mathfrak{K}_2$, $\mathfrak{K}_3$. Diese Größe ist invariant bei beliebigen Translationen der einzelnen Körper. Werden zwei der Körper mit einem bestimmten Körper $\mathfrak{K}$, der dritte aber mit einer Kugel vom Radius 1 identifiziert, so ist das dreifache ihres gemischten Volumens die Oberfläche von $\mathfrak{K}$.

Für die gemischten Volumina gilt der wichtige Satz: Für irgend drei Körper vom Volumen 1 wird das gemischte Volumen stets ≥ 1 und nur dann $= 1$, wenn die drei Körper miteinander homothetisch sind. Daß jeder konvexe Körper, der keine Kugel ist, eine größere Oberfläche hat als eine Kugel von demselben Volumen, ist nur ein spezieller Fall dieses Satzes.

Diese fundamentale Ungleichung läßt weiter die folgende Auslegung zu: Man bezeichne in der Mannigfaltigkeit aller möglichen Funktionen $H(u, v, w)$ von drei reellen Argumenten u, v, w eine einzelne Funktion

— 146 —

$H(u, v, w)$ als einen „Punkt", den Inbegriff der aus zwei Funktionen H_1 und H_2 abzuleitenden Funktionen $(1 - t)H_1 + tH_2$ für $0 \leq t \leq 1$ als die H_1 und H_2 verbindende „Strecke"; alsdann besitzt die Gesamtheit der Stützebenenfunktionen H zu allen denjenigen konvexen Körpern, welche ein Volumen ≥ 1 haben, die Eigenschaft, mit irgend zwei Punkten stets die ganze sie verbindende Strecke zu enthalten, stellt also ein „konvexes Gebilde" in jener Mannigfaltigkeit vor.

Geht man auf die Tangentialebenen des Gebildes ein, so ist sein konvexer Charakter gleichbedeutend mit folgendem Theorem:

Auf der Kugelfläche vom Radius 1 mit dem Nullpunkt als Mittelpunkt denke man sich Masse in einer beliebigen stetigen und durchweg positiven Flächendichtigkeit ausgebreitet, doch so, daß der Schwerpunkt der ganzen Belegung in den Nullpunkt fällt; alsdann existiert eine geschlossene konvexe Fläche, bei welcher an jeder Stelle das Produkt der Krümmungsradien gleich der Flächendichtigkeit an dem Punkte der Kugel mit gleicher Normale ist; und diese Fläche ist völlig bestimmt bis auf eine beliebige Translation, durch die man sie noch variieren kann.

In diesem Theorem erkennt man eine Aussage über eine gewisse quadratische partielle Differentialgleichung zweiter Ordnung, deren Lösbarkeit unter bestimmten Bedingungen hier durch eine eigenartige, wohl noch mancher weiteren Anwendungen fähige Methode sichergestellt wird.

§ 1. Stützebenenfunktion eines konvexen Körpers.

1. Es seien x, y, z rechtwinklige Koordinaten eines Punktes im Raume, und $\mathfrak{M}$ bedeute eine *abgeschlossene* Menge von Punkten x, y, z, die ganz in einer Kugel von *endlichem* Radius enthalten ist, aber nicht völlig in eine einzige Ebene fällt. Sind u, v, w irgendwelche festen Werte, so hat der Ausdruck $ux + vy + wz$ für die Gesamtheit der Punkte x, y, z in $\mathfrak{M}$ ein bestimmtes *Maximum*, das $H(u, v, w)$ heiße.

Diese Funktion $H(u, v, w)$ von drei beliebigen reellen Argumenten erfüllt offenbar *folgende Bedingungen* (1)—(4):

(1) $$H(0, 0, 0) = 0,$$

(2) $$H(tu, tv, tw) = tH(u, v, w),$$

wenn $t > 0$ ist. Sind u_1, v_1, w_1 und u_2, v_2, w_2 irgend zwei Systeme der Argumente, so gibt es in $\mathfrak{M}$ immer wenigstens einen Punkt x, y, z, wofür

$$(u_1 + u_2)x + (v_1 + v_2)y + (w_1 + w_2)z = H(u_1 + u_2, v_1 + v_2, w_1 + w_2)$$

wird, und da für diesen Punkt sicherlich

$$u_1 x + v_1 y + w_1 z \leq H(u_1, v_1, w_1), \quad u_2 x + v_2 y + w_2 z \leq H(u_2, v_2, w_2)$$

ist, so gilt daher immer:

$$(3) \qquad H(u_1 + u_2,\, v_1 + v_2,\, w_1 + w_2) \leqq H(u_1, v_1, w_1) + H(u_2, v_2, w_2).$$

Das Maximum von $-(ux + vy + wz)$ in $\mathfrak{M}$ ist $H(-u, -v, -w)$, also gilt in $\mathfrak{M}$ stets:

$$-H(-u, -v, -w) \leqq ux + vy + wz \leqq H(u, v, w).$$

Wenn die Werte $u, v, w \neq 0, 0, 0$ sind, muß daher, da $\mathfrak{M}$ nicht ganz in einer Ebene liegen soll, stets

$$(4) \qquad\qquad H(u, v, w) + H(-u, -v, -w) > 0$$

sein.

2. Eine Ebene, welche wenigstens einen Punkt der Begrenzung von $\mathfrak{M}$ enthält, aber außer den Punkten, die sie mit $\mathfrak{M}$ gemein hat, $\mathfrak{M}$ ganz auf einer Seite von sich liegen läßt, nennen wir eine *Stützebene an* $\mathfrak{M}$.

Ist $H(u, v, w)$ eine beliebige reelle Funktion von drei reellen Argumenten u, v, w, welche allen den Bedingungen (1)—(4) genügt, so bezeichnen wir den Bereich $\mathfrak{K}$ von Punkten x, y, z, welcher durch die sämtlichen Ungleichungen

$$(5) \qquad\qquad ux + vy + wz \leqq H(u, v, w)$$

für alle möglichen Wertsysteme u, v, w definiert ist, als einen konvexen Körper.

Die Funktion H nennen wir die *Stützebenenfunktion* von $\mathfrak{K}$, da aus den Ungleichungen (5) offenbar genau die Stützebenen an $\mathfrak{K}$ zu erkennen sind.

Ist $H(u, v, w)$ wie in 1. aus der Punktmenge $\mathfrak{M}$ hergeleitet, so wird der durch die Ungleichungen (5) definierte Bereich $\mathfrak{K}$ *der kleinste, $\mathfrak{M}$ enthaltende konvexe Körper*, d. h. $\mathfrak{K}$ ist ein notwendiger Bestandteil *jedes* konvexen Körpers, der $\mathfrak{M}$ ganz in sich aufnimmt.

Ist $\mathfrak{K}^*$ ein zweiter konvexer Körper mit der Stützebenenfunktion $H^*(u, v, w)$, so ist dann und nur dann $\mathfrak{K}$ ganz in $\mathfrak{K}^*$ enthalten, wenn stets

$$H(u, v, w) \leqq H^*(u, v, w)$$

ausfällt.

3. Ein konvexer Körper ist andererseits völlig durch die Eigenschaften zu charakterisieren, *erstens*, daß jede Gerade mit ihm sei es eine Strecke, sei es einen Punkt, sei es keinen Punkt gemein hat, *zweitens*, daß zu ihm wenigstens vier nicht in einer Ebene gelegene Punkte gehören.

4. Ist $\mathfrak{p}$ ein beliebiger Punkt, so verstehen wir unter $\mathfrak{K} + \mathfrak{p}$ den Körper, der aus $\mathfrak{K}$ durch diejenige *Translation* entsteht, durch welche der Nullpunkt nach $\mathfrak{p}$ gelangt. Sind a, b, c die Koordinaten von $\mathfrak{p}$, so wird die Stützebenenfunktion von $\mathfrak{K} + \mathfrak{p}$:

$$H(u, v, w) + au + bv + cw.$$

Unterwerfen wir $\mathfrak{K}$ einer *Dilatation* vom Nullpunkte aus nach allen

Richtungen in einem festen positiven Verhältnisse $t:1$, so bezeichnen wir den entstehenden Körper mit $t\mathfrak{K}$; eine Stützebenenfunktion wird $tH(u, v, w)$.

5. Wir bezeichnen mit $\mathfrak{G}$ die Kugel $x^2 + y^2 + z^2 \leq 1$, vom Radius 1 mit dem Nullpunkt $\mathfrak{o}$ als Mittelpunkt, mit $\mathfrak{E}$ die Kugelfläche $x^2 + y^2 + z^2 = 1$, mit α, β, γ die Koordinaten eines beliebigen Punktes auf $\mathfrak{E}$, bzw. die *Richtung* vom Nullpunkte nach diesem Punkte. Infolge der Eigenschaft (2) sind alle Werte der Funktion H bereits durch deren Werte $H(\alpha, \beta, \gamma)$ für die Punkte auf $\mathfrak{E}$ bestimmt. Die Ungleichung

$$\alpha x + \beta y + \gamma z \leq H(\alpha, \beta, \gamma)$$

bezeichnen wir als die *Bedingung der Stützebene an $\mathfrak{K}$ mit der äußeren Normale* (α, β, γ).

Die Funktion $H(u, v, w)$ ist nach den Eigenschaften (1)—(4) eine *stetige* Funktion ihrer Argumente, und besitzen infolgedessen die Werte $H(\alpha, \beta, \gamma)$ auf $\mathfrak{E}$ ein bestimmtes *Maximum G*. Ist ein Wert $H(\alpha, \beta, \gamma) \leq 0$, so ist nach (4) der zugehörige Wert $H(-\alpha, -\beta, -\gamma)$ positiv und von größerem Betrage; G ist daher jedenfalls > 0. Mit Hilfe von (3) und (2) gewinnen wir die Ungleichung

$$(6) \quad |H(u - u_0, v - v_0, w - w_0) - H(u_0, v_0, w_0)| \leq G\sqrt{u^2 + v^2 + w^2}.$$

§ 2. Annäherung an einen beliebigen konvexen Körper durch vollkommene Ovaloide.

6. Ist $\varphi = 0$ die Gleichung einer Ebene und der konvexe Körper $\mathfrak{K}$ ganz im Bereiche $\varphi \leq 0$ enthalten, so heißt $\varphi \leq 0$ ein *Halbraum um $\mathfrak{K}$.* Ist ein Halbraum $\varphi \leq 0$ um $\mathfrak{K}$ so beschaffen, daß man *nicht* $\varphi = t_1 \varphi_1 + t_2 \varphi_2$ setzen kann, so daß $t_1 > 0$, $t_2 > 0$ und $\varphi_1 \leq 0$, $\varphi_2 \leq 0$ zwei *verschiedene* Halbräume um $\mathfrak{K}$ sind, so heißt $\varphi \leq 0$ ein *extremer Halbraum um $\mathfrak{K}$.* Die Ebene $\varphi = 0$ ist dann jedenfalls eine Stützebene an $\mathfrak{K}$ und heißt eine *extreme Stützebene* an $\mathfrak{K}$. Ein konvexer Körper mit einer *endlichen* Anzahl von extremen Stützebenen heißt ein *(konvexes) Polyeder.*

7 Unter einem *vollkommenen Ovaloid* wollen wir einen konvexen Körper verstehen, bei dem die *Begrenzung* durch eine *analytische* Gleichung in den rechtwinkligen Koordinaten x, y, z definiert wird und überdies in jedem Punkte eine *bestimmte* und immer nur eine *Berührung erster Ordnung* eingehende *Tangentialebene* besitzt.

8. *Ist $\mathfrak{K}$ ein beliebiger konvexer Körper mit dem Nullpunkte als innerem Punkt und ε eine beliebige positive Größe, so läßt sich stets ein vollkommenes Ovaloid $\mathfrak{O}$ bestimmen, so daß $\mathfrak{O}$ den Körper $\mathfrak{K}$ enthält und selbst in $(1 + \varepsilon)\,\mathfrak{K}$ enthalten ist.*

Es sei $H(u, v, w)$ die Stützebenenfunktion von $\mathfrak{K}$. Da der Nullpunkt im Inneren von $\mathfrak{K}$ liegt, ist jede Größe $H(\alpha, \beta, \gamma) > 0$. Es sei nun g

das *Minimum* der Werte $H(\alpha, \beta\, \gamma)$ auf der Kugelfläche $\mathfrak{E}$, so ist auch $g > 0$. Wir denken uns den ganzen Raum durch ein *Netz von* lauter gleichen *Würfeln* mit einer Kante δ erfüllt. Es sei $\mathfrak{W}$ der Gesamtbereich aller derjenigen Würfel dieses Netzes, welche überhaupt wenigstens einen Punkt von $\mathfrak{K}$ aufnehmen, und $\mathfrak{P}$ der kleinste, diesen Bereich $\mathfrak{W}$ ganz enthaltende konvexe Körper, so ist $\mathfrak{P}$ ein Polyeder, und für jede Richtung (α, β, γ) ist der Abstand derjenigen Stützebene an $\mathfrak{P}$, welche (α, β, γ) als äußere Normale hat, vom Nullpunkte einerseits $> H(\alpha, \beta, \gamma)$, andererseits

$$\leqq H(\alpha, \beta, \gamma) + \delta\sqrt{3} \leqq H(\alpha, \beta, \gamma)\left(1 + \frac{\delta\sqrt{3}}{g}\right).$$

Danach enthält $\mathfrak{P}$ den Körper $\mathfrak{K}$ im Inneren und ist selbst ganz in $\left(1 + \dfrac{\delta\sqrt{3}}{g}\right)\mathfrak{K}$ enthalten.

Das Polyeder $\mathfrak{P}$ besitze n Seitenflächen; da $\mathfrak{P}$ den Nullpunkt im Inneren enthält, können wir die Bedingungen dieser n extremen Stützebenen an $\mathfrak{P}$ in der Form

$$(7) \qquad \chi_1 \leqq 1, \; \chi_2 \leqq 1, \ldots, \chi_n \leqq 1$$

schreiben, so daß dabei $\chi_1, \chi_2, \ldots, \chi_n$ *homogene* lineare Ausdrücke in x, y, z sind. Es sei nun ω eine beliebige positive Größe, die wir $> \lg n$ annehmen, und Ω der durch die Ungleichung

$$(8) \qquad \Omega = e^{\omega\chi_1} + e^{\omega\chi_2} + \cdots + e^{\omega\chi_n} \leqq ne^{\omega}$$

bestimmte Bereich.

Dieser Bereich Ω enthält jedenfalls das durch die Ungleichungen (7) definierte Polyeder $\mathfrak{P}$ in sich. Andererseits ist Ω ganz in $\left(1 + \dfrac{\lg n}{\omega}\right)\mathfrak{P}$ enthalten; denn in jedem Punkte außerhalb des letzteren Polyeders erweist sich stets wenigstens eine der Größen $\chi_1, \chi_2, \ldots, \chi_n$ als $> 1 + \dfrac{\lg n}{\omega}$ und die rechte Seite in (8) daher als $> ne^{\omega}$. Nach der Lagenbeziehung von $\mathfrak{P}$ zu $\mathfrak{K}$ wird weiter Ω den Körper $\mathfrak{K}$ enthalten und selbst in

$$\left(1 + \frac{\delta\sqrt{3}}{g}\right)\left(1 + \frac{\lg n}{\omega}\right)\mathfrak{K}$$

enthalten sein. Wir können nun δ so klein und ω so groß annehmen, daß der hier stehende Faktor von $\mathfrak{K}$ sich $\leqq 1 + \varepsilon$ erweist.

Die Begrenzung von Ω ist die *analytische* Fläche $\Omega = ne^{\omega}$. Wir finden den Ausdruck

$$(9) \qquad \frac{\partial\Omega}{\partial x}x + \frac{\partial\Omega}{\partial y}y + \frac{\partial\Omega}{\partial z}z = \omega\chi_1 e^{\omega\chi_1} + \omega\chi_2 e^{\omega\chi_2} + \cdots + \omega\chi_n e^{\omega\chi_n},$$

mithin auf der Begrenzung von Ω stets $\geqq \omega e^{\omega} - \dfrac{n-1}{e}$; denn dort ist in jedem Punkte wenigstens eine der Größen $\chi \geqq 1$ und andererseits gilt immer $\zeta e^{\zeta} \geqq - \dfrac{1}{e}$. Mit Berücksichtigung von $e^{\omega} > n$ ersehen wir hieraus, daß auf der Begrenzung von $\mathfrak{Q}$ niemals $\dfrac{\partial\Omega}{\partial x}$, $\dfrac{\partial\Omega}{\partial y}$, $\dfrac{\partial\Omega}{\partial z}$ gleichzeitig Null sein können, mithin in jedem Punkte dieser Begrenzung stets eine bestimmte Tangentialebene existiert.

Weiter finden wir, wenn x, y, z als lineare Funktionen eines Parameters t dargestellt werden, immer

$$(10) \qquad \frac{d^2\Omega}{dt^2} = \omega^2\left(\left(\frac{d\chi_1}{dt}\right)^2 e^{\omega\,\chi_1} + \left(\frac{d\chi_2}{dt}\right)^2 e^{\omega\,\chi_2} + \cdots + \left(\frac{d\chi_n}{dt}\right)^2 e^{\omega\,\chi_n}\right) > 0.$$

Aus dieser Beziehung folgt, daß auf einer beliebigen geradlinigen Strecke der Ausdruck $\Omega(x, y, z)$ seinen größten Wert immer an wenigstens einem der Endpunkte annimmt, daß mithin $\mathfrak{Q}$ mit irgend zwei Punkten stets die ganze sie verbindende Strecke enthält. Andererseits ist aus (10) ersichtlich, daß jede Tangentialebene an $\mathfrak{Q}$ mit $\mathfrak{Q}$ nur eine Berührung erster Ordnung eingeht. Nach allen diesen Umständen besitzt $\mathfrak{Q}$ in der Tat die in unserem Satze verlangten Eigenschaften.

9. Auf Grund dieses Satzes können wir weiter zu einem gegebenen konvexen Körper $\mathfrak{K}$, der den Nullpunkt $\mathfrak{o}$ im Inneren enthält, mit einer Stützebenenfunktion H, immer eine unendliche Reihe von vollkommenen Ovaloiden $\mathfrak{Q}'$, $\mathfrak{Q}''$, ... mit solchen Stützebenenfunktionen Q', Q'', ... herstellen, daß die Reihe der Quotienten

$$\frac{Q'(\alpha, \beta, \gamma)}{H(\alpha, \beta, \gamma)}, \quad \frac{Q''(\alpha, \beta, \gamma)}{H(\alpha, \beta, \gamma)}, \ \ldots$$

nach der Grenze 1 konvergiert und zwar *gleichmäßig* für alle Systeme α, β, γ auf der ganzen Kugelfläche $\mathfrak{E}$. Trifft der hier bezeichnete Umstand zu, so wollen wir sagen, die Reihe der konvexen Körper $\mathfrak{Q}'$, $\mathfrak{Q}''$, ... hat den konvexen Körper $\mathfrak{K}$ als *Grenze*, oder *konvergiert* nach $\mathfrak{K}$.

Ist $\mathfrak{p}$ ein beliebiger Punkt, so bezeichnen wir weiter den Körper $\mathfrak{K} + \mathfrak{p}$, der $\mathfrak{p}$ als inneren Punkt enthält, als *Grenze* der Körper

$$\mathfrak{Q}' + \mathfrak{p}, \ \mathfrak{Q}'' + \mathfrak{p}, \cdots.$$

§ 3. Volumen eines konvexen Körpers.

10. Jedem konvexen Körper kommt ein bestimmtes Volumen zu, ferner ein bestimmter Schwerpunkt, welcher stets ein innerer Punkt des Körpers ist.

11. Wir führen für die Punkte α, β, γ der Kugelfläche $\mathfrak{E}$ Polarkoordinaten ein und setzen

$$\alpha = \sin\vartheta \cos\psi, \quad \beta = \sin\vartheta \sin\psi, \quad \gamma = \cos\vartheta,$$

wobei wir ϑ und ψ in den Grenzen $0 \leqq \vartheta \leqq \pi$, $0 \leqq \psi \leqq 2\pi$ annehmen. Wir schreiben ferner

$$\alpha_1 = \frac{\partial \alpha}{\partial \vartheta} = \cos \vartheta \cos \psi, \qquad \beta_1 = \frac{\partial \beta}{\partial \vartheta} = \cos \vartheta \sin \psi, \qquad \gamma_1 = \frac{\partial \gamma}{\partial \vartheta} = - \sin \vartheta,$$

$$\alpha_2 = \frac{1}{\sin \vartheta} \frac{\partial \alpha}{\partial \psi} = - \sin \psi, \qquad \beta_2 = \frac{1}{\sin \vartheta} \frac{\partial \beta}{\partial \psi} = \cos \psi, \qquad \gamma_2 = \frac{1}{\sin \vartheta} \frac{\partial \gamma}{\partial \psi} = 0;$$

dabei ergeben die drei Gleichungen

$$(11) \quad \xi = \alpha_1 x + \beta_1 y + \gamma_1 z, \quad \eta = \alpha_2 x + \beta_2 y + \gamma_2 z, \quad \zeta = \alpha x + \beta y + \gamma z$$

stets eine orthogonale Transformation der Koordinaten x, y, z mit einer Determinante $= +1$.

12. Es sei $\mathfrak{K}$ ein vollkommenes Ovaloid, $\mathfrak{F}$ seine begrenzende Fläche, $H(u, v, w)$ die Stützebenenfunktion von $\mathfrak{K}$. Wir schreiben

$$H(\alpha, \beta, \gamma) = H(\vartheta, \psi) = H.$$

Die Stützebene an $\mathfrak{K}$ mit der äußeren Normale (α, β, γ) hat die Gleichung

$$(12) \qquad\qquad \zeta = H(\vartheta, \psi);$$

sie ist hier zugleich Tangentialebene an $\mathfrak{F}$ und berührt $\mathfrak{F}$ in einem bestimmten Punkte $\mathfrak{p}$. Die ganze Fläche $\mathfrak{F}$ erscheint damit punktweise, durch parallele Normalen, auf die Kugelfläche $\mathfrak{E}$ bezogen. Wir wollen nun unter $x, y, z, \alpha, \beta, \gamma, \vartheta, \psi$ speziell die betreffenden Bestimmungsstücke für den Punkt $\mathfrak{p}$ verstehen und die Veränderungen dieser Größen beim Übergang zu einem anderen Punkte auf $\mathfrak{F}$ durch Vorsetzen von Δ andeuten; ferner sollen $\Delta\xi$, $\Delta\eta$, $\Delta\zeta$ die Werte der Ausdrücke (11) bedeuten, wenn darin Δx, Δy, Δz an die Stelle von x, y, z treten. Dann gilt auf $\mathfrak{F}$ in einer gewissen Umgebung von $\mathfrak{p}$ für $\Delta\zeta$ eine Entwicklung nach Potenzen von $\Delta\xi$, $\Delta\eta$:

$$\Delta\zeta = - \frac{1}{2} \left(\mathsf{P}\Delta\xi^2 + 2\Sigma\Delta\xi\Delta\eta + \mathsf{T}\Delta\eta^2 \right) + (\Delta\xi, \Delta\eta)_3 + \cdots;$$

darin bilden die quadratischen Glieder eine definite negative Form, es ist also $\mathsf{P} > 0$, $\mathsf{PT} - \Sigma^2 > 0$. Wir können alsdann, da $\mathsf{PT} - \Sigma^2 \neq 0$ ist, in einer gewissen Umgebung von $\mathfrak{p}$ die Werte $\Delta\xi$, $\Delta\eta$ durch $\frac{\partial \Delta\zeta}{\partial \Delta\xi}$ und $\frac{\partial \Delta\zeta}{\partial \Delta\eta}$ ausdrücken, welche letzteren Größen sich sofort mittels $\Delta\alpha$, $\Delta\beta$, $\Delta\gamma$ darstellen lassen. Daraus erkennen wir, daß die Koordinaten x, y, z des Punktes $\mathfrak{p}$ von $\mathfrak{F}$, wo die äußere Normale die Richtung α, β, γ hat, und weiter der zugehörige Wert $H(\alpha, \beta, \gamma)$ *analytische* Funktionen der Größen α, β, γ auf $\mathfrak{E}$ sind.

Da die Ebene (12) Tangentialebene an $\mathfrak{F}$ ist, haben wir

$$(13) \quad \alpha \frac{\partial x}{\partial \vartheta} + \beta \frac{\partial y}{\partial \vartheta} + \gamma \frac{\partial z}{\partial \vartheta} = 0, \quad \frac{1}{\sin \vartheta} \left(\alpha \frac{\partial x}{\partial \psi} + \beta \frac{\partial y}{\partial \psi} + \gamma \frac{\partial z}{\partial \psi} \right) = 0,$$

und mit Rücksicht hieraus folgen aus den allgemeinen Formeln (11) zur Bestimmung der Koordinaten x, y, z des Punktes $\mathfrak{p}$ die Gleichungen:

$$(14) \qquad \xi = \frac{\partial H(\vartheta, \psi)}{\partial \vartheta}, \quad \eta = \frac{1}{\sin \vartheta} \frac{\partial H(\vartheta, \psi)}{\partial \psi}, \quad \zeta = H(\vartheta, \psi).$$

13. Um nun das Volumen V des Körpers $\mathfrak{K}$ auszudrücken, zerlegen wir die Kugelfläche $\mathfrak{E}$ in Flächenelemente $d\omega = \sin\vartheta\, d\vartheta\, d\psi$; jedem Element $d\omega$ entspricht als Abbild durch parallele Normalen ein Element df auf der Fläche $\mathfrak{F}$, und wir konstruieren jedesmal die Pyramide mit dem Nullpunkt $\mathfrak{o}$ als Spitze und dem Element df als Grundfläche; die Höhe dieser Pyramide, mit gewissem Vorzeichen genommen, ist $= H(\alpha, \beta, \gamma)$ und ihr Volumen mit demselben Vorzeichen daher

$$(15) \qquad \frac{1}{3} H df = \frac{1}{3} \left| x, \frac{\partial x}{\partial \vartheta}, \frac{\partial x}{\partial \psi} \right| d\vartheta\, d\psi.$$

(Wir bezeichnen hier und weiterhin eine dreireihige Determinante, in welcher die Glieder der ersten Reihe von der Koordinate x abhängen und die der zweiten und dritten in der entsprechenden Weise mit Hilfe des Zeichens y bzw. z darzustellen sind, einfach durch Angabe bloß der ersten Reihe). Der Körper $\mathfrak{K}$ ist nun derart das Aggregat aller jener Elementarpyramiden, daß sein Volumen genau

$$(16) \qquad V = \frac{1}{3} \int H df = \frac{1}{3} \int\!\!\int \left| x, \frac{\partial x}{\partial \vartheta}, \frac{\partial x}{\partial \psi} \right| d\vartheta\, d\psi$$

wird, wo die Integrale über die ganze Fläche $\mathfrak{F}$, bzw. die ganze Kugelfläche $\mathfrak{E}$ zu erstrecken sind.

14. Wir setzen jetzt

$$\alpha\frac{\partial^2 x}{\partial\vartheta^2} + \beta\frac{\partial^2 y}{\partial\vartheta^2} + \gamma\frac{\partial^2 z}{\partial\vartheta^2} = -R, \quad \frac{1}{\sin\vartheta}\left(\alpha\frac{\partial^2 x}{\partial\vartheta\,\partial\psi} + \beta\frac{\partial^2 y}{\partial\vartheta\,\partial\psi} + \gamma\frac{\partial^2 z}{\partial\vartheta\,\partial\psi}\right) = -S,$$

$$\frac{1}{\sin^2\vartheta}\left(\alpha\frac{\partial^2 x}{\partial\psi^2} + \beta\frac{\partial^2 y}{\partial\psi^2} + \gamma\frac{\partial^2 z}{\partial\psi^2}\right) = -T.$$

Durch Differentiation der zwei Gleichungen (13) einmal nach ϑ, einmal nach ψ erhalten wir noch die Beziehungen

$$R = \alpha_1\frac{\partial x}{\partial\vartheta} + \beta_1\frac{\partial y}{\partial\vartheta} + \gamma_1\frac{\partial z}{\partial\vartheta}, \quad S = \frac{1}{\sin\vartheta}\left(\alpha_1\frac{\partial x}{\partial\psi} + \beta_1\frac{\partial y}{\partial\psi} + \gamma_1\frac{\partial z}{\partial\psi}\right),$$

$$S = \alpha_2\frac{\partial x}{\partial\vartheta} + \beta_2\frac{\partial y}{\partial\vartheta} + \gamma_2\frac{\partial z}{\partial\vartheta}, \quad T = \frac{1}{\sin\vartheta}\left(\alpha_2\frac{\partial x}{\partial\psi} + \beta_2\frac{\partial y}{\partial\psi} + \gamma_2\frac{\partial z}{\partial\psi}\right).$$

Nun gilt

$$\Delta x = \frac{\partial x}{\partial\vartheta}\Delta\vartheta + \frac{\partial x}{\partial\psi}\Delta\psi + \frac{1}{2}\left(\frac{\partial^2 x}{\partial\vartheta^2}\Delta\vartheta^2 + 2\frac{\partial^2 x}{\partial\vartheta\,\partial\psi}\Delta\vartheta\,\Delta\psi + \frac{\partial^2 x}{\partial\psi^2}\Delta\psi^2\right) + \cdots, \cdots;$$

aus den Gleichungen (11) gewinnen wir dann mit Rücksicht auf die letzten Ausdrücke und auf (13):

$$\Delta\xi = R\Delta\vartheta + S\sin\vartheta\,\Delta\psi + \cdots, \quad \Delta\eta = S\Delta\vartheta + T\sin\vartheta\,\Delta\psi + \cdots,$$

$$\Delta\zeta = -\frac{1}{2}\left(R\Delta\vartheta^2 + 2S\sin\vartheta\,\Delta\vartheta\,\Delta\psi + T\sin^2\vartheta\,\Delta\psi^2\right) + \cdots,$$

und hieraus geht durch Elimination von $\Delta\vartheta$ und $\Delta\psi$ eine Entwicklung

$$\Delta\zeta = -\frac{1}{2}\left(\frac{T\Delta\xi^2 - 2S\Delta\xi\Delta\eta + R\Delta\eta^2}{RT - S^2}\right) + (\Delta\xi, \Delta\eta)_3 + \cdots$$

hervor.

Wir entnehmen daraus für die in 12. benutzten Größen P, Σ, T:

$$\mathsf{P} = \frac{T}{RT-S^2}, \quad \Sigma = \frac{-S}{RT-S^2}, \quad \mathsf{T} = \frac{R}{RT-S^2},$$

so daß

$$RT - S^2 = \frac{1}{\mathsf{PT}-\Sigma^2}$$

das Produkt,

$$R + T = \frac{\mathsf{P}+\mathsf{T}}{\mathsf{PT}-\Sigma^2}$$

die Summe der Hauptkrümmungsradien der Fläche $\mathfrak{F}$ im Punkte $\mathfrak{p}$ darstellen, während von $\dfrac{2S}{R-T}$ die Neigung der Krümmungskurven auf $\mathfrak{F}$ durch $\mathfrak{p}$ gegen die Richtungen $\alpha_1,\ \beta_1,\ \gamma_1;\ \alpha_2,\ \beta_2,\ \gamma_2$ abhängt.

Von den Relationen (14) ausgehend, erhalten wir folgende Ausdrücke für $R,\ S,\ T$ allein durch die Funktion $H = H(\vartheta,\ \psi)$:

$$(17)\qquad \begin{cases} R = \dfrac{\partial^2 H}{\partial\vartheta^2} + H,\\[2mm] S = \dfrac{1}{\sin\vartheta}\dfrac{\partial^2 H}{\partial\vartheta\,\partial\psi} - \dfrac{\cos\vartheta}{\sin^2\vartheta}\dfrac{\partial H}{\partial\psi},\\[2mm] T = \dfrac{1}{\sin^2\vartheta}\dfrac{\partial^2 H}{\partial\psi^2} + \dfrac{\cos\vartheta}{\sin\vartheta}\dfrac{\partial H}{\partial\vartheta} + H. \end{cases}$$

Dabei wird immer $R > 0$, $RT - S^2 > 0$, und in diesen Ungleichungen sind bereits die allgemeinen Bedingungen (1)—(4) für die Stützebenenfunktion H völlig eingeschlossen.

Setzen wir die Determinante $\left| x, \dfrac{\partial x}{\partial\vartheta}, \dfrac{\partial x}{\partial\psi} \right|$ zu ihrer linken Seite mit der Determinante 1 der Substitution (11) zusammen, so finden wir sie $= H(RT - S^2)\sin\vartheta$, so daß aus (15):

$$(18)\qquad df = (RT - S^2)\,d\omega$$

und aus (16):

$$(19)\qquad V = \frac{1}{3}\int H(RT - S^2)\,d\omega$$

hervorgeht.

Das Volumen V erscheint hiernach als ein gewisser homogener Ausdruck dritten Grades in den Werten $H(\vartheta, \psi)$.

15. Ist ein konvexer Körper $\mathfrak{K}$ die Grenze einer unendlichen Reihe vollkommener Ovaloide $\mathfrak{O}',\ \mathfrak{O}'',\ \ldots$, so konvergieren die Volumina dieser Ovaloide nach dem Volumen von $\mathfrak{K}$. Man erschließt diese Tatsache ganz allein mit Hilfe des Umstandes, daß, wenn ein Ovaloid ein anderes in sich enthält, das erstere stets ein größeres Volumen besitzt. Ferner konvergieren die Koordinaten der Schwerpunkte von $\mathfrak{O}',\ \mathfrak{O}'',\ \ldots$ nach den Koordinaten des Schwerpunktes von $\mathfrak{K}$.

§ 4. Scharen konvexer Körper. Gemischtes Volumen dreier Körper.

16. Sind $H_1, H_2, \ldots, H_m$ die Stützebenenfunktionen von m konvexen Körpern $\Re_1, \Re_2, \ldots, \Re_m$, so genügt die Funktion

$$H(u, v, w) = t_1 H_1(u, v, w) + t_2 H_2(u, v, w) + \cdots + t_m H_m(u, v, w),$$

wenn die Parameter $t_1, t_2, \ldots, t_m$ sämtlich ≥ 0, aber nicht durchweg $= 0$ sind, stets ebenfalls allen Bedingungen (1)—(4) in § 1 und bildet daher wiederum die Stützebenenfunktion eines konvexen Körpers. Diesen Körper bezeichnen wir durch

$$(20) \qquad \Re = t_1 \Re_1 + t_2 \Re_2 + \cdots + t_m \Re_m$$

und die Gesamtheit aller in solcher Weise aus gegebenen Grundkörpern $\Re_i$ herzuleitenden Körper $\Re$ nennen wir eine *Schar konvexer Körper*.

17. Sind $\Re_1, \Re_2, \ldots, \Re_m$ *vollkommene Ovaloide*, so gilt das gleiche von jedem Körper $\Re$ der Schar (20). Bezeichnen wir die Punkte auf den Begrenzungen von $\Re, \Re_i$, in welchen eine bestimmte (und die nämliche) äußere Normale α, β, γ vorhanden ist, mit x, y, z; x_i, y_i, z_i, so finden wir auf Grund der Gleichungen (14) die Beziehungen gültig:

$$(21) \qquad x = t_1 x_1 + t_2 x_2 + \cdots + t_n x_n, \cdots.$$

Stellen wir nun das Volumen V von $\Re$ gemäß der Formel (16) dar, so resultiert mit Rücksicht auf diese Gleichungen (21) für V ein homogener Ausdruck dritten Grades in den Parametern t_i:

$$(22) \qquad V = \sum V_{jkl} t_j t_k t_l \qquad (j, k, l = 1, 2, \ldots, m);$$

die Koeffizienten V_{jkl} mit nicht lauter gleichen Indizes denken wir uns dabei so eingeführt, daß sie bei Permutationen der Indizes sich nicht ändern. Ein jeder Koeffizient V_{jkl} ist allein von den drei zugehörigen Körpern $\Re_j, \Re_k, \Re_l$ abhängig; wir bezeichnen ihn auch mit $V(\Re_j, \Re_k, \Re_l)$ und nennen ihn das *gemischte Volumen* der Körper $\Re_j, \Re_k, \Re_l$.

18. Betrachten wir nun das gemischte Volumen $V_{123} = V(\Re_1, \Re_2, \Re_3)$ dreier vollkommener Ovaloide $\Re_1, \Re_2, \Re_3$. Schreiben wir

$$J_{123} = \frac{1}{3} \int\!\int \left| x_1, \frac{\partial x_2}{\partial \vartheta}, \frac{\partial x_3}{\partial \psi} \right| d\vartheta \, d\psi$$

und definieren die analogen Ausdrücke für die Permutationen der Indizes 1, 2, 3, so ist

$$6 V_{123} = (J_{123} + J_{132}) + (J_{231} + J_{213}) + (J_{312} + J_{321}).$$

Nun gilt

$$\frac{1}{3} \int\!\int \frac{\partial}{\partial \vartheta} \left| x_1, x_2, \frac{\partial x_3}{\partial \psi} \right| d\vartheta \, d\psi = J_{123} - J_{213} + \frac{1}{3} \int\!\int \left| x_1, x_2, \frac{\partial^2 x_3}{\partial \vartheta \, \partial \psi} \right| d\vartheta \, d\psi,$$

$$\frac{1}{3} \int\!\int \frac{\partial}{\partial \psi} \left| x_1, x_2, \frac{\partial x_3}{\partial \vartheta} \right| d\vartheta \, d\psi = J_{231} - J_{132} + \frac{1}{3} \int\!\int \left| x_1, x_2, \frac{\partial^2 x_3}{\partial \vartheta \, \partial \psi} \right| d\vartheta \, d\psi.$$

Die linken Seiten in diesen zwei Gleichungen sind gleich Null, weil die Integranden Differentialquotienten nach ϑ, bzw. ψ sind und die Integrationen sich über die ganze Kugelfläche $\mathfrak{E}$ erstrecken. Durch Subtraktion der damit hervorgehenden Relationen folgt nun

$$(23) \qquad J_{123} + J_{132} = J_{231} + J_{213},$$

und durch zyklische Vertauschung von 1, 2, 3 hier finden wir weiter diese Ausdrücke $= J_{312} + J_{321}$, so daß sich

$$V_{123} = \frac{1}{2}\left(J_{123} + J_{132}\right)$$

herausstellt.

Multiplizieren wir in J_{123} die Determinante $\left| x_1, \dfrac{\partial x_2}{\partial \vartheta}, \dfrac{\partial x_3}{\partial \psi}\right|$ zur linken Seite mit der Determinante 1 der Substitution (11), und bezeichnen wir die den Formeln (17) gemäß herzustellenden Ausdrücke R, S, T für $\mathfrak{K}_1$, $\mathfrak{K}_2$, $\mathfrak{K}_3$ mit den entsprechenden Indizes, so entsteht

$$J_{123} = \frac{1}{3}\int H_1\left(R_2 T_3 - S_2 S_3\right) d\omega;$$

analog drücken wir J_{132} aus, und wir erhalten endlich

$$(24) \qquad V_{123} = \frac{1}{6}\int H_1\left(R_2 T_3 - 2 S_2 S_3 + T_2 R_3\right) d\omega.$$

Nach der Gleichung (23) besteht für diesen Ausdruck die wichtige Eigenschaft, daß er bei beliebigen Permutationen von 1, 2, 3 seinen Wert nicht ändert.

19. Wir knüpfen an diese Formel einige einfache Bemerkungen an. Die Größen R_3, S_3, T_3 bleiben bei einer Translation von $\mathfrak{K}_3$ ungeändert, mithin bleibt dabei auch V_{123} ungeändert, und da $V_{123} = V_{231} = V_{132}$ ist, so folgt allgemein:

Der Wert $V(\mathfrak{K}_1, \mathfrak{K}_2, \mathfrak{K}_3)$ bleibt bei beliebigen Translationen der einzelnen Körper $\mathfrak{K}_1$, $\mathfrak{K}_2$, $\mathfrak{K}_3$ ungeändert.

Der Ausdruck $R_2 T_3 - 2 S_2 S_3 + T_2 R_3$ ist als die Simultaninvariante zweier positiver binärer quadratischer Formen stets > 0. Hat $\mathfrak{K}_1$ den Nullpunkt im Inneren liegen (was sich stets durch eine Translation von $\mathfrak{K}_1$ hervorrufen läßt), so ist durchweg $H_1(\vartheta, \psi) > 0$ und also dann auch $V_{123} > 0$. Mit Rücksicht auf den eben bewiesenen Satz gilt daher allgemein:

Die Größe $V(\mathfrak{K}_1, \mathfrak{K}_2, \mathfrak{K}_3)$ ist stets > 0.

Ist der Körper $\mathfrak{K}_1$ in einem anderen vollkommenen Ovaloide $\mathfrak{K}_1^*$ mit der Stützebenenfunktion H_1^* enthalten, so gilt stets $H_1(\vartheta, \psi) \leqq H_1^*(\vartheta, \psi)$ und entnehmen wir aus (24):

$$(25) \qquad V(\mathfrak{K}_1, \mathfrak{K}_2, \mathfrak{K}_3) \leqq V(\mathfrak{K}_1^*, \mathfrak{K}_2, \mathfrak{K}_3).$$

Endlich bemerken wir die Regel: Ist t ein positiver Faktor, so gilt

$$(26) \qquad V(t\mathfrak{K}_1, \mathfrak{K}_2, \mathfrak{K}_3) = t\,V(\mathfrak{K}_1, \mathfrak{K}_2, \mathfrak{K}_3).$$

20. Sind die Körper $\mathfrak{K}_1, \mathfrak{K}_2, \mathfrak{K}_3$ mit einem und demselben Körper $\mathfrak{K}$ identisch, so wird $V(\mathfrak{K}_1, \mathfrak{K}_2, \mathfrak{K}_3)$ das *Volumen* von $\mathfrak{K}$.

Die Stützebenenfunktion der Kugel $\mathfrak{G}\,(x^2 + y^2 + z^2 \leqq 1)$ ist für die Systeme α, β, γ auf $\mathfrak{E}$ konstant $= 1$. Beziehen sich H, R, S, T auf ein vollkommenes Ovaloid $\mathfrak{K}$ und bezeichnen wir das Oberflächenelement dieses Körpers mit df, seine ganze *Oberfläche* mit O, so folgt daher aus (24):

$$(27) \qquad 3\,V(\mathfrak{G}, \mathfrak{K}, \mathfrak{K}) = \int (RT - S^2)\,d\omega = \int df = O,$$

und durch (23) gelangen wir noch zu dem Ausdrucke

$$(28) \qquad O = 3\,V(\mathfrak{K}, \mathfrak{G}, \mathfrak{K}) = \frac{1}{2}\int H(R + T)\,d\omega.$$

Andererseits wird

$$(29) \qquad 3\,V(\mathfrak{G}, \mathfrak{G}, \mathfrak{K}) = \frac{1}{2}\int (R + T)\,d\omega = \int \frac{\frac{1}{2}(R + T)}{RT - S^2}\,df;$$

die Größe $\dfrac{\frac{1}{2}(R + T)}{RT - S^2}$ hier bedeutet die mittlere Krümmung am Flächenelement df und können wir danach $3\,V(\mathfrak{G}, \mathfrak{G}, \mathfrak{K})$ als *das Integral der mittleren Krümmung* von $\mathfrak{K}$ bezeichnen. Wir haben dann noch die Beziehung

$$(30) \qquad 3\,V(\mathfrak{G}, \mathfrak{G}, \mathfrak{K}) = 3\,V(\mathfrak{K}, \mathfrak{G}, \mathfrak{G}) = \int H\,d\omega.$$

21. Sind $\mathfrak{K}_1, \mathfrak{K}_2, \ldots, \mathfrak{K}_m$ beliebige konvexe Körper, so können wir nach § 2 jeden dieser Körper $\mathfrak{K}_i$ als Grenze einer Reihe vollkommener Ovaloide $\mathfrak{O}_i$ darstellen. Auf Grund der in 19. abgeleiteten Regeln läßt sich dann zeigen, daß dabei ein jeder Ausdruck $V(\mathfrak{O}_j, \mathfrak{O}_k, \mathfrak{O}_l)$ immer nach einer bestimmten, von der Wahl der annähernden Ovaloide unabhängigen Grenze konvergiert, die wir mit $V(\mathfrak{K}_j, \mathfrak{K}_k, \mathfrak{K}_l)$ bezeichnen und das *gemischte Volumen von* $\mathfrak{K}_j, \mathfrak{K}_k, \mathfrak{K}_l$ nennen. Es übertragen sich dann alle Regeln aus 19. und die Entwicklung (22) sofort auf beliebige konvexe Körper.

Für die gemischten Volumina bestehen einige fundamentale Ungleichungen, die in dem Satze gipfeln, daß irgend drei Körper vom Volumen 1 stets ein gemischtes Volumen $\geqq 1$ ergeben. Als Vorbereitung zum Nachweis dieser Ungleichungen behandeln wir zunächst die entsprechenden Fragen für die Ebene.

§ 5. Ovale. Gemischter Flächeninhalt zweier Ovale.

22. Wir betrachten jetzt Figuren in einer Ebene $z =$ const. Es sei $H(u, v)$ eine reelle Funktion zweier reeller Argumente mit den Eigenschaften:

$$H(0, 0) = 0, \quad H(tu, tv) = t\,H(u, v), \quad \text{wenn} \quad t > 0 \quad \text{ist,}$$
$$H(u_1 + u_2,\ v_1 + v_2) \leqq H(u_1, v_1) + H(u_2, v_2),$$
$$H(u, v) + H(-u, -v) > 0, \quad \text{wenn} \quad u, v \neq 0, 0 \quad \text{ist.}$$

Den durch die sämtlichen Ungleichungen

$$ux + vy \leqq H(u, v)$$

für alle möglichen Systeme u, v definierten Bereich $\mathfrak{F}$ von Punkten x, y in der Ebene $z =$ const. bezeichnen wir als ein *Oval* in dieser Ebene, und wir nennen $H(u, v)$ die *Stützgeradenfunktion* dieses Ovals. Jedem solchen Oval $\mathfrak{F}$ kommt ein bestimmter Flächeninhalt, ferner ein bestimmter Schwerpunkt zu; der Schwerpunkt wird stets ein innerer Punkt des Ovals.

Ist s ein positiver Wert > 0, so stellt $s\,H(u, v)$ wieder die Stützgeradenfunktion eines Ovals vor, das wir dann $s\mathfrak{F}$ nennen.

23. Wir bezeichnen ein Oval $\mathfrak{F}$ als ein *vollkommenes Oval*, wenn die Begrenzung von $\mathfrak{F}$ durch eine *analytische* Gleichung in x, y gegeben ist und in jedem Punkte eine *bestimmte* und immer nur eine *Berührung erster Ordnung* eingehende *Tangente* hat.

Ist $\mathfrak{F}$ ein beliebiges Oval mit dem Nullpunkt als Schwerpunkt, und ε eine beliebige positive Größe, so kann man stets ein vollkommenes Oval $\mathfrak{F}^*$, ebenfalls mit dem Nullpunkte als Schwerpunkt, finden, welches $\mathfrak{F}$ enthält und selbst ganz in $(1 + \varepsilon)\,\mathfrak{F}$ enthalten ist. Jedes Oval kann als *Grenze* vollkommener Ovale mit dem nämlichen Schwerpunkt dargestellt werden.

24. Es sei $\mathfrak{F}$ ein vollkommenes Oval, $H(u, v)$ seine Stützgeradenfunktion. Wir bezeichnen mit α, β die Koordinaten eines Punktes der Kreislinie $x^2 + y^2 = 1$ bzw. die Richtung von $x = 0, y = 0$ nach diesem Punkte, führen $\alpha = \cos \vartheta$, $\beta = \sin \vartheta$, $0 \leqq \vartheta \leqq 2\pi$ ein und schreiben $H(\alpha, \beta) = H(\vartheta) = H$. Der Krümmungsradius der Begrenzung von $\mathfrak{F}$ in einem Punkte $\mathfrak{p}$, wo die äußere Normale die Richtung (α, β) hat, wird $R = H + \dfrac{\partial^2 H}{\partial \vartheta^2}$ und der Flächeninhalt von $\mathfrak{F}$ bekommt den Ausdruck:

$$(31) \qquad F = \frac{1}{2} \int_0^{2\pi} H \left(H + \frac{\partial^2 H}{\partial \vartheta^2} \right) d\vartheta.$$

Wir haben nun in bezug auf den Flächeninhalt $\mathfrak{F}$ noch einige Bemerkungen zu entwickeln, die bald Anwendung finden werden.

Es sei a der kleinste, A der größte Wert von x in $\mathfrak{F}$ und bezeichnen wir für ein $x \geq a$ und $\leq A$ mit $y(x)$ die Länge der zur y-Achse parallelen Sehne von $\mathfrak{F}$, auf welcher der betreffende Abszissenwert x konstant ist. Die Funktion $y(x)$ ist im Inneren des Intervalls $a \leq x \leq A$ regulär und an den Grenzen nähert sie sich stetig dem Werte Null. *Ferner ist darin* $\frac{dy}{dx}$ *eine mit wachsendem x stets abnehmende Funktion.* Infolgedessen ist weiter insbesondere

$$\frac{\int\limits_a^x \frac{dy}{dx}\, dx}{\int\limits_a^x dx} = \frac{y}{x-a}$$

eine stets abnehmende und analog $\frac{y}{A-x}$ eine stets wachsende Funktion von x.

Der Flächeninhalt F von $\mathfrak{F}$ besitzt nun auch den Ausdruck

$$(32) \qquad F = \int\limits_a^A y(x)\, dx.$$

Setzen wir, wenn $a \leq x \leq A$ ist,

$$\int\limits_a^x y(x)\, dx = \tau F,$$

so ist $\tau = \tau(x)$ eine solche Funktion der oberen Grenze x dieses Integrals, welche *kontinuierlich* von 0 bis 1 *zunimmt*, während x von a bis A läuft, und *können wir* daher *umgekehrt die obere Grenze dieses Integrals als eine bestimmte Funktion $x(\tau)$ des Wertes τ im Intervalle $0 \leq \tau \leq 1$ einführen.* Dabei gilt

$$y\frac{dx}{d\tau} = F, \qquad \frac{d(y^2)}{d\tau} = 2F\frac{dy}{dx}.$$

Nach der zweiten Gleichung hier wird $\frac{d(y^2)}{d\tau}$ eine mit wachsendem τ stets abnehmende Funktion von τ; infolgedessen ist weiter $\frac{y^2}{\tau}$ eine stets abnehmende, $\frac{y^2}{1-\tau}$ eine stets zunehmende Funktion von τ.

Die Länge der Sehne $\mathfrak{bc}$ von $\mathfrak{F}$ auf der Geraden $x = \frac{a+A}{2}$, also $y\left(\frac{a+A}{2}\right)$, sei $= h$. Die Tangenten an $\mathfrak{F}$ in den Endpunkten dieser Sehne bilden mit den Geraden $x = a$ und $x = A$ ein Trapez, welches $\mathfrak{F}$ ganz in sich enthält; also folgt

$$(33) \qquad (A-a)h \geq F.$$

16*

Andererseits enthält $\mathfrak{F}$ das Dreieck $\mathfrak{abc}$ mit jener Sehne $\mathfrak{bc}$ als Basis und der Spitze in dem Punkte $\mathfrak{a}$ von $\mathfrak{F}$, für den $x = a$ ist; daher gilt

$$\frac{1}{4}(A-a)h < \tau\left(\frac{a+A}{2}\right)F,$$

woraus mit Rücksicht auf (33) nun $\tau\left(\frac{a+A}{2}\right) > \frac{1}{4}$ hervorgeht; analog finden wir $\tau\left(\frac{a+A}{2}\right) < \frac{3}{4}$.

Für einen Wert $\tau > \frac{3}{4}$ fällt danach stets $x(\tau) > \frac{a+A}{2}$ aus; da $\frac{y}{A-x}$ und $\frac{y^2}{1-\tau}$ mit wachsendem x bzw. τ zunehmen, haben wir alsdann

$$\frac{y}{A-x} > \frac{h}{\frac{1}{2}(A-a)}, \quad (1-\tau)F = \int\limits_x^A y\,dx > \frac{(A-x)^2 h}{A-a},$$

woraus mit Rücksicht auf (33) sich

$$(34) \qquad A - x(\tau) < (A-a)\sqrt{1-\tau}$$

ergibt, und erhalten wir andererseits

$$(35) \qquad \frac{y^2}{1-\tau} > \frac{h^2}{1-\tau\left(\frac{a+A}{2}\right)} > \frac{4}{3}h^2, \quad \frac{y^2}{\tau} > \frac{4}{3}\frac{(1-\tau)}{\tau}\frac{F^2}{(A-a)^2}.$$

Nehmen wir an, der Schwerpunkt von $\mathfrak{F}$ liege im Nullpunkte, so führt die Betrachtung der x-Koordinate des Schwerpunktes zur Gleichung

$$0 = \frac{1}{F}\int\limits_a^A xy\,dx = \int\limits_0^1 x\,d\tau,$$

woraus durch partielle Integration

$$(36) \qquad A = \int\limits_a^A \tau\,dx, \quad A = F\int\limits_0^1 \frac{\tau\,d\tau}{y}$$

folgt. Zerlegen wir $\mathfrak{F}$ in die Dreiecke mit $\mathfrak{a}$ als Spitze und den einzelnen Bogenelementen des Umfangs von $\mathfrak{F}$ als Grundlinien, so ist für den Schwerpunkt eines jeden dieser Dreiecke offenbar $A - x > \frac{1}{3}(A-a)$ und muß die gleiche Relation daher auch für den Schwerpunkt von $\mathfrak{F}$ selbst gelten, d. h. wir haben

$$(37) \qquad A > \frac{A-a}{3}.$$

25. Es seien $\mathfrak{F}_1$ und $\mathfrak{F}_2$ zwei beliebige Ovale und $H_1(u,v)$, $H_2(u,v)$ ihre Stützgeradenfunktionen; alsdann bildet $(1-t)H_1(u,v) + tH_2(u,v)$, wenn $t > 0$ und < 1 ist, immer ebenfalls die Stützgeradenfunktion eines Ovals, das mit $\mathfrak{F} = (1-t)\mathfrak{F}_1 + t\mathfrak{F}_2$ bezeichnet werde. Dieser Herstellung

von $\mathfrak{F}$ steht folgende Erzeugungsweise desselben Ovals dual gegenüber. Man verbinde jeden Punkt $\mathfrak{f}_1$ von $\mathfrak{F}_1$ mit jedem Punkte $\mathfrak{f}_2$ von $\mathfrak{F}_2$ und teile immer die Verbindungsstrecke $\mathfrak{f}_1\mathfrak{f}_2$ in einem Punkte $\mathfrak{f}$ so, daß

$$\mathfrak{f} = (1 - t)\mathfrak{f}_1 + t\mathfrak{f}_2$$

ist (d. h. daß die Längen der Strecken $\mathfrak{f}_1\mathfrak{f}$ und $\mathfrak{f}\mathfrak{f}_2$ sich wie $t : 1 - t$ verhalten). Die Menge aller verschiedenen Punkte $\mathfrak{f}$, die auf diese Weise gefunden werden, bildet dann genau den Bereich des Ovals $\mathfrak{F}$. Bei dieser Konstruktion von $\mathfrak{F}$ denken wir uns zweckmäßig $\mathfrak{F}_1$ und $\mathfrak{F}_2$ in zwei verschiedenen Ebenen $z = $ const., etwa $\mathfrak{F}_1$ in $z = 0$ und $\mathfrak{F}_2$ in $z = 1$ gelegen; alsdann stellt $\mathfrak{F} = (1 - t)\mathfrak{F}_1 + t\mathfrak{F}_2$ den Schnitt des kleinsten, die beiden Ovale $\mathfrak{F}_1$ und $\mathfrak{F}_2$ ganz enthaltenden konvexen Körpers mit der Ebene $z = t$ vor.

Der Flächeninhalt des Ovals $\mathfrak{F}$ besitzt einen Ausdruck

$$(38) \qquad F = (1 - t)^2 F_{11} + 2(1 - t)t F_{12} + t^2 F_{22},$$

wobei F_{11} den Flächeninhalt von $\mathfrak{F}_1$, F_{22} den von $\mathfrak{F}_2$ und F_{12} eine weitere Konstante bedeutet, die wir den *gemischten Flächeninhalt* von $\mathfrak{F}_1$ und $\mathfrak{F}_2$ nennen. F_{12} ändert sich nicht bei beliebigen Translationen von $\mathfrak{F}_1$ oder von $\mathfrak{F}_2$.

Sind $\mathfrak{F}_1$ und $\mathfrak{F}_2$ vollkommene Ovale, so finden wir, von der Formel (31) ausgehend,

$$F_{12} = \frac{1}{2}\int\limits_0^{2\pi} H_1\left(H_2 + \frac{\partial^2 H_2}{\partial\vartheta^2}\right) d\vartheta = \frac{1}{2}\int\limits_0^{2\pi} H_2\left(H_1 + \frac{\partial^2 H_1}{\partial\vartheta^2}\right) d\vartheta,$$

worin H_1 für $H_1(\cos\vartheta, \sin\vartheta)$ und H_2 für $H_2(\cos\vartheta, \sin\vartheta)$ steht.

Stellt $\mathfrak{F}_2$ die Kreisfläche $x^2 + y^2 \leq 1$ vor, so ist H_2 hier konstant $= 1$, $F_{22} = \pi$ und wird $2F_{12}$ die *Länge des Umfangs* von $\mathfrak{F}_1$.

26. Wir wollen nun den Satz beweisen, *daß stets die Ungleichung gilt:*

$$(39) \qquad F_{12} \geq \sqrt{F_{11} F_{22}}.$$

Diese Ungleichung ist gleichbedeutend mit folgender Beziehung für den in (38) entwickelten Ausdruck F:

$$(40) \qquad \sqrt{F} \geq (1 - t)\sqrt{F_{11}} + t\sqrt{F_{22}}.$$

Von besonderem Werte ist es, auch die Grenzfälle der Ungleichung (39) mit aufzuklären. Wir werden den Zusatz gewinnen, *daß in dieser Ungleichung dann und nur dann das Gleichheitszeichen eintritt, wenn $\mathfrak{F}_1$ und $\mathfrak{F}_2$ homothetisch sind* (d. h. auseinander durch Translation und Dilatation hervorgehen, miteinander ähnlich und ähnlich gelegen sind).

Wir denken uns der Einfachheit wegen den Schwerpunkt von $\mathfrak{F}_1$ wie den von $\mathfrak{F}_2$ im Nullpunkte gelegen (was stets durch Translation dieser Ovale zu erreichen ist). Alsdann sind $H_1(\alpha, \beta)$ und $H_2(\alpha, \beta)$

immer > 0. Auf der Kreislinie $\alpha^2 + \beta^2 = 1$ hat die daselbst stetige Funktion

$$(41) \qquad \frac{\sqrt{F_{11}}\, H_2(\alpha, \beta)}{\sqrt{F_{22}}\, H_1(\alpha, \beta)}$$

ein bestimmtes *Maximum*, das wir D nennen. Dieser Wert hat die Bedeutung, daß das Oval $\dfrac{1}{\sqrt{F_{22}}}\mathfrak{F}_2$ vom Flächeninhalt 1 im Oval $\dfrac{s}{\sqrt{F_{11}}}\mathfrak{F}_1$ vom Flächeninhalt s^2 enthalten ist, wenn $s \geqq D$ ist, aber nicht ganz darin enthalten, wenn $s < D$ ist. Sind $\mathfrak{F}_1$ und $\mathfrak{F}_2$ homothetisch, so decken sich die Ovale $\dfrac{1}{\sqrt{F_{22}}}\mathfrak{F}_2$ und $\dfrac{1}{\sqrt{F_{11}}}\mathfrak{F}_1$ und ist daher auch ihr gemischter Flächeninhalt $= 1$, also $F_{12} = \sqrt{F_{11}\,F_{22}}$ und wird andererseits $D = 1$.

Jetzt verfolgen wir die Annahme, daß $\mathfrak{F}_1$ und $\mathfrak{F}_2$ *nicht homothetisch* sind. Alsdann muß $D > 1$ ausfallen. Wir werden nun eine Ungleichung aufstellen

$$\frac{F_{12}}{\sqrt{F_{11}\,F_{22}}} - 1 \geqq \Pi(D),$$

worin $\Pi(D)$ eine stetige Funktion von D sein wird, die für ein $D > 1$ stets > 0 ist. Diese Beziehung setzt dann in Evidenz, daß stets $F_{12} > \sqrt{F_{11}F_{22}}$ wird, wenn $\mathfrak{F}_1$ und $\mathfrak{F}_2$ nicht homothetisch sind.

Eine Beziehung von diesem Charakter mit einer stetigen Funktion $\Pi(D)$ *braucht offenbar nur für vollkommene Ovale erwiesen zu werden.* Durch unseren Hilfssatz in 23. über die Annäherung eines beliebigen Ovals durch vollkommene Ovale gilt sie dann sofort für alle Ovale.

27. Es seien nunmehr $\mathfrak{F}_1$ und $\mathfrak{F}_2$ zwei vollkommene Ovale und sie seien nicht homothetisch. Wir drehen die Koordinatenachsen um den Nullpunkt derart, daß die positive x-Achse in eine solche Richtung fällt, wofür die Funktion (41) ihren größten Wert D erhält, d. h. also, wir nehmen

$$(42) \qquad \frac{\sqrt{F_{11}}\, H_2(1, 0)}{\sqrt{F_{22}}\, H_1(1, 0)} = D$$

an.

Es sei jetzt t irgendein bestimmter Wert > 0 und < 1; wir gebrauchen für das Oval $\mathfrak{F} = (1-t)\mathfrak{F}_1 + t\mathfrak{F}_2$ die Zeichen a, A, $y(x)$ in derselben Weise, wie sie für ein Oval $\mathfrak{F}$ in 24. erklärt sind; die entsprechenden Größen für $\mathfrak{F}_1$ und $\mathfrak{F}_2$ bezeichnen wir mit a_1, A_1, $y_1(x)$, a_2, A_2, $y_2(x)$; insbesondere ist $A_1 = H_1(1, 0)$, $A_2 = H_2(1, 0)$. Alsdann bestehen für a und A, den kleinsten bzw. größten Wert von x in $\mathfrak{F}$, die Ausdrücke

$$(43) \qquad a = (1-t)a_1 + ta_2, \quad A = (1-t)A_1 + tA_2.$$

Die Flächeninhalte von $\mathfrak{F}_1$ und $\mathfrak{F}_2$ stellen wir gemäß der Formel (32) dar:

$$(44) \qquad F_{11} = \int\limits_{a_1}^{A_1} y_1(x)\,dx, \qquad F_{22} = \int\limits_{a_2}^{A_2} y_2(x)\,dx.$$

Wir setzen nun, wenn $a_1 \leqq x_1 \leqq A_1$, $a_2 \leqq x_2 \leqq A_2$ ist,

$$(45) \qquad \int\limits_{a_1}^{x_1} y_1(x)\,dx = \tau F_{11}, \qquad \int\limits_{a_2}^{x_2} y_2(x)\,dx = \tau F_{22}$$

und führen die oberen Grenzen dieser Integrale als Funktionen $x_1(\tau)$, $x_2(\tau)$ des Wertes τ ein, der sich im Intervalle $0 \leqq \tau \leqq 1$ bewegt. Indem wir unter τ in diesen beiden Funktionen ein und dasselbe Argument verstehen, wird ein gewisser Zusammenhang zwischen den zur y-Achse parallelen Sehnen von $\mathfrak{F}_1$ und von $\mathfrak{F}_2$ hergestellt.[*]

Wir ziehen jetzt die in 25. angegebene Methode zur Erzeugung des Ovals $\mathfrak{F}$ aus den Punkten von $\mathfrak{F}_1$ und $\mathfrak{F}_2$ heran und bringen sie zunächst auf die Punkte der Sehne $\mathfrak{p}_1\mathfrak{q}_1$ von $\mathfrak{F}_1$ auf der Geraden $x = x_1(\tau)$ und der Sehne $\mathfrak{p}_2\mathfrak{q}_2$ von $\mathfrak{F}_2$ auf der Geraden $x = x_2(\tau)$ in Anwendung; dadurch erkennen wir, daß zu $\mathfrak{F}$ auf der Geraden

$$(46) \qquad x = (1-t)x_1(\tau) + tx_2(\tau)$$

jedenfalls alle diejenigen Punkte gehören müssen, welche diese Gerade aus dem Trapeze $\mathfrak{p}_1\mathfrak{q}_1\mathfrak{q}_2\mathfrak{p}_2$ herausschneidet. Die Längen der Sehnen $\mathfrak{p}_1\mathfrak{q}_1$ und $\mathfrak{p}_2\mathfrak{q}_2$ sind $y_1(x_1(\tau))$ bzw. $y_2(x_2(\tau))$; danach muß für die Länge $y(x)$ der Sehne $\mathfrak{p}\mathfrak{q}$ von $\mathfrak{F}$ auf der durch (46) angewiesenen Geraden jedenfalls die Ungleichung

$$(47) \qquad y(x) \geqq (1-t)\,y_1(x_1(\tau)) + ty_2(x_2(\tau))$$

gelten.

Für den Flächeninhalt F des Ovals $\mathfrak{F}$ haben wir

$$F = \int\limits_{a}^{A} y(x)\,dx$$

Nun wächst die durch (46) gegebene Funktion x kontinuierlich und läuft nach (43) in den Grenzen a bis A, wenn τ von 0 bis 1 zunimmt, und können wir sie daher als Variable in dieses Integral für F einführen. Schreiben wir zur Abkürzung x_1, y_1 und x_2, y_2 für $x_1(\tau)$, $y_1(x_1(\tau))$ und $x_2(\tau)$, $y_2(x_2(\tau))$ und machen von (47) Gebrauch, so ergibt sich

---

[*] Die Idee dieser Zuordnung der parallelen Sehnen in zwei Ovalen nach dem Verhältnis der je zwei Flächenstücke, in welche sie die Ovale zerschneiden, rührt von Herrn H. Brunn her (vgl. *Ovale und Eiflächen*, Inauguraldissertation, München, 1887, S. 23).

$$F \geqq \int_0^1 \big((1-t)\,y_1 + t y_2\big) \left((1-t)\,\frac{dx_1}{d\tau} + t\,\frac{dx_2}{d\tau}\right) d\tau.$$

Jetzt ziehen wir den Ausdruck (38) für F heran und benutzen die Gleichungen (44); dadurch erhalten wir

$$2 F_{12} \geqq \int_0^1 \left(y_1\,\frac{dx_2}{d\tau} + y_2\,\frac{dx_1}{d\tau}\right) d\tau.$$

Hier führen wir gemäß (45):

$$\frac{dx_1}{d\tau} = \frac{F_{11}}{y_1}, \quad \frac{dx_2}{d\tau} = \frac{F_{22}}{y_2}$$

ein, und wir erzielen endlich

$$(48) \qquad 2\big(F_{12} - \sqrt{F_{11}\,F_{22}}\big) \geqq \int_0^1 \frac{\big(y_1\sqrt{F_{22}} - y_2\sqrt{F_{11}}\big)^2}{y_1\,y_2}\,d\tau.$$

Andererseits haben wir der Formel (36) zufolge:

$$A_1 = F_{11}\int_0^1 \frac{\tau\,d\tau}{y_1}, \quad A_2 = F_{22}\int_0^1 \frac{\tau\,d\tau}{y_2},$$

mithin

$$(49) \qquad \int_0^1 \frac{y_1\sqrt{F_{22}} - y_2\sqrt{F_{11}}}{y_1\,y_2}\,\tau\,d\tau = \frac{A_2}{\sqrt{F_{22}}} - \frac{A_1}{\sqrt{F_{11}}} = (D-1)\,\frac{A_1}{\sqrt{F_{11}}} > 0.$$

Mit Hilfe der letzteren Beziehung suchen wir eine positive untere Grenze für das Integral auf der rechten Seite in (48) herzuleiten; dabei entsteht eine Schwierigkeit durch den Umstand, daß $\dfrac{\tau}{\sqrt{y_1\,y_2}}$ bei Annäherung an $\tau = 1$ über jede Grenze hinauswächst. Es sei nun δ eine positive Größe $< \dfrac{1}{4}$, so gilt

$$F_{22}\int_{1-\delta}^1 \frac{\tau\,d\tau}{y_2} < F_{22}\int_{1-\delta}^1 \frac{d\tau}{y_2} = A_2 - x_2\,(1-\delta);$$

mit Rücksicht auf (34) und (37) finden wir die rechte Seite hier $< 3 A_2\sqrt{\delta}$, und wir erhalten aus (49) die Ungleichung

$$(50) \qquad \int_0^{1-\delta} \frac{y_1\sqrt{F_{22}} - y_2\sqrt{F_{11}}}{y_1\,y_2}\,\tau\,d\tau > \big(D(1 - 3\sqrt{\delta}) - 1\big)\,\frac{A_1}{\sqrt{F_{11}}}.$$

Die Ungleichung (48) bleibt bestehen, wenn wir die Integration rechts nur bis zur oberen Grenze $1 - \delta$ erstrecken. Im Intervalle 0 bis $1 - \delta$ sind zufolge einer in 24. gemachten Bemerkung $\dfrac{y_1}{\sqrt{\tau}}$ und $\dfrac{y_2}{\sqrt{\tau}}$

beständig abnehmende Funktionen und haben wir mit Rücksicht auf (35) und (37) und auf $\tau < 1$ durchweg

$$\frac{y_1 y_2}{\tau^2} > \frac{4}{27}\, \delta\, \frac{F_{11} F_{22}}{A_1 A_2}\,;$$

damit erhalten wir aus (48) die Beziehung

$$2\left(F_{12} - \sqrt{F_{11} F_{22}}\right) \geqq \frac{4}{27}\, \delta\, \frac{F_{11} F_{22}}{A_1 A_2} \int\limits_0^{1-\delta} \frac{\left(y_1 \sqrt{F_{22}} - y_2 \sqrt{F_{11}}\right)^2}{y_1{}^2 y_2{}^2}\, \tau^2\, d\tau.$$

Bezeichnen wir den Integranden in (50) zur Abkürzung mit Ψ, so ist

$$\int\limits_0^{1-\delta} (\Psi + s)^2\, d\tau$$

für jeden reellen Wert von s stets $\geqq 0$ und gilt infolgedessen

$$(51) \qquad \int\limits_0^{1-\delta} \Psi^2\, d\tau \geqq \frac{1}{1-\delta}\left(\int\limits_0^{1-\delta} \Psi\, d\tau\right)^2.$$

Diese Beziehung führt uns nun mit Rücksicht auf (50) und, wenn wir noch hier rechts $1 - \delta$ im Nenner durch 1 ersetzen, zu

$$2\left(F_{12} - \sqrt{F_{11} F_{22}}\right) \geqq \frac{4}{27}\, \delta\, \frac{F_{11} F_{22}}{A_1 A_2} \frac{A_1{}^2}{F_{11}} \left(D\left(1 - 3\sqrt{\delta}\right) - 1\right)^2.$$

Das Maximum von $3\sqrt{\delta}\left(D - 1 - 3D\sqrt{\delta}\right)$ tritt für $3\sqrt{\delta} = \dfrac{D-1}{2D}$ ein, wobei $\delta < \dfrac{1}{36}$, also gewiß $< \dfrac{1}{4}$ ist, und wird $= \dfrac{(D-1)^2}{4D}$. Mit diesem Werte von δ entsteht, wenn wir noch von (42) Gebrauch machen:

$$(52) \qquad \frac{F_{12}}{\sqrt{F_{11} F_{22}}} - 1 \geqq \frac{1}{2^3 \cdot 3^5} \frac{(D-1)^4}{D^3}.$$

In der hier geschriebenen Form (mit dem Zeichen $\geqq$) überträgt sich diese Relation unmittelbar auf beliebige Ovale; sie liefert in der Tat den Satz, *daß stets $F_{12} > \sqrt{F_{11} F_{22}}$ ist, wenn $\mathfrak{F}_1$ und $\mathfrak{F}_2$ nicht homothetisch sind.*

28. Nehmen wir für $\mathfrak{F}_2$ eine Kreisfläche vom Radius 1, so bedeutet $2 F_{12}$ die Länge des Umfangs von $\mathfrak{F}_1$, während $F_{22} = \pi$ zu setzen ist. Die für diesen Fall aus (39) entstehende Ungleichung

$$\frac{2 F_{12}}{2 \pi} \geqq \sqrt{\frac{F_{11}}{\pi}}$$

besagt, *daß jedes Oval, welches von einem Kreise verschieden ist, immer kleineren Inhalt besitzt als ein Kreis von demselben Umfange. Diese Aussage läßt sich sogleich auch auf nicht konvexe Flächen ausdehnen,* indem zu jeder abgeschlossenen und zusammenhängenden Figur, welche nicht ein Oval vorstellt und welcher ein bestimmter Flächeninhalt und eine bestimmte Länge des Umfanges zukommt, immer ein bestimmtes kleinstes, die Figur ganz enthaltendes Oval gehört, und für dieses der Flächeninhalt größer, der Umfang kleiner ausfällt als für die Ausgangsfigur.

§ 6. Eine kubische Ungleichung für die gemischten Volumina.

29. Wir suchen jetzt die entsprechenden Tatsachen für den Raum abzuleiten. Zunächst schicken wir einige Hilfsbemerkungen voraus.

Es sei $\Re$ ein vollkommenes Ovaloid, c der kleinste, C der größte Wert von z in $\Re$; für jeden Wert $z \geq c$ und $\leq C$ bezeichnen wir mit $\Im(z)$ den Schnitt von $\Re$ mit der Ebene, in welcher der betreffende Wert z konstant ist, mit $(f(z))^2$ den Flächeninhalt von $\Im(z)$. Für die Werte im Inneren des Intervalls $c \leq z \leq C$ stellt $\Im(z)$ Ovale vor und ist die Funktion $f(z)$ immer regulär, an den Grenzen nähert sich $f(z)$ stetig dem Werte Null. Ist $c < z' < z < z'' < C$, $z = (1 - t)z' + tz''$, so enthält das Schnittoval $\Im(z)$, da $\Re$ ein konvexer Körper ist, jedenfalls das ganze durch $(1 - t)\Im(z') + t\Im(z'')$ dargestellte Oval in sich und gilt daher zufolge der Ungleichung (40) sicherlich

$$f(z) \geq (1 - t)f(z') + tf(z'').$$

Auf Grund dieser Eigenschaften erkennen wir, wenn wir z und f als rechtwinklige Koordinaten in einer Ebene deuten, daß der Bereich

$$(53) \qquad c \leq z \leq C, \quad 0 \leq f \leq f(z)$$

ein Oval in dieser Ebene vorstellt, und nimmt infolgedessen $\dfrac{df(z)}{dz}$ mit wachsendem z beständig ab.

Das Volumen V von $\Re$ drückt sich durch

$$(54) \qquad V = \int_c^C (f(z))^2 \, dz$$

aus. Setzen wir nun, wenn $c \leq z \leq C$ ist,

$$\int_c^z (f(z))^2 \, dz = \tau V,$$

so wächst $\tau = \tau(z)$ kontinuierlich von 0 bis 1, während die obere Grenze z von c bis C zunimmt; wir können dann umgekehrt die obere Grenze z dieses Integrals als eine bestimmte Funktion $z(\tau)$ des Wertes τ einführen, die ihrerseits kontinuierlich von c bis C zunehmen wird, während τ von 0 bis 1 wächst. Dabei gilt, wenn wir zur Abkürzung $f(z(\tau)) = f$ setzen,

$$f^2 \frac{dz}{d\tau} = V.$$

Wir entnehmen daraus weiter

$$\frac{d(f^3)}{d\tau} = 3\,\frac{df}{dz}\,V,$$

so daß auch $\frac{d(f^3)}{d\tau}$ mit wachsendem τ beständig abnimmt; infolgedessen wird weiter $\frac{f^3}{\tau}$ eine beständig abnehmende und andererseits $\frac{f^3}{1-\tau}$ eine beständig zunehmende Funktion von τ sein.

Betrachten wir wieder das durch (53) bestimmte Oval in seiner zf-Ebene. Es sei h die Länge derjenigen Sehne dieses Ovals, auf der $z = \frac{c+C}{2}$ ist, also $h = f\left(\frac{c+C}{2}\right)$. Die Tangente des Ovals im Endpunkte $f = h$ dieser Sehne bildet mit den Geraden $z = c$, $z = C$ und $f = 0$ ein Trapez, in welchem das Oval ganz enthalten ist; dadurch ergibt sich

$$(55) \qquad V < \frac{4}{3}\,(C - c)\,h^2.$$

Andererseits ist das Dreieck mit jener Sehne als Basis und der Spitze $z = c$, $f = 0$ ganz im Bereiche $z \leq \frac{c+C}{2}$ des Ovals enthalten, und geht hieraus

$$\frac{1}{6}\,(C - c)\,h^2 < \tau\left(\frac{c+C}{2}\right)\,V$$

hervor; mit Rücksicht auf die Relation (55) erhalten wir sodann

$$\tau\left(\frac{c+C}{2}\right) > \frac{1}{8}\,.$$

Analog finden wir $1 - \tau\left(\frac{c+C}{2}\right) < \frac{1}{8}$, also $\tau\left(\frac{c+C}{2}\right) > \frac{7}{8}\,.$

Für einen Wert $\tau > \frac{7}{8}$ wird demnach immer $z(\tau) > \frac{c+C}{2}$ sein; es folgt dann

$$\frac{f(z)}{C - z} > \frac{h}{\frac{1}{2}\,(C - c)}, \quad (1 - \tau)\,V = \int_{z}^{C} (f(z))^2\,dz > \frac{4}{3}\,\frac{(C - z)^3}{(C - c)^2}\,h^2,$$

woraus mit Hilfe von (55) die Ungleichung

$$(56) \qquad C - z(\tau) < (C - c)\,\sqrt[3]{1 - \tau}$$

hervorgeht, und es ergibt sich ferner

$$(57) \qquad \frac{(f(z))^3}{1 - \tau} > \frac{h^3}{1 - \tau\left(\frac{c+C}{2}\right)} > \frac{8}{7}\,h^3, \quad \frac{(f(z))^3}{\tau} > \frac{8}{7}\,\frac{1 - \tau}{\tau}\left(\frac{3}{4}\,\frac{V}{C - c}\right)^{\frac{3}{2}}.$$

Nehmen wir den Schwerpunkt von $\Re$ im Nullpunkt gelegen an, so führt die Betrachtung der z-Koordinate dieses Schwerpunkts zur Gleichung

$$(58) \qquad 0 = \frac{1}{V}\int_{c}^{C} zf^2\,dz = \int_{0}^{1} z\,d\tau, \quad C = \int_{c}^{C} \tau\,dz = V\int_{0}^{1}\frac{\tau\,d\tau}{f^2}\,.$$

Zerlegen wir $\Re$ in lauter Pyramiden mit der Spitze in demjenigen Punkte von $\Re$, für den $z = c$ ist, und mit den einzelnen Oberflächenelementen von $\Re$ als Grundflächen, so ist für den Schwerpunkt einer jeden dieser Pyramiden $C - z > \frac{1}{4}(C - c)$ und gilt daher die gleiche Relation auch für den Schwerpunkt von $\Re$ selbst, d. h. man hat

$$(59) \qquad C - c < 4C.$$

30. Es seien jetzt $\Re_1$ und $\Re_2$ zwei beliebige konvexe Körper mit den Stützebenenfunktionen H_1 und H_2 und t ein beliebiger Wert > 0 und < 1. Verbindet man jeden Punkt $\mathfrak{k}_1$ von $\Re_1$ mit jedem Punkte $\mathfrak{k}_2$ von $\Re_2$ und teilt die Strecke $\mathfrak{k}_1\mathfrak{k}_2$ immer in dem Punkte $\mathfrak{k} = (1 - t)\mathfrak{k}_1 + t\mathfrak{k}_2$, so erfüllt die Gesamtheit aller verschiedenen in dieser Weise entstehenden Punkte $\mathfrak{k}$ genau den konvexen Körper $\Re = (1 - t)\Re_1 + t\Re_2$, der als Stützebenenfunktion $H = (1 - t)H_1 + tH_2$ besitzt (vgl. hierzu die Formel (21) in § 4). Das Volumen dieses Körpers $\Re$ wird durch einen Ausdruck

$$(60) \qquad V = (1 - t)^3 V_0 + 3(1 - t)^2 t V_1 + 3(1 - t)t^2 V_2 + t^3 V_3$$

dargestellt, worin V_0, V_1, V_2, V_3 die gemischten Volumina

$$(61) \quad V(\Re_1, \Re_1, \Re_1), \quad V(\Re_1, \Re_1, \Re_2), \quad V(\Re_1, \Re_2, \Re_2), \quad V(\Re_2, \Re_2, \Re_2)$$

bedeuten, insbesondere also V_0 das Volumen von $\Re_1$ und V_3 das von $\Re_2$ vorstellt. Diese vier Konstanten bleiben bei beliebigen Translationen von $\Re_1$ und von $\Re_2$ ungeändert.

Wir wollen nun den Satz beweisen:

Für diese Konstanten im Ausdruck von V gilt stets die Ungleichung

$$(62) \qquad V_1^3 \geqq V_0^2 V_3$$

und zwar tritt hier das Gleichheitszeichen dann und nur dann ein, wenn $\Re_1$ und $\Re_2$ homothetisch sind (auseinander durch Translation und Dilatation hervorgehen).

Wir denken uns von vornherein mit $\Re_1$ und $\Re_2$ solche Translationen vorgenommen, daß sowohl der Schwerpunkt von $\Re_1$ wie der von $\Re_2$ in den Nullpunkt zu liegen kommt. Alsdann sind die Stützebenenfunktionen dieser Körper, $H_1(u, v, w)$ und $H_2(u, v, w)$, für alle Argumente $u, v, w \neq 0, 0, 0$ stets > 0. Es sei D das Maximum der Funktion

$$(63) \qquad \frac{\sqrt[3]{V_0}\, H_2(\alpha, \beta, \gamma)}{\sqrt[3]{V_3}\, H_1(\alpha, \beta, \gamma)}$$

auf der ganzen Kugelfläche $\mathfrak{E}$ ($\alpha^2 + \beta^2 + \gamma^2 = 1$); alsdann ist der Körper $\frac{1}{\sqrt[3]{V_3}}\Re_2$ vom Volumen 1 im Körper $\frac{s}{\sqrt[3]{V_0}}\Re_1$ vom Volumen s^3 enthalten, wenn $s \geqq D$ ist, aber nicht ganz darin enthalten, wenn $s < D$ ist. Wenn

$\mathfrak{K}_1$ und $\mathfrak{K}_2$ homothetisch sind, gilt $D = 1$ und entnehmen wir aus der Regel (26) in 19., daß alsdann $\dfrac{V_1}{V_0} = \dfrac{V_2}{V_1} = \dfrac{V_3}{V_2}$ und daher $V_1{}^3 = V_0{}^2 V_3$ ist.

Sind $\mathfrak{K}_1$ und $\mathfrak{K}_2$ nicht homothetisch, was wir jetzt annehmen wollen, so fällt $D > 1$ aus, und wir werden zeigen, daß alsdann eine Ungleichung besteht:

$$\frac{V_1}{\sqrt[3]{V_0{}^2 V_3}} - 1 \geqq \Pi(D),$$

worin $\Pi(D)$ eine stetige Funktion von D vorstellt, welche für ein $D > 1$ stets > 0 ausfällt. Eine derartige Relation mit einer *stetigen* Funktion $\Pi(D)$ braucht nur für vollkommene Ovaloide $\mathfrak{K}_1$, $\mathfrak{K}_2$ bewiesen zu werden; vermöge unseres Hilfssatzes aus § 2 über die Annäherung beliebiger konvexer Körper durch vollkommene Ovaloide gilt sie dann sofort für alle konvexen Körper.

31. Es seien jetzt $\mathfrak{K}_1$ und $\mathfrak{K}_2$ zwei vollkommene Ovaloide und sie seien nicht einander homothetisch. Wir geben den Koordinatenachsen eine solche Lage, daß die positive z-Achse in eine Richtung fällt, wofür die Funktion (63) ihren größten Wert D annimmt. Wir verwenden die Zeichen c, C, $\mathfrak{F}(z)$, $f(z)$ für den Körper $\mathfrak{K} = (1 - t)\mathfrak{K}_1 + t\mathfrak{K}_2$, wie sie für den Körper $\mathfrak{K}$ in 29. erklärt sind, und bezeichnen die entsprechenden Größen und Bereiche in bezug auf $\mathfrak{K}_1$ oder $\mathfrak{K}_2$ analog unter Hinzufügung des Index 1 oder 2. Alsdann ist $C_1 = H_1(1, 0, 0)$, $C_2 = H_2(1, 0, 0)$ und nach der eben gemachten Voraussetzung wird

$$(64) \qquad \frac{\sqrt[3]{V_0}\, C_2}{\sqrt[3]{V_3}\, C_1} = D > 1.$$

Der kleinste und größte Wert von z in $\mathfrak{K}$ bestimmen sich gemäß

$$(65) \qquad c = (1 - t)\, c_1 + t c_2, \quad C = (1 - t)\, C_1 + t C_2.$$

Wir setzen nun, wenn $c_1 \leqq z_1 \leqq C_1$, $c_2 \leqq z_2 \leqq C_2$ ist,

$$(66) \qquad \int_{c_1}^{z_1} (f_1(z))^2\, dz = \tau V_0, \qquad \int_{c_2}^{z_2} (f_2(z))^2\, dz = \tau V_3,$$

und führen umgekehrt die oberen Grenzen dieser zwei Integrale als Funktionen $z_1(\tau)$, $z_2(\tau)$ der Variablen τ ein, die sich im Intervalle $0 \leqq \tau \leqq 1$ bewegt. Indem wir für τ in beiden Funktionen dasselbe Argument verwenden, erhalten wir eine gewisse Zuordnung der Schnitte $\mathfrak{F}_1(z_1(\tau))$ von $\mathfrak{K}_1$ und $\mathfrak{F}_2(z_2(\tau))$ von $\mathfrak{K}_2$.

Andererseits stellen wir das Volumen von $\mathfrak{K}$ in der Formel

$$(67) \qquad V = \int_{c}^{C} (f(z))^2\, dz$$

dar. Setzen wir

$$(68) \qquad z = (1 - t)\, z_1(\tau) + t z_2(\tau),$$

so nimmt diese Funktion von τ, wenn τ von 0 bis 1 läuft, kontinuierlich wachsend die Werte von c bis C an. Wir wenden nun die in 30. erörterte Konstruktion, welche aus den Punkten von $\mathfrak{K}_1$ und von $\mathfrak{K}_2$ die Punkte von $\mathfrak{K}$ herzuleiten gestattet, speziell auf die Punkte $\mathfrak{f}_1$ von $\mathfrak{K}_1$ in seinem Schnitte $\mathfrak{F}_1(z_1(\tau))$ und die Punkte $\mathfrak{f}_2$ von $\mathfrak{K}_2$ in seinem Schnitte $\mathfrak{F}_2(z_2(\tau))$ an, wobei τ irgendein Wert > 0 und < 1 sei. Die Menge der dabei hervorgehenden Punkte $\mathfrak{f} = (1-t)\,\mathfrak{f}_1 + t\mathfrak{f}_2$ bildet alsdann genau den Bereich

$$(69) \qquad (1 - t)\,\mathfrak{F}_1(z_1(\tau)) + t\mathfrak{F}_2(z_2(\tau))$$

in derjenigen Ebene $z = \text{const.}$, die durch den Wert z in (68) bestimmt ist; danach muß der zu diesem Werte z gehörige Schnitt $\mathfrak{F}(z)$ von $\mathfrak{K}$ gewiß den ganzen Bereich (69) in sich enthalten. Ziehen wir die Relation (40) aus 26. heran, so geht daraus

$$(70) \qquad f(z) \geqq (1 - t)\, f_1(z_1(\tau)) + t f_2(z_2(\tau))$$

hervor. Aus (67) erhalten wir nunmehr, wenn wir für $z_1(\tau)$, $f_1(z_1(\tau))$, $z_2(\tau)$, $f_2(z_2(\tau))$ zur Abkürzung z_1, f_1, z_2, f_2 schreiben:

$$V \geqq \int\limits_0^1 ((1 - t)f_1 + t f_2)^2 \left((1 - t)\,\frac{d z_1}{d\tau} + t\,\frac{d z_2}{d\tau} \right) d\tau.$$

Wir verwenden jetzt den Ausdruck (60) für V, machen noch von

$$V_0 = \int\limits_0^1 f_1^2\,\frac{d z_1}{d\tau}\, d\tau$$

Gebrauch und lassen endlich in der entstehenden Ungleichung die Größe t sich der Grenze Null nähern; dadurch kommen wir zur Ungleichung

$$3V_1 \geqq \int\limits_0^1 \left(f_1^2\,\frac{d z_2}{d\tau} + 2 f_1 f_2\,\frac{d z_1}{d\tau} \right) d\tau.$$

Nach den Gleichungen (66) haben wir

$$f_1^2\,\frac{d z_1}{d\tau} = V_0, \qquad f_2^2\,\frac{d z_2}{d\tau} = V_3,$$

und so ergibt sich weiter

$$3V_1 \geqq \int\limits_0^1 \left(V_3\,\frac{f_1^2}{f_2^2} + 2 V_0\,\frac{f_2}{f_1} \right) d\tau.$$

Setzen wir

$$(71) \qquad \frac{f_1}{\sqrt[3]{V_0}} = \varphi_1, \qquad \frac{f_2}{\sqrt[3]{V_3}} = \varphi_2,$$

so läßt sich diese letzte Ungleichung in

$$(72) \quad 3\left(\frac{V_1}{\sqrt[3]{V_0{}^2 V_3}} - 1\right) \geqq \int_0^1 \left(\frac{\varphi_1{}^2}{\varphi_2{}^2} - 3 + \frac{2\varphi_2}{\varphi_1}\right) d\tau = \int_0^1 \frac{(\varphi_1 - \varphi_2)^2(\varphi_1 + 2\varphi_2)}{\varphi_1 \varphi_2{}^2} d\tau$$

umwandeln.

Andererseits haben wir gemäß (58):

$$\frac{C_1}{\sqrt[3]{V_0}} = \int_0^1 \frac{\tau\, d\tau}{\varphi_1{}^2}, \qquad \frac{C_2}{\sqrt[3]{V_3}} = \int_0^1 \frac{\tau\, d\tau}{\varphi_2{}^2},$$

mithin

$$(73) \quad \int_0^1 \frac{(\varphi_1 - \varphi_2)(\varphi_1 + \varphi_2)\tau}{\varphi_1{}^2 \varphi_2{}^2} d\tau = \frac{C_2}{\sqrt[3]{V_3}} - \frac{C_1}{\sqrt[3]{V_0}} = (D-1)\frac{C_1}{\sqrt[3]{V_0}} > 0.$$

Nehmen wir jetzt eine positive Größe $\delta < \frac{1}{8}$ an, so wird unter Verwendung von (56) und (59):

$$\int_{1-\delta}^1 \frac{\tau\, d\tau}{\varphi_2{}^2} < \int_{1-\delta}^1 \frac{d\tau}{\varphi_2{}^2} = \frac{C_2 - z_2(1-\delta)}{\sqrt[3]{V_3}} < 4\sqrt[3]{\delta}\,\frac{C_2}{\sqrt[3]{V_3}},$$

und mit Rücksicht hierauf folgt aus (73):

$$(74) \quad \int_0^{1-\delta} \frac{(\varphi_1 - \varphi_2)(\varphi_1 + \varphi_2)\tau}{\varphi_1{}^2 \varphi_2{}^2} d\tau > \left(D\left(1 - 4\sqrt[3]{\delta}\right) - 1\right)\frac{C_1}{\sqrt[3]{V_0}}.$$

Die Ungleichung (72) bleibt gültig, wenn wir auf der rechten Seite die Integration nur bis zur oberen Grenze $1 - \delta$ erstrecken. Bezeichnen wir den Integranden in (74) mit Ψ, so wird der Integrand in (72):

$$(75) \qquad \frac{(\varphi_1 + 2\varphi_2)\varphi_1{}^3\varphi_2{}^2}{(\varphi_1 + \varphi_2)^2\tau^2}\,\Psi^2.$$

Nun ist im Intervalle $0 < \tau \leqq 1 - \delta$ zufolge (57) und (59):

$$\frac{\varphi_1{}^2}{\tau^{\frac{2}{3}}} > \frac{3}{7^{\frac{2}{3}} \cdot 4}\,\delta^{\frac{2}{3}}\frac{\sqrt[3]{V_0}}{C_1}, \qquad \frac{\varphi_2{}^2}{\tau^{\frac{2}{3}}} > \frac{3}{7^{\frac{2}{3}} \cdot 4}\,\delta^{\frac{2}{3}}\frac{\sqrt[3]{V_3}}{C_2},$$

wobei von den zwei unteren Grenzen hier wegen (64) die erste die **größere** ist; andererseits hat man $\dfrac{\varphi_1(\varphi_1 + 2\varphi_2)}{(\varphi_1 + \varphi_2)^2} \geqq \dfrac{3}{4}$, wenn $\varphi_1 \geqq \varphi_2$ ist, und $\dfrac{\varphi_2(\varphi_1 + 2\varphi_2)}{(\varphi_1 + \varphi_2)^2} \geqq \dfrac{3}{4}$, wenn $\varphi_2 \geqq \varphi_1$ ist. Danach fällt der Faktor von Ψ^2 in (75) im Intervalle $0 < \tau \leqq 1 - \delta$ stets

$$> \frac{27}{7^{\frac{4}{3}} \cdot 64}\frac{\sqrt[3]{V_0 V_3}}{C_1 C_2}\,\delta^{\frac{4}{3}}$$

aus. Auf Grund der auch schon früher verwandten Hilfsformel (51) erhalten wir nunmehr:

$$3\left(\frac{V_1}{\sqrt[3]{V_0{}^2 V_3}}-1\right) > \frac{3^3}{7^{\frac{4}{3}}\cdot 2^{14}}(4\sqrt[3]{\delta})^4\frac{\left(D(1-4\sqrt[3]{\delta})-1\right)^2}{D}.$$

Das Produkt $(4\sqrt[3]{\delta})^2(D-1-4\sqrt[3]{\delta}\,D)$ nimmt seinen größten Wert für $4\sqrt[3]{\delta}=\dfrac{2(D-1)}{3D}$ an, wobei $\delta < \dfrac{1}{216}$, also sicher $< \dfrac{1}{8}$ ist, und wird dann $=\dfrac{4(D-1)^3}{27 D^2}$. Mit diesem Werte für δ folgt endlich

$$(76)\qquad \frac{V_1}{\sqrt[3]{V_0{}^2 V_3}}-1 \geqq \frac{1}{2^{10}\cdot 3^4\cdot 7^{\frac{4}{3}}}\frac{(D-1)^6}{D^5}.$$

In solcher Form überträgt sich diese Ungleichung sofort auf zwei beliebige konvexe Körper $\mathfrak{K}_1$ und $\mathfrak{K}_2$ und setzt in der Tat in Evidenz, *daß, wenn $\mathfrak{K}_1$ und $\mathfrak{K}_2$ nicht homothetisch sind, stets*

$$V_1 > \sqrt[3]{V_0{}^2 V_3}$$

ausfällt.

32. Vertauschen wir die Rollen von $\mathfrak{K}_1$ und $\mathfrak{K}_2$, so treten, wie aus (61) zu ersehen ist, an Stelle von $V_0,\, V_1,\, V_2,\, V_3$ diese Größen in umgekehrter Folge und geht aus $V_1 \geqq \sqrt[3]{V_0{}^2 V_3}$ die Ungleichung $V_2 \geqq \sqrt[3]{V_0 V_3{}^2}$ hervor. Diese zwei Ungleichungen zusammen ergeben für den Ausdruck V in (60) die Abschätzung

$$(77)\qquad \sqrt[3]{V} \geqq (1-t)\sqrt[3]{V_0} + t\sqrt[3]{V_3}.$$

Bezeichnen wir das *Minimum* der Funktion (63) auf der Kugelfläche $\mathfrak{E}$ mit d, so ist der Körper $\dfrac{d}{\sqrt[3]{V_0}}\mathfrak{K}_1 = \mathfrak{L}_1$ ganz im Körper $\dfrac{1}{\sqrt[3]{V_3}}\mathfrak{K}_2 = \mathfrak{L}_2$ enthalten; infolgedessen gilt:

$$V(\mathfrak{L}_2,\mathfrak{L}_2,\mathfrak{L}_2) \geqq V(\mathfrak{L}_1,\mathfrak{L}_1,\mathfrak{L}_2),$$

d. h.

$$1 \geqq \frac{d^2 V_1}{\sqrt[3]{V_0{}^2 V_3}},\quad \frac{1}{d^2}-1 \geqq \frac{V_1}{\sqrt[3]{V_0{}^2 V_3}}-1.$$

Verbinden wir hiermit die Ungleichung (76), so folgt

$$(78)\qquad \frac{1}{d^2}-1 \geqq \frac{1}{2^{10}\cdot 3^4\cdot 7^{\frac{4}{3}}}\frac{(D-1)^6}{D^5}.$$

Vertauschen wir die Rollen von $\mathfrak{K}_1$ und $\mathfrak{K}_2$, so ist D durch $\dfrac{1}{d}$ und d durch $\dfrac{1}{D}$ zu ersetzen und dürfen wir mithin in dieser Relation (78) noch D und $\dfrac{1}{d}$ miteinander vertauschen.

33. Nehmen wir für $\mathfrak{K}_2$ eine Kugel vom Radius 1, so ist $V_3 = \dfrac{4\pi}{3}$ und $3V_1$ definiert uns die *Oberfläche* von $\mathfrak{K}_1$. Die aus (62) entstehende Ungleichung

$$\sqrt[2]{\frac{3V_1}{4\pi}} \geqq \sqrt[3]{\frac{V_0}{\frac{4\pi}{3}}}$$

besagt:

*Jeder konvexe Körper, welcher nicht eine Kugel ist, besitzt immer eine größere Oberfläche als eine Kugel von demselben Volumen.**)

Es sei jetzt $\Re_1$ zunächst ein vollkommenes Ovaloid. Wir bezeichnen mit df ein Element der Begrenzung von $\Re_1$, mit α, β, γ die äußere Normale dieses Elements, mit $d\omega^*$ ein Element der Kugelfläche $\mathfrak{E}$, mit α^*, β^*, γ^* die äußere Normale von $d\omega^*$. Alsdann hat die orthogonale Projektion der Begrenzung von $\Re_1$ auf eine zur Richtung α^*, β^*, γ^* senkrechte Ebene einen Flächeninhalt

$$P(\alpha^*,\,\beta^*,\,\gamma^*) = \frac{1}{2}\int \mid \alpha\alpha^* + \beta\beta^* + \gamma\gamma^* \mid df.$$

Das arithmetische Mittel aller Größen $P(\alpha^*, \beta^*, \gamma^*)$ *in bezug auf alle möglichen Richtungen* $(\alpha^*, \beta^*, \gamma^*)$ *wird nun*

$$\frac{\int P(\alpha^*,\,\beta^*,\,\gamma^*)\,d\omega^*}{\int d\omega^*} = \frac{1}{8\pi}\int\int \mid \alpha\alpha^* + \beta\beta^* + \gamma\gamma^* \mid df\,d\omega^* = \frac{1}{4}\int df = \frac{3}{4}\,V_1,$$

d. i. gleich dem vierten Teile der Oberfläche von $\Re_1$. Dieses Resultat überträgt sich sofort von vollkommenen Ovaloiden auf beliebige konvexe Körper. Verbinden wir damit den vorhin gefundenen Satz, so ergibt sich die Folgerung:

Jeder konvexe Körper, der nicht eine Kugel ist, besitzt stets unter den ihm umbeschriebenen Zylindern solche, welche einen größeren Querschnitt haben als die einer Kugel von demselben Volumen wie der Körper umbeschriebenen Zylinder.

34. Wir nehmen ferner für $\Re_2$ den Würfel von der Kante 1:

$$-\frac{1}{2}\leqq x \leqq \frac{1}{2}, \quad -\frac{1}{2}\leqq y \leqq \frac{1}{2}, \quad -\frac{1}{2}\leqq z \leqq \frac{1}{2};$$

für diesen Körper ist $H_2(\alpha,\,\beta,\,\gamma) = \frac{1}{2}(\mid\alpha\mid + \mid\beta\mid + \mid\gamma\mid)$ und stellt infolgedessen $3\,V_1 = 3\,V(\Re_2, \Re_1, \Re_1)$ nach (24) und (18) die Summe der Flächeninhalte der drei senkrechten Projektionen des Körpers $\Re_1$ auf die drei Koordinatenebenen dar, während $V_3 = 1$ ist. Aus unserer allgemeinen Ungleichung (62) folgt hier der Satz:

Wird ein konvexer Körper vom Volumen V *senkrecht auf drei zueinander orthogonale Ebenen projiziert, so ist die Summe der Flächeninhalte dieser drei Projektionen stets* $\geqq 3\,V^{\frac{2}{3}}$ *und nur dann* $= 3\,V^{\frac{2}{3}}$, *wenn der Körper ein Würfel mit Seitenflächen parallel den drei Ebenen ist.* Unter solchen drei zueinander orthogonalen Projektionen des Körpers befindet sich dann gewiß wenigstens eine von einem Flächeninhalt $\geqq V^{\frac{2}{3}}$.

---

*) Von der Literatur über diesen Satz seien erwähnt: Steiner, Über Maximum und Minimum bei den Figuren usw., Crelles Journal, Bd. 24, 1842 (auch Werke, Bd. II). — H. A. Schwarz, Göttinger Nachrichten, 1884 (auch Ges. Abhandlungen, Bd. II). — J. O. Müller, Inauguraldissertation, Göttingen, 1903.

§ 7. Weitere Ungleichungen für die gemischten Volumina.

35. Es seien wieder $\Re_1$ und $\Re_2$ zwei beliebige konvexe Körper und es mögen für sie V_0, V_1, V_2, V_3 die bisherige Bedeutung (s. (61)) haben. Das Volumen eines Körpers $s_1\Re_1 + s_2\Re_2$, wobei $s_1 > 0$ und $s_2 > 0$ ist, hat den Ausdruck

$$s_1^3 V_0 + 3 s_1^2 s_2 V_1 + 3 s_1 s_2^2 V_2 + s_2^3 V_3.$$

Wenden wir diese Formel auf einen Körper

$$(1+t)\Re_1 + ts\Re_2 = \Re_1 + t(\Re_1 + s\Re_2)$$

an, wo t und $s > 0$ seien, und ordnen die entstehende Formel nach t, so kommen wir zu folgender Bemerkung:

Wenn $\Re_1$, $\Re_2$ durch $\Re_1$, $\Re_1 + s\Re_2$ ersetzt werden, so treten an die Stellen von V_0, V_1, V_2, V_3 die Größen

$$V_0, \quad V_0 + s V_1, \quad V_0 + 2 s V_1 + s^2 V_2, \quad V_0 + 3 s V_1 + 3 s^2 V_2 + s^3 V_3.$$

Aus der Ungleichung $V_1^3 - V_0^2 V_3 \geqq 0$ entsteht nun bei dieser Substitution die Ungleichung

$$(V_0 + s V_1)^3 - V_0^2 (V_0 + 3 s V_1 + 3 s^2 V_2 + s^3 V_3)$$
$$= s^2 \big(3 V_0 (V_1^2 - V_0 V_2) + s(V_1^3 - V_0^2 V_3)\big) \geqq 0.$$

Lassen wir hierin die positive Größe s nach Null abnehmen, so gewinnen wir die folgende in den Größen V_i quadratische Ungleichung:

$$(79) \qquad\qquad V_1^2 \geqq V_0 V_2.$$

36. Vertauschen wir die Rollen der Körper $\Re_1$ und $\Re_2$, so treten an die Stelle von V_0, V_1, V_2, V_3 diese Größen in umgekehrter Folge und aus (79) geht die andere Ungleichung

$$(80) \qquad\qquad V_2^2 \geqq V_1 V_3$$

hervor.

Andererseits führen die zwei quadratischen Ungleichungen (79) und (80) bei Elimination von V_2 zu

$$V_1^3 \geqq \frac{V_0^2 V_2^2}{V_1} \geqq V_0^2 V_3,$$

mithin zurück zu der kubischen Ungleichung, von der wir ausgegangen sind, so daß jene kubische Ungleichung und die quadratische (79) einander gegenseitig zur Folge haben.

Doch besteht in der Abhängigkeit dieser Ungleichungen voneinander ein wesentlicher Unterschied, insofern als die Grenzfälle der quadratischen Ungleichung sofort auch die Grenzfälle der kubischen ergeben, dagegen nicht umgekehrt aus den Bedingungen, unter welchen in der kubischen Ungleichung das Gleichheitszeichen statthat, vollkommen zu ersehen ist, wann das Gleichheitszeichen in der quadratischen eintritt.

37. Man kann nun die quadratische Ungleichung $V_1^2 \geqq V_0 V_2$ auch auf einem direkten Wege durch analoge Überlegungen, wie sie zu der genaueren Ungleichung (76) führten, herleiten und gelangt alsdann auch zur Kenntnis der Grenzfälle dieser quadratischen Ungleichung. Wir begnügen uns hier, das bezügliche Resultat ohne Beweis anzugeben.

Wir bezeichnen eine Stützebene $\varphi \leq 0$ an einen konvexen Körper $\mathfrak{K}$ als eine *Eckstützebene* an $\mathfrak{K}$, wenn wir $\varphi = t_1 \varphi_1 + t_2 \varphi_2 + t_3 \varphi_3$ setzen können, so daß t_1, t_2, t_3 sämtlich > 0 und $\varphi_1 \leq 0$, $\varphi_2 \leq 0$, $\varphi_3 \leq 0$ drei solche Stützebenen an $\mathfrak{K}$ sind, deren äußere Normalenrichtungen *unabhängig* sind, d. h. nicht einer einzigen Ebene angehören. Ein konvexer Körper $\mathfrak{K}$ heiße ein *Kappenkörper* eines konvexen Körpers $\mathfrak{K}'$, wenn mit Ausnahme nur von gewissen Eckstützebenen alle anderen Stützebenen an $\mathfrak{K}$ zugleich auch Stützebenen an $\mathfrak{K}'$ bilden. Der allgemeinste *Kappenkörper einer Kugel* wird erhalten, indem man die Kugel als Grundbestandteil nimmt, auf ihrer Oberfläche eine endliche oder unendliche Anzahl von Kalotten bezeichnet, von denen keine die Größe einer halben Kugelfläche erreicht oder überschreitet und die untereinander höchstens in den Randpunkten zusammenstoßen, und sodann die Kugel auf jeder dieser Kalotten mit der Kegelkappe versieht, bei der die Kalotte als Basis dient und die Erzeugenden des Mantels die Kugel in dem Rande der Kalotte berühren.

Es besteht nun der Satz:

In der Ungleichung $V_1^2 \geqq V_0 V_2$ für zwei beliebige konvexe Körper $\mathfrak{K}_1$ und $\mathfrak{K}_2$ hat dann und nur dann das Gleichheitszeichen statt, wenn $\mathfrak{K}_1$ homothetisch mit $\mathfrak{K}_2$ oder mit einem Kappenkörper von $\mathfrak{K}_2$ ist.

Bei einem vollkommenen Ovaloide kommen keine Eckstützebenen vor und kann ein solches daher niemals Kappenkörper eines anderen konvexen Körpers sein. Wenn also $\mathfrak{K}_1$ ein vollkommenes Ovaloid ist, gilt in $V_1^2 \geqq V_0 V_2$ das Gleichheitszeichen nur dann, wenn $\mathfrak{K}_2$ und $\mathfrak{K}_1$ selbst homothetisch sind.

Nehmen wir für $\mathfrak{K}_2$ eine Kugel vom Radius 1, so ist V_0 das Volumen, $3 V_1$ die Oberfläche, $3 V_2$ das Integral der mittleren Krümmung von $\mathfrak{K}_1$ und $V_3 = \frac{4\pi}{3}$. Alsdann gilt $V_1^2 \geqq V_0 V_2$ und hat hier das Gleichheitszeichen dann und nur dann statt, wenn $\mathfrak{K}_1$ eine Kugel oder ein Kappenkörper einer Kugel ist. Zweitens gilt $V_2^2 \geqq V_1 V_3$ und in dieser Ungleichung hat das Gleichheitszeichen dann und nur dann statt, wenn $\mathfrak{K}_1$ selbst eine Kugel ist.

Danach liefern unter allen konvexen Körpern von gleicher Oberfläche die Kugeln und die Kappenkörper von Kugeln das Maximum des Produkts aus Volumen und Integral der mittleren Krümmung und andererseits allein die Kugeln das Minimum des Integrals der mittleren Krümmung. Aus

17*

diesen beiden Tatsachen zusammen folgt, daß unter allen konvexen Körpern
von gleicher Oberfläche die Kugeln das größte Volumen darbieten.

38. Es seien jetzt $\Re_1$, $\Re_2$, $\Re_3$ drei beliebige konvexe Körper; das
Volumen eines Körpers $\Re = s_1 \Re_1 + s_2 \Re_2 + s_3 \Re_3$, wobei $s_1, s_2, s_3 \geq 0$, aber
nicht durchweg 0 sind, stellt sich durch eine ternäre kubische Form

$$V = \sum V_{jkl} s_j s_k s_l$$

dar, wo jeder der Indizes die Werte 1, 2, 3 zu durchlaufen hat. Der
Koeffizient V_{jkl} bedeutet das gemischte Volumen $V(\Re_j, \Re_k, \Re_l)$.

Wir wenden nun die für zwei konvexe Körper nachgewiesene Ungleichung $V_1^2 - V_0 V_2 \geq 0$ derart an, daß wir für den ersten Körper
$p_1 \Re_1 + p_2 \Re_2 + p_3 \Re_3$, für den zweiten $q_1 \Re_1 + q_2 \Re_2 + q_3 \Re_3$ nehmen, wobei
$p_1, \ldots, q_3$ lauter positive Parameter seien. Setzen wir

$$V_{jk1} p_1 + V_{jk2} p_2 + V_{jk3} p_3 = P_{jk},$$

so wird hier

$$V_0 = \sum P_{jk} p_j p_k, \quad V_1 = \sum P_{jk} p_j q_k, \quad V_2 = \sum P_{jk} q_j q_k.$$

Wir nehmen noch

$$q_1 = t p_1 + r_1, \quad q_2 = t p_2 + r_2, \quad q_3 = t p_3 + r_3$$

an; *dabei können r_1, r_2, r_3 beliebige reelle Werte bedeuten* und bei positiven
p_1, p_2, p_3 kann stets t so groß gewählt werden, daß auch q_1, q_2, q_3 sämtlich > 0 sind. Die in Rede stehende Ungleichung verwandelt sich nunmehr in

$$\left(\sum P_{jk} p_j r_k \right)^2 - \left(\sum P_{jk} p_j p_k \right) \left(\sum P_{jk} r_j r_k \right) \geq 0.$$

Wir nehmen jetzt $p_3 = 1$ an und lassen die positiven Werte p_1, p_2
sich der Grenze Null nähern; es entsteht dann hieraus:

$$(V_{133} r_1 + V_{233} r_2)^2 - V_{333} (V_{113} r_1^2 + 2 V_{123} r_1 r_2 + V_{223} r_2^2) \geq 0$$

und dabei muß diese Ungleichung für beliebige Werte r_1, r_2 gelten. Setzen
wir nun

$$\Delta^{(3)} = \begin{vmatrix} V_{113}, & V_{123}, & V_{133} \\ V_{213}, & V_{223}, & V_{233} \\ V_{313}, & V_{323}, & V_{333} \end{vmatrix}$$

und bezeichnen die adjungierte Unterdeterminante zum Element V_{jk3} hier
mit $W_{jk}^{(3)}$, so schreibt sich diese Ungleichung

$$(81) \qquad - W_{22}^{(3)} r_1^2 + 2 W_{21}^{(3)} r_1 r_2 - W_{11}^{(3)} r_2^2 \geq 0.$$

Die Determinante der binären quadratischen Form rechts hier ist $V_{333} \Delta^{(3)}$
und folgt daher

$$\Delta^{(3)} \geq 0.$$

Ferner haben wir insbesondere $- W_{22}^{(3)} \geq 0$, $- W_{11}^{(3)} \geq 0$. Ist nun etwa

$- W_{22}^{(3)} > 0$, so geht vermöge der Beziehung

$$W_{22}^{(3)} W_{33}^{(3)} - (W_{23}^{(3)})^2 = V_{113} \Delta^{(3)}$$

die Ungleichung

$$- W_{33}^{(3)} = V_{123}^2 - V_{113} V_{223} \geqq 0$$

hervor. Analog erschließt man diese Ungleichung, wenn $- W_{11}^{(3)} > 0$ ist.

Hat man jedoch sowohl $- W_{22}^{(3)} = 0$ wie $- W_{11}^{(3)} = 0$, so muß, da die Ungleichung (81) für beliebige r_1 und r_2 statthaben soll, durchaus auch $W_{12}^{(3)} = 0$ sein, und dann sind in $\Delta^{(3)}$ die erste und dritte und ferner die zweite und dritte Reihe proportional und folgt dadurch

$$\Delta^{(3)} = 0, \quad - W_{33}^{(3)} = 0.$$

In allen Fällen gilt hiernach

$$(82) \qquad V_{123}^2 \geqq V_{113} V_{223}.$$

Verbinden wir diese Ungleichung mit den zwei Ungleichungen

$$(83) \qquad V_{113}^3 \geqq V_{111}^2 V_{333}, \quad V_{223}^3 \geqq V_{222}^2 V_{333},$$

welche die Beziehung $V_1^3 \geqq V_0^2 V_3$ für $\Re_1$ und $\Re_3$ bzw. für $\Re_2$ und $\Re_3$ vorstellen, so gelangen wir durch Elimination von V_{113} und V_{223} zu

$$(84) \qquad V_{123}^3 \geqq V_{111} V_{222} V_{333}.$$

Dabei kann in dieser Ungleichung das Gleichheitszeichen nur statthaben, wenn in *beiden* Ungleichungen (83) das Gleichheitszeichen gilt. Damit kommen wir zu folgendem Satze:

Drei beliebige konvexe Körper vom Volumen 1 $\left(\text{hier } \dfrac{1}{\sqrt[3]{V_{111}}} \Re_1, \dfrac{1}{\sqrt[3]{V_{222}}} \Re_2, \right.$

$\left. \dfrac{1}{\sqrt[3]{V_{333}}} \Re_3 \right)$ *ergeben stets ein gemischtes Volumen* $\left(\text{nämlich } \dfrac{V_{123}}{\sqrt[3]{V_{111} V_{222} V_{333}}} \right)$, *das $\geqq 1$ und nur dann $= 1$ ist, wenn alle drei Körper einander homothetisch sind.*

Die frühere Ungleichung $V_1^3 \geqq V_0^2 V_3$ geht aus diesem Satze, ebenso die Ungleichung $V_1^2 \geqq V_0 V_2$ aus (82) als spezieller Fall hervor, wenn der zweite und dritte Körper identisch gesetzt werden.

39. Es seien $\Re_1, \Re_2, \ldots, \Re_m$ m beliebige konvexe Körper. Wir wenden die Ungleichung (82) für drei konvexe Körper an, indem wir für den ersten einen Körper $\sum p_i \Re_i$, für den zweiten einen Körper $\sum (t p_i + r_i) \Re_i$, für den dritten einen Körper $\sum s_i \Re_i \, (i = 1, 2, \ldots, m)$ nehmen, wobei die r_i beliebige Größen und die Werte p_i, $t p_i + r_i$, s_i sämtlich positiv sind. Setzen wir

$$V(\Re_j, \Re_k, \Re_l) = V_{jkl}, \quad V_{jk1} s_1 + V_{jk2} s_2 + \cdots + V_{jkm} s_m = S_{jk},$$

so wird die betreffende Ungleichung

$$\left(\sum S_{jk} p_j r_k \right)^2 - \left(\sum S_{jk} p_j p_k \right) \left(\sum S_{jk} r_j r_k \right) \geqq 0;$$

sie bedeutet, daß die quadratische Form $\sum S_{jk} r_j r_k$ bei einer Transformation in ein Aggregat von Quadraten reeller unabhängiger linearer Formen mit positiven oder negativen Vorzeichen *ein einziges Quadrat mit positivem und im übrigen lauter Quadrate mit negativem Vorzeichen* darbieten muß. Im besonderen muß danach die Determinante dieser Form mit $(-1)^{m-1}$ multipliziert, stets $\geqq 0$ sein, d. h. für beliebige positive Werte $s_1, s_2, \ldots, s_m$ muß stets die Ungleichung

$$(85) \qquad (-1)^{m-1} |V_{jk1} s_1 + V_{jk2} s_2 + \cdots + V_{jkm} s_m| \geqq 0$$

bestehen.

§ 8. Stetig gekrümmte konvexe Körper.

40. Das allgemeine Theorem $V_1{}^3 \geqq V_0{}^2 V_3$ für zwei beliebige konvexe Körper ist aufs engste mit gewissen Fragen über die Krümmung konvexer Körper verknüpft.

Sind $\mathfrak{K}$ und $\mathfrak{K}'$ zwei beliebige konvexe Körper, so wollen wir den Wert $3V(\mathfrak{K}', \mathfrak{K}, \mathfrak{K})$ die *Relativoberfläche von $\mathfrak{K}$ in bezug auf $\mathfrak{K}'$* nennen. Es seien H und H' die Stützebenenfunktionen von $\mathfrak{K}$ und $\mathfrak{K}'$. Wir nehmen $\mathfrak{K}$ zunächst als ein vollkommenes Ovaloid an und verwenden dafür die in § 3 eingeführten Bezeichnungen; alsdann gilt nach (24) und (18) der Ausdruck

$$(86) \qquad 3V(\mathfrak{K}', \mathfrak{K}, \mathfrak{K}) = \int H'(RT - S^2)\, d\omega = \int H'\, df;$$

darin bedeutet df das Flächenelement der Begrenzung von $\mathfrak{K}$, welches durch parallele Normalen dem Element $d\omega$ der Kugelfläche $\mathfrak{E}$ entspricht, und $RT - S^2$ das Produkt der Hauptkrümmungsradien, die reziproke Gaußsche Krümmung, an der Stelle von df.

Setzen wir $H' = H + \delta H$, so hat der Körper $(1 - t)\mathfrak{K} + t\mathfrak{K}'$, wenn $t > 0$ und < 1 ist, die Stützebenenfunktion $H + t\delta H$. Die Differenz aus dem Volumen dieses Körpers und dem Volumen von $\mathfrak{K}$ ist dann bis auf Größen von der Ordnung t^2 gleich

$$t\int \delta H(RT - S^2)\, d\omega = t \int \delta H\, df.$$

41. Diese Beziehungen, die jedenfalls bei einem vollkommenen Ovaloide $\mathfrak{K}$ statthaben, veranlassen uns nun zu folgender Definition:

Ein konvexer Körper $\mathfrak{K}$ soll stetig gekrümmt heißen, wenn für ihn eine auf der Kugeloberfläche $\mathfrak{E}$ stetige und durchweg positive Funktion $F = F(\alpha, \beta, \gamma)$ existiert derart, daß die Relativoberfläche von $\mathfrak{K}$ in bezug auf einen beliebigen konvexen Körper $\mathfrak{K}'$ mit der Stützebenenfunktion H' immer den Ausdruck hat:

$$(87) \qquad 3V(\mathfrak{K}', \mathfrak{K}, \mathfrak{K}) = \int H'F\, d\omega.$$

Diese Funktion $F(\alpha, \beta, \gamma)$ (oder $F(\vartheta, \psi)$) wollen wir dann die *Krümmungsfunktion* des Körpers $\Re$ nennen. Zunächst leuchtet ein, daß bei einem stetig gekrümmten Körper $\Re$ diese Funktion jedenfalls eine durchaus bestimmte ist. Denn nehmen wir an, es gäbe für $\Re$ noch eine zweite auf $\mathfrak{E}$ stetige und positive Funktion $F^*(\alpha, \beta, \gamma)$, welche in derselben Weise wie F in (87) eintreten könnte, so wäre dann für jeden beliebigen konvexen Körper $\Re'$ stets

$$(88) \qquad \int H' F^* d\omega = \int H' F d\omega, \qquad \int H'(F^* - F) d\omega = 0.$$

Da $F^* - F$ auf $\mathfrak{E}$ nicht durchweg Null ist, können wir auf $\mathfrak{E}$ einen Punkt finden, wo $F^* - F \neq 0$ ist, und hernach können wir, da $F^* - F$ auf $\mathfrak{E}$ stetig ist, eine ganze Kalotte um diesen Punkt bestimmen, (die wir kleiner als eine Halbkugel wählen), so daß $F^* - F$ daselbst überall $\neq 0$ und also von konstantem Vorzeichen, etwa stets > 0 ist. Wir setzen auf die Kalotte die Kegelkappe, bei welcher die Kalotte die Basis bildet und die Erzeugenden des Mantels die Kugelfläche $\mathfrak{E}$ im Rande der Kalotte berühren, und nehmen nun in der Gleichung (88) für $\Re'$ einmal den Körper, der aus der Kugel $\mathfrak{G}$ und dieser Kappe besteht, ein andres Mal $\mathfrak{G}$ selbst, so hat das Integral $\int H'(F^* - F) d\omega$ im ersten Falle einen größeren Wert als im zweiten Falle und kann daher nicht in beiden Fällen Null sein.

42. Nehmen wir mit dem Körper $\Re'$, für den (87) gebildet ist, die Translation vom Nullpunkte nach einem Punkte a, b, c vor, so ist $H'(\alpha, \beta, \gamma)$ durch

$$H'(\alpha, \beta, \gamma) + a\alpha + b\beta + c\gamma$$

zu ersetzen. Da nun hierbei der Wert $3\,V(\Re', \Re, \Re)$ sich nicht ändert und die Größen a, b, c völlig beliebig sind, so ersehen wir:

Die Krümmungsfunktion F für einen stetig gekrümmten Körper muß stets die drei Bedingungsgleichungen erfüllen:

$$(89) \qquad \int \alpha F d\omega = 0, \qquad \int \beta F d\omega = 0, \qquad \int \gamma F d\omega = 0.$$

Andererseits erhellt, daß, wenn wir mit $\Re$ eine Translation vornehmen, dabei die Krümmungsfunktion invariant ist. Unter den sämtlichen, aus $\Re$ durch Translationen abzuleitenden Körpern können wir einen bestimmten Körper durch die Lage des Schwerpunkts fixieren.

Ist t ein positiver Parameter, so hat $t\Re$ die Krümmungsfunktion $t^2 F$, wenn F die Krümmungsfunktion von $\Re$ ist; dieses folgt unmittelbar aus der Formel

$$3\,V(\Re', t\Re, t\Re) = 3t^2\,V(\Re', \Re, \Re).$$

43. Unsere weiteren Entwicklungen nun werden darauf gerichtet sein, den folgenden sehr bemerkenswerten Satz zu beweisen:

Ist $F(\alpha, \beta, \gamma)$ eine auf der Kugelfläche $\mathfrak{E}$ beliebig vorgeschriebene, daselbst stetige und durchweg positive Funktion, welche die drei Bedingungsgleichungen

$$\int \alpha F\, d\omega = 0, \qquad \int \beta F\, d\omega = 0, \qquad \int \gamma F\, d\omega = 0$$

erfüllt, so gibt es immer einen stetig gekrümmten konvexen Körper $\mathfrak{K}$ mit $F(\alpha, \beta, \gamma)$ als Krümmungsfunktion, und dieser Körper ist bestimmt bis auf eine willkürliche Translation, durch die man ihn noch abändern kann, also eindeutig festgelegt, wenn noch zusätzlich gefordert wird, daß sein Schwerpunkt im Nullpunkte liegen soll.

Wir beweisen zunächst den Nachsatz, daß den hier gestellten Forderungen, wenn überhaupt, jedenfalls nur durch einen einzigen Körper genügt werden kann. In der Tat, nehmen wir an, es sei ein konvexer Körper $\mathfrak{K}$ gefunden mit F als Krümmungsfunktion und mit dem Schwerpunkte im Nullpunkte, und es sei H die Stützebenenfunktion von $\mathfrak{K}$. Zunächst ist klar, daß unter den mit $\mathfrak{K}$ homothetischen Körpern kein anderer diese beiden Eigenschaften mit $\mathfrak{K}$ teilt.

Das Volumen von $\mathfrak{K}$ ist durch

$$V = \frac{1}{3} \int H F\, d\omega$$

dargestellt. Ist sodann $\mathfrak{K}'$ mit der Stützebenenfunktion H' und dem Volumen V' ein beliebiger konvexer Körper, der mit $\mathfrak{K}$ nicht homothetisch ist, so ergibt das allgemeine Theorem $\dfrac{V_1}{\sqrt[3]{V_s}} > \dfrac{V_0}{\sqrt[3]{V_0}}$ auf die Körper $\mathfrak{K}$ und $\mathfrak{K}'$ angewandt:

$$(90) \qquad \frac{1}{3} \int \frac{H'}{\sqrt[3]{V'}} F\, d\omega > \frac{1}{3} \int \frac{H}{\sqrt[3]{V}} F\, d\omega.$$

Darin sind nun $\dfrac{H}{\sqrt[3]{V}}$ und $\dfrac{H'}{\sqrt[3]{V'}}$ die Stützebenenfunktionen der Körper

$$\mathfrak{L} = \frac{1}{\sqrt[3]{V}}\, \mathfrak{K} \quad \text{und} \quad \mathfrak{L}' = \frac{1}{\sqrt[3]{V'}}\, \mathfrak{K}',$$

und diese zwei mit $\mathfrak{K}$ bzw. $\mathfrak{K}'$ homothetischen Körper sind dadurch charakterisiert, daß sie ein Volumen $= 1$ haben.

Damit kommen wir zu folgendem Ergebnisse, welches zeigt, daß der Körper $\mathfrak{K}$ eindeutig bestimmt ist.

Man betrachte für alle möglichen konvexen Körper $\mathfrak{L}$ vom Volumen 1 das Integral

$$J(\mathfrak{L}) = \frac{1}{3} \int L F\, d\omega,$$

wobei $L = L(\alpha, \beta, \gamma)$ die Stützebenenfunktion von $\mathfrak{L}$ und $F = F(\alpha, \beta, \gamma)$ die gegebene Funktion für die Argumente α, β, γ, die Normale in $d\omega$, be-

deute; gibt es einen stetig gekrümmten konvexen Körper $\Re$ mit F als Krümmungsfunktion, so hat dieses Integral $J(\Omega)$ für einen ganz bestimmten Körper Ω mit dem Nullpunkte als Schwerpunkt (und für die aus ihm durch Translationen hervorgehenden Körper) einen kleinsten Wert J, und alsdann ist $\Re$ identisch mit $\sqrt{J}\,\Omega$ oder geht aus letzterem Körper durch eine Translation hervor.

44. Zugleich werden wir hierdurch auf ein gewisses Variationsproblem hingewiesen, das in nahem Zusammenhange mit der von uns zu behandelnden Aufgabe steht; und in der Tat erkennen wir sofort, daß die Differentialgleichung zu diesem Variationsproblem

$$RT - S^2 = F(\vartheta, \psi)$$

wird, worin F die gegebene, den Gleichungen (89) genügende Funktion ist, und die in R, S, T auftretende Funktion $H(\vartheta, \psi)$ gefunden werden soll. Diese Gleichung ist nach den Ausdrücken von R, S, T in (17) für $H(\vartheta, \psi)$ eine quadratische Differentialgleichung zweiter Ordnung von dem Monge-Ampèreschen Typus; sie transformiert sich, wenn wir auf der Oberfläche des gesuchten Körpers die Koordinate z als Funktion von x, y einführen, in die Gleichung:

$$rt - s^2 = f(p, q)$$

für diese Funktion $z(x, y)$, wobei

$$\frac{\partial z}{\partial x} = p, \quad \frac{\partial z}{\partial y} = q, \quad \frac{\partial^2 z}{\partial x^2} = r, \quad \frac{\partial^2 z}{\partial x \partial y} = s, \quad \frac{\partial^2 z}{\partial y^2} = t$$

gesetzt ist und

$$\frac{f(p, q)}{(1 + p^2 + q^2)^2} = F$$

als eine beliebige eindeutige und stetige Funktion in

$$\alpha = \frac{-p}{\sqrt{1 + p^2 + q^2}}, \quad \beta = \frac{-q}{\sqrt{1 + p^2 + q^2}}, \quad \gamma = \frac{1}{\sqrt{1 + p^2 + q^2}}$$

vorgeschrieben sein kann, die nur den Gleichungen (89) zu genügen hat.

Wir werden jetzt ein gewisses Problem mit einer nur *endlichen* Anzahl von Parametern, sozusagen eine Art von Differenzengleichung erledigen und hernach von diesem Probleme aus durch einen Grenzübergang zur Lösung der hier gestellten Aufgabe, die von einer kontinuierlichen Funktion F handelt, gelangen.

§ 9. Bestimmung eines Polyeders durch die Normalen und die Inhalte der Seitenflächen.

45. Es sei $\mathfrak{P}$ ein beliebiges Polyeder mit n Seitenflächen, die in irgendeiner Ordnung numeriert seien. Wir wollen annehmen, der Nullpunkt liege in $\mathfrak{P}$ selbst, sei es im Inneren, sei es auf der Begrenzung

von $\mathfrak{P}$. Wir bezeichnen für $i = 1, 2, \ldots, n$ mit $(\alpha_i, \beta_i, \gamma_i)$ die äußere Normale, mit F_i den Flächeninhalt der i^{ten} Seitenfläche von $\mathfrak{P}$, mit p_i die Länge des vom Nullpunkt auf die Ebene dieser Fläche gefällten Lotes, endlich mit V das Volumen von $\mathfrak{P}$.

Die Richtungen $(\alpha_i, \beta_i, \gamma_i)$ sind gewiß so beschaffen, daß sie nicht sämtlich *einer* Ebene angehören; die Größen F_i sind sämtlich > 0. Bei einer Translation des Polyeders $\mathfrak{P}$ bleiben alle Größen $\alpha_i, \beta_i, \gamma_i, F_i$ ungeändert.

Indem wir das Polyeder $\mathfrak{P}$ nach der in § 2 entwickelten Methode als Grenze von vollkommenen Ovaloiden darstellen und die Formel (86) heranziehen, gewinnen wir die folgende Regel:

Ist $\mathfrak{Q}$ ein beliebiger konvexer Körper, Q seine Stützebenenfunktion und setzen wir allgemein $Q(\alpha_i, \beta_i, \gamma_i) = q_i$, so wird das gemischte Volumen

$$(91) \qquad V(\mathfrak{Q}, \mathfrak{P}, \mathfrak{P}) = \frac{1}{3}(F_1 q_1 + F_2 q_2 + \cdots + F_n q_n).$$

Insbesondere entnehmen wir daraus für das Volumen von $\mathfrak{P}$ den Ausdruck

$$(92) \qquad V = \frac{1}{3}(F_1 p_1 + F_2 p_2 + \cdots + F_n p_n).$$

Genau so, wie wir aus (87) die drei Gleichungen (89) folgerten, schließen wir aus (91) durch beliebige Translation des Körpers $\mathfrak{Q}$ auf das notwendige Bestehen der drei Gleichungen:

$$(93) \qquad \textstyle\sum F_i \alpha_i = 0, \quad \sum F_i \beta_i = 0, \quad \sum F_i \gamma_i = 0 \quad (i = 1, 2, \ldots, n).$$

Bezeichnen wir das Volumen von $\mathfrak{Q}$ mit V_* und bilden wir unsere allgemeine Ungleichung $\dfrac{3V_1}{\sqrt[3]{V_2}} \geqq \dfrac{3V_0}{\sqrt[3]{V_0}}$ in bezug auf das Polyeder $\mathfrak{P}$ als ersten und den Körper $\mathfrak{Q}$ als zweiten Körper, so finden wir, daß stets

$$(94) \qquad \frac{F_1 q_1 + F_2 q_2 + \cdots + F_n q_n}{V_*^{\frac{1}{3}}} \geqq \frac{F_1 p_1 + F_2 p_2 + \cdots + F_n p_n}{V^{\frac{1}{3}}}$$

ist und hierin das Gleichheitszeichen nur dann gilt, wenn $\mathfrak{Q}$ mit $\mathfrak{P}$ homothetisch ist.

Wir werden nunmehr den folgenden Satz beweisen*):

Es seien n beliebige Richtungen $(\alpha_i, \beta_i, \gamma_i)$ für $i = 1, 2, \ldots, n$ gegeben, die nicht sämtlich einer Ebene angehören, und dazu n beliebige positive Größen F_i, so daß die drei Gleichungen bestehen

$$\textstyle\sum F_i \alpha_i = 0, \quad \sum F_i \beta_i = 0, \quad \sum F_i \gamma_i = 0 \qquad (i = 1, 2, \ldots, n);$$

alsdann gibt es stets ein Polyeder $\mathfrak{P}$ mit n Seitenflächen, wofür die Richtungen

---

*) Diesen Satz habe ich zuerst in dem Aufsatze: *Allgemeine Lehrsätze über die konvexen Polyeder*, Göttinger Nachrichten, 1897, publiziert. (Diese Ges. Abhandlungen, Bd. II, S. 103.

$(\alpha_i, \beta_i, \gamma_i)$ *die äußeren Normalen und die Größen F_i die Flächeninhalte dieser Seitenflächen bilden, und dieses Polyeder $\mathfrak{P}$ ist vollkommen bestimmt bis auf eine beliebige Translation, durch die man dasselbe noch variieren kann,* also eindeutig festgelegt, wenn ferner noch die Lage seines Schwerpunktes beliebig vorgeschrieben wird.

46. Um zu einem Beweise dieses Satzes zu gelangen, fassen wir jetzt die Gesamtheit aller möglichen Polyeder mit n oder weniger Seitenflächen ins Auge, welche die äußeren Normalen der Seitenflächen nur unter den n Richtungen $(\alpha_i, \beta_i, \gamma_i)$ besitzen und welche ferner den Nullpunkt in sich schließen.

Sind $q_1, q_2, \ldots, q_n$ irgendwelche n Größen, sämtlich ≥ 0 und derart, daß die n Ungleichungen

$$(95) \qquad\qquad \alpha_i x + \beta_i y + \gamma_i z \leqq q_i \qquad\qquad (i = 1, 2, \ldots, n)$$

ein wirkliches Polyeder definieren, so bezeichnen wir dieses Polyeder mit $\mathfrak{K}(q_1, q_2, \ldots, q_n)$ oder $\mathfrak{K}(q_i)$, sein Volumen mit $V(q_1, q_2, \ldots, q_n)$ oder $V(q_i)$. Dabei kann auch ein Teil dieser Ungleichungen eine Folge der übrigen sein, das Polyeder also weniger als n wirkliche Seitenflächen besitzen. Wir bezeichnen ferner mit q_i^* den größten Wert von $\alpha_i x + \beta_i y + \gamma_i z$ in $\mathfrak{K}(q_i)$; für diejenigen Indizes i, wobei $\mathfrak{K}$ eine wirkliche Seitenfläche mit der Normale $(\alpha_i, \beta_i, \gamma_i)$ besitzt, ist immer $q_i^* = q_i$, während wir bei den anderen Indizes nur $q_i \geqq q_i^*$ behaupten können. Wir nennen $q_1^*, q_2^*, \ldots, q_n^*$ die *tangentialen Parameter* von $\mathfrak{K}(q_1, q_2, \ldots, q_n)$; offenbar ist

$$\mathfrak{K}(q_1, q_2, \ldots, q_n) = \mathfrak{K}(q_1^*, q_2^*, \ldots, q_n^*).$$

Existiert nun ein Polyeder $\mathfrak{P} = \mathfrak{K}(p_1, p_2, \ldots, p_n)$ gemäß den Forderungen unseres Satzes, so zeigt die Ungleichung (94), daß unter allen vorhandenen Körpern $\mathfrak{K}(q_1, q_2, \ldots, q_n)$ eben dieses Polyeder $\mathfrak{P}$ und die ihm homothetischen Körper den kleinsten Wert des Ausdrucks

$$\frac{F_1 q_1 + F_2 q_2 + \cdots + F_n q_n}{\left(V(q_1, q_2, \ldots, q_n) \right)^{\frac{1}{3}}}$$

liefern. Daraus erhellt zunächst der letzte Teil jenes Satzes, daß nämlich das gesuchte Polyeder $\mathfrak{P}$ gewiß nur auf eine Art, abgesehen von einer Translation, bestimmt werden kann.

Nunmehr wollen wir die wirkliche Existenz jenes Polyeders $\mathfrak{P}$ dartun.

47. Wir zeigen vor allem, daß, wie die n Richtungen $(\alpha_i, \beta_i, \gamma_i)$ vorausgesetzt sind, gewiß irgendwelche Polyeder $\mathfrak{K}(q_1, q_2, \ldots, q_n)$ vorhanden sind. In der Tat, der durch die n Ungleichungen

$$(96) \qquad\qquad \alpha_i x + \beta_i y + \gamma_i z \leqq 1 \qquad\qquad (i = 1, 2, \ldots, n)$$

definierte Bereich $\mathfrak{K}(1, 1, \ldots, 1) = \mathfrak{K}(1)$ stellt ein solches Polyeder, und zwar wirklich mit n Seitenflächen vor. Denn diese Ungleichungen sind die Bedingungen von n *verschiedenen* Tangentialebenen an die Kugel $\mathfrak{G}$; der Bereich enthält daher die Kugel $\mathfrak{G}$ in sich und besitzt jene n Ebenen als extreme Stützebenen. Andererseits kann dieser Bereich $\mathfrak{K}(1)$ sich nicht ins Unendliche erstrecken; denn der Abstand eines beliebigen Punktes x, y, z in ihm von der i^{ten} jener Stützebenen wird

$$t_i = 1 - \alpha_i x - \beta_i y - \gamma_i z \geq 0$$

und entnehmen wir aus den Gleichungen (93) dann

$$\sum F_i t_i = \sum F_i \qquad (i = 1, 2, \ldots, n).$$

Da die Werte F_i sämtlich > 0 sind, besteht hiernach für eine jede Größe t_i eine obere Grenze. Nun können wir unter den Stützebenen (96) gewiß drei solche herausgreifen, die sich in einem Punkte schneiden; durch die oberen Grenzen der drei zugehörigen Größen t_i werden dann drei zu ihnen parallele Ebenen angewiesen, welche mit den ersteren zusammen ein Parallelepipedum bestimmen, in dem der Bereich $\mathfrak{K}(1)$ ganz enthalten sein muß. Danach liegt dieser Bereich ganz im Endlichen. Das Volumen von $\mathfrak{K}(1)$ setzen wir $= \dfrac{1}{l^3}$, alsdann hat $\mathfrak{K}(l, l, \ldots, l)$ das Volumen 1. Weiter wird überhaupt für beliebige endliche Werte $q_1, q_2, \ldots, q_n$ der durch die Ungleichungen (95) bestimmte Bereich ganz im Endlichen liegen und bei lauter positiven Werten q_i stets ein wirkliches Polyeder, wenn auch nicht immer mit n Seitenflächen, vorstellen.

48. Wir betrachten jetzt in der n-fachen Mannigfaltigkeit $\mathfrak{M}$ von n beliebig veränderlichen reellen Größen $q_1, q_2, \ldots, q_n$ den Bereich $\mathfrak{B}$ aller solchen Systeme $q_1, q_2, \ldots, q_n$, *„Punkte"* (q_i), *wobei* $q_1 \geq 0$, $q_2 \geq 0$, $\ldots$, $q_n \geq 0$ *ist und den Größen* $q_1, q_2, \ldots, q_n$ *ein Polyeder* $\mathfrak{K}(q_1, q_2, \ldots, q_n)$ *von einem Volumen*

$$V(q_1, q_2, \ldots, q_n) \geq 1$$

entspricht.

Sind (r_i) und (s_i) $(i = 1, 2, \ldots, n)$ zwei beliebige Punkte dieses Bereichs $\mathfrak{B}$ und (r_i^*) bzw. (s_i^*) die tangentialen Parameter von $\mathfrak{K}(r_i)$ und $\mathfrak{K}(s_i)$ und ist t ein Wert > 0 und < 1, so besitzt der aus diesen zwei Polyedern abzuleitende Bereich $(1 - t)\,\mathfrak{K}(r_i) + t\mathfrak{K}(s_i)$ nach (77) ein Volumen

$$\geq \left((1 - t)\sqrt[3]{V(r_i)} + t\sqrt[3]{V(s_i)}\right)^3 \geq \left((1 - t) + t\right)^3 = 1.$$

Die Stützebenenfunktion des letzteren Bereichs hat für die Argumente $\alpha_i, \beta_i, \gamma_i$ den Wert $(1 - t)r_i^* + t s_i^*$, und danach ist dieser Bereich entweder identisch, oder, wenn nicht identisch, so doch jedenfalls ganz enthalten in dem Bereich

$$\alpha_i x + \beta_i y + \gamma_i z \leq (1 - t)r_i^* + t s_i^* \qquad (i = 1, 2, \ldots, n),$$

der dadurch gewiß auch ein Polyeder vorstellt, und um so mehr dann enthalten im Polyeder $\Re((1 - t)r_i + ts_i)$. Mithin ist für das letztere Polyeder notwendig ebenfalls das Volumen ≥ 1, also

$$V((1 - t)r_i + ts_i) \geq 1.$$

Der Bereich $\mathfrak{B}$ hat danach die Eigenschaft, mit irgend zwei Punkten $(r_i), (s_i)$ stets die ganze sie verbindende „Strecke" von Punkten $((1 - t)r_i + ts_i)$ zu enthalten, und ist deshalb als ein „*konvexes Gebilde*" in der Mannigfaltigkeit $\mathfrak{M}$ anzusprechen. Da $V(q_1, q_2, \ldots, q_n)$ eine stetige Funktion der Argumente ist, wird ferner der Bereich $\mathfrak{B}$ *abgeschlossen* sein und wird seine Begrenzung von denjenigen Punkten (q_i) gebildet werden, für welche

$$V(q_1, q_2, \ldots, q_n) = 1$$

ist. Wir haben jetzt nach dem kleinsten Werte des mit den gegebenen positiven Größen F_i zu bildenden linearen Ausdrucks

$$(97) \qquad F_1 q_1 + F_2 q_2 + \cdots + F_n q_n$$

im ganzen Bereiche $\mathfrak{B}$ zu fragen. Der Bereich $\mathfrak{B}$ erstreckt sich ins Unendliche. Insbesondere ist $q_1 = q_2 = \cdots = q_n = l$ ein Punkt aus $\mathfrak{B}$. Nun wird durch die Ungleichung

$$F_1 q_1 + F_2 q_2 + \cdots + F_n q_n \leq l(F_1 + F_2 + \cdots + F_n)$$

ein Teil von $\mathfrak{B}$ bestimmt, der ganz im Endlichen liegt und zum mindesten jenen speziellen Punkt enthält. In diesem Teile hat der Ausdruck (97) sicher einen bestimmten kleinsten Wert, welcher nun zugleich das Minimum dieses Ausdrucks (97) im ganzen Bereiche $\mathfrak{B}$ sein wird.

Dieser kleinste Wert von (97) in $\mathfrak{B}$ sei $3 V^{\frac{2}{3}}$, und es sei $r_1, r_2, \ldots, r_n$ ein Punkt in $\mathfrak{B}$, für den dieser Wert eintritt. Der Punkt (r_i) liegt dann jedenfalls auf der Begrenzung von $\mathfrak{B}$, es stellt also $\Re(r_i)$ ein Polyeder vom Volumen 1 vor. Nehmen wir mit diesem Polyeder diejenige Translation vor, wodurch sein Schwerpunkt in den Nullpunkt fällt, so treten an Stelle der Parameter r_i gewisse Werte $r_i + a\alpha_i + b\beta_i + c\gamma_i$; für diese hat dann aber der Ausdruck (97) genau denselben Wert, da wir für die Größen F_i die Gleichungen (93) als bestehend angenommen haben. Danach können wir auch von vornherein uns die Parameter r_i so beschaffen denken, daß der Schwerpunkt von $\Re(r_i)$ sich im Nullpunkte befindet. Alsdann sind notwendig die Größen $r_1, r_2, \ldots, r_n$ sämtlich > 0. Für alle Punkte (q_i) in $\mathfrak{B}$ gilt nun die Ungleichung

$$(98) \qquad F_1 q_1 + F_2 q_2 + \cdots + F_n q_n \geq 3 V^{\frac{2}{3}}$$

und haben wir hierin also die Bedingung einer „Stützebene" an $\mathfrak{B}$ durch den Punkt (r_i), d. h. einer solchen Ebene, welche auf einer Seite von sich gar keinen Punkt von $\mathfrak{B}$ liegen hat.

Für das Polyeder $\Re(r_1, r_2, \ldots, r_n)$ bedeute allgemein Φ_i den Flächeninhalt der Seitenfläche mit der äußeren Normale $(\alpha_i, \beta_i, \gamma_i)$, wobei wir

$\Phi_i = 0$ zu setzen hätten, falls eine solche Seitenfläche im Polyeder nicht wirklich vorkäme. Alsdann können wir zeigen, daß die Ebene

$$\frac{1}{3}\left(\Phi_1 q_1 + \Phi_2 q_2 + \cdots + \Phi_n q_n\right) = 1,$$

die jedenfalls durch den Punkt (r_i) geht, die *einzige* Stützebene an $\mathfrak{B}$ durch diesen Punkt vorstellt, daß mithin die n Gleichungen

$$(99) \qquad\qquad \Phi_i = \frac{F_i}{V^{\frac{2}{3}}} \qquad\qquad (i = 1, 2, \ldots, n)$$

gelten müssen. Denn hätten nicht diese n Gleichungen sämtlich statt, so könnten wir in der durch (98) dargestellten Stützebene an $\mathfrak{B}$ einen Punkt $(r_i + s_i)$ finden, für den

$$\frac{1}{3}\left(\Phi_1 s_1 + \Phi_2 s_2 + \cdots + \Phi_n s_n\right) > 0$$

ausfällt und noch alle Werte $r_i + s_i > 0$ sind. Nun ist $.V(r_i) = 1$ und nach (91) das gemischte Volumen

$$V(\mathfrak{K}(r_i + s_i),\ \mathfrak{K}(r_i),\ \mathfrak{K}(r_i)) = 1 + \frac{1}{3}\sum \Phi_i s_i > 1;$$

infolgedessen wird das Volumen von $(1 - t)\mathfrak{K}(r_i) + t\mathfrak{K}(r_i + s_i)$ dem Ausdrucke (60) zufolge bei hinreichend kleinen positiven Werten t sicher > 1 und umsomehr nach den oben gemachten Bemerkungen dann

$$V((1 - t)r_i + t(r_i + s_i)) = V(r_i + ts_i) > 1.$$

Dieses könnte aber nicht der Fall sein, weil der Punkt $(r_i + ts_i)$ in einer Stützebene an $\mathfrak{B}$ liegt, somit gewiß nicht ein innerer Punkt von $\mathfrak{B}$ sein kann.

Damit ist in der Tat bewiesen, daß die n Gleichungen (99) gelten müssen. Setzen wir $V^{\frac{1}{3}} r_i = p_i$, so besitzt alsdann das Polyeder $\mathfrak{K}(p_i)$ zu den Normalen $(\alpha_i, \beta_i, \gamma_i)$ die Inhalte F_i der Seitenflächen, entspricht mithin genau den Forderungen unseres Satzes in 45.

§ 10. Bestimmung eines konvexen Körpers zu einer gegebenen Krümmungsfunktion.

49. Auf den soeben gewonnenen Satz über Polyeder gründen wir nun den Beweis des Satzes in 43. über die Existenz eines stetig gekrümmten konvexen Körpers zu einer gegebenen Krümmungsfunktion. Dabei wird uns namentlich die in (76) abgeleitete untere Grenze für die Differenz $V_1 - \sqrt[3]{V_0^2 V_3}$ von Nutzen sein.

Zunächst haben wir eine Bemerkung über gewisse Einteilungen auf der Kugelfläche $\mathfrak{E}$ $(x^2 + y^2 + z^2 = 1)$ vorauszuschicken. Unter der *Winkeldistanz* zweier Punkte $\mathfrak{r}$ und $\mathfrak{r}^*$ auf $\mathfrak{E}$ wollen wir den Winkel $\mathfrak{r}\mathfrak{o}\mathfrak{r}^*$ der

Radien vom Nullpunkte $\mathfrak{o}$ nach diesen Punkten verstehen. Es sei θ ein beliebiger positiver Wert, den wir $< \frac{\pi}{4}$ annehmen. Wir bestimmen auf $\mathfrak{E}$ sukzessive Punkte $\mathfrak{r}_1, \mathfrak{r}_2, \ldots$ derart, daß die Winkeldistanz jedes folgenden Punktes von allen vorhergehenden $> \theta$ ist. Da die Oberfläche von $\mathfrak{E}$ eine endliche Größe hat, können wir eine solche Reihe von Punkten nicht unbegrenzt bilden, sondern *wir gelangen* schließlich *zu einer endlichen Reihe* $\mathfrak{r}_1, \mathfrak{r}_2, \ldots, \mathfrak{r}_n$ *derart, daß* nun *für jeden beliebigen Punkt* $\mathfrak{r}$ *auf* $\mathfrak{E}$ *unter den n Winkeldistanzen von* $\mathfrak{r}$ *nach* $\mathfrak{r}_1, \mathfrak{r}_2, \ldots, \mathfrak{r}_n$ *immer wenigstens eine* $\leq \theta$ *ausfällt.*

Es seien ξ_i, η_i, ζ_i die Koordinaten von $\mathfrak{r}_i (i = 1, 2, \ldots, n)$. Die n Ungleichungen

$$\xi_i x + \eta_i y + \zeta_i z \leq 1 \qquad\qquad (i = 1, 2, \ldots, n)$$

bestimmen alsdann ein Polyeder mit n Seitenflächen $\mathfrak{R}_i$, das ganz in der Kugel mit $\mathfrak{o}$ als Mittelpunkt vom Radius $\frac{1}{\mathrm{tg}\,\theta}$ enthalten ist. Die Pyramide $\mathfrak{o}\mathfrak{R}_i$ mit $\mathfrak{o}$ als Spitze und $\mathfrak{R}_i$ als Basis schneidet aus der Kugelfläche $\mathfrak{E}$ eine Partie $\mathfrak{E}_i$ heraus, den Bereich aller der Punkte $\mathfrak{r}$ auf $\mathfrak{E}$, für welche die Winkeldistanz von dem betreffenden Punkte $\mathfrak{r}_i$ nicht größer als von irgendeinem der anderen $n-1$ Punkte $\mathfrak{r}_j$ $(j \neq i)$ ist. Es sei E_i der Flächeninhalt von $\mathfrak{E}_i$; das Gebiet $\mathfrak{E}_i$ enthält gewiß alle Punkte auf $\mathfrak{E}$ mit einer Winkeldistanz $\leq \frac{\theta}{2}$ von $\mathfrak{r}_i$ und ist selbst ganz enthalten im Gebiet aller Punkte auf $\mathfrak{E}$ mit einer Winkeldistanz $\leq \theta$ von $\mathfrak{r}_i$; daraus folgt

$$2\pi\left(1 - \cos\frac{\theta}{2}\right) < E_i < 2\pi(1 - \cos\theta).$$

Da überdies

$$E_1 + E_2 + \cdots + E_n = 4\pi$$

ist, so haben wir

$$\frac{1}{2}n\left(1 - \cos\frac{\theta}{2}\right) < 1 < \frac{1}{2}n(1 - \cos\theta).$$

50. Es sei nun $F(\alpha, \beta, \gamma)$ die gegebene auf $\mathfrak{E}$ durchweg stetige und positive Funktion, welche die drei Gleichungen

$$(100) \qquad \int \alpha F d\omega = 0, \qquad \int \beta F d\omega = 0, \qquad \int \gamma F d\omega = 0$$

erfüllt und als Krümmungsfunktion eines gewissen konvexen Körpers erkannt werden soll.

Verstehen wir unter $\alpha^*, \beta^*, \gamma^*$ ebenfalls einen beliebigen Punkt auf $\mathfrak{E}$, so stellt

$$(101) \qquad S(\alpha^*, \beta^*, \gamma^*) = \frac{1}{2}\int |\alpha\alpha^* + \beta\beta^* + \gamma\gamma^*|\, F(\alpha, \beta, \gamma)\, d\omega$$

eine Funktion der Argumente $\alpha^*, \beta^*, \gamma^*$ dar, welche gleichfalls auf $\mathfrak{E}$ durchweg stetig und positiv sein wird, und besitzt diese Funktion dann auf $\mathfrak{E}$

ein bestimmtes *Minimum*, das wir S_0 nennen und das auch noch > 0 sein wird.

51. Wir denken uns jetzt eine Massenbelegung der Kugelfläche $\mathfrak{E}$ vorgenommen, wobei die Flächendichtigkeit an einem Punkte α, β, γ durch $F(\alpha, \beta, \gamma)$ dargestellt ist. Der Schwerpunkt der Belegung des Gebiets $\mathfrak{E}_i$ wird alsdann, da der Sektor $\mathfrak{o}\mathfrak{E}_i$ mit $\mathfrak{o}$ als Spitze und $\mathfrak{E}_i$ als Basis ein konvexer Körper ist und die Punkte auf $\mathfrak{E}_i$ eine Winkeldistanz $\leqq \theta$ von $\mathfrak{r}_i$ haben, ein Punkt $\mathfrak{q}_i$ sein, der eine Entfernung $\varrho_i > \cos \theta$ und < 1 von $\mathfrak{o}$ besitzt und so gelegen ist, daß der Strahl $\mathfrak{o}\mathfrak{q}_i$ in seiner Verlängerung einen Punkt $\mathfrak{p}_i$ innerhalb $\mathfrak{E}_i$ trifft. Wir bezeichnen mit $\alpha_i, \beta_i, \gamma_i$ die Koordinaten von $\mathfrak{p}_i$, so daß $\varrho_i\alpha_i, \varrho_i\beta_i, \varrho_i\gamma_i$ die von $\mathfrak{q}_i$ sind. Setzen wir noch

$$(102) \qquad \int\limits_{(\mathfrak{E}_i)} F d\omega = \frac{F_i}{\varrho_i},$$

so wird

$$(103) \qquad \int\limits_{(\mathfrak{E}_i)} \alpha F d\omega = \alpha_i F_i, \quad \int\limits_{(\mathfrak{E}_i)} \beta F d\omega = \beta_i F_i, \quad \int\limits_{(\mathfrak{E}_i)} \gamma F d\omega = \gamma_i F_i;$$

darin sind die vier Integrale über den Bereich $\mathfrak{E}_i$ zu erstrecken. Für die damit eingeführten n Richtungen $\alpha_i, \beta_i, \gamma_i$ und n positiven Größen F_i werden nunmehr auf Grund der Gleichungen (100) die Beziehungen

$$(104) \qquad \sum \alpha_i F_i = 0, \quad \sum \beta_i F_i = 0, \quad \sum \gamma_i F_i = 0 \qquad (i = 1, 2, \ldots, n)$$

statthaben.

Jeder Punkt auf $\mathfrak{E}$ besitzt von wenigstens einem der Punkte $\mathfrak{r}_i$ eine Winkeldistanz $\leqq \theta$, und sodann von dem zugehörigen Punkte $\mathfrak{p}_i$ gewiß eine Winkeldistanz $< 2\theta$, weil immer $\mathfrak{r}_i$ von $\mathfrak{p}_i$ eine Winkeldistanz $< \theta$ hat. Da wir nun $2\theta < \frac{\pi}{2}$ vorausgesetzt haben, können hiernach die n Richtungen $\alpha_i, \beta_i, \gamma_i$ gewiß nicht sämtlich in einer Ebene liegen.

Nach dem Satze in 45. wird es nunmehr ein ganz bestimmtes Polyeder $\mathfrak{P}$ geben mit n Seitenflächen, den Richtungen $(\alpha_i, \beta_i, \gamma_i)$ als äußeren Normalen und den Größen F_i als Flächeninhalten dieser Seitenflächen, und zudem noch mit dem Schwerpunkte im Nullpunkte.

52. Wir haben jetzt noch einige allgemeinere Abschätzungen zur Sprache zu bringen.

Ist $\mathfrak{R}$ ein beliebiger konvexer Körper mit dem Schwerpunkte im Nullpunkte, H die Stützebenenfunktion von $\mathfrak{R}$, so wollen wir das Integral

$$(105) \qquad \frac{1}{3}\int H(\alpha, \beta, \gamma)\, F(\alpha, \beta, \gamma)\, d\omega = J(\mathfrak{R})$$

schreiben. Es sei G das Maximum unter den Werten $H(\alpha, \beta, \gamma)$ auf $\mathfrak{E}$, also der Radius der kleinsten, den Körper $\mathfrak{R}$ ganz in sich enthaltenden Kugel mit dem Nullpunkte als Mittelpunkt, und etwa $G\alpha^*, G\beta^*, G\gamma^*$

ein solcher Punkt der Begrenzung von $\Re$, der vom Nullpunkte die Entfernung G hat. Nach der Definition der Stützebenenfunktion ist dann sicherlich immer

$$(106) \qquad G\left(\alpha\alpha^* + \beta\beta^* + \gamma\gamma^*\right) \leq H(\alpha, \beta, \gamma).$$

Andererseits haben wir, weil der Schwerpunkt von $\Re$ sich im Nullpunkte befindet, mit Rücksicht auf die Ungleichung (59) stets

$$(107) \qquad H(\alpha, \beta, \gamma) \leq 3\,H(-\alpha, -\beta, -\gamma).$$

Wir wenden nun auf das Integral (105) die Ungleichung (106) für alle diejenigen Richtungen α, β, γ an, wobei $\alpha\alpha^* + \beta\beta^* + \gamma\gamma^* \geq 0$ ist, und machen für die anderen Richtungen von (107) Gebrauch; beachten wir noch, daß zufolge der Gleichungen (100) das Integral

$$\frac{1}{2}\int \left|\alpha\alpha^* + \beta\beta^* + \gamma\gamma^*\right| F(\alpha, \beta, \gamma)\,d\omega,$$

erstreckt über die halben Kugelflächen von $\mathfrak{E}$, wo $\alpha\alpha^* + \beta\beta^* + \gamma\gamma^* \geq 0$ bzw. ≤ 0 gilt, beide Male denselben Wert hat, mithin, nach der in 50. erklärten Bedeutung der Größe S_0, jedesmal $\geq \frac{1}{2} S_0$ sein muß, so folgt

$$(108) \qquad J(\Re) \geq \frac{1}{3}\left(S_0 + \frac{1}{3} S_0\right) G = \frac{4}{9} S_0 G.$$

Setzen wir

$$(109) \qquad \int F(\alpha, \beta, \gamma)\,d\omega = O_0,$$

so wird andererseits

$$(110) \qquad \frac{1}{3} O_0 G \geq J(\Re).$$

Bei der Annahme $F(\alpha, \beta, \gamma) = 1$, wobei die Relationen (100) jedenfalls erfüllt sind, geht auf diese Weise insbesondere

$$(111) \qquad \frac{4\pi}{3} G \geq \frac{1}{3}\int H\,d\omega \geq \frac{4\pi}{9} G$$

hervor.

Setzen wir $H(\alpha_i, \beta_i, \gamma_i) = q_i$, so ist nach (91) das gemischte Volumen

$$(112) \qquad V(\Re, \mathfrak{P}, \mathfrak{P}) = \frac{1}{3}\left(F_1 q_1 + F_2 q_2 + \cdots + F_n q_n\right).$$

Jeder Punkt α, β, γ auf $\mathfrak{E}$ besitzt von wenigstens einem Punkte $\alpha_i, \beta_i, \gamma_i$ eine Winkeldistanz $< 2\theta$, also eine geradlinige Distanz $< 2\sin\theta$ und gilt alsdann nach der Ungleichung (6) in § 1 immer:

$$\left|H(\alpha, \beta, \gamma) - H(\alpha_i, \beta_i, \gamma_i)\right| < 2\sin\theta \cdot G.$$

Mit Hilfe dieser Beziehung und der Formeln (102) gewinnen wir aus (105) und (112) einerseits:

$$(113) \qquad J(\Re) > V(\Re, \mathfrak{P}, \mathfrak{P}) - 2\sin\theta \cdot O_0 G;$$

andererseits:

$$(114) \qquad \frac{1}{\cos\theta} V(\Re, \mathfrak{P}, \mathfrak{P}) > J(\Re) - 2\sin\theta \cdot O_0 G.$$

53. Die abgeleiteten Ungleichungen benutzen wir zunächst, um in betreff der Ausdehnung des in 51. konstruierten Polyeders $\mathfrak{P}$ gewisse Grenzen nachzuweisen. Es sei $P(u, v, w)$ die Stützebenenfunktion von $\mathfrak{P}$, N das Maximum unter den Werten $P(\alpha, \beta, \gamma)$, ferner V das Volumen von $\mathfrak{P}$. Aus (111) entnehmen wir

$$(115) \qquad \frac{4\pi}{3} N \geqq \frac{1}{3} \int P(\alpha, \beta, \gamma)\, d\omega \geqq \frac{4\pi}{9} N.$$

Die Oberfläche von $\mathfrak{P}$ ist

$$(116) \qquad F_1 + F_2 + \cdots + F_n < O_0 \quad \text{und} \quad > \cos\theta \cdot O_0.$$

Wenden wir nun die allgemeinen Ungleichungen $V_1^3 \geqq V_0^2 V_3$, $V_2^3 \geqq V_0 V_3^2$ für zwei beliebige konvexe Körper auf das Polyeder $\mathfrak{P}$ und die Kugel $\mathfrak{G}$ an, so erhalten wir mit Rücksicht hierauf:

$$(117) \qquad \frac{1}{27} O_0^3 > \frac{4\pi}{3} V^2, \qquad \frac{4\pi}{3} N^3 > V.$$

Aus (113) gewinnen wir

$$(118) \qquad J(\mathfrak{P}) > V - 2\sin\theta \cdot O_0 N$$

und aus (114) und (108):

$$(119) \qquad \frac{V}{\cos\theta} > J(\mathfrak{P}) - 2\sin\theta \cdot O_0 N \geqq \left(\frac{4}{9} S_0 - 2\sin\theta \cdot O_0\right) N.$$

Mit Hilfe der zweiten Ungleichung in (117) folgt hieraus

$$(120) \qquad V^{\frac{2}{3}} > \left(\frac{3}{4\pi}\right)^{\frac{1}{3}} \cos\theta \left(\frac{4}{9} S_0 - 2\sin\theta \cdot O_0\right).$$

Wir nehmen nun einen Winkel θ_0 so klein an, daß jedenfalls

$$\sin\theta_0 < \frac{2}{9}\, \frac{S_0}{O_0}$$

ist, und gewinnen dann aus (120) eine von θ unabhängige positive Größe V_0 und hernach aus der zweiten Ungleichung in (117) eine von θ unabhängige Größe N_0 derart, daß immer

$$(121) \qquad V \geqq V_0, \quad N_0 \geqq N$$

statthat, wenn $\theta \leqq \theta_0$ ist, was wir von nun an voraussetzen.

Das Polyeder $\dfrac{1}{V^{\frac{1}{3}}} \mathfrak{P}$ hat das Volumen 1. Aus (119) entnehmen wir

$$(122) \qquad J\left(\frac{\mathfrak{P}}{V^{\frac{1}{3}}}\right) = \frac{1}{V^{\frac{1}{3}}} J(\mathfrak{P}) < \left(\frac{4\pi}{3}\right)^{\frac{2}{3}} \frac{1}{\cos\theta_0} N_0^2 + 2\sin\theta_0 \cdot \frac{O_0 N_0}{V_0^{\frac{1}{3}}};$$

die hier rechts stehende Größe setzen wir $= \frac{4}{9} S_0 M_0$, dann ist also

$$(123) \qquad J\left(\frac{\mathfrak{P}}{V^{\frac{1}{3}}}\right) < \frac{4}{9} S_0 M_0.$$

54. Es sei jetzt $\mathfrak{L}$ ein beliebiger konvexer Körper vom Volumen 1 und mit dem Nullpunkte als Schwerpunkt, $L(u, v, w)$ die Stützebenen-

funktion von $\mathfrak{L}$. Wir fragen, unter welchen Umständen sich

$$(124) \qquad J(\mathfrak{L}) \leqq J\left(\frac{\mathfrak{P}}{V^{\frac{1}{3}}}\right)$$

herausstellen kann. Nach der Formel (108) und infolge der Ungleichung (123) wird hierzu jedenfalls nötig sein, daß $\mathfrak{L}$ ganz im Inneren der Kugel vom Radius M_0 mit dem Nullpunkt als Mittelpunkt enthalten ist, daß also stets $L(\alpha, \beta, \gamma) < M_0$ gilt. Nach (113) ist sodann

$$(125) \qquad J(\mathfrak{L}) > V(\mathfrak{L}, \mathfrak{P}, \mathfrak{P}) - 2 \sin \theta \cdot O_0 M_0 .$$

Jetzt ziehen wir die Resultate des § 6 heran. Bezeichnen wir mit D das Maximum unter den Quotienten

$$(126) \qquad \frac{V^{\frac{1}{3}} L(\alpha, \beta, \gamma)}{P(\alpha, \beta, \gamma)} ,$$

so gilt nach (76) die Ungleichung

$$(127) \qquad \frac{V(\mathfrak{L}, \mathfrak{P}, \mathfrak{P})}{V^{\frac{2}{3}}} - 1 \geqq \varkappa \frac{(D-1)^6}{D^5} ,$$

worin $\varkappa$ die numerische Konstante $\dfrac{1}{2^{10} \cdot 3^4 \cdot 7^{\frac{4}{3}}}$ bedeutet. Aus (125), (124), (119) und (121) schließen wir nun

$$(128) \qquad \left(\frac{1}{\cos \theta} - 1\right) + 2 \sin \theta \cdot O_0 \left(\frac{M_0}{V_0^{\frac{2}{3}}} + \frac{N_0}{V_0}\right) > \varkappa \frac{(D-1)^6}{D^5} .$$

Aus dieser Ungleichung entnehmen wir für $D-1$ eine obere Grenze, die nach Null konvergiert, wenn θ nach Null abnimmt.

Andererseits haben wir, wenn d das Minimum der Funktion (126) bedeutet, nach (78) und der an diese Ungleichung angeschlossenen Bemerkung:

$$(129) \qquad D^2 - 1 \geqq \varkappa \frac{(1-d)^6}{d} ,$$

und hieraus ergibt sich weiter für $1-d$ eine obere Grenze, die mit θ zugleich nach Null konvergiert. Wir werden somit auch eine Größe ε, die zugleich mit θ nach Null konvergiert, angeben können, so daß

$$1 + \varepsilon \geqq D, \quad d \geqq \frac{1}{1+\varepsilon}$$

gilt, und wir haben damit das Resultat erlangt:

Soll

$$J(\mathfrak{L}) \leqq J\left(\frac{\mathfrak{P}}{V^{\frac{1}{3}}}\right)$$

ausfallen, so muß jedenfalls $\mathfrak{L}$ ganz in $(1+\varepsilon) \dfrac{\mathfrak{P}}{V^{\frac{1}{3}}}$ enthalten sein und selbst das Polyeder $\dfrac{1}{1+\varepsilon} \dfrac{\mathfrak{P}}{V^{\frac{1}{3}}}$ in sich enthalten, wobei ε eine gewisse vom Winkel θ abhängende Größe bedeutet, die mit nach Null abnehmendem θ ebenfalls nach Null konvergiert.

18*

55. Dieses Resultat zeigt uns sofort (s. 9.), daß, wenn wir den Winkel θ nach Null abnehmen lassen, das Polyeder $\dfrac{\mathfrak{P}}{V^{\frac{1}{3}}}$ nach einem bestimmten konvexen Körper $\mathfrak{L}$ als Grenze konvergieren muß, welchem die Eigenschaft zukommen wird, daß für ihn unter allen konvexen Körpern vom Volumen 1 und dem Nullpunkt als Schwerpunkt das Integral

$$J(\mathfrak{L}) = \frac{1}{3}\int L(\alpha,\,\beta,\,\gamma)\,F(\alpha,\,\beta,\,\gamma)\,d\omega,$$

unter L die Stützebenenfunktion von $\mathfrak{L}$ verstanden, den kleinsten Wert hat. Bezeichnen wir das betreffende Minimum dieses Integrals mit J, so konvergiert gleichzeitig $V^{\frac{2}{3}}$ nach J (s. (118) und (119)) und das Polyeder $\mathfrak{P}$ nach dem Körper $\mathfrak{K} = J^{\frac{1}{2}}\mathfrak{L}$.

Ist jetzt $\mathfrak{K}'$ ein beliebiger konvexer Körper, H' seine Stützebenenfunktion, G' das Maximum der Werte $H'(\alpha,\,\beta,\,\gamma)$, so folgt aus (113), (114) und (110):

$$|J(\mathfrak{K}') - V(\mathfrak{K}',\,\mathfrak{P},\,\mathfrak{P})| < \left(\frac{1}{3}(1-\cos\theta) + 2\sin\theta\right)O_0\,G'.$$

Da nun für ein nach Null abnehmendes θ die Größe $V(\mathfrak{K}',\,\mathfrak{P},\,\mathfrak{P})$ nach $V(\mathfrak{K}',\,\mathfrak{K},\,\mathfrak{K})$ konvergiert, so ersehen wir hieraus, daß allgemein die Darstellung

$$V(\mathfrak{K}',\,\mathfrak{K},\,\mathfrak{K}) = J(\mathfrak{K}'), \quad \text{d. i.} \quad = \frac{1}{3}\int H'F\,d\omega$$

gilt. Danach ist in der Tat der gefundene konvexe Körper $\mathfrak{K}$ ein stetig gekrümmter mit $F(\alpha,\,\beta,\,\gamma)$ als Krümmungsfunktion, mithin der Beweis für den Satz in 43. vollständig erbracht.

56. Wir können diesen Satz über die Bestimmung eines konvexen Körpers zu einer gegebenen Krümmungsfunktion F auch auf Fälle ausdehnen, wo diese vorgelegte Funktion F nicht durchweg stetig ist. Insbesondere lassen sich alle konvexen Körper, welche in der Regel *konstante* positive Krümmung und nur an singulären Stellen unendliche Krümmung besitzen, durch folgende Aussage charakterisieren:

Es seien auf der Kugelfläche $\mathfrak{E}$ beliebige Partien $\mathfrak{N}$ abgegrenzt, denen ein bestimmter und von Null verschiedener Flächeninhalt zukommt und so, daß der Schwerpunkt dieser Partien $\mathfrak{N}$ für sich, wie der der ganzen Kugelfläche $\mathfrak{E}$, im Nullpunkte liegt. Alsdann gibt es stets einen und nur einen konvexen Körper $\mathfrak{K}$ mit dem Nullpunkte als Schwerpunkt, derart daß für jeden beliebigen konvexen Körper $\mathfrak{K}'$ die Darstellung

$$V(\mathfrak{K}',\,\mathfrak{K},\,\mathfrak{K}) = \frac{1}{3}\int\limits_{(\mathfrak{N})} H'\,d\omega$$

gilt, wo H' die Stützebenenfunktion von $\mathfrak{K}'$ bedeutet und das Integral nur über die Partien $\mathfrak{N}$ der Kugelfläche $\mathfrak{E}$ zu erstrecken ist.

XXVII.

Über die Körper konstanter Breite.

(In russischer Sprache erschienen in: Mathematische Sammlung (Matematičeskij Sbornik), Moskau, Band 25, S. 505—508.)

§ 1.

Unter der *Breite eines Körpers in einer gegebenen Richtung* soll der Abstand der zwei zu dieser Richtung normalen Stützebenen des Körpers voneinander verstanden werden. Als *Stützebene* des Körpers wird hier jede Ebene bezeichnet, welche an den Körper in wenigstens einem Punkte anstößt, ihn aber nicht durchsetzt.

Ein Körper, der in allen Richtungen gleiche Breite hat, soll von *konstanter Breite* heißen.

§ 2.

Es sei irgendein Körper K vorgelegt. Wir verwenden rechtwinklige Koordinaten x, y, z mit einem Punkte O im Inneren von K als Anfangspunkt, und führen zur Festlegung der Punkte α, β, γ auf der Kugelfläche vom Radius 1 um O Polarkoordinaten ϑ, ψ ein, so daß

$$\alpha = \sin\vartheta\cos\psi, \quad \beta = \sin\vartheta\sin\psi, \quad \gamma = \cos\vartheta \; (0 \leqq \vartheta \leqq \pi, \quad 0 \leqq \psi \leqq 2\pi)$$

ist.

Der Abstand derjenigen Stützebene an K, welche α, β, γ als die vom Körper abgewandte Normalenrichtung zeigt, vom Nullpunkt heiße $H(\vartheta, \psi)$.

Der zu einer Richtung α, β, γ (ϑ, ψ) entgegengesetzten Richtung $-\alpha, -\beta, -\gamma$ entsprechen dann die Werte $\pi - \vartheta$, $\psi + \pi$ (mod 2π) dieser Polarkoordinaten.

Die Breite von K in der Richtung α, β, γ wird alsdann durch

$$B(\vartheta, \psi) = H(\vartheta, \psi) + H(\pi - \vartheta, \psi + \pi)$$

dargestellt. Dieser Ausdruck bleibt ungeändert, wenn wir α, β, γ durch die entgegengesetzte Richtung $-\alpha, -\beta, -\gamma$ ersetzen.

Denken wir uns $H(\vartheta, \psi)$ in eine Reihe nach Kugelflächenfunktionen entwickelt,

$$H(\vartheta, \psi) = Y_0 + Y_1(\vartheta, \psi) + Y_2(\vartheta, \psi) + \cdots,$$

worin Y_0 eine Konstante und $Y_m(\vartheta, \psi)$ eine Kugelfunktion m^{ter} Ordnung vorstellt, so folgt

$$H(\pi - \vartheta, \psi + \pi) = Y_0 - Y_1(\vartheta, \psi) + Y_2(\vartheta, \psi) + \cdots$$

und

$$B(\vartheta, \psi) = 2Y_0 + 2Y_2(\vartheta, \psi) + 2Y_4(\vartheta, \psi) + \cdots.$$

Damit K einen Körper konstanter Breite vorstellt, ist hiernach notwendig und hinreichend, daß die Terme gerader Ordnung $Y_2(\vartheta, \psi)$, $Y_4(\vartheta, \psi), \cdots$ in der Entwicklung von $H(\vartheta, \psi)$ sämtlich identisch verschwinden.

§ 3.

Unter *dem Umfange eines Körpers in bezug auf eine gegebene Richtung* wollen wir den *Umfang des Querschnittes* bei demjenigen Zylinder verstehen, der von allen der betreffenden Richtung parallelen Stützebenen des Körpers umhüllt wird.

Ein Körper, der in bezug auf alle Richtungen gleichen Umfang hat, soll *von konstantem Umfange* heißen.

Wir werden hier den Satz beweisen:

Die Körper konstanter Breite und die Körper konstanten Umfanges sind miteinander identisch.

§ 4.

Der Umfang des Körpers K speziell in bezug auf die Richtung der z-Achse ist der Umfang der in der xy-Ebene von den sämtlichen Geraden

$$x \cos \psi + y \sin \psi = H\left(\frac{\pi}{2}, \psi\right) = h(\psi)$$

umhüllten geschlossenen konvexen Kurve. Für die Punkte x, y dieser Kurve haben wir neben dieser ersten Gleichung noch die andere

$$- x \sin \psi + y \cos \psi = \frac{\partial h(\psi)}{\partial \psi},$$

so daß für sie

$$x = h \cos \psi - \frac{\partial h}{\partial \psi} \sin \psi, \qquad y = h \sin \psi + \frac{\partial h}{\partial \psi} \cos \psi,$$

$$dx = -\left(h + \frac{\partial^2 h}{\partial \psi^2}\right) \sin \psi \, d\psi, \qquad dy = \left(h + \frac{\partial^2 h}{\partial \psi^2}\right) \cos \psi \, d\psi$$

gilt und also der Umfang jener Kurve durch

$$\int_0^{2\pi} \left(h + \frac{\partial^2 h}{\partial \psi^2}\right) d\psi = \int_0^{2\pi} h \, d\psi$$

dargestellt wird.

Setzen wir nun

$$Y_m(\vartheta, \psi) = A_0 P^{(m)}(\cos \vartheta) + \sum_{\nu=1}^{m} (A_\nu \cos \nu\psi + B_\nu \sin \nu\psi) \, P_\nu^{(m)}(\cos \vartheta)$$

an, wobei
$$P^{(m)}(1) = 1, \quad P^{(2l-1)}(0) = 0, \quad P^{(2l)}(0) = (-1)^l \frac{1 \cdot 3 \cdot 5 \cdots (2l-1)}{2 \cdot 4 \cdot 6 \cdots 2l}$$
ist,
$$P_\nu^{(m)}(1) = 0 \quad (\nu = 1, \cdots, m),$$
so erkennen wir, daß
$$\int_0^{2\pi} Y_m\left(\frac{\pi}{2}, \psi\right) d\psi$$

bei ungeradem m verschwindet und bei geradem m sich als das Produkt aus dem Werte der Funktion $Y_m(\vartheta, \psi)$ für den Pol $\vartheta = 0$ in eine gewisse von m abhängige Konstante $\tilde{\omega}_m = 2\pi P^{(m)}(0)$ ergibt.

Indem wir dieses in bezug auf die Richtung der z-Achse gewonnene Resultat auf eine beliebige Richtung übertragen, sehen wir, daß aus der angenommenen Entwicklung für $H(\vartheta, \psi)$ sich für den Umfang von K in bezug auf eine beliebige Richtung (ϑ, ψ) die folgende Entwicklung

$$U(\vartheta, \psi) = 2\pi Y_0 + \tilde{\omega}_2 Y_2(\vartheta, \psi) + \tilde{\omega}_4 Y_4(\vartheta, \psi) + \cdots$$

herausstellt.

Damit K ein Körper konstanten Umfanges ist, finden wir hiernach notwendig und hinreichend, daß in der Entwicklung von $H(\vartheta, \psi)$ nach Kugelfunktionen die Terme $Y_2, Y_4, \cdots$ sämtlich Null sind.

Ein Vergleich dieses Resultats mit dem vorhin gewonnenen über die Körper konstanter Breite zeigt in der Tat, daß ein Körper konstanter Breite jedesmal zugleich ein Körper konstanten Umfanges ist und umgekehrt.

———

David Hilbert

Hermann Minkowski.

Gedächtnisrede, gehalten in der öffentlichen Sitzung der K. Gesellschaft der
Wissenschaften zu Göttingen am 1. Mai 1909

von

David Hilbert.

(Nachrichten der K. Gesellschaft der Wissenschaften zu Göttingen. 1909.)

Einen schweren unermeßlichen Verlust haben zu Beginn des Jahres 1909
unsere Gesellschaft, unsere Universität, die Wissenschaft und wir alle persönlich erlitten: durch ein hartes Geschick wurde uns jäh entrissen unser
Kollege und Freund Hermann Minkowski im Vollbesitz seiner Lebenskraft,
aus der Mitte freudigsten Wirkens, von der Höhe seines wissenschaftlichen
Schaffens.

Seinem Andenken widmen wir diese Stunde.

Hermann Minkowski wurde am 22. Juni 1864 zu Alexoten in Rußland
geboren, kam als Knabe nach Deutschland und trat Oktober 1872 im
Alter von $8\frac{1}{4}$ Jahren in die Septima des Altstädtischen Gymnasiums zu
Königsberg i. Pr. ein. Da er von sehr rascher Auffassung war und ein
vortreffliches Gedächtnis hatte, wurde er auf mehreren Klassen in kürzerer
als der vorgeschriebenen Zeit versetzt und verließ das Gymnasium schon
März 1880 — noch als Fünfzehnjähriger — mit dem Zeugnis der Reife.

Ostern 1880 begann Minkowski seine Universitätsstudien. Insgesamt
hat er 5 Semester in Königsberg, vornehmlich bei Weber und Voigt, und
3 Semester in Berlin studiert, wo er die Vorlesungen von Kummer,
Kronecker, Weierstraß, Helmholtz und Kirchhoff hörte.

Seine Befähigung zur Mathematik zeigte sich früh; fiel ihm doch im
ersten Semester bereits für die Lösung einer mathematischen Aufgabe eine
Geldprämie zu, auf die er freilich zugunsten eines armen Mitschülers
verzichtete, so daß sein frühzeitiger Erfolg zu Hause gar nicht bekannt
wurde — eine kleine Begebenheit, die zugleich die Bescheidenheit und
Herzensgüte kennzeichnet, wie er sie sein ganzes Leben hindurch allen
Menschen gegenüber, die ihm näher kamen, betätigt hat.

Sehr bald begann Minkowski tiefgehende und gründliche mathematische
Studien. Ostern 1881 hatte die Pariser Akademie das Problem der Zerlegung der ganzen Zahlen in eine Summe von fünf Quadraten als Preisthema gestellt. Dieses Thema griff der siebzehnjährige Student mit aller

Energie an und löste die gestellte Aufgabe aufs glänzendste, indem er weit über das Preisthema hinaus die allgemeine Theorie der quadratischen Formen, insbesondere ihre Einteilung in Ordnungen und Geschlechter — zunächst sogar für beliebigen Trägheitsindex — entwickelte*). Es ist erstaunlich, welch sichere Herrschaft Minkowski schon damals über die algebraischen Methoden, insbesondere die Elementarteilertheorie, sowie über die transzendenten Hilfsmittel wie die Dirichletschen Reihen und die Gaußschen Summen besaß, — Kenntnisse, die noch heute lange nicht allgemeines Eigentum der Mathematiker geworden sind, die aber freilich zur erfolgreichen Inangriffnahme des Pariser Preisthemas eine notwendige Voraussetzung bildeten. Hören wir, wie Minkowski selbst in dem Begleitschreiben zu seiner der Pariser Akademie eingereichten Arbeit sich ausspricht**): „Durch die von der Académie des Sciences gestellte Aufgabe angeregt“, so schreibt der jugendliche Student, „unternahm ich eine genauere Untersuchung der allgemeinen quadratischen Formen mit ganzzahligen Koeffizienten. Ich ging dabei von dem natürlichen Gedanken aus, daß die Zerlegung einer Zahl in eine Summe von fünf Quadraten in ähnlicher Weise von den quadratischen Formen mit vier Variablen abhängen würde, wie bekanntlich die Zerlegung einer Zahl in eine Summe von drei Quadraten von den quadratischen Formen mit zwei Variablen abhängt. Diese Untersuchung hat mir in der Tat die gewünschten Resultate über die Zerlegung einer Zahl in eine Summe von fünf Quadraten geliefert. Indessen erscheinen diese Resultate bei der großen Allgemeinheit der von mir gefundenen Sätze nicht überall als das eigentliche Hauptziel der vorliegenden Arbeit; sie stellen vielmehr nur ein Beispiel für die gewonnenen umfangreichen Theorien dar. Wenn daher viele der nachfolgenden Betrachtungen nicht immer unmittelbar auf das Thema der Preisfrage hinweisen, so wage ich dennoch zu hoffen, daß die Akademie nicht der Ansicht sein werde, ich würde mehr gegeben haben, wenn ich weniger gegeben hätte.“ Mit dem Motto: „Rien n'est beau que le vrai, le vrai seul est aimable“ reichte der noch nicht Achtzehnjährige am 30. Mai 1882 die Arbeit der Pariser Akademie ein. Obwohl dieselbe, entgegen den Bestimmungen der Akademie, in deutscher Sprache abgefaßt war, so erkannte die Akademie dennoch unter ausdrücklicher Betonung des exzeptionellen Falles auf Zuerteilung des vollen Preises, da — wie es im Kommissionsbericht heißt — eine Arbeit von solcher Bedeutung nicht wegen einer Irregularität der Form von der

---

*) „Mémoire sur la théorie des formes quadratiques à coefficients entiers.“ Mémoires présentés par divers savants à l'Académie des Sciences de l'Institut national de France, T. XXIX. No. 2 (1884). Unter dem Titel „Grundlagen für eine Theorie der quadratischen Formen mit ganzzahligen Koeffizienten“, diese Ges. Abhandlungen, Bd. I, S. 3—144.   **) Vgl. diese Ges. Abhandlungen, Bd. I, S. 4.

Bewerbung auszuschließen sei, und erteilte ihm im April 1883 den Grand Prix des Sciences Mathématiques.

Als die Zuerkennung des Akademiepreises an Minkowski in Paris bekannt wurde, richtete die dortige chauvinistische Presse gegen ihn die unbegründetsten Angriffe und Verdächtigungen. Die französischen Akademiker C. Jordan und J. Bertrand stellten sich sofort rückhaltlos auf die Seite Minkowskis. „Travaillez, je vous prie, à devenir un géomètre éminent." In dieser Mahnung des großen französischen Mathematikers C. Jordan an den jungen deutschen Studenten gipfelte die bei diesem Anlaß zwischen C. Jordan und Minkowski geführte Korrespondenz, — eine Mahnung, die Minkowski treulich beherzigt hat; begann doch nun für ihn eine arbeitsfrohe und publikationsreiche Zeit.

Gauß hat in seinen Disquisitiones arithmeticae die Theorie der binären quadratischen Formen mit ganzzahligen Koeffizienten und damit zugleich den wesentlichen Inhalt der heutigen Theorie der quadratischen Zahlkörper geschaffen. Nach zwei verschiedenen Richtungen hin war die Verallgemeinerung der Gaußschen Theorie möglich: einmal als Theorie der quadratischen Formen mit beliebig vielen Variablen und dann als Theorie der zerlegbaren Formen höherer Ordnung, d. h. als Theorie der Zahlkörper von beliebigem Grade. Durch das Pariser Preisthema war Minkowski zunächst auf die erstere Verallgemeinerung der Gaußschen Theorie hingewiesen: in der Tat sehen wir Minkowski in den folgenden Jahren ausschließlich seine ganze Arbeitskraft dem Studium der *Theorie der quadratischen Formen* und der aufs engste damit zusammenhängenden Fragen widmen. Die Gaußsche Theorie der quadratischen Formen hatte eine wesentliche Ergänzung durch Dirichlet erfahren, indem es diesem gelungen war, auf Grund einer ihm eigentümlichen transzendenten Methode für die Anzahl der Klassen binärer quadratischer Formen mit gegebener Determinante geschlossene Ausdrücke aufzustellen. Es lag nahe, diese Methode nach jenen beiden oben gekennzeichneten Richtungen hin zu verallgemeinern. Nach letzterer Richtung hin, nämlich für die Theorie der algebraischen Zahlkörper, war jene Verallgemeinerung der Dirichletschen Methode bereits von Kummer und in allgemeinster Weise von Dedekind vorgenommen worden; in ersterer Richtung aber, nämlich für das Problem der quadratischen Formen von beliebig vielen Variablen, lagen nur einige Vorarbeiten von St. Smith, jenem schon bejahrten englischen Zahlentheoretiker, vor, welcher auch bei der Bewerbung um den Pariser Preis Minkowskis Konkurrent gewesen war. Minkowski führte nun die Bestimmung der Anzahl der in einem Geschlecht enthaltenen Klassen quadratischer Formen von beliebig vielen Variablen — denn darauf spitzt sich das in Frage kommende Problem zu — nach der von Dirichlet für binäre quadratische Formen angewandten transzendenten Methode durch. Die hierbei gefundenen Resultate bilden den wesentlichen Inhalt der Inaugural-Dissertation*), auf Grund deren Minkowski am 30. Juli 1885 von der philosophischen Fakultät in Königsberg zum Doktor promoviert wurde.

Wie glücklich die Ideen des jugendlichen Minkowski auch auf anderem als rein zahlentheoretischem Gebiete waren, ersehen wir aus der bei dieser Gelegenheit von ihm aufgestellten These, die so lautete: „Es ist nicht wahrscheinlich, daß eine jede positive Form sich als eine Summe von Formenquadraten darstellen läßt." Es fiel mir als Opponent die Aufgabe zu, bei der öffentlichen Promotion diese These anzugreifen. Die Disputation schloß mit meiner Erklärung, ich sei durch seine Ausführungen überzeugt, daß es wohl schon im ternären Gebiete solch merkwürdige Formen geben möchte, die so eigensinnig seien, positiv zu bleiben, ohne sich doch eine Darstellung als Summe von Formenquadraten gefallen zu lassen. Die Minkowskische These war für mich später die Veranlassung, die Untersuchung der Frage aufzunehmen und für die in der These ausgesprochene Vermutung den strengen Nachweis zu erbringen. Es stellte sich außerdem späterhin heraus, daß das Problem der Darstellung definiter Formen durch Formenquadrate auch bei der Frage nach der Möglichkeit geometrischer Konstruktionen mittels gewisser elementarer Hilfsmittel eine interessante Rolle spielt und andererseits mit gewissen tieferen Problemen über die Darstellbarkeit algebraischer Zahlen als Summen von Quadraten zusammenhängt. Auch von anderer Seite ist seitdem das Problem aufgenommen worden und hat zu interessanten speziellen Ergebnissen geführt.

Angeregt durch eine von Kronecker gestellte Forderung, die eine schärfere Fassung des arithmetischen Begriffs der Äquivalenz von Formen betraf, gelangte Minkowski zu der interessanten Frage nach dem Verhalten linearer ganzzahliger Substitutionen von beliebiger Variablenzahl im Sinne der Kongruenz nach einem beliebigen Modul**). Minkowski gewann dabei den anwendungsreichen Satz, daß eine homogene lineare ganzzahlige Substitution mit n Variablen von einer endlichen Ordnung, die nach einem ganzzahligen Modul ≥ 3 der identischen Substitution kongruent ausfällt, selbst notwendig die identische Substitution ist. Mit Hilfe dieses Satzes

---

*) Untersuchungen über quadratische Formen. I. Bestimmung der Anzahl verschiedener Formen, welche ein gegebenes Genus enthält. Acta Mathematica, Bd. 7 (1885), S. 201—258. Diese Ges. Abhandlungen, Bd. I, S. 157—202.

**) Ueber den arithmetischen Begriff der Aequivalenz und über die endlichen Gruppen linearer ganzzahliger Substitutionen. Crelles Journal, Bd. 100 (1887), S. 449—458. Diese Ges. Abhandlungen, Bd. I, S. 203—211. Zur Theorie der positiven quadratischen Formen. Crelles Journal, Bd. 101 (1887), S. 196—202. Diese Ges. Abhandlungen, Bd. I, S. 212—218.

gelingt es Minkowski unter anderem zu zeigen, daß die Ordnung jeder endlichen Gruppe von homogenen linearen ganzzahligen Substitutionen mit n Variablen stets ein Divisor der Zahl

$$2^n (2^n - 1)(2^n - 2) \ldots (2^n - 2^{n-1})$$

ist, und desgleichen stellt er eine nur von n abhängige Zahl auf, in welcher notwendig allemal die Anzahl der ganzzahligen Substitutionen aufgehen muß, die eine definite quadratische Form mit n Variablen in sich selbst überführen. Die beiden Abhandlungen, welche diese Resultate entwickeln, reichte er der philosophischen Fakultät in Bonn als Habilitationsschrift ein; April 1887 erteilte ihm diese die venia legendi für Mathematik.

Noch eine Arbeit Minkowskis sei hier genannt, die ich der Jugendepoche seines mathematischen Schaffens zuzähle, da sie ebenfalls ausschließlich das Gebiet der quadratischen Formen betrifft; es ist diejenige*), in welcher Minkowski die Bedingungen dafür aufstellt, daß eine quadratische Form mit rationalen Zahlenkoeffizienten sich vermöge einer linearen Substitution mit rationalen Zahlenkoeffizienten in eine andere ebensolche quadratische Form oder in ein rationales Vielfaches einer solchen Form transformieren läßt. Als äußerer Anlaß dazu diente ihm eine von Hurwitz und mir gemeinsam verfaßte Arbeit über ternäre diophantische Gleichungen vom Geschlechte Null. Die Untersuchung von Hurwitz und mir hatte ergeben, daß jede ternäre diophantische Gleichung vom Geschlechte Null durch eine rationale eindeutig umkehrbare Transformation in eine quadratische Gleichung übergeführt werden kann; die weiter entstehenden Fragen, insbesondere die Frage nach den Kriterien dafür, daß eine quadratische diophantische Gleichung bei beliebiger Variablenzahl durch rationale Zahlen lösbar ist, finden durch Minkowski ihre vollständige Erledigung; doch gestaltet sich noch darüber hinaus die Bearbeitung des Problems durch Minkowski zu einer vollständigen Invariantentheorie der quadratischen Formen im zahlentheoretischen Sinne.

Nunmehr beginnt für Minkowskis mathematische Produktion die reichste und bedeutendste Epoche; seine bisher auf das spezielle Gebiet der quadratischen Formen gerichteten Untersuchungen erhalten mehr und mehr den großen Zug ins Allgemeine und gipfeln schließlich in der Schaffung und dem Ausbau der Lehre, für die er selbst den treffenden Namen „*Geometrie der Zahlen*" geprägt hat und die er in dem großartig angelegten Werke gleichen Titels dargestellt hat.

Das Problem, aus den unendlich vielen Formen einer Klasse durch

---

*) Ueber die Bedingungen, unter welchen zwei quadratische Formen mit rationalen Coefficienten in einander rational transformiert werden können. Crelles Journal, Bd. 106 (1890), S. 5—26. Diese Ges. Abhandlungen, Bd. I, S. 219—239.

bestimmte Ungleichheitsbedingungen eine einzige auszusondern, d. h. das
Problem der Reduktion der quadratischen Formen, hatte Minkowski schon
wiederholt beschäftigt. Vor allem ergriffen ihn die berühmten Briefe, die
1850 Ch. Hermite über diesen Gegenstand an Jacobi gerichtet hatte, und
insbesondere der dort von Hermite aufgestellte Satz, daß die kleinste von
Null verschiedene Größe, die durch eine positive quadratische Form von
n Variablen mit der Determinante 1 mittels ganzer Zahlen darstellbar ist,
niemals einen gewissen, nur von der Zahl n abhängigen Betrag übersteigt.
Durch die Beschäftigung mit diesem Satze wurde Minkowski zu Betrachtungen veranlaßt, auf die wir ein wenig näher eingehen müssen.

Wir denken uns nach Minkowski dasjenige würfelförmig angeordnete,
den ganzen Raum erfüllende Punktsystem, welches entsteht, wenn man
den rechtwinkligen Koordinaten x, y, z alle ganzzahligen Werte erteilt.
Minkowski nannte ein solches Punktsystem ein Zahlengitter. Bedeutet
nun $F(x, y, z)$ eine homogene positive quadratische Form von x, y, z mit
der Determinante 1, so stellt die Gleichung $F(x, y, z) = c$ für irgendeinen
positiven Wert der Konstanten c ein bestimmtes Ellipsoid mit dem Nullpunkt als Mittelpunkt dar. Wir denken uns nun um jeden Punkt des
Zahlengitters als Mittelpunkt ein diesem Ellipsoid kongruentes und ähnlich
gelegenes Ellipsoid konstruiert: ist dann der Wert der Konstanten c genügend klein, so werden diese Ellipsoide offenbar sämtlich völlig voneinander getrennt liegen. Der größte Wert von c, bei welchem dies noch
der Fall ist und die Ellipsoide demnach einander nur in einzelnen Punkten
berühren, sei $\frac{1}{4} M$. Da bei dieser Raumerfüllung auf je einen Würfel mit
der Kantenlänge 1 je eines der Ellipsoide kommt, so folgt leicht, daß der
Inhalt des Ellipsoides $F(x, y, z) = \frac{1}{4} M$ notwendig kleiner als der Inhalt
jenes Würfels ausfällt, d. h. es ist gewiß

$$\frac{4\,\pi}{3}\sqrt{\left(\frac{M}{4}\right)^3} < 1.$$

Andererseits ist leicht zu erkennen, daß das Ellipsoid $F(x, y, z) = M$ gewiß
außer dem Nullpunkt keinen Punkt des Zahlengitters in seinem Innern
enthält; liegen doch auf seiner Oberfläche gerade noch diejenigen Gitterpunkte, die die Mittelpunkte der das Ellipsoid $F(x, y, z) = \frac{1}{4} M$ berührenden
Ellipsoide sind, d. h. M ist der kleinste von Null verschiedene, durch ganze
Zahlen darstellbare Wert der quadratischen Form, und jene Ungleichung
liefert für dieses Minimum die obere Schranke

$$M < \sqrt[3]{\frac{6^2}{\pi^2}}.$$

Dieser Beweis eines tiefliegenden zahlentheoretischen Satzes ohne
rechnerische Hilfsmittel wesentlich auf Grund einer geometrisch anschau-

lichen Betrachtung ist eine Perle Minkowskischer Erfindungskunst. Bei der Verallgemeinerung auf Formen mit n Variablen führt der Minkowskische Beweis auf eine natürlichere und weit kleinere obere Schranke für jenes Minimum M, als sie bis dahin Hermite gefunden hatte. Noch wichtiger aber als dies war es, daß der wesentliche Gedanke des Minkowskischen Schlußverfahrens nur die Eigenschaft des Ellipsoides, daß dasselbe eine konvexe Figur ist und einen Mittelpunkt besitzt, benutzte und daher auf beliebige konvexe Figuren mit Mittelpunkt übertragen werden konnte. Dieser Umstand führte Minkowski zum ersten Male zu der Erkenntnis, daß überhaupt der *Begriff des konvexen Körpers* ein fundamentaler Begriff in unserer Wissenschaft ist und zu deren fruchtbarsten Forschungsmitteln gehört.

Ein konvexer (nirgends konkaver) Körper ist nach Minkowski als ein solcher Körper definiert, der die Eigenschaft hat, daß, wenn man zwei seiner Punkte ins Auge faßt, auch die ganze geradlinige Strecke zwischen denselben zu dem Körper gehört.

Die Bedeutung des Begriffs des konvexen Körpers für die Grundlagen der Geometrie beruht in dem engen Zusammenhange, der, wie Minkowski erkannte, zwischen diesem Begriff und dem fundamentalen Satze Euklids besteht, wonach im Dreiecke die Summe zweier Seiten stets größer als die dritte Seite ist. Dieser Satz Euklids, welcher ja lediglich von elementaren, aus den Axiomen unmittelbar entnommenen Begriffen handelt, folgt bei Euklid aus dem Axiom von der Kongruenz zweier Dreiecke. Lassen wir nun alle Axiome der gewöhnlichen Euklidischen Geometrie bestehen mit Ausnahme des Axioms von der Dreieckskongruenz, indem wir vielmehr dieses durch das andere, weniger aussagende Axiom, daß in jedem Dreieck die Summe zweier Seiten größer als die dritte sein soll, ersetzen, so gelangen wir zu einer Geometrie, welche keine andere ist als diejenige, die Minkowski aufgestellt und zur Grundlage seiner geometrischen Untersuchungen gemacht hat. Diese *Minkowskische Geometrie* ist dann im wesentlichen durch folgende Festsetzungen charakterisiert:

1. Zwei Strecken heißen dann einander gleich, wenn man sie durch Parallelverschiebung des Raumes ineinander überführen kann.

2. Die Punkte, die von einem festen Punkte O gleichen Abstand haben, werden durch eine gewisse konvexe geschlossene Fläche des gewöhnlichen Euklidischen Raumes mit O als Mittelpunkt repräsentiert, so daß an Stelle der konzentrischen Kugeln der gewöhnlichen Euklidischen Geometrie ein System ineinander geschachtelter, durch Ähnlichkeitstransformation erzeugter konvexer Flächen tritt.

Insofern in der Minkowskischen Geometrie das Parallelenaxiom gilt, dagegen an Stelle des Axioms von der Dreieckskongruenz der gewöhnlichen Euklidischen Geometrie jenes weniger aussagende Axiom tritt, daß im Dreieck die Summe zweier Seiten die dritte übertrifft, ist die Minkowskische Geometrie eine der gewöhnlichen Euklidischen Geometrie nächststehende Geometrie, ebenso wie die Bolyai-Lobatschefskysche Geometrie, zu der sie ein Gegenstück bildet. Wie die Bolyai-Lobatschefskysche Geometrie in verschiedenen mathematischen Disziplinen, besonders in der Theorie der analytischen Funktionen mit linearen Transformationen in sich, die fruchtbarste Anwendung findet, so zeigt sich die Minkowskische Geometrie besonders für die Zahlentheorie von hervorragender Bedeutung.

Übertragen wir die eben angestellten geometrischen Überlegungen ins Analytische. In gewöhnlichen rechtwinkligen Koordinaten $x_1, \ldots, x_n$ des n-dimensionalen Raumes kann die Oberfläche eines konvexen Körpers in der Gestalt

$$f(x_1, \ldots, x_n) = 1$$

dargestellt werden, so daß f eine positive homogene (nicht notwendig rationale) Funktion ersten Grades bedeutet, deren wesentlichste Eigenschaft die ist, die durch die Funktionalungleichung

$$f(x_1 + y_1, \ldots, x_n + y_n) \leq f(x_1, \ldots, x_n) + f(y_1, \ldots, y_n)$$

zum Ausdruck gebracht wird. Die Minkowskische Entfernung zwischen zwei Punkten $x_1, \ldots, x_n$ und $y_1, \ldots, y_n$ wird dann allgemein durch den Ausdruck

$$f(x_1 - y_1, \ldots, x_n - y_n)$$

definiert. Die ursprünglich zugrunde gelegte Fläche f

$$f(x_1, \ldots, x_n) = 1$$

heißt Eichfläche; sie ist das Minkowskische Analogon der Kugel im gewöhnlichen Euklidischen Raume.

Das Ausgangsbeispiel des Ellipsoides erhält man, wenn man hier für f die Funktion $\sqrt{F}$ nimmt, wo F die oben (S. X) erwähnte quadratische Form bedeutet.

Nun werde als Eichkörper ein konvexer Körper mit Mittelpunkt, d. h. ein solcher konvexer Körper genommen, der einen Punkt im Innern aufweist, in welchem alle hindurchgehenden Sehnen des Körpers halbiert werden. Dann gilt für die so definierte Minkowskische Entfernung der Satz, daß für die kleinste Entfernung zwischen zwei Gitterpunkten, d. h. für M, eine obere Schranke existiert, die allein vom Volumen des Eichkörpers abhängt; und zwar schließt man leicht, daß ein konvexer Körper mit einem Mittelpunkte in einem Punkte des Zahlengitters und vom Volumen 2^n immer noch mindestens zwei weitere Punkte des Zahlengitters, sei es im Innern, sei es auf der Begrenzung, enthalten muß.

Dieser Satz ist einer der anwendungsreichsten der Arithmetik; aus ihm leitet Minkowski seinen bekannten Determinantensatz ab, demzufolge man in irgend n ganzen homogenen linearen Formen von n Variablen mit beliebigen reellen Koeffizienten und der Determinante 1 immer den Variablen solche ganzzahligen Werte, die nicht sämtlich Null sind, erteilen kann, daß dabei alle Formen absolute Beträge ≤ 1 erlangen; ferner die das Wesen der algebraischen Zahl tief berührende Tatsache, daß die Diskriminante eines algebraischen Zahlkörpers stets von ± 1 verschieden ist, d. h. daß es für einen algebraischen Zahlkörper stets wenigstens eine durch das Quadrat eines Primideals teilbare Primzahl, eine sogenannte Verzweigungszahl, gibt, analog wie in der Theorie der algebraischen Funktionen bekanntlich gezeigt wird, daß eine algebraische Funktion stets Verzweigungspunkte besitzen muß.

Aber der obige Satz vom Volumen des Eichkörpers, den ich einen der anwendungsreichsten der Arithmetik nannte, bildet doch nur das Anfangsglied einer Reihe weiterer auf geometrischer Anschauung fußender Schlußweisen von weittragender Bedeutung. So gelangt Minkowski durch eine sehr sinnreiche geometrische Überlegung, bei der der zugrunde gelegte konvexe Körper sukzessive nach bestimmten Vorschriften dilatiert wird, zu einer Erweiterung des ursprünglichen Satzes, die so lautet: Ist das Volumen des Eichkörpers gleich 2^n, so ist nicht nur, wie oben behauptet, die kleinste Minkowskische Entfernung ≤ 1, sondern sogar das Produkt der n kleinsten Entfernungen, in n unabhängigen Richtungen genommen, fällt stets ≤ 1 aus. Die Endlichkeit der Klassenanzahl der positiven quadratischen Formen von n Variablen mit gegebener Determinante ist unter anderm eine leichte Folge dieses allgemeinen Satzes.

Wie oben ausgeführt wurde, hat Minkowski für das Minimum einer quadratischen Form F von n Variablen mit der Determinante 1 mittels seiner geometrischen Methode eine obere, nur von n abhängige Schranke aufgestellt. Das genaue Minimum, d. h. der kleinste von Null verschiedene Wert, den F für ganzzahlige Variablen erlangt, ist notwendig noch eine Funktion der Koeffizienten der Form F; lassen wir diese beliebig variieren, so jedoch, daß die Determinante beständig 1 bleibt, so können wir nach dem Maximum k_n der Minima aller dieser Formen fragen; dasselbe wird eine nur von n abhängige Zahl sein, welche jene obere Schranke ebenfalls nicht übersteigen kann. Durch völlig andere Hilfsmittel, aber ebenfalls ausgehend von einer geometrischen Betrachtung, bei der nunmehr der Begriff des Strahlenkörpers an Stelle des konvexen Körpers die wesentlichste Rolle spielt — Strahlenkörper ist ein Körper mit einem gewissen Punkte im Innern, der alle Strecken zwischen diesem Punkte und einem beliebigen Punkte des Körpers ganz enthält, so daß ein Strahlenkörper von einem gewissen Punkte aus diejenige Eigenschaft aufweist, welche bei einem konvexen Körper für jeden seiner Punkte erfüllt ist — gelangt

Minkowski für jenes Maximum k_n des Minimums der quadratischen Form F auch zu einer unteren Schranke. Ein überraschendes und für die Genauigkeit der Minkowskischen Methode zeugendes Resultat ist es, daß diese untere Schranke und die früher gefundene obere Schranke asymptotisch für $n = \infty$ ineinander fließen, so daß Minkowski die Limesgleichung

$$L_{n=\infty} \frac{\log k_n}{\log n} = 1$$

aussprechen konnte.

Ch. Hermite, damals der Senior der französischen Mathematiker, hatte von Anbeginn die zahlentheoretischen Arbeiten Minkowskis mit höchstem Interesse und lebhaftester Freude verfolgt. Es ist rührend, wie rückhaltlos er die Vorzüge der Minkowskischen Methode gegenüber seinen eigenen Entwicklungen anerkennt, als Minkowski ihm die eben besprochenen Resultate mitteilt. „Au premier coup d'œil j'ai reconnu", so schreibt Ch. Hermite in einem der an Minkowski gerichteten Briefe, „que vous avez été bien au delà de mes recherches en nous ouvrant dans le domaine arithmétique des voies toutes nouvelles." Und in einem zwei Jahre späteren Briefe vom November 1892 heißt es: „Je me sens rempli d'étonnement et de plaisir devant vos principes et vos résultats, ils m'ouvrent comme un monde arithmétique entièrement nouveau, où les questions fondamentales de notre science sont traitées avec un éclatant succès auquel tous les géomètres rendront hommage. Vous voulez bien, Monsieur, — et je vous en suis sincèrement reconnaissant — rapporter à mes anciennes recherches le point de départ de vos beaux travaux, mais vous les avez tant dépassées qu'elles ne gardent plus d'autre mérite que d'avoir ouvert la voie dans laquelle vous êtes entré."

Hiernach nimmt es nicht Wunder, daß Hermites Begeisterung für die zahlentheoretischen Methoden Minkowskis keine Grenzen kannte, als die erste Lieferung seiner Geometrie der Zahlen 1896 erschien. „Je crois voir la terre promise", so schreibt Hermite an Laugel, von dem er sich eine Übersetzung des Minkowskischen Buches zu seinem persönlichen Gebrauch anfertigen ließ. Und in der Tat, welche Fülle der verschiedenartigsten und tiefliegendsten arithmetischen Wahrheiten werden in diesem Hauptwerke Minkowskis durch das geometrische Band gehalten und verknüpft! Die Theorie der Einheiten in den algebraischen Zahlkörpern, Sätze über die Ordnung einer endlichen Gruppe von homogenen linearen ganzzahligen Substitutionen und über die Zahl der Transformationen einer positiven quadratischen Form in sich, der Beweis für die Endlichkeit der Klassenanzahl von positiven quadratischen Formen mit gegebener Determinante, die Annäherung an beliebig viele reelle Größen durch rationale Zahlen mit den gleichen Nennern, die Theorie der Linearformen mit ganzen komplexen Koeffizienten, Sätze über Minima von Potenzsummen linearer Formen, die Theorie der Kettenbrüche usw. bilden, von den schon vorhin aufgeführten Gegenständen abgesehen, die Themata des Minkowskischen Buches über die Geometrie der Zahlen.

Minkowski legte besonderen Wert auf die Darstellung, die er in seinem Buche der Theorie der gewöhnlichen Kettenbrüche hat zuteil werden lassen; er war der Meinung, daß durch seine geometrische Veranschaulichung erst das wahre Wesen des Kettenbruches enthüllt werde. In einer späteren Arbeit*) gelangt er, ebenfalls geleitet durch ein geometrisches Verfahren, welches in der sukzessiven Konstruktion von Parallelogrammen besteht, zu einer neuen Art von Kettenbruchentwicklung für eine beliebige reelle Zahl α. Diese Minkowskische Kettenbruchentwicklung ist so beschaffen, daß die dabei auftretenden Näherungsbrüche $\dfrac{x}{y}$ auch ohne Vermittlung des Kettenbruches direkt durch die Ungleichung

$$\left| \alpha - \frac{x}{y} \right| < \frac{1}{2} \frac{1}{y^2}$$

charakterisiert werden können; sie stellt demnach das bis dahin vermißte Analogon in der Größentheorie dar zu der in der Funktionentheorie üblichen Kettenbruchentwicklung, bei der ja ebenfalls die sämtlichen Näherungsbrüche, die der Kettenbruch einer Potenzreihe liefert, auch ohne den Kettenbruch unmittelbar definierbar sind.

Die Schlußlieferung von Minkowskis Geometrie der Zahlen ist nicht mehr erschienen, doch hat Minkowski den Stoff, den er für diese Lieferung plante, im wesentlichen in seinen späteren Abhandlungen zur Darstellung gebracht**).

Wenn wir uns diesen zuwenden, so haben wir vor allem eines Problems zu gedenken, dem Minkowski schon früh sein lebhaftes Interesse schenkte und auf welches er dann die in der ersten Lieferung seines Buches entwickelten Methoden mit sehr bemerkenswertem Erfolge anwandte***). Nach Lagrange fällt bekanntlich die Entwicklung einer reellen Zahl in einen Kettenbruch immer dann und nur dann periodisch aus, wenn die Zahl Wurzel einer quadratischen Gleichung mit rationalen Koeffizienten ist. Insofern dieser Satz ein notwendiges und hinreichendes

---

*) Ueber die Annäherung an eine reelle Größe durch rationale Zahlen. Mathematische Annalen, Bd. 54 (1901), S. 91—124. Diese Ges. Abhandlungen, B. I, S. 320—352.

**) Die posthum veröffentlichte „zweite Lieferung der Geometrie der Zahlen" (Leipzig 1910) entspricht nicht der ursprünglich von Minkowski geplanten Schlußlieferung, sondern bringt vielmehr nur das fünfte Kapitel der ersten Lieferung zum Abschluß.

***) Ein Kriterium für die algebraischen Zahlen. Nachrichten der K. Gesellschaft der Wissenschaften zu Göttingen, mathematisch-physikalische Klasse, 1899, S. 64—88. Diese Ges. Abhandlungen, Bd. I, S. 293—315.

Kriterium für die quadratische Irrationalität enthält, lag es nahe, einen entsprechenden Satz für die algebraische Irrationalität beliebigen Grades n aufzustellen; doch waren alle bis dahin in dieser Richtung liegenden Versuche — ich erinnere an den Jacobischen Kettenbruchalgorithmus zur Entwicklung der kubischen Irrationalität, dessen Periodizität noch bis heute nicht festgestellt ist — vergeblich geblieben. Es gelang Minkowski zum ersten Male auf Grund sehr tiefliegender arithmetischer Sätze, zu deren Beweis seine geometrischen Methoden herangezogen werden, das gewünschte Kriterium für die algebraischen Zahlen beliebigen Grades n zu gewinnen. Der Minkowskische Algorithmus ist nicht ganz einfach; er besteht zunächst in einer Vorschrift, wie man aus der beliebig vorgelegten Zahl α in eindeutig bestimmter Weise eine Kette von gewissen linearen Substitutionen von n Variablen bestimmt und alsdann aus diesen gewisse lineare Formen ableitet: die Zahl α ist dann algebraisch vom Grade n, wenn die Kette niemals abbricht und zugleich alle jene unendlich vielen Formen aus einer endlichen Anzahl unter ihnen durch Multiplikation mit Faktoren entstehen.

In einer weiteren Untersuchung über die periodische Approximation algebraischer Zahlen[*]) beantwortet dann Minkowski insbesondere die Frage nach denjenigen algebraischen Zahlen α, für welche jene Substitutionen periodischen Charakter aufweisen, denen also in diesem Sinne genau die von Lagrange für die quadratische Irrationalität entdeckte Eigenschaft zukommt. Minkowski fand, daß die verlangte Periodizität außer für die quadratische Irrationalität nur noch in fünf ganz bestimmten Fällen stattfindet: nämlich im Falle $n = 3$, α komplex; ferner $n = 3$, α reell, während die zu α konjugierten Zahlen komplex sind; im Falle $n = 4$, wenn α nebst allen konjugierten Zahlen komplex ist, und endlich in je einem speziellen Fall bei $n = 4$ und $n = 6$.

Hatte Minkowski das ganze von ihm erschlossene Gebiet Geometrie der Zahlen genannt, weil er zu den Methoden, aus denen seine arithmetischen Sätze fließen, durch räumliche Anschauung geführt worden war, so blieb er auch bei der weiteren Erforschung dieses Gebietes stets dem Bestreben treu, durch engen Anschluß an die geometrischen Vorstellungen und Bilder die Fruchtbarkeit seiner Methoden zu zeigen; er wird nicht müde, durch originelle Modifikationen seine ursprünglichen Überlegungen zu vertiefen, die gefundenen arithmetischen Sätze zu vervollkommnen und neue zu ersinnen.

So gelangt Minkowski[**]) zu einer gitterförmigen Bedeckung der Ebene

---

[*]) Ueber periodische Approximationen algebraischer Zahlen. Acta Mathematica, Bd. 26 (1902), S. 333—351. Diese Ges. Abhandlungen, Bd. I, S. 357—371.

[**]) Ueber die Annäherung an eine reelle Größe durch rationale Zahlen. Mathematische Annalen, Bd. 54 (1901), S. 108 ff. Diese Ges. Abhandlungen, Bd. I, S. 336 ff.

mit Parallelogrammen, bei der die ganze Ebene vollständig und andererseits keine Partie der Ebene mehr als zweifach überdeckt wird; diese Tatsache führt ihn unmittelbar zu einem Satze von Tschebyscheff über nichthomogene lineare diophantische Ungleichungen und zwar in einer allgemeineren und vollkommeneren Form, als derselbe von Tschebyscheff aufgestellt worden war.

Ferner wirft Minkowski die Frage auf*), unendlich viele untereinander kongruente und parallel orientierte Körper derart anzuordnen, daß sie, ohne einander zu durchdringen, sich so dicht als überhaupt möglich zusammenschließen, während ihre Schwerpunkte ein parallelepipedisches Punktsystem bilden. Wählt man für die Körper Kugeln, so zeigt sich dann, daß im Raume von drei Dimensionen zwar die bekannte tetraëdrale Anordnung von Kugeln die dichteste ist, daß aber in Räumen von höheren Dimensionen die dieser entsprechende tetraëdrale Anordnung keineswegs die dichteste Kugellagerung liefert. Das Problem der dichtesten Lagerung von Kugeln im n-dimensionalen Raum läuft auf die Bestimmung des Maximums k_n hinaus und hängt zusammen mit der Frage nach der Reduktion der positiven quadratischen Formen; diesem Problem wendet sich Minkowski in seiner zahlentheoretischen Abhandlung über den Diskontinuitätsbereich für arithmetische Äquivalenz**) noch einmal zu, es in vollendeter Form lösend, gleichsam als offensichtliches Wahrzeichen für die Leichtigkeit und Überlegenheit seiner gegenwärtigen mehr geometrischen Methoden im Vergleich zu dem Standpunkt seiner Jugendarbeiten.

Die Beweise der allgemeinen Sätze: der reduzierte Raum für die positiven quadratischen Formen von n Variablen ist eine konvexe Pyramide mit der Spitze im Nullpunkt, die von einer endlichen Anzahl durch diesen Punkt laufender Ebenen begrenzt wird; und: im Gebiet der positiv-definiten Formen grenzt der reduzierte Raum nur an eine endliche Anzahl von äquivalenten Räumen an; ferner die Berechnung des Volumens des reduzierten Raumes für alle Formen, deren Determinante eine gegebene Grenze nicht übersteigt, sowie die Anwendung hiervon auf die Bestimmung des asymptotischen Wertes der Klassenanzahl positiver quadratischer Formen sind die Glanzpunkte dieser letzten und inhaltreichsten zahlentheoretischen Abhandlung Minkowskis.

Von der Bedeutung der Zahlentheorie, wie sie in den Werken ihrer Heroen Fermat, Euler, Lagrange, Legendre, Gauß, Hermite, Dirichlet, Kummer, Jacobi und in deren begeisterten Aussprüchen sich wider-

---

*) Dichteste gitterförmige Lagerung kongruenter Körper. Nachrichten der K. Gesellschaft der Wissenschaften zu Göttingen, mathematisch-physikalische Klasse, 1904, S. 311—355. Diese Ges. Abhandlungen, Bd. II, S. 3—42.

**) Diskontinuitätsbereich für arithmetische Äquivalenz. Crelles Journal, Bd. 129 (1905), S. 220—274. Diese Ges. Abhandlungen, Bd. II, S. 53—100.

spiegelt, war Minkowski aufs tiefste durchdrungen; ihre Reize empfand er jederzeit aufs lebhafteste: war doch, was man an der Zahlentheorie rühmt, die Einfachheit ihrer Grundlagen, die Genauigkeit ihrer Begriffe und die Reinheit ihrer Wahrheiten ganz und gar zu seinem Wesen passend und seiner innersten Neigung am meisten zusagend. Wenn es zutrifft, daß nur ein enger Kreis von Mathematikern der Pflege der Zahlentheorie sich hingibt und so viele „von den eigenartigen, durch die Zahlentheorie ausgelösten Stimmungen kaum einen Hauch verspüren": den Grund hierfür erblickt er darin, daß die Schöpfungen eines Gauß und der andern Großen zu erhaben sind. Und um in dieser gewaltigen Musik, wie er die Zahlentheorie nennt, für diejenigen, die nicht nur erbaut, sondern auch ergötzt sein wollen, die einschmeichelnden Melodien herauszuheben und so zu ihrem Genusse mehr anzulocken, dazu veröffentlichte er die Vorlesung, die er Winter 1903/04 in Göttingen gehalten hat, und in welcher er in leicht faßlicher Weise ohne die Voraussetzung besonderer Vorkenntnisse die wichtigsten Grundsätze der Geometrie der Zahlen und die einfachsten Anwendungen auf die Theorie der quadratischen Formen, auf die Zahlkörper und vor allem auf die Annäherung reeller und komplexer Größen durch rationale Zahlen auseinandersetzt. Das so entstandene Buch „*Diophantische Approximationen*"*) kann vorzüglich zur Einführung in die von Minkowski geschaffenen Methoden dienen.

Minkowski ist es zu danken, daß nach Hermites Tode die Führerrolle in der Zahlentheorie wieder in deutsche Hände zurückfiel und, wenn man überhaupt bei einer solchen Wissenschaft, wie es die Arithmetik ist, die Beteiligung der Nationen an den Fortschritten und Errungenschaften abwägen will: wesentlich durch Minkowskis Wirken ist es gekommen, daß heute im Reiche der Zahlen die bedingungslose und unbestrittene deutsche Vorherrschaft statthat.

Die Überzeugung von der tiefen Bedeutung des Begriffes eines konvexen Körpers, dessen Verwendung in der Zahlentheorie so erfolgreich gewesen war, hatte sich bei Minkowski immer mehr befestigt, und dieser Begriff bildet denn auch das Bindeglied zwischen denjenigen Arbeiten Minkowskis, die wesentlich zahlentheoretische Ziele im Auge haben, und seinen rein geometrischen Untersuchungen.

Das ursprüngliche Ziel, das Minkowski bei seinen rein geometrischen Untersuchungen im Auge hatte, war, die Begriffe Länge und Oberfläche mittels des Begriffes Volumen, „dieses elementarsten Begriffes der Analysis des Unendlichen", zu erfassen**). In der Tat gelingt ihm diese Reduktion

---

*) Diophantische Approximationen. Eine Einführung in die Zahlentheorie. Leipzig 1907.

**) Volumen und Oberfläche. Mathematische Annalen, Bd. 57 (1903), S. 447—495. Diese Ges. Abhandlungen, Bd. II, S. 230—276.

durch ein einfaches Grenzverfahren. Ist etwa eine Kurve im Raume gegeben, so denkt sich Minkowski um jeden ihrer Punkte eine Kugel mit dem Radius r abgegrenzt. Das Volumen des so insgesamt in der Umgebung der Kurve abgegrenzten Bereiches nach Division durch den Inhalt des Kreises vom Radius r strebt in der Grenze für verschwindende Werte von r im allgemeinen einer Größe zu, die nunmehr als die Länge der Kurve eingeführt wird. Ähnlich kann der Begriff des Inhaltes einer Fläche eingeführt werden, und insbesondere die so entstehende Definition der Oberfläche ist es, durch die Minkowski zu einer wichtigen Verallgemeinerung des Begriffes der Oberfläche gelangt, indem er nämlich an Stelle von Kugeln beliebige einander ähnliche und ähnlich gelegene konvexe Körper verwendet — genau im Sinne der vorhin bei Besprechung der zahlentheoretischen Abhandlungen geschilderten Minkowskischen Geometrie.

Durch den Ausbau des Gedankens, die Kugel durch einen beliebigen Eichkörper zu ersetzen, gelangt Minkowski zu demjenigen Begriffe, der das Fundament seiner ganzen Theorie bildet, zu dem *Begriffe des gemischten Volumens* von irgend drei konvexen Körpern. Das gemischte Volumen von drei konvexen Körpern K_1, K_2, K_3 ist eine ganz bestimmte eindeutig aus denselben durch ein dreifaches Integral darzustellende Zahl V_{123}, die in das gewöhnliche Volumen eines Körpers übergeht, wenn man jene drei Körper miteinander identifiziert, die in die gewöhnliche Oberfläche eines Körpers übergeht, wenn man zwei von jenen drei Körpern miteinander identifiziert und den dritten gleich der Kugel mit dem Radius 1 nimmt und die endlich mit der totalen mittleren Krümmung der Oberfläche eines Körpers übereinstimmt, wenn man für zwei von jenen drei Körpern die Kugel mit dem Radius 1 wählt. So erscheint der Begriff des gemischten Volumens als der einfachste übergeordnete Begriff, der die Begriffe Volumen, Oberfläche, totale mittlere Krümmung als Spezialfälle enthält, und diese letzteren Begriffe sind damit in viel engeren Zusammenhang miteinander gebracht; steht doch deshalb auch von vornherein zu erwarten, daß wir auf diesem Standpunkte über das Verhältnis zwischen jenen Begriffen einen weit tieferen und allgemeineren Aufschluß erhalten, als bisher möglich war. Das Hauptergebnis, welches in dieser Hinsicht die Minkowskische Theorie liefert, gipfelt in der Ungleichung

$$V_{123}^2 \geqq V_{122}\, V_{133},$$

einer Ungleichung, die lediglich quadratischen Charakter trägt, während beispielsweise der bekannte Satz, daß die Kugel unter allen Körpern gleicher Oberfläche das größte Volumen besitzt, für Volumen V und Oberfläche O eines beliebigen Körpers durch die kubische Ungleichung

$$36\pi\, V^2 \geqq O^3\,.$$

b*

ausgedrückt wird.   Diese kubische Ungleichung aber und somit insbesondere jener Satz über das Maximum des Kugelvolumens erscheint bei
Minkowski als spezieller Ausfluß der genannten inhaltreicheren und einfacheren quadratischen Ungleichung; zugleich treten neben jenen Satz vom
Maximum des Kugelvolumens eine ganze Reihe gleich wichtiger Sätze
über die Kugel. Über das gemischte Volumen stellt Minkowski den allgemeinen Satz auf, daß, wenn man aus drei Körpern vom Volumen 1 das
gemischte Volumen bildet, dieses stets ≥ 1 ist und nur dann gleich 1
wird, wenn die drei Körper miteinander identisch sind oder durch Translation miteinander zur Deckung gebracht werden können — ein Satz, der
ebenfalls die in Rede stehende Maximaleigenschaft der Kugel als spezielle
Folge mit enthält.

Zur analytischen Durchführung dieser Gedanken bedient sich Minkowski im wesentlichen der Methode der Ebenenkoordinaten. Die letzteren
erscheinen in der Tat als das naturgemäße Hilfsmittel zur Darstellung der
Minkowskischen Theorie; ist doch das Mischvolumen nichts Anderes als
eine zweimalige Bildung der ersten Variation des gewöhnlichen Volumens,
falls man dieses durch Ebenenkoordinaten ausdrückt.

Des weiteren beschäftigt sich Minkowski mit dem einfachen und
elementaren Begriffe des konvexen Polyeders und weiß diesem vielbehan-
delten Gegenstande neue und fruchtbare Seiten abzugewinnen. Sein grund-
legender Satz sagt aus, daß ein konvexes Polyeder stets durch die Richtungen der Normalen und die Inhalte seiner Seitenflächen bis auf eine
Translation eindeutig bestimmt wird. Aus diesem Satze leitet Minkowski
durch Grenzübergang das merkwürdige Theorem ab, wonach es immer
eine und nur eine geschlossene konvexe Fläche gibt, für die die Gaußsche
Krümmung als stetige Funktion der Richtungskosinusse ihrer Normalen
vorgeschrieben ist. Indem hierbei Minkowski die Krümmung — unmittelbar
an die ursprüngliche Betrachtungsweise von Gauß anschließend — durch
eine Integralforderung definiert, vermeidet er es, die Existenz der zweiten
Ableitungen der die Fläche definierenden Funktion vorauszusetzen, und
erreicht eben dadurch jene größtmögliche Einfachheit und Allgemeinheit
in der Fassung und Entwicklung des Theorems.

Das Minkowskische Problem der Bestimmung der geschlossenen konvexen Flächen mit vorgeschriebener Gaußscher Krümmung ist wesentlich
identisch mit dem Problem der Integration einer gewissen *partiellen Differentialgleichung vom Monge-Ampèreschen Typus*; so kommt es, daß die
ursprünglich rein geometrische, auf dem Begriff des konvexen Körpers
beruhende Methode Minkowskis zugleich für die Theorie der Integration
gewisser nichtlinearer partieller Differentialgleichungen bis dahin unbekannte Fragestellungen und aussichtsreiche Angriffspunkte liefert.

Endlich werde noch eines kleinen Vortrages*) von Minkowski Erwähnung getan, den er vor seiner Übersiedelung nach Göttingen in der hiesigen mathematischen Gesellschaft gehalten hat und der bisher nur in einer russischen Übersetzung publiziert worden ist; derselbe enthält einen Satz von elementarem Charakter, wonach die Körper, deren Breite konstant d. h. in jeder Richtung genommen die nämliche ist, und andererseits die Körper konstanten Umfanges miteinander identisch sind; dabei ist unter Umfang der Umfang des Querschnittes des in irgendeiner Richtung dem Körper umschriebenen Zylinders zu verstehen.

Sein Interesse für die physikalische Wissenschaft hat Minkowski frühzeitig bekundet. Schon in den ersten Jahren seiner Privatdozentenzeit in Bonn beschäftigte er sich mit theoretischen Untersuchungen über *Hydrodynamik*. Helmholtz legte 1888 in der Akademie der Wissenschaften zu Berlin eine Arbeit**) von Minkowski über das Problem der kräftefreien Bewegung eines beliebigen starren Körpers in einer reibungslosen inkompressiblen Flüssigkeit vor. Um die Bewegung des Körpers völlig zu kennzeichnen, ist die Bestimmung von sechs unbekannten Funktionen der Zeit erforderlich. Das wichtigste Resultat von Minkowski besteht nun in der Reduktion des ursprünglich durch das Hamiltonsche Prinzip gelieferten Variationsproblems auf ein Variationsproblem, welches nur zwei unbekannte Funktionen der Zeit enthält.

Die Ferienzeiten während der Bonner Jahre verlebte Minkowski in der Regel in Königsberg, dem Wohnorte seiner Familie, wo er dann mit Hurwitz und mir fast täglich zusammenkam, meist auf Spaziergängen in der Königsberger Umgebung. Einmal, Weihnachten 1890, blieb Minkowski in Bonn; auf mein Zureden nach Königsberg zu kommen, stellte er sich in einem launigen Briefe als einen physikalisch völlig Durchseuchten hin, der erst eine zehntägige Quarantäne durchmachen müßte, ehe Hurwitz und ich ihn in Königsberg als mathematisch rein zu unseren Spaziergängen zulassen würden. „Ich habe mich", so fährt Minkowski in seinem Briefe fort, „ganz der Magie, wollte sagen der Physik ergeben. Ich habe meine praktischen Übungen im physikalischen Institut, zu Hause studiere ich Thomson, Helmholtz und Konsorten; ja von Ende nächster Woche an arbeite ich sogar an einigen Tagen der Woche in blauem Kittel in einem Institut zur Herstellung physikalischer Instrumente, also ein Praktikus schändlichster Sorte." Von Heinrich Hertz in Bonn fühlte sich Minkowski

---

*) Ueber die Körper konstanter Breite. Moskau, Mathematische Sammlung (Matematičeskij Sbornik), Bd. 25 (1906), S. 505—508. Diese Ges. Abhandlungen, Bd. II, S. 277—279.

**) Ueber die Bewegung eines festen Körpers in einer Flüssigkeit. Sitzungsberichte der Berliner Akademie, 1888, S. 1095—1110. Diese Ges. Abhandlungen, Bd. II, S. 283—297.

stark angezogen; er äußerte, daß er, wenn Hertz am Leben geblieben wäre, sich schon damals mehr der Physik zugewandt hätte.

August 1892 war Minkowski zum außerordentlichen Professor in der philosophischen Fakultät zu Bonn ernannt worden. April 1894 ermöglichte auf Minkowskis und meinen dringenden Wunsch der damalige Ministerialrat Althoff, der Scharfblickende, in dem Minkowski sehr frühzeitig einen Gönner und Bewunderer gefunden hatte, die Versetzung Minkowskis nach Königsberg, und ein Jahr später wurde Minkowski dann in Königsberg mein Nachfolger im dortigen Ordinariat für Mathematik. Aus diesem Amte schied er Oktober 1896, um einem Rufe als Professor für Mathematik an das Eidgenössische Polytechnikum in Zürich zu folgen. Dort verheiratete er sich im Jahre 1897 mit Auguste Adler aus Straßburg i. E. In Zürich blieb er bis zum Herbst 1902. Da war es wiederum Althoff, der Minkowski auf den für seine Wirksamkeit angemessensten Boden verpflanzte; mit einer Kühnheit, wie sie vielleicht in der Geschichte der Verwaltung der Preußischen Universitäten beispiellos dasteht, schuf Althoff aus nichts hier in Göttingen eine neue ordentliche Professur, und dieser Tat Althoffs danken wir es, daß seit Herbst 1902 Minkowski der unsrige gewesen ist. Bereits Oktober 1901 hatte ihn unsere Gesellschaft zu ihrem korrespondierenden Mitgliede in der mathematisch-physikalischen Klasse gewählt.

Als Frucht der vielseitigen theoretisch-physikalischen Studien, die Minkowski auch in Zürich betrieben hatte und in Göttingen fortsetzte, ist der Enzyklopädieartikel über *Kapillarität**) anzusehen, in welchem er in wahrhaft musterhafter Weise in aller Kürze, dem beschränkten Raum entsprechend, die sämtlichen theoretischen Gesichtspunkte dieses Kapitels der Physik auseinandersetzt und die schwierigen mathematischen Grundlagen, insbesondere soweit sie die Variationsrechnung betreffen, in origineller, zum Teil ganz neuer Form entwickelt.

Aber am nachhaltigsten fesselten Minkowski die modernen elektrodynamischen Theorien, die er mehrere Semester hindurch mit mir gemeinsam betrieb, insbesondere in Vorträgen, zu denen das von ihm und mir geleitete Seminar Anlaß bot. Die letzten Schöpfungen Minkowskis entsprangen diesen Studien, denen er mit großem Eifer oblag; hatte er doch für die nächsten Semester Vorlesungen und Seminar über Elektronentheorie geplant.

H. A. Lorentz hat zuerst erkannt, daß die Grundgleichungen der Elektrodynamik für den reinen Äther die Eigenschaft der Invarianz gegenüber denjenigen gleichzeitigen Transformationen der Raumkoordinaten x, y, z und

---

*) Enzyklopädie der mathematischen Wissenschaften, Bd. V 1, Heft 4, S. 558—613. Diese Ges. Abhandlungen, Bd. II, S. 298—351.

des Zeitparameters t besitzen, die — falls man die Lichtgeschwindigkeit gleich 1 nimmt — den Ausdruck $x^2 + y^2 + z^2 - t^2$ in sich überführen. Im Zusammenhang mit dieser rein mathematischen Tatsache und in der Absicht, davon Rechenschaft zu geben, daß eine relative Bewegung der Erde gegen den Lichtäther nicht wahrgenommen wird, war jener scharfsinnige Forscher in kühnem Gedankenfluge zu der Einsicht gelangt, daß der Begriff des starren Körpers in dem bisherigen Sinne nicht aufrecht zu erhalten sei, sondern in der Weise modifiziert werden müsse, daß Elektrizität und Materie, sofern sie eine Bewegung von der Geschwindigkeit v besitzen, in Richtung dieser Bewegung eine Verkürzung ihrer Ausdehnung erfahren und zwar im Verhältnis $1 : \sqrt{1 - v^2}$. Daß eine weitere Konsequenz dieser Idee eine neuartige Auffassung des Zeitbegriffes ist, und insbesondere alle den Lorentz-Transformationen entsprechenden Bezugsysteme zur Einführung eines Zeitparameters gleichberechtigt sind, dies erkannt zu haben, ist das Verdienst des Physikers Einstein.

Die Ideenbildungen von Lorentz und Einstein, die man unter dem Namen des Relativitätsprinzipes zusammenfaßt, waren es, die Minkowski die Anregung zu seinen wichtigen und auch in weiteren Kreisen bekannt gewordenen *elektrodynamischen Untersuchungen* gaben. Minkowski*) legte sofort jener mathematischen Tatsache der Invarianz der elektrodynamischen Grundgleichungen gegenüber den Lorentz-Transformationen die allgemeinste und weitgehendste Bedeutung bei, indem er diese Invarianz als eine Eigenschaft auffaßte, die überhaupt allen Naturgesetzen zukomme, ja daß sie nichts Anderes als eine schon in den Begriffen Raum und Zeit selbst enthaltene und diese beiden Begriffe gegenseitig verkettende und miteinander verschmelzende Eigenschaft sei. Auch dem Nicht-Naturforscher ist die Tatsache geläufig, daß die Naturgesetze von der Orientierung im Raume sowie von der Zeit unabhängig sind, und ferner lehrt die gewöhnliche Mechanik, daß, wenn ein System sich bewegt, stets auch diejenige Bewegung statthaben kann, bei welcher die Geschwindigkeitsvektoren sämtlicher materieller Punkte je um einen konstanten Vektor vermehrt sind: darüber hinaus behauptet nun nach Minkowski das Relativitätsprinzip — oder, wie es Minkowski später nennt, das *Weltpostulat* —, daß die Naturgesetze in einem noch viel höheren Sinne von Raum und Zeit unabhängig, nämlich invariant gegenüber allen Lorentz-Transformationen sind. Indem nun durch die Lorentz-Transformationen gewisse Abänderungen des Zeitparameters zugelassen werden, die nicht bloß auf eine veränderte Wahl des Zeitanfanges hinauslaufen, fällt konsequenterweise überhaupt der Be-

---

*) Die Grundgleichungen für die elektromagnetischen Vorgänge in bewegten Körpern. Nachrichten der K. Gesellschaft der Wissenschaften zu Göttingen, mathematisch-physikalische Klasse, 1908, S. 53—111. Diese Ges. Abhandlungen, Bd. II, S. 352—404.

griff der Gleichzeitigkeit zweier Ereignisse als an sich existierend. Nur weil wir gewohnt sind, ein bestimmtes Bezugsystem für Raum und Zeit stark approximativ eindeutig zu wählen, halten wir den Begriff der Gleichzeitigkeit für einen absoluten — ungefähr wie Wesen, gebannt an eine enge Umgebung eines Punktes auf einer Kugeloberfläche, darauf verfallen könnten, die Kugel sei ein geometrisches Gebilde, an welchem ein Durchmesser an sich ausgezeichnet ist. Tatsächlich ist die Sachlage die, daß stets zwei Ereignisse, die an zwei Orten zu zwei verschiedenen Zeiten stattfinden, als gleichzeitig aufgefaßt werden können, sobald die Zeitdifferenz kleiner als die Entfernung beider Orte, d. h. diejenige Zeit ausfällt, die das Licht braucht, um von dem einen Orte zu dem andern zu gelangen. Ähnlich verhält es sich mit drei Ereignissen zu drei verschiedenen Zeiten, die ebenfalls als gleichzeitig stattfindend aufgefaßt werden können, sobald gewisse Ungleichheiten zwischen den Raum- und Zeitparametern erfüllt sind. Erst durch vier Ereignisse ist im allgemeinen das Bezugsystem von Raum und Zeit eindeutig festgelegt. — „Von Stund an sollen Raum für sich und Zeit für sich völlig zu Schatten herabsinken, und nur noch eine Art Union der beiden soll Selbständigkeit bewahren." So bekannte sich Minkowski eingangs des eindrucksvollen Vortrages*), den er auf der vorjährigen Naturforscherversammlung zu Köln vor einer zahlreichen, ihm mit größter Aufmerksamkeit folgenden Zuhörerschaft, bestehend aus Mathematikern, Physikern und Philosophen, gehalten hat.

Um die in Rede stehende Invarianz der Naturgesetze richtig zu verstehen, ersetze man sowohl die Raum- und Zeitparameter x, y, z, t, wie auch diejenigen Größen, die in den die Naturgesetze ausdrückenden Gleichungen als Funktionen von x, y, z, t auftreten, durch die entsprechend linear transformierten Größen: dann müssen die erhaltenen Gleichungen die nämliche Form für die neuen Größen in den neuen Veränderlichen aufweisen. Beispielsweise sind im Falle der elektrodynamischen Grundgleichungen die mit der Dichte multiplizierten Geschwindigkeitskomponenten u, v, w zusammen mit der Dichte ϱ als vier Größen anzusehen, die in gleicher Weise mit den Variablen x, y, z, t transformiert werden; die Vektorenpaare dagegen, der elektrische und der magnetische Vektor einerseits und die elektrische und magnetische Erregung andererseits, sind als je sechs Größen anzusehen, die wie die sechs zweireihigen Determinanten einer Matrix zweier Raumzeitpunkte, d. h. etwa wie die Plückerschen Linienkoordinaten sich transformieren. Da demnach bei diesen Transformationen eine Vermischung von Geschwindigkeiten und Dichte und

---

*) Raum und Zeit. Physikalische Zeitschrift, 10. Jahrgang, Nr. 3 (1909), S. 104—111; Jahresberichte der Deutschen Mathematiker-Vereinigung, Bd. 18 (1909), S. 75—88. Diese Ges. Abhandlungen, Bd. II, S. 431—444.

ebenso von elektrischen und magnetischen Vektoren stattfindet, so ist absolut genommen eine Festlegung von Geschwindigkeit und Dichte der Substanz, sowie der elektrischen und magnetischen Vektoren nicht möglich; diese Begriffe hängen vielmehr ebenfalls wesentlich von der Wahl des Bezugsystems für x, y, z, t ab.

Minkowski wendet nun das eben gekennzeichnete und von ihm mathematisch präzisierte Weltpostulat — und darin erblicke ich seine bedeutsamste positive Leistung auf diesem Gebiete — dazu an, um die elektrodynamischen Grundgleichungen für bewegte Materie, deren definitive Form unter den Physikern außerordentlich strittig war, herzuleiten. Dazu sind nur drei sehr einfache Grundannahmen nötig: nämlich

1) die Annahme, daß die Geschwindigkeit der Materie stets und an allen Orten kleiner als 1 d. h. als die Lichtgeschwindigkeit ist;

2) das Axiom, daß, wenn an einer einzelnen Stelle die Materie in einem Momente ruht — die Umgebung mag in irgendwelcher Bewegung begriffen sein — dann für jenen „Raumzeitpunkt" zwischen den magnetischen und elektrischen Vektoren und deren Ableitungen nach x, y, z, t genau die nämlichen Beziehungen statthaben, die zu gelten hätten, falls alle Materie ruhte;

3) die Annahme der von niemand bestrittenen elektrodynamischen Grundgleichungen für ruhende Materie.

Die elektrodynamischen Grundgleichungen, die Minkowski auf diesem Wege erhält*), lassen, was Durchsichtigkeit und Einheitlichkeit betrifft, nichts zu wünschen übrig; sie stimmen mit den bisherigen Beobachtungen überein, weichen indes in mannigfaltiger Weise von den bis dahin gebrauchten, von Lorentz und Cohn aufgestellten Gleichungen ab, indem diese keineswegs das Weltpostulat genau erfüllen. Die *Minkowskischen elektrodynamischen Grundgleichungen* sind eine notwendige Folgerung des Weltpostulates — sie sind von derselben Gewißheit wie dieses.

Immer mehr und mehr befestigte sich Minkowski in der Überzeugung von der allgemeinen Gültigkeit und der eminenten Fruchtbarkeit und Tragweite seines Weltpostulats und — die wunderbaren, vielverheißenden Ideen von M. Planck über die Dynamik bewegter Systeme bestärkten ihn darin — von der Notwendigkeit einer Reform der gesamten Physik nach Maßgabe dieses Postulats.

Was die Mechanik betrifft, so gelangte Minkowski durch Einführung

---

*) Mit der Ausarbeitung einer Ableitung dieser Gleichungen auf Grund der Vorstellungen der Elektronentheorie war Minkowski in den letzten Wochen seines Lebens beschäftigt. Unter Benutzung der nachgelassenen Papiere ist eine solche Herleitung in Minkowskis Sinne von Herrn M. Born (Mathematische Annalen, Bd. 68 (1910), S. 526—551; diese Ges. Abhandlungen, Bd. II, S. 405—430) durchgeführt worden.

des Begriffs der Eigenzeit eines materiellen Punktes zu einem gewissen System modifizierter Newtonscher Bewegungsgleichungen, bestehend aus vier Gleichungen, von denen die drei ersten in die gewöhnlichen Newtonschen Gleichungen übergehen, wenn man die Lichtgeschwindigkeit c unendlich werden läßt, während die vierte eine Folge der drei ersten ist und den Satz von der Erhaltung der Energie ausspricht. In dieser dem Weltpostulat gemäß reformierten Mechanik fallen die Disharmonien zwischen der Newtonschen Mechanik und der modernen Elektrodynamik von selbst weg. Aber die Minkowskische Untersuchung führt darüber hinaus zu der prinzipiell interessanten Tatsache, daß auf Grund des Weltpostulates die vollständigen Bewegungsgesetze allein aus dem Satz von der Erhaltung der Energie ableitbar sind.

Ferner zeigte Minkowski, wie das Newtonsche Gravitationsgesetz zu modifizieren sei, damit es dem Weltpostulat genügt. Das *Minkowskische Gravitationsgesetz* verknüpft mit der *Minkowskischen Mechanik* ist nicht weniger geeignet, die astronomischen Beobachtungen zu erklären als das Newtonsche Gravitationsgesetz verknüpft mit der Newtonschen Mechanik. Dabei bedeutet die Minkowskische Formulierung eine Fortpflanzung der Gravitation mit Lichtgeschwindigkeit — was unserer heutigen Anschauungsweise über Fernwirkung weit besser entspricht als die alte Newtonsche Momentanwirkung.

Als Beleg dafür, wie die Minkowskische Betrachtungsweise, die sich stets in der vierdimensionalen Raum-Zeitmannigfaltigkeit x, y, z, t — Welt genannt — bewegt, erst imstande ist, die innere Einfachheit und den wahren Kern der Naturgesetze zu enthüllen, sei nur noch auf den wunderbar durchsichtigen, von Minkowski angegebenen Ausdruck für die so äußerst komplizierte ponderomotorische Wirkung zweier bewegter elektrischer Teilchen hingewiesen.

Damit ist die Würdigung der hauptsächlichsten Ergebnisse der Publikationen Minkowskis beendigt; aber die wissenschaftliche Wirksamkeit seiner Person ist durch die zur Veröffentlichung gelangten Schriften keineswegs erschöpft. Nach welchen Richtungen weiterhin und in welchem Sinne sich diese Wirksamkeit Minkowskis vornehmlich erstreckte, bedarf noch einer kurzen Darlegung, da erst dann die volle Bedeutung Minkowskis für die Entwicklung der Mathematik der Gegenwart sich erkennen läßt.

Zunächst gedenke ich der Stellungnahme Minkowskis gegenüber derjenigen mathematischen Disziplin, welche heute eine hervorragende Rolle in unserer Wissenschaft einnimmt und ihren gewaltigen Einfluß auf alle Gebiete der Mathematik ausströmt, nämlich der Mengentheorie. Diese von Georg Cantor zuerst in fruchtbarer Weise in Angriff genommene und durch kühne Ideen zu gewaltiger Höhe geführte Lehre wurde damals von dem im Gebiet der Zahlentheorie maßgebenden Mathematiker Kronecker aufs entschiedenste bekämpft. Obwohl Minkowski in Berlin bei Kronecker studiert hatte und sich dem mächtigen Einfluß, den dieser in der Zahlentheorie ausübte, willig hingab: die Vorurteile, von denen Kronecker befangen war, durchschaute er frühzeitig; er war der erste Mathematiker unserer Generation — und ich habe ihn darin nach Kräften unterstützt —, der die hohe Bedeutung der Cantorschen Theorie erkannte und zur Geltung zu bringen suchte. „Die spätere Geschichte", so führt Minkowski in einem in Königsberg gehaltenen Vortrag über das Aktual-Unendliche in der Natur aus, „wird Cantor als einen der tiefsinnigsten Mathematiker dieser Zeit bezeichnen; es ist sehr zu bedauern, daß eine nicht auf sachlichen Gründen allein beruhende Opposition, die von einem sehr angesehenen Mathematiker" — gemeint ist eben Kronecker — „ausging, Cantor die Freude an seinen wissenschaftlichen Forschungen trüben konnte." Minkowski verehrte in Cantor den originellsten zeitgenössischen Mathematiker zu einer Zeit, als in damals maßgebenden mathematischen Kreisen der Name Cantor geradezu verpönt war und man in Cantors transfiniten Zahlen lediglich schädliche Hirngespinste erblickte. Minkowski äußerte wohl, daß Cantors Name noch genannt werden würde, wenn man die heute — weil sie modisch sind — im Vordergrunde stehenden Mathematiker längst vergessen hat. Der Umstand, daß ein Mann wie Minkowski, der das exakte Schließen in der Mathematik gewissermaßen verkörperte und dessen Sinn für echte Zahlentheorie über allem Zweifel war, so urteilte, ist der Verbreitung der Cantorschen Theorie, „dieser ursprünglichen Schöpfung genialer Intuition und spezifischen mathematischen Denkens", wie sie mit Recht kürzlich ein jüngerer Mathematiker genannt hat, sehr zustatten gekommen.

Minkowski hat stets danach gestrebt, nicht nur über die Methoden der reinen Mathematik die Herrschaft zu erlangen, sondern auch den wesentlichen Inhalt aller derjenigen Wissensgebiete sich anzueignen, in denen die Mathematik als Hilfswissenschaft eine entscheidende Rolle zu spielen berufen ist. Wie tief er dann in solche Wissensgebiete, die seinem eigentlichen Arbeitsfelde fern lagen, eindrang und wie kritisch auch hier sein Blick war, zeigen die mannigfachen Vorträge, die er bei verschiedenen Anlässen, namentlich in unserer mathematischen Gesellschaft, gehalten hat, sowie seine Universitätsvorlesungen. Zumal in Göttingen hat Minkowski außer den üblichen Vorlesungen eine große Anzahl von Spezialvorlesungen über die verschiedensten Gegenstände gehalten, z. B. über Linien- und Kugelgeometrie, Analysis situs, automorphe Funktionen, Invariantentheorie, Wärmestrahlung und Wahrscheinlichkeitsrechnung. Diese

Vorlesungen waren stets klar durchdacht und fein geformt; ihr Ziel war, die Ergebnisse neuester Forschung kritisch zu sichten, auf die einfachste Form zu bringen und alsdann in Verbindung mit den alten Sätzen der Theorie einheitlich zur Darstellung zu bringen. Wie sehr es ihm dabei gelang, auch den schwerfälligeren Zuhörern die Wege zu ebnen und die reiferen ganz für sich zu gewinnen, beweist der steigende Zuspruch, dessen sich diese Vorlesungen in Göttingen erfreuten. Besonders verstand er es, in höheren Vorlesungen junge Mathematiker zu eigenen Forschungen anzuregen. Unter den Dissertationen, die seiner Anregung zu verdanken sind, seien nur die von L. Kollros, Un algorithme pour l'approximation simultanée de deux grandeurs (1905), und E. Swift, Über die Form und Stabilität gewisser Flüssigkeitstropfen (1907), genannt, deren wertvolle Resultate in weiteren Fachkreisen bekannt geworden sind.

Daß Minkowski auch Nichtfachleuten durch die Heranziehung treffender Gleichnisse und anschaulicher Bilder über schwierige mathematische Gegenstände vorzutragen und in ihnen eine Vorstellung von der Größe und Erhabenheit unserer Wissenschaft zu erwecken wußte, zeigt am besten die Rede, die er in der Festsitzung der Göttinger mathematischen Gesellschaft zur hundertjährigen Wiederkehr des Geburtstages von Dirichlet gehalten hat*). Die begeisterten und klaren Ausführungen, die dort Minkowski über den Charakter der Zahlentheorie, ihre Bedeutung und ihre Stellung zu anderen Disziplinen machte, beruhen auf einer tiefen Erfassung des Wesens der Zahlentheorie und sind das Beste, was je über diese wunderbarste Schöpfung menschlichen Geistes gesagt worden ist. Hierfür sei das Zeugnis desjenigen Mathematikers angerufen, der als Schüler von Dirichlet ein kompetentes Urteil hat, und den wir heute im In- und Auslande als den Senior der Mathematiker, als den einzigen lebenden Heros aus der größten Epoche der Zahlentheorie verehren dürfen. „Ich habe Ihren Vortrag", so schrieb Richard Dedekind an Minkowski, „mit größtem Genuß fünfmal und noch viel öfter durchgelesen und bin besonders von der großen historischen Auffassung ergriffen, mit der Ihr Vortrag die tiefsten Gedanken unserer Wissenschaft deutlich erfaßt und in ihrer Entwicklung verfolgt".

Trotz seiner milden Denkart war Minkowski im Grunde kritisch, er erkannte leicht die Schwächen einer Beweisführung oder einer Ideenbildung und legte im allgemeinen auch an die Arbeiten anderer einen strengen Maßstab an. Er unterschied scharf zwischen oberflächlichen und soliden Mathematikern. Von einer guten mathematischen Arbeit ver-

---

*) P. G. Lejeune Dirichlet und seine Bedeutung für die heutige Mathematik. Jahresbericht der Deutschen Mathematiker-Vereinigung, Bd. 14 (1905), S. 149—163. Diese Ges. Abhandlungen, Bd. II, S. 447—461.

langte er, daß in ihr eine klar gestellte und des Interesses werte Frage gelöst werde.

So sehr er von echter Bescheidenheit war und mit seiner Person gern im Hintergrunde blieb, war er doch von der innersten Überzeugung getragen, daß vieles von dem, was er schuf, die Arbeiten anderer zeitgenössischer Autoren überleben und einst zur allgemeinen Anerkennung gelangen würde. Den von ihm gefundenen Satz von der Lösbarkeit linearer Ungleichungen mit der Determinante 1, seinen Beweis für die Existenz von Verzweigungszahlen im Zahlkörper oder die Reduktion der kubischen Ungleichung, die die vorhin genannte Maximaleigenschaft der Kugel ausdrückt, auf eine quadratische Ungleichung stellte er wohl innerlich selbst den besten Leistungen der mathematischen Klassiker auf dem Gebiet der Zahlentheorie und Geometrie gleichwertig an die Seite.

Man müsse fleißig sein, das Leben sei ja so kurz, äußerte er wohl. Und in der Tat, die Wissenschaft begleitete ihn überall, sie war ihm zu jeder Zeit interessant und ermüdete ihn an keinem Ort, sei es auf einem Ausflug, in der Sommerfrische oder in der Bildergalerie, in dem Eisenbahncoupé oder auf dem Großstadtpflaster.

Noch in den letzten Nächten, die er zu Hause zubrachte, beschäftigte ihn die Formung der Worte in seinem Kölner Vortrage, und er überlegte, welche Wendung dem naiven Sprachgefühl besser entspräche. Das war charakteristisch für ihn: er strebte zuerst nach Einfachheit und Klarheit des Gedankens — Dirichlet und Hermite waren darin seine Vorbilder —, dann bemühte er sich, dem Gedanken auch eine vollkommene Darstellung zu geben. Er war von großer Genauigkeit und einer ins kleinste Detail gehenden Eigenheit, was die Wahl der Bezeichnungen und der Buchstaben betraf, eine Genauigkeit, die — freilich wie bei Minkowski gepaart mit einem aufs Große gerichteten Blick — dem rechten Forscher stets eigen ist, und die wir heute bedauerlicherweise seltener werden sehen. Auch sonst, wenn er im kleineren Kreise über einen wissenschaftlichen Gegenstand sprach, legte er auf die Form und den Ausdruck Wert, und besonders in unserer mathematischen Gesellschaft verfehlte er selten, seinem Vortrage einige wohl überlegte, die Zuhörer anregende Bemerkungen vorauszuschicken.

Frei von aller vorgefaßten Meinung und von aller Einseitigkeit zeigte er auch für die entferntesten Anwendungen der Mathematik Interesse — immer der Meinung, daß diese auch der reinen Wissenschaft schließlich zum Vorteil dienen würden. So nahm er auch an den Sitzungen der Göttinger Vereinigung für angewandte Mathematik und Physik aufs regste teil.

Er besaß eine scharfe Beobachtungsgabe auch für Dinge, die nicht seine Wissenschaft betrafen. Wie er denn überhaupt für alles, was Menschen bewegt — von der Politik bis zum Theater — Verständnis, nicht selten Eifer und Lebhaftigkeit bekundete. Dem Fernerstehenden schien es mitunter bei dem im allgemeinen ruhigen Temperament Minkowskis, als schenke er einer Sache wenig Interesse: oft fiel gerade dann von Minkowskis Seite eine Bemerkung, die den Kern der Sache traf, oder er hatte gar ein Zitat aus Faust bereit, den er vollständig auswendig konnte. Noch in der letzten arbeitsreichsten Zeit seines Lebens liebte er es, seinen Kindern Gedichte von Goethe und Schiller auswendig vorzutragen — mit der Begeisterung, die ihm aus seiner Jugendzeit frisch geblieben war.

Für seine Person war er äußerst einfach und anspruchslos, mehr bedacht auf das Wohlergehen seiner Angehörigen als auf sein eigenes.

Er war von unentwegtem Optimismus, stets überzeugt, daß das Gute und Richtige zum schließlichen Siege gelangen würde. Für junge heranwachsende Mathematiker hatte er viel persönliches Interesse und sah sie häufig bei sich im Hause; er sprach sich bisweilen überschwenglich über die Kenntnisse und den Fleiß einzelner unter ihnen aus und setzte große Hoffnungen auf ihre Zukunft.

Seit meiner ersten Studienzeit war mir Minkowski der beste und zuverlässigste Freund, der an mir hing mit der ganzen ihm eigenen Tiefe und Treue. Unsere Wissenschaft, die uns das liebste war, hatte uns zusammengeführt; sie erschien uns wie ein blühender Garten; in diesem Garten gibt es geebnete Wege, auf denen man mühelos genießt, indem man sich umschaut, zumal an der Seite eines Gleichempfindenden. Gern suchten wir aber auch verborgene Pfade auf und entdeckten manche neue, uns schön dünkende Aussicht, und wenn der eine dem andern sie zeigte und wir sie gemeinsam bewunderten, war unsere Freude vollkommen.

Sein stiller Sinn stand nicht nach äußeren Zeichen der Anerkennung; doch empfand er eine lebhafte Genugtuung, wenn mir eine solche zuteil wurde. Allem, was mich betraf, brachte er sein stets gleichbleibendes Interesse und seine herzlichste Teilnahme entgegen. Zumal die kleine Stadt hier erleichterte unsern Verkehr: ein Telephonruf zur Vermittlung einer Verabredung oder ein paar Schritte über die Straße und ein Steinchen an die klirrende Scheibe des kleinen Eckfensters seiner Arbeitsstube — und er war da, zu jeder mathematischen oder nichtmathematischen Unternehmung bereit.

Noch auf der Krankenbahre liegend — todeswund — galten seine Gedanken dem Bedauern, daß er in der nächsten Stunde des Seminars, in der ich meine Lösung des Waringschen Problems vortragen wollte, nicht zugegen sein könne. Seinem Andenken darum habe ich meine die Lösung enthaltende Abhandlung gewidmet, die erste, von deren Inhalt er keine Kenntnis mehr genommen hat und über deren Korrekturbogen sein sicheres Auge nicht geglitten ist.

Er war mir ein Geschenk des Himmels, wie es nur selten jemand zuteil wird, und ich muß dankbar sein, daß ich es so lange besaß.

Jeder, der ihm näher stand, empfand die Harmonie seiner Persönlichkeit und den Zauber seiner Genialität; sein Wesen war wie der Klang einer Glocke, so hell in dem Glück bei der Arbeit und der Heiterkeit seines Gemütes, so voll in der Beständigkeit und Zuverlässigkeit, so rein in seinem idealen Streben und seiner Lebensauffassung.

Wie er gelebt hat, so starb er — als Philosoph. Wenige Stunden noch vor seinem Tode traf er die Anordnungen über die Korrektur seiner im Druck befindlichen Arbeit und überlegte, ob es sich empfehlen würde, seine unfertigen Manuskripte zu verwerten. Er sprach sein Bedauern über sein Schicksal aus, da er doch noch vieles hätte machen können; seiner letzten elektrodynamischen Arbeit aber würde es vielleicht zugute kommen, daß er zur Seite trete — man werde sie mehr lesen und mehr anerkennen. Zum Abschiednehmen verlangte er nach den Seinigen und nach mir.

Mehr als sechs Jahre hindurch haben wir, seine nächsten mathematischen Kollegen, jeden Donnerstag pünktlich drei Uhr mit ihm zusammen den mathematischen Spaziergang auf den Hainberg gemacht — auch den letzten Donnerstag vor seinem Tode, wo er uns mit besonderer Lebhaftigkeit von den neuen Fortschritten seiner elektrodynamischen Untersuchungen erzählte: den Donnerstag darauf — wiederum um drei Uhr — gaben wir ihm das letzte Geleit. Dienstag, den 12. Januar, mittags, war er einer Blinddarmentzündung erlegen; bei dem bösartigen Charakter, mit dem die Krankheit auftrat, hatte auch die Sonntag Nacht ausgeführte Operation nicht mehr helfen können.

Jäh hat ihn der Tod von unserer Seite gerissen. Was uns aber der Tod nicht nehmen kann, das ist sein edles Bild in unserem Herzen und das Bewußtsein, daß sein Geist in uns fortwirkt.

Königsberg in Pr., den 10. Februar 1896

41

Lieber Freund!

Es fällt mir nicht ganz leicht, zwischen den zwei Plänen, die Du machst, zu wählen. Zunächst kann ich ehrlich sagen, dass ich das von Dir geforderte Versprechen wohl geben dürfte und zu halten im Stande sein würde. Eine grössere Glaubwürdigkeit zu erzielen, will ich einschalten, wie es eigentlich mit meinem Buche steht, wobei ich Dir noch für Dein Nachgefühl zu danken habe, dass Du zuletzt gar nicht mehr danach gefragt hast. Die vollständige Darstellung meiner Untersuchungen über Kettenbrüche hat schliesslich annähernd den Raum von 10 Druckseiten erfordert. Dabei aber fehlte immer noch der allein befriedigende Abschluss, das unbestimmt vorschwebende charakteristische Kriterium für cubische Irrationalzahlen. Ohne diesen Abschluss, den ich mich sehr nahe zu dünken Grund habe, wäre das Kapitel in meinem Buche für mich wenigstens unbefriedigend gewesen, andererseits konnte ich nicht weiter an diesen Fragen arbeiten, da ich wirklich ernstlich an das Referat ging. Für eine spätere einzelne Abhandlung war wieder der Stoff schon so angewachsen, dass als bestaus schnellster Weg zur Publikation mir noch immer der in meinem Buche erschien. Wie ich nun jüngstens wiederum von Vahlen einen Brief erhielt mit dem Vorschlage, doch wenigstens das bereits Gedruckte zu publizieren,

Brief von HERMANN MINKOWSKI an DAVID HILBERT, 10. Februar 1896

gefallen würde könnte. Damit ich mir selbst genug thue, müsste ich noch manche Lücken ausfüllen und gewisse Theile reifen lassen. Vorläufig nehme ich gar sehr den Contrast mit deinem Theile war. Bis zum nächsten Jahr könnte ich aber vielleicht rechnen, auch selbst mit meiner Arbeit zufrieden zu sein.

Ich gehe also auf Deinen zweiten Plan ein mit der Wirkung, dass mein Theil erst in dem nächstjährigen Bericht aufgenommen wird. Dieser Entschluss wird (da ich über das Klappnäsen an mich sehr verzögert denke) mir hauptsächlich schwer, weil ich jetzt ein Jahr lang das beschämende Gefühl behalten werde, in gewissem Grade Dich und die Vereinigung im Stich gelassen zu haben. Du selbst hast freilich nicht die geringste dahin zielende Äußerung gemacht, es liegt aber dieser Gedanke zu nahe, und mancher wird wohl sagen, nach den Erfahrungen mit meinem Uncle würde von mir Nichts anderes zu erwarten gewesen. Nun, etwas werden diese Vorwürfe gemildert werden, wenn jetzt der größte Theil meines Buchs herauskommt und der Rest schnell folgt, und schließlich kann ich mir einbilden, ich thue, was ich im Interesse der Sache für das Beste halte.

Dich bitte ich jedenfalls sehr, in keiner Weise zu denken, dass ich Dich mit meinem Referat im Stich gelassen hätte. Wenn ich nun einmal so langsam arbeite und nur schwer mir selbst etwas recht mache, so ist das schließlich eine Eigenschaft, unter der ich selbst leide, und bei der es für die anderen zweifelhaft bleibt, ob sie dabei Profit oder Nachtheil haben.

Damit jedoch über meinen Verzicht kein Missverständnis aufkomme, würdest Du mich sehr verpflichten, wenn Du Dich in Deinem Vorworte etwas darüber ausliessest, indem Du eben sagst, dass es einmal gewisse Rücksichten auf die schnellere Fertigstellung des Jahresberichts sind, welche zu einem Aufschub meines Referats geführt haben, dass ferner dieser Aufschub bis zu einem gewissen Grade durch das Erscheinen meines Buchs geringer fühlbar wird, wie auch noch durch das seit der Uebernahme meines Referats erfolgte Erscheinen der Bachmann'schen Bücher und des Lindstedt'schen Reports in einem Stück, und dass diese seitdem veränderten Litteraturverhältnisse mich eben veranlasst hätten, den Schwerpunkt meines Referats hauptsächlich in der Vervollkommnung bisheriger Resultate zu suchen, und andere Umstände diesen Aufschub bewirkt. Deine Erwartung über den diesmaligen Nachlass im Vorwort kundzuthun, wird wohl noch zu wenig gerechtfertigt erscheinen.

Dass ich unter diesen Umständen in die Lage komme, noch vor der Drucklegung meines Berichts mich mit Dir über vieles, woran ich im Herbst noch nicht dachte, mündlich auszusprechen, wird mir sehr zu Statten kommen.

Die Redaction wird sich, wahrscheinlich mit einem stillen Seufzer über mich, zufrieden geben, vor Allem Deinen Bericht zu haben.

Dass ich heute etwas lang und vielleicht etwas sentimental mich ausgelassen habe, entschuldigst Du wohl durch den Umstand, dass ich dieser Tage durch eine Erkältung recht ganz disponirt bin.

Mit besten Grüssen und der Bitte mich Deiner zu empfehlen zu wollen

Dein H. Minkowski

Cod. ms. Math. Arch. 78

Königsberg in Pr., Mittelbagheim 6, d. 11. Mai 1896

Lieber Freund,

Ihr freundliches Schreiben hat mir eine lebhafte Freude bereitet. Ich habe mir schon oft schwere Vorwürfe gemacht, dass ich unseren Briefwechsel so ganz habe einschlummern lassen. Es wäre mir dies aber gewiss nicht möglich geworden, wenn ich nicht doch immer über Ihr Ergehen ziemlich unterrichtet gewesen wäre. Sie selbst sorgten ja durch Ihre schönen, immer reizvollen und bedeutenden Publicationen auf's beste dafür, einen über Ihre emsige wissenschaftliche Thätigkeit auf dem Laufenden zu halten, häufig schrieb auch Hilbert von Ihnen, und keine sich darbietende Gelegenheit versäumte Familie Samuel über Familie Hurwitz auszuforschen. Nun aber hoffe ich wieder öfter

Brief von HERMANN MINKOWSKI an ADOLF HURWITZ, 11. Mai 1896

direct von Ihnen Nachrichten zu erhalten, wenn ich auch

jetzt durch meine etwas verspätete Antwort von Neuem ein

schlechtes Beispiel aufstelle.

Der Satz über Kettenbrüche, den Sie mir mittheilen, ist

wirklich durch seine einfache Fassung recht hübsch. Nach

der Bedingung und den Kriterien, die darin eine Rolle spielen,

sehe ich aber keinen Weg, ihn allein aus der Bedeutung der etwa ohne Formeln,

Kettenbruchentwickelung (Satz (K). S. 161 meines Buches) heraus-

zuholen. Ich bin auf Ihren bezüglichen Aufsatz sehr gespannt.

In meinem Buche wird unter anderem auch die Aufgabe

für complexe Grössen Erledigung finden, die Sie am Schluss

Ihres Aufsatzes „Ueber d. angenäherte Darst. d. Zahlen durch rat.

Brüche" erwähnen. Die Lösung gestaltet sich für den Körper

der dritten Einheitswurzeln sehr viel einfacher als für den

Körper von $\sqrt{-1}$. Für mein bezügliches Citat wäre es mir sehr lieb, wenn Sie mir mittheilen wollten, was ich vielleicht über Ihre betreffenden Untersuchungen noch sagen dürfte, und ob ich noch auf eine Publication von Ihnen über diesen Gegenstand hinweisen kann.

Abgesehen von der Arbeit, die ich noch für den Schluss meines Buches nöthig habe, habe ich mich jetzt eifrig der mathematischen Physik zugewandt, für die ich schon früher grosses Interesse hatte. Ich habe aber auf diesem Felde vorderhand Nichts, was publicationsreif wäre.

Einen nennenswerthen Zuwachs an Studenten haben wir in diesem Jahre nicht bekommen, aber mit den 7, die wir haben, geht es ja zur Noth. Selbst Volkmann, der immer unentwegt an einem gewohnten Cyclus festhielt und infolgedessen einige Semester nicht gelesen hat, hat ein besuchtes Colleg. Ich lese Algebra und Kinematik.

Hilberts Referat über die algebraischen Zahlkörper, von dem
ich die Correcturen mitlese, ist ganz ausgezeichnet, und wird
zur Hebung der Kenntnis dieses Gebiets ausserordentlich beitragen.
Auch der zweite Band von Webers Algebra soll sehr schön, wie
mir Hensel schreibt. H. kommt Pfingsten hieher zu Besuch.
Vor kurzem war Hasselberg hier. Herr Langel, zu dem Sie ja
wohl auch Beziehungen haben, schwärmt sehr für einen
nächstjährigen Congress in Zürich. Authentisches habe ich
darüber bisher Nichts zu hören bekommen.

Sooft ich bei Ihren Schwiegereltern bin, stehe ich in
Bewunderung versunken vor dem Bilde Ihrer Ältesten. Klein
Evchen wird aber doch jedenfalls ihrer Schwester Nichts nachgeben.
Ich bitte Sie, mich Ihrer Frau Gemahlin und Ihrem Herrn Bruder,
falls er noch bei Ihnen ist, bestens zu empfehlen und bin
mit herzlichen Grüssen   Ihr H. Minkowski
Von den Meinigen, denen es gut geht, ebenfalls die besten Empfehlungen.

GEOMETRIE DER ZAHLEN

VON

HERMANN MINKOWSKI

LEIPZIG UND BERLIN

DRUCK UND VERLAG VON B. G. TEUBNER

1910

Titelseite der zweiten Lieferung (S. 241–256) der „Geometrie der Zahlen", aus H. MINKOWSKIS Nachlaß herausgegeben von D. HILBERT und A. SPEISER. Die erste Lieferung (S. 1–240) erschien bereits 1896 im Teubner-Verlag

Kommentierender Anhang

1. Zur Geometrie der Zahlen

Die Geometrie der Zahlen stellt jenen Zweig der Zahlentheorie dar, der wesentlich durch H. MINKOWSKI begründet und von ihm auch so benannt wurde. In dieser Theorie werden zahlentheoretische Fragestellungen mit Hilfe geometrischer Begriffe und Methoden behandelt. Die Anfänge einer solchen Betrachtungsweise können bis auf C. F. GAUSS, der erstmalig geometrische Methoden nutzte, und P. G. L. DIRICHLET, der die geometrische Anschauung weitgehend anwandte, zurückverfolgt werden. H. MINKOWSKI hat diese Gedankengänge mit Hilfe eines ganz einfachen geometrischen Arguments unter einem einheitlichen Gesichtspunkt zusammengefaßt und zu einer systematischen Theorie entwickelt.

In Abschnitt 1.1. werden die Grundkonzeption der Geometrie der Zahlen dargestellt und einige weitere Entwicklungen diskutiert. In Abschnitt 1.2. wird auf H. MINKOWSKIS Anteil bei der Entwicklung der Theorie der Kettenbrüche und der diophantischen Approximationen verwiesen. In Abschnitt 1.3. schließlich soll auf seinen glanzvollen Beitrag zur Klassenzahlproblematik quadratischer Formen eingegangen werden.

1.1. Der Minkowskische Gitterpunktsatz

Sein 1907 erschienenes Werk „Diophantische Approximationen" leitet H. MINKOWSKI mit dem lakonischen Satz ein: „Die Betrachtungen dieses Kapitels werden sich auf ein einfaches Prinzip stützen, von welchem DIRICHLET seinerzeit mehrere tiefliegende Anwendungen gemacht hat." Und in seiner am 13.2.1905 in der Festsitzung der Göttinger Mathematischen Gesellschaft gehaltenen Rede auf P. G. L. DIRICHLET formulierte er enthusiastisch: „Es ist wahrhaft bewundernswürdig, in welche einfache Form Dirichlet zuletzt den Beweis seines gewaltigen Theorems[1] zu gießen verstand. Fast sieht es aus, als ob als wesentliches Hilfsmittel nur ein ganz alltägliches Prinzip verbleibt: Tut man in eine Anzahl von Schubfächern eine größere Anzahl von Gegenständen, als man Schubfächer hat, so finden sich notwendig in wenigstens einem Fache gleichzeitig zwei oder mehrere Gegenstände vor." MINKOWSKIS Begeisterung für dieses Prinzip ist verständlich und berechtigt. In gleicher Weise ringt uns MINKOWSKIS Gitterpunktsatz, der vermöge räumlicher Anschauung zu tiefen arithmetischen Erkenntnissen führt, Bewunderung ab. Überaus einfach, aber genial war der Gedanke, Eigenschaften konvexer Körper mit denen des Punktgitters im Euklidischen Raum zu verbinden und auf diese Weise arithmetische Gesetzmäßigkeiten über die Geometrie zu einem tieferen Verständnis zu führen und

---

[1] Hiermit ist gemeint, daß sich im allgemeinen in einem Zahlkörper unendlich viele Einheiten befinden, die sich aus einer endlichen Anzahl unter ihnen durch Multiplikation und Potenzierung gewinnen lassen. Anm. d. Hrsg.

zu erschließen. So stehen DIRICHLETS Schubfachprinzip und MINKOWSKIS Gitter-punktsatz für konvexe Körper gleichberechtigt nebeneinander und zählen zu den bedeutungsvollsten Grundprinzipien der Arithmetik. Und dennoch ist es inter-essant zu erfahren, daß MINKOWSKIS fundamentaler Satz selbst mit Hilfe des Schub-fachprinzips begründet werden kann.

Angeregt wurde H. MINKOWSKI, wie er selbst darlegt, durch das Studium der Di-richletschen und Hermiteschen Arbeiten über quadratische Formen. Es sei $x = (x_1, x_2, \ldots, x_n)$, und $f(x)$ bezeichne eine positiv-definite quadratische Form in den n Variablen $x_1, x_2, \ldots, x_n$. CH. HERMITE [37] zeigte im Jahre 1850: Es gibt eine nur von der Determinante von $f(x)$ und von n abhängende Konstante N, so daß die Ungleichung $f(x) \leqq N$ wenigstens eine von $(0, 0, \ldots, 0)$ verschiedene Lösung in gan-zen Zahlen $x_1, x_2, \ldots, x_n$ besitzt. H. MINKOWSKI deutete die Gleichung $f(x) \leqq N$ als Ellipsoid und die Punkte x mit ganzzahligen Koordinaten als Punkte eines Gitters in einem n-dimensionalen Euklidischen Raum E^n. Durch geometrische Überlegun-gen gab er einen vereinfachten Beweis und eine teilweise Verschärfung des Hermi-teschen Ergebnisses. Dieses Ergebnis teilte er in einem Brief an D. HILBERT am 6.11.1889 mit (siehe [14]). Damit war der Grundstein für eine prinzipiell neue Ent-wicklung in der Zahlentheorie gelegt.

Die entscheidende Leistung MINKOWSKIS ist nun darin zu sehen, daß er diejeni-gen Eigenschaften des Ellipsoids herausgearbeitet hat, die in seinem Beweisverfah-ren die wesentliche Rolle gespielt haben: Das Ellipsoid ist ein konvexer Körper mit Mittelpunkt. Hieraus entwickelte er seinen fundamentalen Gitterpunktsatz.

Sind $a_1, a_2, \ldots, a_n$ linear unabhängige Vektoren in einem n-dimensionalen reel-len Euklidischen Raum E^n, so bildet die Menge aller Punkte

$$x = u_1 a_1 + u_2 a_2 + \ldots + u_n a_n$$

mit ganzzahligen $u_1, u_2, \ldots, u_n$ ein Gitter Λ mit der Basis $a_1, a_2, \ldots, a_n$. Die Basis ist durch das Gitter nicht eindeutig bestimmt. Aber die Determinante des Gitters

$$d(\Lambda) = \det(a_1, a_2, \ldots, a_n)$$

ist unabhängig von der speziellen Wahl der Basis von Λ und stets positiv. Ein Bei-spiel für ein Gitter ist die Menge Λ_0 aller Vektoren mit ganzzahligen Koordinaten. Eine Basis von Λ_0 ist gegeben durch $e_1 = (1, 0, \ldots, 0)$, $e_2 = (0, 1, 0, \ldots, 0), \ldots$, $e_n = (0, \ldots, 0, 1)$. Natürlich ist $d(\Lambda_0) = 1$. – Ein konvexer Körper im E^n ist dadurch charakterisiert, daß er mit 2 Punkten x, y die Gesamtheit der Punkte $\lambda x + (1 - \lambda) y$ $(0 \leqq \lambda \leqq 1)$ enthält. Er liegt zentralsymmetrisch zum Nullpunkt, wenn er mit dem Punkt x auch den Punkt $-x$ enthält.

Der Minkowskische Gitterpunktsatz. Ist K ein beschränkter, konvexer, zentralsym-metrischer Körper um den Nullpunkt mit einem Volumen $V(K) \geqq 2^n d(\Lambda)$, so ent-hält er mindestens einen vom Nullpunkt verschiedenen Gitterpunkt $x \in \Lambda$.

Für die Anwendungen ist eine analytische Fassung des Gitterpunktsatzes nütz-lich. Wir nennen die reelle Funktion $f(x)$, $x \in E^n$, eine konvexe Distanzfunktion, wenn die folgenden Eigenschaften erfüllt sind:

(a) $f(0) = 0, f(x) > 0$ für $x \neq 0$;   (b) $f(tx) = |t| f(x)$ für beliebige reelle t;
(c) $f(x + y) \leqq f(x) + f(y)$.

H. Minkowski bezeichnet dann mit $f(x-y)$ die Strahldistanz der Punkte x, y. Die durch $f(x) \le C$ definierte Punktmenge stellt einen konvexen, zentralsymmetrischen Körper mit dem Mittelpunkt 0 dar, der speziell für $C = 1$ der zu $f(x)$ gehörige Eichkörper heißt. Bezeichnet J das Volumen des Eichkörpers, so besagt der Gitterpunktsatz: Es gibt wenigstens einen Gitterpunkt $x \ne (0, 0, ..., 0)$ mit

$$0 < f(x) \le 2J^{-1/n}.$$

Hieraus läßt sich eine nicht übersehbare Zahl von Approximationssätzen ableiten, von denen H. Minkowski in dem Beitrag „Über Eigenschaften von ganzen Zahlen, die durch räumliche Anschauung erschlossen sind" einige wichtige Beispiele aufführt.

H. Minkowski selbst gibt 2 Beweise seines Gitterpunktsatzes: Der erste Beweis findet sich in „Geometrie der Zahlen", S. 73–76, der zweite in „Diophantische Approximationen", S. 28–30. Weitere interessante Beweisvarianten wurden von G. D. Birkhoff (siehe [26], [53]), W. Scherrer [53] und G. Hajos [36] angeführt. Von besonderem Interesse ist ein kurzer Beweis von L. J. Mordell [49], der das Schubfachprinzip nutzt.

Es wird das Gitter Λ_0 betrachtet. Es seien p_ν beliebige ganze Zahlen und t eine feste natürliche Zahl. Die Ebenen $x_\nu = 2p_\nu/t$ ($\nu = 1, 2, ..., n$) zerlegen den E^n in Würfel vom Volumen $(2/t)^n$. Mit $N(t)$ bezeichnen wir die Anzahl der Ecken dieser Würfel, die sich im betrachteten konvexen, zentralsymmetrischen Körper K mit dem Mittelpunkt 0 befinden. $(2/t)^n N(t)$ konvergiert dann für $t \to \infty$ gegen das Volumen $V(K)$. Ist $V(K) > 2^n$, so ist also $N(t) > t^n$, sofern t hinreichend groß ist. Nun teilen wir die n-Tupel $(p_1, p_2, ..., p_n)$ in Klassen ein entsprechend den Resten, die die p_ν bei der Teilung durch t lassen. Da es aber nur t^n verschiedene Klassen geben kann, gibt es wenigstens 2 verschiedene Punkte $P = (2p_1/t, ..., 2p_n/t)$ und $Q = (2q_1/t, ..., 2q_n/t)$ in K, deren sämtliche Differenzen $p_\nu - q_\nu$ durch t teilbar sind. Auf Grund der Konvexität und der zu 0 zentralsymmetrischen Lage von K liegt mit P und Q auch der Punkt $((p_1 - q_1)/t, ..., (p_n - q_n)/t)$ in K. Dieser ist aber ein von 0 verschiedener Gitterpunkt.

Wir haben sehen können, daß in diesem Beweis das Dirichletsche Schubfachprinzip die zentrale Rolle gespielt hat. Aber gerade die Verbindung der geometrischen Eigenschaften einer Punktmenge, gemeint sind Konvexität, Symmetrie und Volumen, mit einer arithmetischen Eigenschaft, der Existenz von Gitterpunkten, geben dem Minkowskischen Gitterpunktsatz seine fundamentale Bedeutung.

Erwähnenswert ist eine auf C. L. Siegel [56] zurückgehende Identität in diesem Zusammenhang. Untersucht man nämlich das Zahlengitter mit Hilfe analytischer Methoden, so wird man sich der Fourier-Reihen bedienen. Wesentlich aus der Vollständigkeitsrelation folgt: Bei Zugrundelegung des Zahlengitters Λ_0 gilt für jeden konvexen Körper K, der keinen Gitterpunkt außer dem Nullpunkt enthält, die Identität

$$2^n = V(K) + \frac{1}{V(K)} \sum_p \left| \int_K \cdots \int e^{\pi i(p_1 x_1 + \cdots + p_n x_n)} dx_1 \cdot \ldots \cdot dx_n \right|^2,$$

wo $p = (p_1, p_2, ..., p_n)$ alle vom Nullpunkt verschiedenen Gitterpunkte durchläuft. Hieraus ist Minkowskis Gitterpunktsatz unmittelbar abzulesen.

Es ist interessant zu untersuchen, inwiefern der Gitterpunktsatz verschärft werden kann, wenn man weitere geometrische Parameter hinzuzieht. Nehmen wir wieder das Gitter Λ_0. J. G. van der Corput und H. Davenport [29] betrachten einen konvexen, um 0 zentralsymmetrischen Körper K, der außer 0 keinen weiteren Gitterpunkt enthält. Sie zeigen, daß man ihm ein Polyeder K' mit höchstens $2(2^n - 1)$ Flächen umschreiben kann, welches ebenfalls konvex ist, zu 0 zentralsymmetrisch liegt und außer 0 keinen Gitterpunkt enthält. Also ist $V(K') \leqq 2^n$ und so $V(K) \leqq 2^n - (V(K') - V(K))$. Dies führt zu Verschärfungen der Minkowskischen Ungleichung $V(K) \leqq 2^n$. Nimmt man für den ebenen Fall $n = 2$ an, daß der Krümmungsradius ϱ der Randkurve durch $\varrho \geqq r > 0$ nach unten beschränkt ist, so zeigen sie, daß

$$V(K) \leqq 4 - \left(2\sqrt{3} - \pi\right) r^2$$

ist. Und dieses Ergebnis kann nicht weiter verbessert werden. Nach H. Groemer [35] ist

$$V(K) \leqq 6R^2 \arctan \frac{2}{3R^2},$$

wenn der Krümmungsradius $\varrho \leqq R$ ist. Sowohl J. G. van der Corput und H. Davenport als auch Z. A. Melzak [42] geben Ergebnisse für den n-dimensionalen Fall, wobei Z. A. Melzak die Stützflächen durch Stützkugeln ersetzt.

Eine weitere interessante Frage besteht darin, inwieweit man die Konvexitätsbedingung abbauen kann und dennoch Gitterpunktsätze vom Minkowskischen Typ erhalten kann. Eine erste Antwort erhält man hierauf bei einer genaueren Analyse des Mordellschen Beweises mit dem Schubfachprinzip. Dort wurde auf Grund der Konvexität des Körpers K geschlossen, daß mit 2 Punkten x, $y \in K$ auch $(x + y)/2 \in K$ gilt. Es ist unmittelbar einleuchtend, daß das Beweisprinzip aufrecht erhalten werden kann, wenn man den Nenner 2 durch eine feste Zahl $k > 2$ ersetzt. Für Körper K, die mit den Punkten x, y stets den Punkt $(x + y)/k$ enthalten und die zentralsymmetrisch zu 0 liegen, zeigte dann L. J. Mordell: Ist $V(K) > k^n d(\Lambda)$, so enthält K im Gitter außer 0 einen weiteren Gitterpunkt. Dieses Resultat wurde von J. G. van der Corput [28] und R. Rado [52] noch weiterentwickelt.

H. F. Blichfeldt [26] gibt eine weitreichende Verallgemeinerung des Minkowskischen Satzes, indem er statt der Gitterpunkte eine feste Zahl von allgemeinen Punkten in jedem Grundparallelepiped betrachtet und die konvexen Körper durch beschränkte, offene, zusammenhängende Mengen mit äußerem Inhalt ersetzt (siehe [3], [8], [9]).

Wir nennen jetzt ein Gitter Λ K-zulässig, wenn es keinen Punkt des konvexen Körpers K außer dem Nullpunkt enthält. Das Infimum $\Delta(K)$ aller $d(\Lambda)$, erstreckt über alle K-zulässigen Gitter, heißt die kritische Determinante. Der Minkowskische Gitterpunktsatz kann nun so beschrieben werden:

Ist K ein beschränkter, konvexer, zentralsymmetrischer Körper um den Nullpunkt mit einem Volumen $V(K) > 2^n d(\Lambda)$, so ist das Gitter Λ nicht K-zulässig.

Für die kritische Determinante bedeutet das $\Delta(K) \geqq 2^{-n} V(K)$.

In entgegengesetzter Richtung gilt

$$\Delta(K) \leqq 2\zeta(n)\, V(K), \quad \zeta(n) = \sum_{k=1}^{\infty} k^{-n}.$$

Diese Aussage wird als Minkowski-Hlawka-Satz bezeichnet. In dem Aufsatz „Über Eigenschaften von ganzen Zahlen, die durch räumliche Anschauung erschlossen sind" weist H. MINKOWSKI im letzten Punkt VI bereits darauf hin. Den ersten Beweis nicht nur für konvexe Körper, sondern für Sternkörper – das sind Körper, die mit jedem Punkt auch alle Punkte der offenen Verbindungsstrecke mit 0 enthalten –, gab E. HLAWKA [38]. Für die weitere Entwicklung siehe [3], [5], [7].

Es gibt eine große Zahl von Resultaten und Problemen für Gitterpunkte in beliebigen konvexen Mengen. Aus der Vielzahl sei ein Problem hervorgehoben, ansonsten aber auf [5] verwiesen. K sei ein konvexer Körper im E^n, $V(K)$ sein Volumen, $F(K)$ seine Oberfläche und $G(K)$ die Anzahl der im Innern von K liegenden Gitterpunkte mit ganzzahligen Koordinaten. M. NOSARZEWSKA [50] bewies für $n = 2$ die Ungleichung

$$V(K) - \frac{1}{2}F(K) \leqq G(K) \leqq V(K) + \frac{1}{2}F(K) + 1.$$

J. BOKOWSKI, H. HADWIGER und J. M. WILLS [27] wiesen nach, daß die linke Ungleichung auch für $n > 2$ richtig ist. W. M. SCHMIDT [54] und J. M. WILLS [59] zeigten jedoch, daß es für $n > 2$ keine Ungleichung vom Typ der rechts stehenden geben kann.

Wir wollen diese kurzen Darlegungen zu MINKOWSKIS fundamentalem Gitterpunktsatz abschließen mit einer von ihm in seinem Werk „Geometrie der Zahlen" vorgenommenen Verschärfung. Wir betrachten wieder einen beschränkten, konvexen, zentralsymmetrischen Körper K um den Nullpunkt und dehnen ihn linear um den positiven Faktor λ aus, das heißt, wir bilden λK. Bei hinreichend kleinem λ enthält λK außer 0 keinen weiteren Gitterpunkt des Gitters Λ. Mit wachsendem λ findet man ein kleinstes λ_1, für welches $\lambda_1 K$ einen ersten Gitterpunkt P_1 auf seinem Rand hat. Dann besagt MINKOWSKIS Gitterpunktsatz

$$\lambda_1^n V(K) \leqq 2^n d(\Lambda).$$

Bei weiterem Anwachsen von λ ergibt sich ein kleinstes $\lambda_2 \geqq \lambda_1$, so daß $\lambda_2 K$ einen Gitterpunkt P_2 enthält, der nicht kollinear mit 0 und P_1 liegt. Sodann findet sich ein kleinstes λ_3, für das $\lambda_3 K$ einen Gitterpunkt P_3 enthält, der nicht koplanar mit 0, P_1, P_2 liegt. So fortfahrend erhalten wir die sogenannten sukzessiven Minima $\lambda_1, \lambda_2, ..., \lambda_\nu$ mit $\lambda_1 \leqq \lambda_2 \leqq ... \leqq \lambda_n$. MINKOWSKIS Gitterpunktsatz besagt dann

$$\lambda_1 \lambda_2 \cdot ... \cdot \lambda_n V(K) \leqq 2^n d(\Lambda).$$

Diese Ungleichung kann im allgemeinen nicht verschärft werden. MINKOWSKIS Beweis ist recht kompliziert. Einfachere Beweise gaben H. DAVENPORT [31], T. ESTERMANN [33], I. DANICIC [30] und R. P. BAMBAH, A. WOODS, H. ZASSENHAUS [24]. H. MINKOWSKI zeigte in seiner „Geometrie der Zahlen" noch

$$\lambda_1 \lambda_2 \cdot ... \cdot \lambda_n V(K) \geqq \frac{2^n}{n!} d(\Lambda).$$

In seiner Arbeit „Ein Kriterium für die algebraischen Zahlen" nimmt H. Minkowski auf seinen zweiten Gitterpunktsatz Bezug und beweist mit einfacheren Überlegungen eine schwächere Abschätzung.

1.2. Kettenbrüche und diophantische Approximation

Die Kettenbrüche stellen ein wichtiges Instrument für die Approximation der reellen Zahlen durch rationale Zahlen dar. Sie sind den von H. Minkowski entwikkelten zahlengeometrischen Methoden in besonderer Weise zugänglich. So hat H. Minkowski in seiner „Geometrie der Zahlen" die gewöhnliche Kettenbruchentwicklung durch Betrachtung von Gitterpunkten in Parallelogrammen in einen allgemeineren Zusammenhang gestellt und der geometrischen Anschauungsweise zugeführt. Durch konsequente Weiterführung dieser Idee gelangt H. Minkowski in seiner Arbeit „Über die Annäherung an eine reelle Größe durch rationale Zahlen" zu einer neuen Art von Kettenbruchentwicklung. Die Minkowskische Behandlungsweise der Kettenbrüche ist von P. Bachmann [2] aufgegriffen und dargestellt worden.

Es sei die reelle Zahl α in einen Kettenbruch

$$\alpha = a_0 + \frac{1\rfloor}{\lfloor a_1} + \frac{1\rfloor}{\lfloor a_2} + \ldots$$

mit ganzzahligem a_0 und mit natürlichen Zahlen a_1, a_2, ... entwickelt. Die Folge der Näherungsbrüche

$$\frac{p_k}{q_k} = a_0 + \frac{1\rfloor}{\lfloor a_1} + \frac{1\rfloor}{\lfloor a_2} + \ldots + \frac{1\rfloor}{\lfloor a_k}$$

kann bekanntlich rekursiv berechnet werden. Ein Vorzug der Kettenbruchentwicklung besteht in der Trennung der rationalen von den irrationalen Zahlen durch abbrechende beziehungsweise nicht abbrechende Entwicklungen. Dabei ist für irrationales α

$$\alpha = \lim_{k \to \infty} \frac{p_k}{q_k}.$$

Für quadratische Irrationalitäten ist die Kettenbruchentwicklung periodisch. Ein weiterer Vorzug besteht in einer guten Approximation der reellen Zahl α durch ihre Näherungsbrüche. Es ist

$$\left| \alpha - \frac{p_n}{q_n} \right| < \frac{1}{q_n^2}.$$

Nach J. L. Lagrange ist dies eine „beste" Approximation in dem Sinne, daß alle Approximationen p/q mit $0 < q \leqq q_n$, $p/q \neq p_n/q_n$ schlechter sind.

H. Minkowski nimmt als Ausgangspunkt 2 Linearformen

$$\xi = ax + by, \quad \eta = cx + dy$$

mit reellen Koeffizienten und der Determinante $ad - bc = 1$. Die Gleichungen

$\xi = \pm\lambda$, $\eta = \pm\mu$ ($\lambda, \mu > 0$) stellen die Seiten eines Parallelogramms mit dem Nullpunkt als Mittelpunkt dar. Hat das Parallelogramm im Innern außer dem Nullpunkt keinen weiteren Gitterpunkt, so muß nach dem Minkowskischen Gitterpunktsatz $\lambda\mu \leq 1$ sein. Durch stetiges Verändern der positiven λ, μ gelangt man zu ganzzahligen Lösungen der Ungleichung $|\xi\eta| < 1$. H. MINKOWSKI entwickelt hierzu einen Algorithmus, der im Spezialfall $a = 1$, $b = -\alpha$, $c = 0$, $d = 1$ in den Kettenbruchalgorithmus einmündet.

Grundlage für MINKOWSKIS neuartige Kettenbruchentwicklung ist die Tatsache, daß für 2 benachbarte Näherungsbrüche p_n/q_n und p_{n+1}/q_{n+1} von α wenigstens eine der beiden Ungleichungen

$$\left|\alpha - \frac{p_n}{q_n}\right| < \frac{1}{2q_n^2}, \quad \left|\alpha - \frac{p_{n+1}}{q_{n+1}}\right| < \frac{1}{2q_{n+1}^2}$$

richtig sein muß. Darüber hinaus gilt, daß jeder unkürzbare Bruch a/b, der der Ungleichung

$$\left|\alpha - \frac{a}{b}\right| < \frac{1}{2b^2}$$

genügt, ein Näherungsbruch der Zahl α sein muß.

H. MINKOWSKI nimmt als Ausgangspunkt wieder die beiden obigen Linearformen und betrachtet $\xi = 0$, $\eta = 0$ als Achsen eines rechtwinkligen Koordinatensystems. Die Gleichungen $\xi\eta = \pm\frac{1}{2}$ bezeichnen 2 gleichseitige Hyperbeln, welche die Achsen des Koordinatensystems zu Asymptoten haben. Werden an irgendeinen Punkt eines der Hyperbeläste und an die 3 symmetrisch gelegenen Punkte auf den übrigen Hyperbelästen Tangenten gelegt, so wird dadurch ein Parallelogramm festgelegt, welches den Nullpunkt als Mittelpunkt und die Achsen als Diagonalen hat. Dieses Parallelogramm hat stets den Flächeninhalt 4. Es enthält also nach MINKOWSKIS Gitterpunktsatz außer dem Nullpunkt wenigstens noch einen weiteren Gitterpunkt. Das bedeutet, daß die Ungleichung $|\xi\eta| \leq \frac{1}{2}$ ganzzahlige Lösungen x, y mit $(x, y) \neq (0, 0)$ besitzt. Durch stetige Änderungen des Tangentenparallelogramms gelingt es, die Kette aller Lösungen von $|\xi\eta| < \frac{1}{2}$ zu bestimmen. Durch die gleiche Spezialisierung wie oben erhält man den Minkowskischen Diagonalkettenbruch, der dadurch ausgezeichnet ist, daß sämtliche unkürzbaren Brüche a/b mit $b > 0$ und $|\alpha - a/b| < 1/2b^2$ genau die sämtlichen Näherungsbrüche des Diagonalkettenbruchs darstellen.

H. MINKOWSKI zeigt, wie man von den Diagonalkettenbrüchen zu den gewöhnlichen Kettenbrüchen, die er Parallelkettenbrüche nennt, gelangt. O. PERRON [13] geht den umgekehrten Weg und entwickelt die Diagonalkettenbrüche aus den gewöhnlichen Kettenbruchentwicklungen. Zu diesem Zweck betrachtete man die Kettenbruchentwicklung

$$\alpha = a_0 + \frac{1}{|a_1} + \frac{1}{|a_2} + \ldots,$$

die im Fall des Abbrechens an einer endlichen Stelle n einen letzten Teilnenner $a_n > 1$ haben soll. Aus der Folge der Näherungsbrüche p_k/q_k wird diejenige Teilfolge p_{k_ν}/q_{k_ν} aussortiert, für die

$$\left| \alpha - \frac{p_{k_\nu}}{q_{k_\nu}} \right| \geqq \frac{1}{2q_{k_\nu}^2}$$

ist. Für die zugeordnete Folge $a_{k_\nu + 1}$ der Teilnenner erhält man $a_{k_\nu + 1} = 1$. Nun erhöhe man jeden Teilnenner, der einem in dieser Art „ausgezeichneten" Teilnenner unmittelbar nachfolgt oder vorangeht, um 1. Sollte er zugleich einem ausgezeichneten nachfolgen und dem nächsten vorangehen, so wird er um 2 erhöht. Weiter erhält jeder auf einen ausgezeichneten Teilnenner folgende Teilzähler ein Minuszeichen. Streicht man schließlich alle zu einem ausgezeichneten Teilnenner gehörenden Glieder $\dfrac{1}{\mid a_{k_\nu + 1}}$ heraus, so entsteht der gewünschte Diagonalkettenbruch

$$\alpha = b_0 + \frac{\pm 1}{\mid b_1} + \frac{\pm 1}{\mid b_2} + \dots$$

Durch J. L. LAGRANGE ist seit 1770 bekannt, daß die Periodizität der Kettenbruchentwicklung für quadratische Irrationalitäten charakteristisch ist: Notwendig und hinreichend dafür, daß eine reelle Zahl eine algebraische Zahl 2. Grades darstellt, ist die Periodizität ihrer Kettenbruchentwicklung. Lange blieben alle Versuche, solche Kennzeichnungen allgemein für algebraische Zahlen n-ten Grades zu finden, vergeblich. H. MINKOWSKI ist es dann schließlich in seiner Arbeit „Ein Kriterium für die algebraischen Zahlen" gelungen, diese Lücke zu schließen. Ganz wesentlich wurden hierzu seine zahlengeometrischen Methoden herangezogen, insbesondere sein zweiter Gitterpunktsatz über die sukzessiven Minima. Sein komplizierter Algorithmus zur Konstruktion der benötigten Kette von Substitutionen wurde später von PH. FURTWÄNGLER [34] vereinfacht.

In einer weiteren Arbeit „Über periodische Approximationen algebraischer Zahlen" [46] stellt H. MINKOWSKI dann die Frage: „Welche algebraischen Zahlen besitzen analoge periodische Approximationen, wie sie die reellen algebraischen Zahlen 2. Grades vermöge der Periodizität ihrer Entwicklungen in gewöhnliche Kettenbrüche aufweisen?" Er konnte nachweisen, daß das Vorhandensein periodischer Substitutionsketten von der Existenz einer Einheit ϑ mit $\mid \vartheta \mid < 1$ im von der gegebenen Zahl α definierten Körper abhängt. Daraus ergibt sich Periodizität in 5 weiteren Fällen.

Schließlich wendet sich H. MINKOWSKI der Aufgabe zu, eine periodische Substitutionskette für α herzustellen, wenn α gegeben, aber die konjugierten algebraischen Zahlen von α unbekannt sind. Bei den reellen algebraischen Zahlen 2. Grades wird dies durch die Kettenbruchentwicklung geleistet. Für komplexe algebraische Zahlen 3. Grades löst er dieses Problem und gibt damit ein analoges Kriterium an.

1.3. Quadratische Formen und Klassenzahl

Vereinzelte spezielle Resultate von P. DE FERMAT und L. EULER über die Darstellbarkeit natürlicher Zahlen durch definite quadratische Formen veranlaßten J. L.

LAGRANGE um 1773 [39] zu einem systematischen Studium der binären Formen. Mit seinen Untersuchungen legte er den Grundstein für eine allgemeine Theorie, die durch A. M. LEGENDRE und C. F. GAUSS vervollständigt wurde. W. SEEBER [55] verallgemeinerte diese Ergebnisse 1831 auf ternäre Formen. In seiner Würdigung des Seeberschen Verfahrens führte C. F. GAUSS dieses einer geometrischen Interpretation zu. P. G. L. DIRICHLET [32] griff 1850 diese Untersuchungen erneut auf und arbeitete insbesondere die von C. F. GAUSS nur angedeutete geometrische Einkleidung heraus. Hierin können wir die ersten Ansätze einer „Geometrie der Zahlen" erblicken.

Es seien $x = (x_1, x_2, \ldots, x_n)$ und

$$f(x) = \sum_{i=1}^{n} \sum_{k=1}^{n} a_{ik} x_i x_k$$

eine positiv-definite quadratische Form in den n Variablen $x_1, x_2, \ldots, x_n$ mit reellen Koeffizienten a_{ik}. Es sei stets $a_{ik} = a_{ki}$ vorausgesetzt. Ferner bezeichne $d = \det(a_{ik})$ die Koeffizientendeterminante von $f(x)$. Zwei derartige Formen heißen äquivalent, wenn sie durch eine ganzzahlige, lineare Transformation mit der Determinante ± 1 auseinander hervorgehen. Sie heißen eigentlich äquivalent, wenn die Determinante 1 ist. Diese Äquivalenz – oder auch eigentliche Äquivalenz – stellt eine Äquivalenzrelation dar und liefert eine Klasseneinteilung der positiv-definiten quadratischen Formen. Damit entsteht die Frage, auf welche Weise man eindeutig aus jeder Klasse einen Repräsentanten auswählen kann. Ein solches Verfahren nennt man Reduktion, und der gewonnene Repräsentant heißt reduzierte Form.

Nach J. L. LAGRANGE ist eine reduzierte binäre Form ($n = 2$) durch die Ungleichungen

$$0 < a_{11} \leqq a_{22}, \quad -a_{11} < 2a_{12} \leqq a_{11}$$

und

$$0 \leqq 2a_{12} \leqq a_{11} \text{ für } a_{11} = a_{22}$$

gekennzeichnet. Jede positiv-definite binäre quadratische Form ist zu einer reduzierten Form eigentlich äquivalent.

Nach W. SEEBER ist eine reduzierte ternäre Form ($n = 3$) durch folgende Eigenschaften charakterisiert:

(1) $0 < a_{11} \leqq a_{22} \leqq a_{33}, \quad 2|a_{12}| \leqq a_{11}, \quad 2|a_{13}| \leqq a_{11}, \quad 2|a_{23}| \leqq a_{11}$.
(2) Es ist entweder $a_{12}, a_{13}, a_{23} \geqq 0$
   oder $a_{12}, a_{13}, a_{23} \leqq 0$ und $-2(a_{12} + a_{13} + a_{23}) \leqq a_{11} + a_{22}$.
(3) Weitere Ungleichungen für den Fall von Gleichheiten $a_{11} = a_{22}$, $a_{22} = a_{33}, 2a_{12} = a_{11}, 2a_{13} = a_{11}, 2a_{23} = a_{22}$.

Jede positiv-definite ternäre quadratische Form ist zu einer reduzierten Form äquivalent.

Die unter (3) genannten, aber nicht aufgeführten Ungleichungen wurden zwar durch G. EISENSTEIN vereinfacht, sie sind aber immer noch hinreichend kompliziert. Für quadratische Formen in n Variablen mit $n > 3$ wird dann das System der Bedingungen dermaßen kompliziert, daß eine explizite Beschreibung nicht bekannt und nicht zu erwarten ist.

Deshalb schlug Ch. Hermite 1850 [37] eine andere Definition der reduzierten Form vor: Unter allen zu $f(x)$ äquivalenten Formen wähle man diejenige mit kleinstem a_{11} aus. Aus diesen Formen nehme man die mit kleinstem a_{22}. Das Verfahren setze man so fort bis zu a_{nn}.

H. Minkowski vereinfacht diese Hermitesche Definition in der folgenden Weise: Eine Form $f(x)$ heißt reduziert, wenn

$$a_{kk} \leqq f(s_1, s_2, \ldots, s_n)$$

gilt für alle ganzen Zahlen $s_1, s_2, \ldots, s_n$ mit $(s_k, \ldots, s_n) = 1$, $(k = 1, 2, \ldots, n)$ und $a_{r, r+1} \geqq 0$ $(r = 1, 2, \ldots, n - 1)$. Er konnte nachweisen, daß sämtliche Bedingungen aus endlich vielen von ihnen folgen. Wesentliche Vereinfachungen für diesen komplizierten Endlichkeitsbeweis ergeben sich aus den Untersuchungen von L. Bieberbach, I. Schur [25] und H. Weyl [58].

H. Minkowski deutet dann eine quadratische Form in n Variablen vermöge der $N = \frac{1}{2} n (n + 1)$ frei wählbaren Koeffizienten als Punkt in einem Euklidischen Raum E^N. Das Hauptergebnis besteht nun in folgendem:

Es existiert ein konvexer, von endlich vielen Hyperebenen begrenzter Kegel K mit der Spitze im Nullpunkt, so daß jeder positiv-definiten quadratischen Form eine reduzierte Form, repräsentiert durch einen Punkt des Kegels, entspricht. Die reduzierte Form ist eindeutig bestimmt, sofern der Punkt im Innern des Kegels liegt.

Schließlich berechnet H. Minkowski das Volumen v_n des Teils des Kegels K, in dem die den Punkten zugeordneten reduzierten Formen eine Determinante kleiner oder gleich 1 besitzen:

$$v_n = \frac{2}{n + 1} \prod_{\nu = 2}^{n} \pi^{-\nu/2} \Gamma\left(\frac{\nu}{2}\right) Z(\nu).$$

Dieses Ergebnis findet, wie weiter unten angegeben wird, eine wichtige arithmetische Anwendung.

Wesentliche Vereinfachungen und einen vollständigen Überblick über die Reduktionstheorie der positiv-definiten quadratischen Formen gibt B. L. van der Waerden [22].

Jetzt werden nur noch positiv-definite quadratische Formen mit ganzzahligen Koeffizienten betrachtet. Für diesen Fall bewies Ch. Hermite in seinen Briefen an C. G. J. Jacobi als erster die Endlichkeit der Klassenzahl:

Es gibt nur eine endliche Anzahl von Klassen $H(d)$ ganzzahliger, positiv-definiter quadratischer Formen von n Variablen gegebener Determinante d.

Die Minkowskischen Untersuchungen gehen über diese Feststellung hinaus. Er stellt die Frage nach der durchschnittlichen Größenordnung von $H(d)$. Dabei sagt man, eine zahlentheoretische Funktion $f(d)$ hat die durchschnittliche Größenordnung $g(d)$, wenn

$$\sum_{d \leqq x} f(d) \sim \sum_{d \leqq x} g(d) \quad (x \to \infty).$$

Wir interessieren uns hier für $f(d) = H(d)$. Da $H(d)$ nicht explizit gegeben ist, wird zunächst die Anzahl $R(x)$ der im Minkowskischen Sinne reduzierten Formen einer Determinante $d \leq x$ abgeschätzt. Geometrisch bedeutet dies, die Anzahl der Gitterpunkte im und auf dem Rand des Kegels K bis zur Determinantenfläche $d = x$ abzuschätzen. Da jedem Gitterpunkt ein Würfel der Kantenlänge 1 zugeordnet werden kann, ist diese Anzahl in erster Näherung durch das Volumen gegeben. Da nach H. MINKOWSKI das Volumen des Teils des Kegels K mit $d \leq 1$ durch v_n bestimmt ist, erhalten wir für das Volumen von K mit $d \leq x$ nun $v_n x^{(n+1)/2}$. Bei der Zuordnung Gitterpunkt – Würfel der Kantenlänge 1 treten Fehler ausschließlich in der Nähe des Randes auf. Damit wird das asymptotische Ergebnis

$$R(x) = v_n x^{\frac{n+1}{2}} + \begin{cases} 0(x \log x) & \text{für } n = 2, \\ 0\left(x^{\frac{n+1}{2} - \frac{1}{n}}\right) & \text{für } n > 2 \end{cases}$$

plausibel. Nun entspricht jeder quadratischen Form genau eine reduzierte Form, wenn der die reduzierte Form repräsentierende Gitterpunkt im Innern des Kegels liegt. Das bedeutet: Ersetzen wir die Summe $\sum\limits_{d \leq x} H(d)$ durch $R(x)$, so entsteht ein Fehler, der nur durch die Gitterpunkte auf dem Rande beeinflußt wird. Also ist

$$\sum_{d \leq x} H(d) = R(x) + \begin{cases} 0(x \log x) & \text{für } n = 2, \\ 0\left(x^{\frac{n+1}{2} - \frac{1}{n}}\right) & \text{für } n > 2, \end{cases}$$

und es gilt insbesondere

$$\sum_{d \leq x} H(d) \sim \sum_{d \leq x} \frac{n+1}{2} v_n d^{\frac{n-1}{2}}.$$

Damit ist die arithmetische Deutung von v_n gefunden: Die Klassenzahl $H(d)$ hat die durchschnittliche Größenordnung $\dfrac{n+1}{2} v_n d^{(n-1)/2}$.

C. F. GAUSS betrachtet in seinen „Disquisitiones Arithmeticae" primitive binäre Formen, das heißt solche mit $(a_{11}, a_{12}, a_{22}) = 1$. Für die Klassenzahl dieser Formen stellt er eine asymptotische Formel auf, welche der hier aufgeführten Formel für $n = 2$ entspricht. Einen Beweis gab F. MERTENS 1874. Man vergleiche hierzu P. BACHMANN [1]. Bei der weiteren Schilderung der Entwicklung im Fall $n = 2$ werden die Ergebnisse für die Anzahl $R(x)$ der binären reduzierten Formen im Minkowskischen Sinne mit einer Determinante $d \leq x$ dargelegt, wobei wir am Wesen der Sache nicht vorbeigehen. Wir setzen

$$R(x) = v_2 x^{3/2} + \omega_2 x \log x + \omega_2' x + \Delta(x)$$

mit angebbaren Konstanten ω_2, ω_2'. E. PFEIFFER [51] entwickelte eine Methode, mit der er 1886 die Abschätzung $\Delta(x) \ll x^{5/6 + \varepsilon}$ erreichte. Allerdings enthielt sein Beweis einen Fehler, der jedoch von E. LANDAU [40] beseitigt werden konnte. E. LANDAU [41] selbst bewies 1912 die Abschätzung $\Delta(x) \ll x^{3/4 + \varepsilon}$. Die weitere Entwicklung wurde maßgeblich durch I. M. VINOGRADOV geprägt. Es zeigte sich, daß dieses Problem und die Abschätzung der Gitterpunkte in einer Kugel in gleichem Verhältnis zueinander stehen wie im ebenen Fall das Gaußsche Kreisproblem und das Dirichletsche Teilerproblem. I. M. VINOGRADOV verschärfte seine Methode der Abschätzung von Exponentialsummen im Laufe der Zeit so, daß er im Jahre 1963 [57]

$$\Delta(x) \ll x^{2/3 + \varepsilon}$$

erreichte, das zur Zeit beste Ergebnis.

Für $n > 2$ ist eine Darstellung

$$R(x) = v_n x^{\frac{n+1}{2}} + \omega_n x^{\frac{n+1}{2} - \frac{1}{n}} + \Delta(x)$$

mit

$$\Delta(x) = o\left(x^{\frac{n+1}{2} - \frac{1}{n}}\right)$$

und angebbaren Koeffizienten ω_n zu erwarten. Eine entsprechende Darstellung für $\sum_{d \leq x} H(d)$ würde sich nur in den Koeffizienten ω_n unterscheiden, weil sich in ihnen der Einfluß der Gitterpunkte auf dem Rande bemerkbar macht.

1.4. Literatur

Bücher

[1] BACHMANN, P.: Zahlentheorie, 2. Teil. Die analytische Zahlentheorie. Leipzig: Teubner-Verlag 1894.

[2] BACHMANN, P.: Zahlentheorie, Band IV. Die Arithmetik der quadratischen Formen, 2. Abteilung. Herausgegeben von R. HAUSSNER. Leipzig, Berlin: Teubner-Verlag 1923.

[3] CASSELS, J. W. S.: Introduction to the geometry of numbers. New York: Springer-Verlag 1972.

[4] GRUBER, P. M.; LEKKERKERKER, C. G.: Geometry of numbers. Math. Library 37. Amsterdam: North-Holland 1987.

[5] HAMMER, J.: Unsolved problems concerning lattice points. London-San Francisco-Melbourne: Pitman 1977.

[6] HANCOCK, H.: Developments of the Minkowski geometry of numbers I, II. New York: Mac Millan 1939, Dover 1964.

[7] KELLER, O.-H.: Geometrie der Zahlen. Enzyklopädie der Math. Wiss., Algebra u. Zahlentheorie, Band 12. Leipzig: Teubner-Verlag 1954.

[8] KOKSMA, J. F.: Diophantische Approximationen. Berlin: Springer-Verlag 1936.

[9] LEKKERKERKER, C. G.: Geometry of numbers. Bibl. Math. 8. Amsterdam: North-Holland 1969.

[10] MINKOWSKI, H.: Geometrie der Zahlen. Leipzig, Berlin: Teubner-Verlag 1896, 1910.

[11] MINKOWSKI, H.: Diophantische Approximationen. Leipzig: Teubner-Verlag 1907.

[12] NIVEN, I.: Diophantine approximations. New York: Interscience 1963.

[13] PERRON, O.: Die Lehre von den Kettenbrüchen. Leipzig, Berlin: Teubner-Verlag 1913.

[14] SCHARLAU, W.; OPOLKA, H.: Von Fermat bis Minkowski. Eine Vorlesung über Zahlentheorie und ihre Entwicklung. Berlin−Heidelberg−New York: Springer-Verlag 1980.

[15] SCHMIDT, W. M.: Lectures on Diophantine approximation. Duplicated lectures. Boulder 1970.

Übersichtsartikel

[16] BAMBAH, R. P.: Some problems in the geometry of numbers. J. Indian Math. Soc. 24 (1961), 157−172.

[17] DAVENPORT, H.: Recent progress in the geometry of numbers. Proc. Int. Congress Math. I, Cambridge, Mass. 1950, 166−174.

[18] GRUBER, P. M.: Geometry of numbers. Proc. Geometry-Symposium, Siegen 1978, 186−225.

[19] HLAWKA, E.: Grundbegriffe der Geometrie der Zahlen. Jahresber. Deutsch. Math. Verein. 57 (1954), 37−55.

[20] MORDELL, L. J.: Geometry of numbers. Proc. First Canadian Math. Congress, Montreal 1945, 265−284.

[21] SCOTT, P. R.: Modifying Minkowski's theorem. University of Adelaide, South Australia, 1986.

[22] VAN DER WAERDEN, B. L.: Die Reduktionstheorie der positiven quadratischen Formen. Acta Math. 96 (1956), 265–309.

[23] ZASSENHAUS, H. J.: Modern developments in the geometry of numbers. Bull. Amer. Math. Soc. 67 (1961), 427–439.

Zitierte Literatur

[24] BAMBAH, R. P.; WOODS, A.; ZASSENHAUS, H.: Three proofs of Minkowski's second inequality in the geometry of numbers. J. Austral. Math. Soc. 5 (1965), 453–462.

[25] BIEBERBACH, L.; SCHUR, I.: Über die Minkowskische Reduktionstheorie. Sitzungsber. Preuß. Akad. Berlin 1928, 510; Berichtigung 1929, 508.

[26] BLICHFELDT, H. F.: A new principle in the geometry of numbers, with some applications. Trans. Am. Math. Soc. 15 (1914), 227–235.

[27] BOKOWSKI, J.; HADWIGER, H.; WILLS, J. M.: Eine Ungleichung zwischen Volumen, Oberfläche und Gitterpunktzahl konvexer Körper im n-dimensionalen euklidischen Raum. Math. Z. 127 (1972), 363–364.

[28] VAN DER CORPUT, J. G.: Verallgemeinerung einer Mordellschen Beweismethode in der Geometrie der Zahlen. Acta Arith. 1 (1935), 62–66.

[29] VAN DER CORPUT, J. G.; DAVENPORT, H.: On Minkowski's fundamental theorem in the geometry of numbers. Proc. Kon. Ned. Akad. Wet. 49 (1946), 701–707.

[30] DANICIC, I.: An elementary proof of Minkowski's second inequality. J. Austral. Math. Soc. 10 (1969), 177–181.

[31] DAVENPORT, H.: Minkowski's inequality for the minima associated with a convex body. Quart. J. Math. (Oxford) 10 (1939), 119–121.

[32] DIRICHLET, P. G. L.: Über die Reduktion der positiven quadratischen Formen mit drei unbestimmten ganzen Zahlen. J. Reine Angew. Math. 40 (1850), 209–227.

[33] ESTERMANN, T.: Note on a theorem of Minkowski. J. London Math. Soc. 21 (1946), 179–182.

[34] FURTWÄNGLER, PH.: Über Kriterien für die algebraischen Zahlen. Sitzungsber. Akad. Wiss. Wien 126 (1917), 299–309.

[35] GROEMER, H.: Lagerungs- und Überdeckungseigenschaften konvexer Bereiche mit gegebener Krümmung. Math. Z. 76 (1961), 217–225.

[36] HAJÓS, G.: Ein neuer Beweis eines Satzes von Minkowski. Acta Univ. Hungaricae (Szeged) 6 (1934), 224–225.

[37] HERMITE, CH.: Oeuvres I. Paris: Gauthier-Villars 1905.

[38] HLAWKA, E.: Zur Geometrie der Zahlen. Math. Z. 49 (1944), 285–312.

[39] LAGRANGE, J. L.: Recherches d'arithmétique. Oeuvres III. Paris 1869, 695–795.

[40] LANDAU, E.: Die Bedeutung der Pfeiffer'schen Methode für die analytische Zahlentheorie. Sitzungsber. Akad. Wiss. Wien, Math.-Nat. Klasse 121 (1912), 2195–2332.

[41] LANDAU, E.: Über die Anzahl der Gitterpunkte in gewissen Bereichen. Nachr. K. Ges. Wiss. Göttingen, Math.-Phys. Klasse 1912, 687–771.

[42] MELZAK, Z. A.: Minkowski's theorem with curvature limitations (I). Can. Math. Bull. 2 (1959), 151–158.

[43] MINKOWSKI, H.: Über Eigenschaften von ganzen Zahlen, die durch räumliche Anschauung erschlossen sind. Ges. Abh., 1. Band. Leipzig, Berlin: Teubner-Verlag 1911, 271–277.

[44] MINKOWSKI, H.: Ein Kriterium für die algebraischen Zahlen. Ges. Abh., 1. Band. Leipzig, Berlin: Teubner-Verlag 1911, 293–315.

[45] MINKOWSKI, H.: Über die Annäherung an eine reelle Größe durch rationale Zahlen. Ges. Abh., 1. Band. Leipzig, Berlin: Teubner-Verlag 1911, 320–352.

[46] MINKOWSKI, H.: Über periodische Approximationen algebraischer Zahlen. Ges. Abh., 1. Band. Leipzig, Berlin: Teubner-Verlag 1911, 357–371.

[47] MINKOWSKI, H.: Diskontinuitätsbereich für arithmetische Äquivalenz. Ges. Abh., 2. Band. Leipzig, Berlin: Teubner-Verlag 1911, 53–100.

[48] MINKOWSKI, H.: Peter Gustav Lejeune Dirichlet und seine Bedeutung für die heutige Mathematik. Ges. Abh., 2. Band. Leipzig, Berlin: Teubner-Verlag 1911, 447–461.

[49] MORDELL, L. J.: On some arithmetical results in the geometry of numbers. Compos. Math. 1 (1934), 248–253.

[50] NOSARZEWSKA, M.: Evaluation de la difference entre l'aire d'une region plane convexe et le nombre des points aux koordonnées entieres convert par elle. Coll. Math. I (1948), 305–311.

[51] PFEIFFER, E.: Über die Periodicität in der Teilbarkeit der Zahlen und über die Verteilung der Klassen

positiver quadratischer Formen auf ihre Determinanten. Jahresbericht der Pfeiffer'schen Lehr- und Erziehungsanstalt zu Jena 1886, 1–21.

[52] Rado, R.: A theorem on the geometry of numbers. J. London Math. Soc. **21** (1946), 34–47.

[53] Scherrer, W.: Ein Satz über Gitter und Volumen. Math. Ann. **86** (1922), 99–107.

[54] Schmidt, W. M.: Volume, surface, area and the number of integer points covered by a convex set. Archiv Math. **23** (1972), 537–543.

[55] Seeber, W.: Untersuchungen über die Eigenschaften der positiven ternären quadratischen Formen. Thesis. Freiburg 1831.

[56] Siegel, C. L.: Über Gitterpunkte in konvexen Körpern und ein damit zusammenhängendes Extremalproblem. Acta Math. **65** (1935), 307–323.

[57] Vinogradov, I. M.: Über die Anzahl der Gitterpunkte in einer Kugel (Russisch). Izv. Akad. Nauk SSSR Ser. Mat. **27** (1963), 957–968.

[58] Weyl, H.: Theory of reduction for arithmetical equivalence. Trans. Amer. Math. Soc. **48** (1940), 126–164.

[59] Wills, J. M.: Zur Gitterpunktanzahl konvexer Mengen. Elemente Math. **28** (1973), 57–63.

2. Zur Geometrie

„Travaillez, je vous prie, à devenir un géomètre éminent" – Wenn auch in diesem Aufruf C. JORDANS an den jungen HERMANN MINKOWSKI das Wort Geometer mehr einen Mathematiker im allgemeinen Sinne meint – MINKOWSKI wurde ein hervorragender Geometer, und sein Werk hat die Entwicklung dieses ältesten Zweiges der Mathematik gestärkt und belebt. Erst durch H. MINKOWSKI entstand eine weit über die zuvor durch A. CAUCHY, J. STEINER und H. BRUNN erzielten Ergebnisse hinausreichende allgemeine Theorie der konvexen Körper.

Die Beiträge H. MINKOWSKIS zu dieser Theorie sind so umfangreich, daß auch hier naturgemäß nur ein gewisser Einblick vermittelt werden kann. Aus der Fülle der vorhandenen Literatur sei an erster Stelle der Bericht „Theorie der konvexen Körper" von T. BONNESEN und W. FENCHEL [3] genannt, in dem die einschlägigen Arbeiten bis 1933 ausgewertet sind. Ausführliche Beweise des Satzes von BRUNN und MINKOWSKI nebst seiner Verallgemeinerung werden in der Monographie „Konvexe Mengen" von K. LEICHTWEISS [8] gegeben. Hervorragende Übersichten über einzelne Gebiete aus der Theorie der konvexen Körper enthalten die Bände „Contributions to Geometry" [4] und „Convexity and its Applications" [5]. Noch immer können W. BLASCHKES Buch „Kreis und Kugel" [2] und H. HADWIGERS Bändchen „Altes und Neues über konvexe Körper" [6] Anregungen vermitteln.

Die nachfolgenden Ausführungen beschränken sich auf einige Bemerkungen zu den Gegenständen, die in den ausgewählten Arbeiten im Vordergrund stehen. Vieles aus H. MINKOWSKIS geometrischem Schaffen mußte dabei unberücksichtigt bleiben. Beispielsweise können seine Untersuchungen über Packungen konvexer Körper und über die Maßbestimmung durch einen konvexen Körper mit Mittelpunkt hier nur am Rande erwähnt werden.

H. MINKOWSKI betrachtet in den vorliegenden Arbeiten ausschließlich zwei- und dreidimensionale konvexe Körper, weist aber gelegentlich darauf hin, daß ein Satz auch auf einen Raum beliebiger Dimension übertragen werden könne. Diese Übertragung bereitet von Fall zu Fall recht unterschiedliche Schwierigkeiten. Dennoch sollen hier die Sätze zumeist von vornherein für konvexe Körper in einem euklidischen Raum E^n beliebiger Dimension $n \geqq 2$ ausgesprochen werden. Unter einem konvexen Körper wird dabei der Einfachheit halber stets eine kompakte konvexe Menge mit inneren Punkten verstanden.

2.1. Gemischte Volumina

In seiner Gedächtnisrede auf H. MINKOWSKI bemerkt D. HILBERT: „Das ursprüngliche Ziel, das MINKOWSKI bei seinen rein geometrischen Untersuchungen im Auge hatte, war, die Begriffe Länge und Oberfläche mittels des Begriffes Volumen ... zu erfassen." H. MINKOWSKI [27] verfolgt dabei einen Weg, den schon fünfzig Jahre zuvor J. STEINER [32] eingeschlagen hatte: Bildet man die Vereinigung aller Kugeln vom Radius $\lambda > 0$, deren Mittelpunkte in einem konvexen Körper $K \subset E^n$ liegen, so erhält man wiederum einen konvexen Körper K_λ, der ein (äußerer) Parallelkörper von K genannt wird. Ist K ein Polyeder, so kann man zeigen, daß das Volumen von K_λ ein Polynom n-ten Grades in λ ist und daß der Koeffizient von λ mit dem Maß der Oberfläche des Polyeders übereinstimmt. Indem man einen beliebigen konvexen Körper K durch Polyeder approximiert, bestätigt man, daß stets eine Entwicklung

$$V(K_\lambda) = \binom{n}{0} W_0 + \binom{n}{1} W_1\lambda + \ldots + \binom{n}{n} W_n\lambda^n \tag{2.1}$$

für das Volumen $V(K_\lambda)$ der Parallelkörper von K besteht. Die Zahlen $W_\nu = W_\nu(K)$ hängen allein von K ab, sie sind „fundamentale Maßzahlen" des betreffenden Körpers. Insbesondere ist W_0 das Volumen von K, die Zahl W_n stimmt mit dem Volumen einer Kugel vom Radius 1 überein, und durch

$$\lim_{\lambda \to 0} \frac{1}{\lambda} (V(K_\lambda) - V(K)) = nW_1$$

kann die Oberfläche von K erklärt werden. Statt Kugeln vom Radius λ kann man Körper wählen, die aus einem beliebigen konvexen Körper mit Mittelpunkt durch Streckung hervorgehen. Man gelangt dann zu H. Minkowskis Erklärung der Oberfläche bezüglich der durch einen solchen Körper bestimmten Metrik.

Weiter greift Minkowski Ergebnisse von H. Brunn auf, die dieser 1887 in seiner Dissertation [16] niedergelegt hatte:

Es seien K_0 und K_1 konvexe Körper und t eine reelle Zahl mit $0 < t < 1$. Verbindet man jeden Punkt von K_0 mit jedem Punkt von K_1 und teilt die Verbindungsstrecke jedesmal im festen Verhältnis $\tau = t : (t - 1)$, so liefert die Menge aller Teilpunkte wieder einen konvexen Körper K_t, und für die Volumina der Körper K_0, K_1 und K_t gilt

$$\sqrt[n]{V(K_t)} \geqq (1 - t) \sqrt[n]{V(K_0)} + t\sqrt[n]{V(K_1)}. \tag{2.2}$$

Aus diesen beiden Wurzeln erwächst H. Minkowskis Theorie der gemischten Volumina konvexer Körper. Die Konstruktion der Parallelkörper und auch die Konstruktion von Brunn führen zum Begriff der Linearkombination konvexer Körper mit nicht negativen Zahlen λ_i:

$$\lambda_1 K_1 + \ldots + \lambda_r K_r := \{x \in E^n: x = \lambda_1 x_1 + \ldots + \lambda_r x_r; x_i \in K_i\} \tag{2.3}$$

und damit, bei variablen λ_i, zum Begriff der linearen Schar konvexer Körper. Mit $B = \{x \in E^n: \|x\| \leqq 1\}$ erhält man in $K_\lambda = K + \lambda B$, $\lambda > 0$, die Schar der äußeren Parallelkörper von K. Es stellt sich heraus, daß das Volumen der Körper einer linearen Schar ein homogenes Polynom n-ten Grades in den Parametern λ_i ist, bei dem die Koeffizienten allein von den Körpern K_i abhängen:

$$V(\lambda_1 K_1 + \ldots + \lambda_r K_r) = \sum_{i_j \in \{1, \ldots, r\}} V(K_{i_1}, \ldots, K_{i_n}) \lambda_{i_1} \ldots \lambda_{i_n}. \tag{2.4}$$

Diese Koeffizienten $V(K_{i_1}, \ldots, K_{i_n})$ werden – Minkowski folgend – gemischte Volumina genannt. H. Minkowski begründet die Beziehung (2.4) auf zweierlei Weise. In der unvollendet gebliebenen Schrift „Theorie der konvexen Körper ..." [28] stützt er sich auf die Approximation der Körper K_i durch Polyeder. In der Abhandlung „Volumen und Oberfläche" [29] werden genügend glatte konvexe Körper zur Approximation herangezogen und Sätze der Differentialgeometrie genutzt. Ständig gebrauchtes Werkzeug ist dabei die „Stützfunktion" eines konvexen Körpers, die die Abstände jener Ebenen (als $(n-1)$-dimensionale Mannigfaltigkeiten zu verstehen) vom Ursprung angibt, welche mit dem Körper zwar Randpunkte, jedoch keine inneren Punkte gemeinsam haben.

Die gemischten Volumina besitzen eine Reihe bemerkenswerter Eigenschaften, die sie zu einem wertvollen Instrument bei vielen Untersuchungen werden lassen. Es sei hier nur hervorgehoben, daß $V(K_1, \ldots, K_n)$ nicht von der Reihenfolge der Argumente abhängt, vor allem aber, daß $V(K, K_2, \ldots, K_n)$ mit festgehaltenen Körpern $K_2, \ldots, K_n$ ein monotones und positiv lineares Funktional auf der Menge der konvexen Körper ist, d. h., es gilt

$$K \subseteq K^* \Rightarrow V(K, K_2, \ldots, K_n) \leqq V(K^*, K_2, \ldots, K_n),$$
$$\lambda, \lambda^* \geqq 0 \Rightarrow V(\lambda K + \lambda^* K^*, K_2, \ldots, K_n) = \lambda V(K, K_2, \ldots, K_n) \tag{2.5.}$$
$$+ \lambda^* V(K^*, K_2, \ldots, K_n).$$

Weiterhin ist dieses Funktional stetig, und es ändert seinen Wert nicht, wenn K durch ein Translat ersetzt wird. Aus der Erklärung folgt noch unmittelbar, daß $V(K, \ldots, K)$ mit dem Volumen von K übereinstimmt.

Der Vergleich von (2.1) und (2.4) zeigt, daß die fundamentalen Maßzahlen eines konvexen Körpers K gemäß

$$W_\nu(K) = V \underbrace{(K, \ldots, K,}_{n-\nu} \underbrace{B, \ldots, B)}_{\nu} \tag{2.6}$$

als gemischte Volumina von K mit der Einheitskugel B dargestellt werden können. Man nennt die Größen W_ν auch Quermaßintegrale von K. Schreibt man nämlich, um die Dimension des Raumes kenntlich werden zu lassen, statt $W_\nu(K)$ genauer $W_\nu^{(n)}(K)$, so gilt

$$W_\nu^{(n)}(K) = \frac{\Gamma\left(\dfrac{n-1}{2} + 1\right)}{n\pi^{\frac{n-1}{2}}} \int_{\partial B} W_{\nu-1}^{(n-1)}(p_u(K))\, d\omega. \tag{2.7}$$

Hierin steht $d\omega$ für das Oberflächenelement der Einheitssphäre $\partial B = \{x \in E^n : \| x \| = 1\}$ und $p_u(K)$ für die senkrechte Projektion von K auf den zur Geraden durch den Ursprung und den Punkt $u \in \partial B$ orthogonalen $(n-1)$-dimensionalen Unterraum des E^n. Iteration ergibt, daß $W_\nu^{(n)}$ durch ein ν-faches Integral über die Volumina $W_0^{(n-\nu)}(p_{u_1, \ldots, u_\nu}(K))$ der $(n-\nu)$-dimensionalen senkrechten Projektion von K dargestellt werden kann. Da man diese Volumina Quermaße nennt, wird die Bezeichnung verständlich. Die allgemeine Beziehung (2.7) stammt von T. KUBOTA [24]. Für $\nu = 1$ ergibt sich die Aussage, daß die Oberfläche eines konvexen Körpers K bis auf einen Faktor mit dem Mittelwert der Inhalte aller senkrechten Projektionen von K auf die Unterräume der Dimension $n-1$ übereinstimmt. Dies war (eingeschränkt auf $n \leqq 3$) schon A. CAUCHY bekannt, auch bei H. MINKOWSKI ist dieses Ergebnis zu finden [28]. Stellvertretend für viele neuere Arbeiten, welche die Bedeutung der Quermaßintegrale für eine Vielzahl von Fragen erkennen lassen, sei hier nur die Arbeit [18] von L. FEJES TÓTH, P. GRITZMANN und J. M. WILLS angeführt.

Zwischen gewissen gemischten Volumina konvexer Körper bestehen allgemein-gültige Ungleichungen. Einige von ihnen hat bereits H. MINKOWSKI angegeben. Es sind dies zunächst die sog. Minkowskischen Ungleichungen 1. Art:

$$V^n(K_1, K_2, \ldots, K_2) \geqq V(K_1, \ldots, K_1)\, V^{n-1}(K_2, \ldots, K_2) = V(K_1)\, V^{n-1}(K_2)$$

bzw.

$$V^n(K_1, \ldots, K_1, K_2) \geqq V^{n-1}(K_1, \ldots, K_1)\, V(K_2, \ldots, K_2) = V^{n-1}(K_1)\, V(K_2). \qquad (2.8)$$

H. MINKOWSKI hat diese Ungleichungen als Folge des Satzes von BRUNN erkannt [27], aber auch umgekehrt aus ihnen dessen Aussage erschlossen [29]. Heute gibt man diesem „Satz von BRUNN und MINKOWSKI" etwa die Fassung:

Für beliebige konvexe Körper K_1 und K_2 des E^n und für beliebiges $\lambda_1 \geqq 0$, $\lambda_2 \geqq 0$ mit $\lambda_1 + \lambda_2 = 1$ gilt die Ungleichung

$$V^{1/n}(\lambda_1 K_1 + \lambda_2 K_2) \geqq \lambda_1 V^{1/n}(K_1) + \lambda_2 V^{1/n}(K_2). \qquad (2.9)$$

Gleichheit herrscht genau dann, wenn K_1 und K_2 gleichsinnig homothetisch sind.

Es war H. MINKOWSKI, der zuerst klärte, wann das Gleichheitszeichen zu beanspruchen ist. Auch in den Ungleichungen (2.8) herrscht mithin Gleichheit dann und nur dann, wenn K_1 und K_2 durch eine Abbildung $\varphi: E^n \to E^n$, $x \to \alpha x + x_0$, $\alpha > 0$, auseinander hervorgehen.

Einen für beliebiges $n \geqq 2$ gültigen Beweis des Satzes von BRUNN und MINKOWSKI gaben H. KNESER und W. SÜSS [23]. Sie nutzten Induktion nach der Dimension und die Jensensche Ungleichung. W. BLASCHKE [2] geht durch geeignete Konstruktionen zu konvexen Drehkörpern über, für die sich die Ungleichungen leicht gewinnen lassen. Der Beweisgang von W. BLASCHKE führt auch unmittelbar zur Brunnschen Ungleichung

$$V^{1/n}(K(\lambda_1 \tau_1 + \lambda_2 \tau_2)) \geqq \lambda_1 V^{1/n}(K(\tau_1)) + \lambda_2 V^{1/n}(K(\tau_2)) \qquad (2.10)$$

für sog. konkave Scharen; das sind von einem reellen Parameter abhängende Mengen $\{K(\tau)\}$ konvexer Körper, für die mit $\lambda_1 \geqq 0$, $\lambda_2 \geqq 0$ und $\lambda_1 + \lambda_1 = 1$ stets $K(\lambda_1 \tau_1 + \lambda_2 \tau_2) \supseteq \lambda_1 K(\tau_1) + \lambda_2 K(\tau_2)$ gilt.

Für die fundamentalen Maßzahlen eines konvexen Körpers gewinnt man über MINKOWSKIS Ungleichungen erster Art die Aussagen

$$W_1^n(K) \geqq W_0^{n-1}(K)\, W_0(B), \quad W_{n-1}^n(K) \geqq W_0(K)\, W_0^{n-1}(B) \qquad (2.11)$$

mit Gleichheit allein für den Fall, daß K eine Kugel ist. Die erste dieser Ungleichungen liefert eine eingeschränkte Lösung des isoperimetrischen Problems:

Unter allen konvexen Körpern mit gegebenem Volumen besitzen die Kugeln die kleinste Oberfläche.

(Bezüglich allgemeinerer Aussagen vergleiche man H. HADWIGER [7] und C. BANDLE [9].) Generell haben unter den konvexen Körpern festen Volumens Kugeln die kleinsten Quermaßintegrale W_ν, $1 \leqq \nu \leqq n-1$. H. MINKOWSKI wendet [29, S. 257] die Ungleichungen (2.8) noch auf einen beliebigen konvexen Körper und einen Würfel an und erhält eine Beziehung zwischen dem Volumen des Körpers und Inhalten von dessen Projektionen.

D. HILBERT hat besonders hervorgehoben, daß H. MINKOWSKI auch quadratische Ungleichungen für gewisse gemischte Volumina gefunden hat. Es sind dies die sog. „Minkowskischen Ungleichungen zweiter Art"

$$V^2(K_1, \ldots, K_1, K_2) \geqq V(K_1, \ldots, K_1) V(K_1, \ldots, K_1, K_2, K_2),$$
$$V^2(K_1, K_2, \ldots, K_2) \geqq V(K_1, K_1, K_2, \ldots, K_2) V(K_2, \ldots, K_2). \tag{2.12}$$

Sie sind ebenfalls aus dem Satz von BRUNN und MINKOWSKI zu gewinnen. Jetzt kann aber nicht mehr aus der Gleichheit auf Homothetie von K_1 und K_2 geschlossen werden. Ohne Beweis gibt H. MINKOWSKI an, daß allenfalls noch Kappenkörper (sie werden in [29, S. 259] erklärt – im einfachsten Fall handelt es sich um die konvexe Hülle der aus dem Körper und einem weiteren Punkt bestehenden Menge) der gegebenen Körper in Betracht zu ziehen wären. Man vergleiche zu dieser Problematik die Arbeit [15] von G. BOL.

Setzt man abkürzend

$$V \underbrace{(K_1, \ldots, K_1,}_{n-\nu} \underbrace{K_2, \ldots, K_2)}_{\nu} =: V_\nu(K_1, K_2) =: V_\nu,$$

so können H. MINKOWSKIS Ungleichungen zweiter Art als $V_1^2 \geqq V_0 V_2$; $V_{n-1}^2 = V_{n-2} V_n$ geschrieben werden. Man hat geraume Zeit nur vermutet, daß auch die Ungleichungen

$$V_\nu^2 \geqq V_{\nu-1} V_{\nu+1}, \quad \nu = 2, 3, \ldots, n-2, \tag{2.13}$$

bestehen. Sie sind einfache Folge der allgemeineren Ungleichung

$$V^2(K_1, K_2, K_3, \ldots, K_n) \geqq V(K_1, K_1, K_3, \ldots, K_n) V(K_2, K_2, K_3, \ldots, K_n). \tag{2.14}$$

Diese Ungleichung stammt von W. FENCHEL [19] und A. D. ALEXANDROV [13], der sie zuerst 1937 vollständig bewies. ALEXANDROV approximiert dazu die Körper K_i durch Polyeder einer gewissen Klasse, für die sich die Ungleichung mit algebraischen Methoden gewinnen läßt. Die quadratischen Ungleichungen von H. MINKOWSKI und A. D. ALEXANDROV liefern entsprechende Ungleichungen für die Quermaßintegrale W_ν eines konvexen Körpers. Aus ihnen folgt

$$W_{n-m}^{1/m}(\lambda_1 K_1 + \lambda_2 K_2) \geqq \lambda_1 W_{n-m}^{1/n}(K_1) + \lambda_2 W_{n-m}^{1/m}(K_2), \tag{2.15}$$

gültig für beliebige konvexe Körper des E^n, $n \geqq 2$, $\lambda_1 \geqq 0$, $\lambda_2 \geqq 0$, $\lambda_1 + \lambda_2 = 1$ und $2 \leqq m \leqq n$. Für $m = n$ erhält man den Satz von BRUNN.

Es sind zahlreiche Verschärfungen der bekannten Ungleichungen zwischen den Quermaßintegralen eines konvexen Körpers angegeben worden. Aufmerksam gemacht sei auf ein Problem, dessen Lösung – soweit bekannt – noch aussteht: Welchen Bedingungen müssen n reelle positive Zahlen $r_0, \ldots, r_{n-1}$ genügen, damit es einen konvexen Körper $K \subset E^n$ gibt, so daß $W_\nu(K) = r_\nu$, $\nu = 0, \ldots, n-1$, gilt? Eine Zusammenstellung älterer Ergebnisse zu dieser von W. BLASCHKE herrührenden „stachligen" Frage findet man bei H. HADWIGER [6].

2.2. Existenz- und Eindeutigkeitssätze

H. Minkowskis Untersuchungen über konvexe Polyeder, deren Ergebnisse in der Abhandlung „Allgemeine Lehrsätze über die konvexen Polyeder" [26] niedergelegt sind, erwachsen auf natürliche Weise aus seinen Arbeiten zur Zahlentheorie. Das Problem der Reduktion der quadratischen Formen steht − worauf H. Minkowski gelegentlich selbst aufmerksam macht [25] − in unmittelbarem Zusammenhang mit der Frage nach der dichtesten gitterförmigen Packung kongruenter Kugeln.

Untersucht man gitterförmige Lagerungen kongruenter Körper, so stößt man zwangsläufig auf jene konvexen Polyeder, deren Translate den Raum derart lückenlos ausfüllen können, daß je zwei von ihnen keine inneren Punkte gemeinsam haben, und ihr Durchschnitt, falls er die Dimension k besitzt, k-dimensionale Randzelle beider Polyeder ist. Derartige raumfüllende Polyeder werden Paralleloeder genannt. Ist ein Gitter gegeben, so bildet die Menge aller Punkte des Raumes, deren Abstand von einem ausgewählten Gitterpunkt nicht größer ist als der Abstand von allen anderen Punkten des Gitters, sicher ein Paralleloeder. Es wird nach P. G. L. Dirichlet und G. F. Voronoi als Dirichletsche bzw. Voronoische Zelle des Gitters bezeichnet. Eine vollständige Übersicht über die Typen der Paralleloeder des dreidimensionalen Raumes ist für die Kristallographie unerläßlich. Diese Übersicht gab zuerst E. S. Fedorov im Jahre 1890 (siehe [1, S. 314]). Er setzte dabei allerdings voraus, daß ein Paralleloeder einen Mittelpunkt besitzen müsse. Wie H. Minkowski in der Einleitung seiner Arbeit bemerkt, gelangte er zu seinen Sätzen über konvexe Polyeder bei den Versuchen nachzuweisen, daß ein Polyeder einen Mittelpunkt besitzt, wenn es sich als endliche Vereinigung von Polyedern mit Mittelpunkt, die paarweise keine inneren Punkte gemeinsam haben, darstellen läßt. Einem Paralleloeder müßte aber (man vergleiche [26, S. 120]) diese Eigenschaft zukommen.

Um den in Rede stehenden Sachverhalt nachzuweisen, stellt H. Minkowski einen Existenz- und Eindeutigkeitssatz für konvexe Polyeder mit vorgegebener Stellung und gegebenen Inhalten seiner Facetten − das sind die $(n-1)$-dimensionalen Randzellen − auf. H. Minkowski weist ausdrücklich darauf hin, daß Satz und Beweis für beliebige Dimension Gültigkeit zukommt. Man wird diesen Satz heute etwa wie folgt fassen:

Gegeben seien $m \geq n+1$ positive Zahlen F_i und m Punkte v_i der Einheitssphäre $\partial B = \{v \in E^n : \| v \| = 1\}$, die nicht auf einer Großsphäre von ∂B liegen. Gilt noch

$$\sum_{i=1}^{m} F_i v_i = 0,$$

dann gibt es bis auf Translationen genau ein Polyeder P mit m Facetten P_i, so daß P_i den Inhalt F_i besitzt und der Strahl ov_i^+ die Richtung der äußeren Normalen von P_i angibt.

Bemerkenswert bei H. Minkowskis Beweis dieses Satzes ist zunächst, daß Eindeutigkeits- und Existenzaussage unabhängig voneinander begründet werden. Geradezu verblüffend ist aber, daß zum Beweis des Eindeutigkeitssatzes die Ungleichungen 1. Art (2.8) für die gemischten Volumina herangezogen werden. Es gilt nämlich für zwei Polyeder P und $\bar{P}$ mit m paarweise parallelen Facetten

$$V(P, \bar{P}, ..., \bar{P}) = \frac{1}{n} \sum_{i=1}^{m} h(v_i)\, V_{(n-1)}(\bar{P}_i), \qquad (2.16)$$

worin $V_{(n-1)}(\bar{P}_i)$ das $(n-1)$-dimensionale Volumen der Facette $\bar{P}_i$ von $\bar{P}$ bezeichnet und $h(v_i)$ den Abstand der zu $\bar{P}_i$ parallelen Facette P_i des Polyeders P vom Ursprung mißt. Ist nun gemäß den Voraussetzungen $V_{(n-1)}(\bar{P}_i) = V_{(n-1)}(P_i) = F_i$, so stimmt $V(P, \bar{P}, ..., \bar{P})$ mit dem Volumen $V(P)$ des Polyeders P überein. Aus der Ungleichung 1. Art

$$V^n(P, \bar{P}, ..., \bar{P}) \geqq V(P)\, V^{n-1}(\bar{P}) \qquad (2.17)$$

folgt dann die Aussage $V(P) \geqq V(\bar{P})$. Auf die gleiche Weise läßt sich aber auch auf $V(\bar{P}) \geqq V(P)$ schließen, so daß man zunächst $V(P) = V(\bar{P})$ gewinnt und sieht, daß in (2.17) Gleichheit eintreten muß. Da aber feststeht, daß dann P und $\bar{P}$ durch eine gleichsinnige richtungstreue Affinität auseinander hervorgehen, folgt, weil die Volumina von P und $\bar{P}$ übereinstimmen, daß diese Polyeder durch Verschiebung aufeinander abbildbar sind.

Zum Beweis der Existenzaussage nutzt H. MINKOWSKI ein Prinzip, dessen sich zuvor schon andere Mathematiker mit Erfolg bedient hatten. Soll die Existenz eines Objekts, das gewissen Bedingungen genügt, nachgewiesen werden, so versuche man auf einer umfassenderen Menge „geeigneter" Objekte ein Funktional Φ zu finden, welches mit Sicherheit extremale Werte annimmt und für das die zu erfüllenden Bedingungen notwendige Optimalitätsbedingungen darstellen bzw. einfach aus solchen Kriterien hervorgehen. Als geeignete Objekte zum Beweis des Existenzsatzes erweisen sich die Durchschnitte jener Halbräume, die den Ursprung enthalten und die Strahlen ov_i^+ als äußere Normalen aufweisen. Sie sind mithin konvexe Polyeder, die jedoch auch weniger als m Facetten besitzen können. Die Randebenen der genannten Halbräume mögen vom Ursprung die Abstände $h_i \geqq 0$ aufweisen. H. MINKOWSKI wählt $\varphi = \sum h_i F_i$ und betrachtet dieses Funktional auf der Menge jener zulässigen Polyeder, deren Volumen den Wert $+1$ besitzt. Er kann dann zeigen, daß φ auf dieser Menge von Polyedern ein Minimum besitzt und daß die Inhalte der Facetten eines extremalen Polyeders zu den gegebenen Zahlen F_i proportional sind. A. D. ALEXANDROV wählt für φ das Volumen jener zulässigen Polyeder, welche noch der Forderung $\sum h_i F_i = 1$ genügen, und erhält die gleiche Aussage über die Lagrangeschen Optimalitätsbedingungen. (Man vergleiche die Darstellung in [1].) A. D. ALEXANDROV hat auch noch einen weiteren Beweis des Existenzsatzes erbracht. Dieser Beweis nutzt den Eindeutigkeitssatz und ein aus L. E. J. BROUWERS Satz von der Invarianz des Gebiets folgendes Lemma, das eine Bijektion zwischen zwei Mannigfaltigkeiten garantiert. Es ist anzumerken, daß weder der Beweis von H. MINKOWSKI noch die Beweise von A. D. ALEXANDROV Verfahren zur Konstruktion der fraglichen Polyeder liefern.

H. MINKOWSKI selbst hat [29, § 8–§ 10] seinen Existenz- und Eindeutigkeitssatz für Polyeder in geeigneter Weise auf eine recht umfassende Klasse konvexer Körper übertragen. Gibt es auf der Sphäre ∂B eine stetige nichtnegative Funktion $F_v(v)$, so daß für jeden konvexen Körper K^* mit der Stützfunktion $h^*(v)$ stets

$$nV\,(K^*,\underbrace{K,\ldots,K}_{\nu},\underbrace{B,\ldots,B}_{n-1-\nu}) = \int\limits_{\partial B} h^*(v)\,F_\nu(v)\,\mathrm{d}\omega \tag{2.18}$$

gilt, so soll die dann auch eindeutig bestimmte Funktion $F_\nu(v) = F_\nu(v, K)$ die ν-te ($\nu = 1, \ldots, n-1$) Krümmungsfunktion des Körpers K genannt werden. Es gibt konvexe Körper, die derartige stetige Krümmungsfunktionen besitzen. Hat nämlich die Stützfunktion von K auf ∂B überall stetige partielle Ableitungen zweiter Ordnung, so gewinnt man $F_\nu(v, K)$ als ν-te elementarsymmetrische Funktion der Hauptkrümmungsradien in jenem Randpunkt von K, in dem die Tangentialebene ov^+ als äußere Normalenrichtung besitzt. Insbesondere gibt $F_{n-1}(v, K)$ die reziproke Gaußsche Krümmung des Randes von K an. H. Minkowski zeigt nun, daß es zu einer positiven auf ∂B stetigen Funktion $F(v)$, die noch die Forderung

$$\int\limits_{\partial B} vF(v)\,\mathrm{d}\omega = o$$

erfüllt (diesen n skalaren Bedingungen müssen Krümmungsfunktionen wegen der Invarianz gemischter Volumina gegenüber Verschiebungen der Körper genügen), stets einen bis auf Translation eindeutig bestimmten konvexen Körper K gibt, für den F die $(n-1)$-te Krümmungsfunktion ist, also $F(v) = F_{n-1}(v, K)$ gilt. Die Eindeutigkeit ergibt sich wiederum über die Ungleichungen erster Art für die gemischten Volumina; die Existenz von K wird über polyedrische Approximation erschlossen.

Nach dem Ausbau der Integrationstheorie ließen sich die beiden von H. Minkowski aufgestellten Existenz- und Eindeutigkeitssätze zusammenfassen. Ist K ein konvexer Körper im E^n, so gibt es auf der σ-Algebra der Borel-Mengen von ∂B ein eindeutig bestimmtes Maß $S_\nu(K, \cdot)$, so daß

$$V\,(K^*,\underbrace{K,\ldots,K}_{\nu},\underbrace{B,\ldots,B}_{n-\nu-1}) = \frac{1}{n}\int\limits_{\partial B} h^*(v)\,\mathrm{d}S_\nu(K, v) \tag{2.19}$$

für jeden konvexen Körper K^* mit der Stützfunktion $h^*(v)$ gilt. (Man vergleiche [8] bzw. [11].) Man wird $S_\nu(K, \cdot)$ wieder ν-te Krümmungsfunktion von K nennen. Das Maß $S_{n-1}(K, \cdot)$ wurde zuerst 1937 von A. D. Alexandrov betrachtet [12]. H. Minkowskis Sätze gehen nun auf in dem Satz:

Ist μ ein positives nicht auf eine Großsphäre konzentriertes Maß auf den Borel-Mengen von ∂B, das der Bedingung

$$\int\limits_{\partial B} v\,\mathrm{d}\mu(v) = 0 \tag{2.20}$$

genügt, so gibt es einen bis auf Translationen eindeutig bestimmten konvexen Körper mit $\mu = S_{n-1}(K, \cdot)$.

Beweise gaben zuerst W. Fenchel und B. Jessen [20] und unabhängig von ihnen A. D. Alexandrov [14].

Es drängt sich die Frage auf, ob entsprechende Aussagen in bezug auf die ν-te

Krümmungsfunktion $S_\nu(K, \cdot)$, $\nu = 1, \ldots, n-2$, gelten? A. D. ALEXANDROV [13] zeigte, daß zwei konvexe Körper K und K^*, die für irgend ein $\nu \in \{1, \ldots, n-2\}$ übereinstimmende ν-te Krümmungsfunktionen besitzen, durch Translation ineinander übergehen. Der Beweis stützt sich auf die Alexandrovschen Ungleichungen für die gemischten Volumina.

Ganz anders ist die Lage hinsichtlich entsprechender Existenzsätze. Sicher muß für die ν-ten Krümmungsfunktionen eines konvexen Körpers

$$\int\limits_{\partial B} v \, \mathrm{d}S_\nu(K, v) = 0$$

gelten. Aber während diese Forderung für $\nu = n - 1$ im wesentlichen auch hinreichend ist, ist dies für $\nu < n - 1$ keineswegs mehr der Fall. A. D. ALEXANDROV hat positive Maße mit sogar analytischer Dichte gefunden, die die notwendige Bedingung (2.20) erfüllen, aber für kein $\nu \in \{1, \ldots, n-2\}$ mit der ν-ten-Krümmungsfunktion eines konvexen Körpers $K \subset E^n$ übereinstimmen. Allein für $\nu = 1$ hat man bisher ausreichend allgemeine hinreichende Bedingungen gefunden. Es sind aber auch hier noch viele Fragen offen. Näheres findet man bei R. SCHNEIDER [11, § 10].

2.3. Körper fester Breite

Die kleine, zuerst 1906 erschienene Arbeit „Über die Körper konstanter Breite" [30] nimmt, was den Gegenstand betrifft, aber auch die genutzten Hilfsmittel, eine gewisse Sonderstellung unter H. MINKOWSKIS geometrischen Schriften ein. Es scheint möglich, daß MINKOWSKI Anregungen durch A. HURWITZ [22] empfing.

Ein Körper fester Breite teilt mit den Kugeln die Eigenschaft, daß irgend zwei verschiedene parallele Ebenen, die diesen Körper berühren, stets den gleichen Abstand besitzen. Werden dreidimensionale Körper fester Breite b senkrecht auf Ebenen projiziert, so erhält man ebene Bereiche fester Breite b. Deren Randkurven wurden bereits von L. EULER betrachtet und Orbiformen genannt. Wie E. BARBIER schon um 1860 zeigte, haben alle Orbitformen der Breite b den Umfang πb. So gilt:

Ist K ein dreidimensionaler Körper fester Breite, so stimmen die Umfänge aller ebenen senkrechten Projektionen von K überein.

Daß aber auch die Umkehrung dieses Satzes zutrifft, ist die wesentliche Aussage in MINKOWSKIS Abhandlung.

Zum Beweis zieht H. MINKOWSKI die Entwicklung der auf ∂B gegebenen Stützfunktionen von K nach Kugelfunktionen $Y_k(v)$ heran und zeigt, daß für eine Kugelfunktion gerader Ordnung

$$\int\limits_{S_v} Y_{2k}(u)\mathrm{d}u = c_k Y(v)$$

mit einer Konstanten c_k gilt. Hier steht $\mathrm{d}u$ für das Bogenelement des Großkreises

$$S_v = \{u \in \partial B : \langle u, v \rangle = 0\},$$

über den die Integration zu erstrecken ist.

Daß Kugelfunktionen noch immer ein wertvolles Hilfsmittel bei geometrischen Untersuchungen sind, zeigt in beeindruckender Weise die Arbeit „Gleitkörper in konvexen Polytopen" [31] von R. Schneider. Dort werden jene Polyeder des E^n bestimmt, in denen von Kugeln verschiedene konvexe Körper unter ständiger Berührung aller Seiten willkürlich gedreht werden können, wie dies bei geeigneten Spaten mit den Körpern fester Breite der Fall ist. Für $n \geqq 4$ gibt es Gleitkörper nur in regulären Simplexen und Spaten.

Die Körper fester Breite haben bis in die jüngste Zeit zu vielfältigen Untersuchungen Anlaß gegeben. Eine umfassende Darstellung der erzielten Ergebnisse – es werden mehr als 250 Arbeiten angeführt – haben Chakerian und Groemer [10] vorgelegt. Die natürliche Verallgemeinerung der Körper fester Breite bilden die Körper mit festem äußerem p-Quermaß (oder auch kurz p-Maß). Das sind jene konvexen Körper im E^n, deren senkrechte Projektionen auf p-dimensionale Unterräume ($1 \leqq p \leqq n - 1$, fest) ohne Ausnahme das gleiche p-dimensionale Volumen besitzen. Für $p = 1$ hat man es mit den Körpern fester Breite zu tun, ist $p = n - 1$, spricht man von Körpern konstanter Helligkeit (G. Herglotz 1902, man vergleiche W. Blaschke [2]).

Ist K ein konvexer Körper im E^n und $p_u(K)$ die senkrechte Projektion von K auf den zur Geraden durch den Ursprung und den Punkt $u \in \partial B$ normalen $(n - 1)$-dimensionalen Unterraum, so wird das $(n - p - 1)$-te Quermaßintegral von $p_u(K)$ durch

$$W^{(n-1)}_{n-p-1}(p_u(K)) = V(\underbrace{K, \ldots, K}_{p}, \underbrace{B, \ldots, B}_{n-p-1}, [u])$$

gegeben. Hierin steht $[u]$ für die u mit dem Ursprung verbindende Strecke. Hängt $W^{(n-1)}_{n-p-1}(p_u(K))$ nicht von der Wahl des Punktes $u \in \partial B$ ab, so soll K ein Körper mit festem p-Umfang heißen (Chakerian [17]). Die Körper mit festem $(n - 1)$-Umfang sind nach dieser Erklärung gerade die Körper konstanter Helligkeit, und Minkowskis Satz besagt in Verbindung mit dem Satz von Barbier, daß für $n = 3$ die Körper mit festem äußerem 1-Quermaß mit den Körpern, deren 1-Umfang konstant ist, übereinstimmen.

Man wird fragen, ob diese Aussage auch bei beliebiger Dimension $n > 3$ richtig bleibt und ob auch allgemeiner für $2 \leqq p \leqq n - 2$ durch festes äußeres p-Maß bzw. festen p-Umfang die gleiche Gesamtheit konvexer Körper gekennzeichnet wird? Gestützt auf Kubotas Formel (2.7) zeigte W. Firey [21], daß jeder konvexe Körper $K \subset E^n$, dessen äußeres p-Maß konstant ist, auch festen p-Umfang besitzen muß. Die eigentlichen Schwierigkeiten treten auf, sobald es um die Umkehrung dieses Satzes geht. Immerhin konnte G. D. Chakerian zeigen, daß auch für $n > 3$ jeder Körper, dessen 1-Umfang konstant ist, tatsächlich zu den Körpern fester Breite gehört. Der elegante Beweis [17] nutzt A. D. Alexandrovs Verallgemeinerung des Minkowskischen Satzes über konvexe Körper mit übereinstimmenden Krümmungsfunktionen. Weitere gesicherte Ergebnisse scheinen bis heute nicht vorzuliegen, obwohl W. Firey in der genannten Arbeit behauptet, daß die angesprochene Umkehrung seines Satzes bei beliebigem p zumindest für genügend glatte Drehkörper richtig sei.

2.4. Literatur

Bücher

[1] ALEXANDROV, A. D.: Konvexe Polyeder. Berlin: Akademie Verlag 1958.
[2] BLASCHKE, W.: Kreis und Kugel. 2. Auflage. Berlin: Walter de Gruyter 1956.
[3] BONNESEN, T.; FENCHEL, W.: Theorie der konvexen Körper. Ergebnisse der Mathematik und ihrer Grenzgebiete, Bd. 3. Berlin: Springer-Verlag 1934.
[4] Contributions to Geometry. Proceedings of the Geometry-Symposium Siegen 1978. Edited by J. TÖLKE and J. M. WILLS. Basel-Boston-Stuttgart: Birkhäuser 1979.
[5] Convexity and its Applications. Edited by P. M. GRUBER and J. M. WILLS. Basel-Boston-Stuttgart: Birkhäuser 1983.
[6] HADWIGER, H.: Altes und Neues über konvexe Körper. Basel-Stuttgart: Birkhäuser 1955.
[7] HADWIGER, H.: Vorlesungen über Inhalt, Oberfläche und Isoperimetrie. Berlin: Springer-Verlag 1957.
[8] LEICHTWEISS, K.: Konvexe Mengen. Berlin: Deutscher Verlag der Wissenschaften 1980.

Übersichtsartikel

[9] BANDLE, C.: Isoperimetric inequalities, Convexity and its Applications [5, S. 30–48].
[10] CHAKERIAN, G. D.; GROEMER, H.: Convex Bodies of Constant Width, Convexity and its Applications [5, S. 49–96].
[11] SCHNEIDER, R.: Boundary structure and curvature of convex bodies, Contributions to Geometry [4, S. 13–59].

Zitierte Literatur

[12] ALEXANDROV, A. D.: Zur Theorie der gemischten Volumina konvexer Körper I, Verallgemeinerung einiger Begriffe der Theorie der konvexen Körper (Russisch). Mat. Sbornik, N. S., 2 (1937), 947–972.
[13] ALEXANDROV, A. D.: Zur Theorie der gemischten Volumina konvexer Körper II, Neue Ungleichungen zwischen den gemischten Volumina und ihre Anwendungen (Russisch). Mat. Sbornik, N. S., 2 (1937), 1205–1238.
[14] ALEXANDROV, A. D.: Zur Theorie der gemischten Volumina konvexer Körper III, Die Erweiterung zweier Lehrsätze Minkowskis über die konvexen Polyeder auf beliebige konvexe Flächen (Russisch). Mat. Sbornik, N. S., 3 (1938), 27–46.
[15] BOL, G.: Beweis einer Vermutung von H. Minkowski. Abh. Math. Sem. Hamburg 15 (1943), 37–56.
[16] BRUNN, H.: Über Ovale und Eiflächen. Inaug.-Diss. München 1887.
[17] CHAKERIAN, G. D.: Sets of constant relative width and constant relative brightness. Trans. Amer. Math. Soc. 129 (1967), 26–37.
[18] FEJES TÓTH, L.; GRITZMANN, P.; WILLS, J. M.: Finite sphere packing and sphere covering. Math. Forschungsberichte Univ. Siegen 171 (1986).
[19] FENCHEL, W.: Inéqualités quadratiques entre les volumes mixtes des corps convexes. C. R. Acad. Sci. Paris 203 (1936), 647–650.
[20] FENCHEL, W.; JESSEN, B.: Mengenfunktionen und konvexe Körper. Kgl. Danske Vid. Selskab, Mat.-fys. Medd. 16, 3 (1938).
[21] FIREY, W. J.: Convex bodies with constant outer p-measure. Mathematika 17 (1970), 21–27.
[22] HURWITZ, A.: Sur quelques applications géométriques des séries de Fourier. Ann. École norm. (3) 19 (1902), 357–408.
[23] KNESER, H.; SÜSS, W.: Die Volumina in linearen Scharen konvexer Körper. Mat. Tidsskr. B 1 (1932), 19–25.
[24] KUBOTA, T: Über konvex-geschlossene Mannigfaltigkeiten im n-dimensionalen Raume. Sci. Rep. Tôhoku Univ. 14 (1925), 85–89.
[25] MINKOWSKI, H.: Dichteste gitterförmige Lagerung kongruenter Körper. Ges. Abh., 2. Band. Leipzig, Berlin: Teubner-Verlag 1911, 3–42.
[26] MINKOWSKI, H.: Allgemeine Lehrsätze über die konvexen Polyeder. Ges. Abh., 2. Band. Leipzig, Berlin: Teubner-Verlag 1911, 103–121.
[27] MINKOWSKI, H.: Über die Begriffe Länge, Oberfläche und Volumen. Ges. Abh., 2. Band. Leipzig, Berlin: Teubner-Verlag 1911, 122–127.
[28] MINKOWSKI, H.: Theorie der konvexen Körper insbesondere Begründung ihres Oberflächenbegriffs. Ges. Abh., 2. Band. Leipzig, Berlin: Teubner-Verlag 1911, 131–139.

[29] MINKOWSKI, H.: Volumen und Oberfläche. Ges. Abh., 2. Band. Leipzig, Berlin: Teubner-Verlag 1911, 230–276.

[30] MINKOWSKI, H.: Über die Körper konstanter Breite. Ges. Abh., 2. Band. Leipzig Berlin: Teubner-Verlag 1911, 277–279.

[31] SCHNEIDER, R.: Gleitkörper in konvexen Polytopen. J. Reine Angew. Math. **249** (1971), 193–220.

[32] STEINER, J.: Über parallele Flächen. Ges. Werke 2. Berlin 1882, 173–176.

DIOPHANTISCHE APPROXIMATIONEN

EINE EINFÜHRUNG IN DIE
ZAHLENTHEORIE

VON

HERMANN MINKOWSKI
O. PROFESSOR A. D. UNIVERSITÄT GÖTTINGEN

MIT 82 IN DEN TEXT GEDRUCKTEN FIGUREN

LEIPZIG

DRUCK UND VERLAG VON B. G. TEUBNER

1907

Titelseite der „Diophantischen Approximationen"

Namen- und Sachverzeichnis

(Die kursiv gedruckten Seitenzahlen verweisen auf den neuverfaßten kommentierenden Anhang.)

ADLER, A. 214
ALEXANDROV, A. D. *251, 253ff.*
algebraische Funktion 205
– Zahl 24ff., 208, *240*
algebraischer Zahlkörper 199, 206
ALTHOFF, F. 214
arithmetische Äquivalenz 73ff., 200, 209, *241*

BACHMANN, P. *238, 243*
BAMBAH, R. P. *237*
BANDLE, C. *250*
BARBIER, E. *255f.*
BERTRAND, J. 199
BIEBERBACH, L. *242*
binäre quadratische Form 82, 98ff., *199, 240, 243*
BIRKHOFF, G. D. *235*
BLASCHKE, W. *247, 250f., 256*
BLICHFELDT, H. F. *236*
BOKOWSKI, J. *237*
BOL, G. *251*
Bolyai-Lobatschefskysche Geometrie 204
BONNESEN, T. *247*
BROUWER, L. E. J. *253*
BRUNN, H. 126f., 143, *247f., 250f.*

CANTOR, G. 218f.
CAUCHY, A. *247, 249*
CHAKERIAN, G. D. *256*
COHN 217
CORPUT, J. G. VAN DER *236*

DANICIC, J. *237*
DAVENPORT, H. *236f.*
DEDEKIND, R. 199f., 220
Diagonalkettenbruch 62ff., *239f.*
dichteste gitterförmige Lagerung von Kugeln 94ff., 114ff., 209
diophantische Approximationen 210, *233, 235, 238ff.*
DIRICHLET, P. G. L. 8, 11, 13, 73f., 85, 102, 199, 209, 220f., *233f., 241, 252*

Eichfläche 141
Eichkörper 9, 204f., *235*
EINSTEIN, A. 215
EISENSTEIN, G. *241*
ESTERMANN, T. *237*
EUKLID 203
Euklidische Geometrie 203
EULER, L. 38, 209, *240, 255*
extreme Formenklasse 95ff.

FEDOROV, E. S. *252*
FEJES TÓTH, G. *249*
FENCHEL, W. *247, 251, 254*
FERMAT, P. DE 209, *240*
FIREY, W. *256*

GAUSS, C. F. 199, 209f., 212, *233, 240, 243*
gemischtes Volumen 146, 155, 157, 182, 211, *248*
Geometrie der Zahlen 201, 206, 208, 210, *232ff., 241*
Gitterpunktsatz *233ff., 237, 239*
Gleitkörper *256*
GOETHE, J. W. v. 222
GRITZMANN, P. *249*
GROEMER, H. *236, 256*

HADWIGER, H. *237, 247, 250f.*
HAJÓS, G. *235*
Hauptkrümmungsradien *254*
HELMHOLTZ, H. v. 197, 213
HERGLOTZ, G. *256*
HERMITE, C. 11, 79, 94, 202f., 206, 209f., 221, *234, 242*
HERTZ, H. 213f.
HILBERT, D. 15, 121, 196ff., *224, 234, 247, 251*
HLAWKA, E. *237*
homothetisch 161, *250*
HURWITZ, A. 201, 213, 228, *255*

Integral der mittleren Krümmung 157

JACOBI, C. G. J. 202, 208f., *242*
JESSEN, B. *254*
JORDAN, C. 9, 199, *247*

Kappenkörper 175, *251*
Kettenbruch 38ff., 62, 207, *233, 238ff.*
KIRCHHOFF, G. 197
Klassenanzahl positiv-definiter quadratischer Formen 115ff., 199, 206, 209, *233, 240ff.*
KNESER, H. *250*
KOLLROS, L. 220
konvexe Distanzfunktion *234*
konvexer Körper 121, 203, 205, 211f., *233ff., 248*
– Restbereich 138
konvexes Polyeder 122, *252*
KORKINE, A. N. 94, 96
Körper konstanten Umfangs 194
– konstanter Breite 193, 213, *255*
– – Helligkeit *256*
– mit Mittelpunkt 135
kritische Determinante *236*
KRONECKER, L. 13, 197, 200, 219

Krümmungsfunktion 179f., *254*
Kubota, T. *249, 256*
Kummer, E. E. 197, 199, 209

Lagrange, J. L. 15, 38, 62, 207ff., *238, 240f.*
Landau, E. *243*
Laugel, R. 206
Legendre, A. M. 209, *240f.*
Leichtweiss, K. *247*
Lindelöf, L. 130
lineare Form 39, 51, 54, 73, *238f.*
Lorentz, H. A. 214f., 217

Melzak, Z. A. *236*
Mertens, F. *243*
Minkowski-Hlawka-Satz *237*
Minkowskische Geometrie 203
mittlere Krümmung 145
Mordell, L. J. *235f.*

nirgends konkaver Körper 10, 16, 19
Nosarzewska, I. *237*

Oberfläche 140, 157, *248*
Oval 158

Parallelkettenbruch 62ff., *237f.*
Parallelkörper *247*
Paralleloeder *252*
periodische Approximationen *240*
periodischer Diagonalkettenbruch 66
Perron, O. *239*
Pfeiffer, E. *243*
Planck, M. 217
p-Quermaß *256*
p-Umfang *256*

quadratische Form 11, 73ff., 199, 201, 204ff., *233f., 240ff.*
– Irrationalität *238, 240*
quaternäre quadratische Form 98ff.
Quermaßintegral *249*

Rado, R. *236*
Reduktionstheorie der positiv-definiten quadratischen Formen *241f.*
reduzierte quadratische Form 79ff., 202, *241f.*

Scharen konvexer Körper 155, *248*
Scherrer, W. *235*
Schiller, F. v. 222
Schmidt, W. M. *237*
Schneider, R. *255f.*
Schubfachprinzip 85, *233ff.*
Schur, I. *242*
Seeber, W. *241*
senkrechte Projektionen 173
Siegel, C. L. *235*
Smith, S. 199
Steiner, J. *247*
Sternkörper *237*
Strahldistanz 9, *235*
Strahlenkörper 205
Stützebene 124
Stützebenenfunktion 146f.
Stützfunktion *249*
Süss, W. *250*
Swift, E. 220

ternäre quadratische Form 98ff., *241*
Thomson, J. 213
Tschebyscheff, P. L. 209

Ungleichungen für gemischte Volumina 168, 174, *251*

verallgemeinerte Oberfläche 142
Vinogradov, I. M. *243*
Voigt 197
vollkommenes Ovaloid 149
Volumen 9, 140, 210f., *247*
– des reduzierten Raumes 100ff., *242f.*
Voronoi, G. F. *252*

Waerden, B. L. van der *242*
Weber, H. 197
Weierstrass, K. 197
Weyl, H. *242*
Wills, J. M. *237, 249*
Woods, A. *237*

Zahlengitter 8f., 16, 39, 202, 204, *233ff.*
Zassenhaus, H. *237*

TEUBNER-ARCHIV zur Mathematik:

Band 1: *C. F. Gauß/B. Riemann/H. Minkowski*
Gaußsche Flächentheorie, Riemannsche Räume und Minkowski-Welt

„Der erste Band der neuen Reihe ‚TEUBNER-ARCHIV zur Mathematik' (Leipzig) besteht aus
fotomechanischen Nachdrucken klassisch gewordener Arbeiten von Gauß, Riemann und Minkowski
und einem Anhang von J. Böhm und H. Reichardt als Kommentar hierzu. Diese Arbeiten bilden
im wesentlichen die Grundlagen der inneren Differentialgeometrie bis zur allgemeinen Relativitätstheorie hin, wie in dem flüssig geschriebenen Kommentar im einzelnen dargelegt wird. In diesem wird auch auf die Beiträge von Christoffel, Levi-Civita, Ricci und Cartan zum mathematischen
Verständnis der Einsteinschen Relativitätstheorie hingewiesen. Ein ausführliches Literaturverzeichnis bildet das Ende des Bandes, der in hervorragender Weise zur Rückbesinnung auf die
Quellen der modernen Mathematik anregt."

> K. Leichtweiss, 1986
> Zentralblatt für Mathematik und ihre
> Grenzgebiete

„Das Buch wendet sich sowohl an Mathematiker, die an historisch grundlegenden Abhandlungen
der Mathematik interessiert sind als auch an Historiker, die sich mit der Geschichte der Mathematik beschäftigen ... Besonders wertvoll ist der kommentierende Anhang des Buches, der die wechselseitige Beeinflussung der abgedruckten Abhandlungen im Hinblick auf die Relativitätstheorie
erkennen läßt und so die epochale Leistung dieser drei Mathematiker verdeutlicht. Ein gezieltes
und aktuelles Literaturverzeichnis zur angesprochenen Thematik rundet das interessante und
preisgünstige Buch ab, das in keiner wissenschaftlichen Bibliothek fehlen sollte."

> H. Sachs, 1986
> Internationale Mathematische Nachrichten

Band 2: *G. Cantor*
Über unendliche, lineare Punktmannigfaltigkeiten

„Das Buch umfaßt wichtige Arbeiten Cantors, durch die er zum Begründer der Mengenlehre und
der mengentheoretischen Topologie wurde. Der Herausgeber erleichtert ihr Verständnis durch insgesamt 138 Anmerkungen (auf die durch Nummern auf der Randleiste des Buches verwiesen
wird), in denen mathematische Begriffe, Sätze und Beweise erklärt, ergänzt bzw. berichtigt, histori-
sche Zusammenhänge beschrieben und fremdsprachige Passagen übersetzt werden ... Inhalt, Kon-
zeption und Ausstattung dieser ersten beiden Bände des ‚TEUBNER-ARCHIVS zur Mathematik'
sind vorbildlich."

> H. Pieper, 1986
> Astronomische Nachrichten

„Das Buch richtet sich insbesondere an jüngere, interessierte Mathematiker, die den Wunsch verspüren, grundlegende, klassische Arbeiten ihres Fachs im Original zu lesen. Hierzu sind keine speziellen mathematischen Vorkenntnisse nötig; ein zweisemestriges Mathematikstudium dürfte für
das Verständnis ausreichen. Die von G. Asser angefügten Kommentare tragen wesentlich dazu bei,
die Tragweite der Cantorschen Untersuchungen zu erfassen. Insbesondere werden hier (nach
100jährigem Abstand) auch die Resultate eingeordnet und gewertet."

> H. Wolter, 1988
> wissenschaft und fortschritt

Band 3: *G. Herglotz*
Vorlesungen über die Mechanik der Kontinua

„The textbook consisting of lectures given by G. Herglotz in the years 1926 and 1932 must be estimated to be a note-worthy and valuable work on continuum mechanics also today. Continuum mechanics in the twenties concerned above all the theories of linear elasticity and Newtonian fluids. But here a treatise of nonlinear (hyper-) elasticity is presented on the base of the variational calculus.“

G. BRUNK, 1987
Zentralblatt für Mathematik und ihre
Grenzgebiete

„Es ist sehr zu begrüßen, daß die berühmten Vorlesungen über die Mechanik der Kontinua von Gustav Herglotz jetzt erschienen sind. Die Vorlesungen enthalten bedeutend mehr, als man aufgrund des Titels erwarten würde. Die Vorlesungen gliedern sich in zwei Teile: 1. Teil: Klassische Theorie, 2. Teil: Partielle Differentialgleichungen. Dieser zweite Teil enthält die bekannten eigenen Untersuchungen von Herglotz zu diesem Thema und reicht bis zur Radon-Transformation. Was die Vorlesungen so auszeichnet, sind die Ausblicke auf andere Gebiete. Es ist den Herausgebern gelungen, doch viel von dem faszinierenden Stil von Herglotz auch dem zu vermitteln, der ihn nicht mehr persönlich gekannt hat. Die Lektüre dieser Vorlesungen kann jedem Mathematiker, Physiker und Techniker wärmstens empfohlen werden.“

E. HLAWKA, 1987
Internationale Mathematische Nachrichten

„Herglotz, der ob der persönlichen Note seiner Vorlesungen bekannt war, gründete die mechanische Theorie auf das Hamiltonsche Prinzip. Außer der recht modern anmutenden Behandlung der allgemeinen Kinematik und der Dynamik spezieller Kontinua, wurden dem Studium der Wellenbewegungen und der Theorie der Strahlen ungewöhnlich breiter Raum zugestanden. Viele originelle Wendungen verdienten auch unseren Nachvollzug. Leider ist heute aber in einem auf moderne Probleme orientierten Studium eine Vorlesung wie die vorliegende schwerlich unterzubringen. Um so verdienstvoller ist ihre hier vollbrachte Konservierung auch als ein wissenschaftshistorisches Zeugnis hoher akademischer Kultur der damaligen Zeit.“

H.-G. SCHÖPF, 1987
Crystal Research and Technology

Band 4: *H. Reichardt*
Gauß und die Anfänge der nicht-euklidischen Geometrie

„Die auf viele ausführliche Originalzitate gestützte ausgezeichnet geschriebene, geschichtlich orientierte Darstellung der Entwicklung der nichteuklidischen Geometrie, insbesondere die Beiträge und Urteile von C. F. Gauß sind für jeden geometrisch Interessierten, besonders auch für jeden Studenten der Mathematik, eine zugleich mit hohen Belehrungen und Genüssen verbundene Lektüre.“

K. STRUBECKER, 1987
Zentralblatt für Mathematik und ihre
Grenzgebiete

„Ein wichtiges Kapitel der Geschichte der Mathematik wird hier wiedergegeben. Eine spannende Präsentation, bereichert durch Auszüge aus Originalarbeiten, gestattet den Einblick in die Entwicklung der Geometrie von einer Naturwissenschaft zu einer mathematischen Disziplin.“

H. STEVER, 1987
Wissenschaftlicher Literaturanzeiger

Band 5: *F. Klein*
Riemannsche Flächen

„This is a welcome typewritten version of the lithographed handwritten lecture notes first published in 1892. Klein's lectures on Riemann's surfaces represent a primary source for the history of classical complex function theory. This was a very influential book which inspired Weyl's celebrated volume Die Idee der Riemannschen Fläche (1913) ... A useful appendix by Eisenreich provides the modern reader with explanations and comments in modern language as well as with an extensive literature on the topic. In addition, the volume includes a short but interesting biography of Klein, written by Purkert."

U. BOTTAZZINI, 1988
Mathematical Reviews

„Anläßlich des 175jährigen Bestehens des Teubner-Verlages Leipzig wurden diese Vorlesungen über Riemannsche Flächen von Felix Klein, gehalten im akademischen Jahr 1891–92 an der Universität Göttingen, von G. Eisenreich und W. Purkert herausgegeben. Sie vermitteln einen ausgezeichneten Eindruck von Kleins Arbeits- und Vortragsweise, eines Mathematikers, der, wie kein anderer, die Riemannschen Ideen auf dem Gebiet der Funktionentheorie der mathematischen Öffentlichkeit zugänglich gemacht hat. Darüber hinaus hat er in diese Vorlesungen aber auch neueste Resultate und Methoden eingearbeitet, so daß sie ein ziemlich genaues Bild des Standes der Erforschung der Riemannschen Fläche bis zum Jahr 1890 geben ... Diesem Buch ist ein von G. Eisenreich stammender, vorzüglicher Kommentar von 25 Seiten und, aus der Feder von W. Purkert, eine Biographie von Felix Klein (14 Seiten) beigefügt. Beide Appendizes erhöhen beträchtlich den Wert des Werkes. Der Dank der an der Funktionentheorie und deren Geschichte Interessierten ist den Herausgebern sicher."

F. J. SCHNITZER, 1988
Internationale Mathematische Nachrichten

Band 6: *D. König*
Theorie der endlichen und unendlichen Graphen

„In 1986 there were two remarkable anniversaries: 250 years ago L. Euler wrote this article on the Königsberg bridges-problem and such graph theory was born; 50 years ago the first comprehensive publication on graph theory was published – the famous book by D. König ... The reproduction of these two texts is complemented by the german translation (from Latin) of Euler's paper (by A. Speiser) and a biography of D. König by T. Gallai including a list of publications and some autographs . Finally H. Sachs wrote a very valuable commentary (with a contribution by P. Erdös and T. Gallai) on König's book pointing to developments which in a way were triggered by the concepts presented by König."

W. DÖRFLER, 1987
Zentralblatt für Mathematik und ihre
Grenzgebiete

„This volume is a reprinting of what can truly be called a classic of graph theory. Originally published in 1936, König's book was for many years the only textbook of graph theory, not until 1958, with the publication of Berge's Théorie des graphes, would another textbook appear. Thus this was the book from which many of the older generation of graph theorists (myself included) learned the rudiments of graph theory, and which, despite its early date, introduced its readers to most of the important areas of graph-theoretical research. ... Teubner has not only republished König's book in its original form, but has added some interesting new material."

R. C. READ, 1988
Mathematical Reviews

BSB B. G. TEUBNER VERLAGSGESELLSCHAFT, LEIPZIG

Im „TEUBNER-ARCHIV zur Mathematik" erschienen bisher:

Band 1 (1984): *C. F. Gauß, B. Riemann, H. Minkowski*
Gaußsche Flächentheorie, Riemannsche Räume und Minkowski-Welt
Hrsg.: J. Böhm, H. Reichardt
Bestell-Nr. 666 185 9/Springer-Verlag Wien New York: ISBN 3-211-95825-8

Band 2 (1984): *G. Cantor*
Über unendliche, lineare Punktmannigfaltigkeiten. Arbeiten zur Mengenlehre 1872–1884
Hrsg.: G. Asser
Bestell-Nr. 666 187 5/Springer-Verlag Wien New York: ISBN 3-211-95826-6

Band 3 (1985): *G. Herglotz*
Vorlesungen über die Mechanik der Kontinua
Hrsg.: R. B. Guenther, H. Schwerdtfeger. Mit e. Geleitwort v. H. Beckert
Bestell-Nr. 666 255 2/Springer-Verlag Wien New York: ISBN 3-211-95821-5

Band 4 (1985): *H. Reichardt*
Gauß und die Anfänge der nicht-euklidischen Geometrie
Mit Originalarbeiten von J. Bolyai, N. I. Lobatschewski und F. Klein
Bestell-Nr. 666 249 9/Springer-Verlag Wien New York: ISBN 3-211-95822-3

Band 5 (1986): *F. Klein*
Riemannsche Flächen. Vorl., geh. in Göttingen 1891/92
Hrsg.: G. Eisenreich, W. Purkert
Bestell-Nr. 666 254 4/Springer-Verlag Wien New York: ISBN 3-211-95829-0

Band 6 (1986): *D. König*
Theorie der endlichen und unendlichen Graphen. Mit einer Abhandlung von L. Euler
Hrsg.: H. Sachs. Mit e. biograph. Anhang v. T. Gallai u. e. Geleitwort v. P. Erdös
Bestell-Nr. 666 319 2/Springer-Verlag Wien New York: ISBN 3-211-95830-4

Band 7 (1987): *F. Klein*
Funktionentheorie in geometrischer Behandlungsweise. Vorl., geh. in Leipzig 1880/81
Hrsg.: F. König. Mit e. Geleitwort v. F. Hirzebruch
Bestell-Nr. 666 376 6/Springer-Verlag Wien New York: ISBN 3-211-95839-8

Band 8 (1987): *C. Neumann, F. Klein, S. Lie, F. Engel, F. Hausdorff, H. Liebmann, W. Blaschke, L. Lichtenstein*
Leipziger mathematische Antrittsvorlesungen. Auswahl aus den Jahren 1869–1922
Hrsg.: H. Beckert, W. Purkert
Bestell-Nr. 666 373 1/Springer-Verlag Wien New York: ISBN 3-211-95840-1

Band 9 (1988): *K. Weierstraß*
Ausgewählte Kapitel aus der Funktionenlehre. Vorl., geh. in Berlin 1886
Hrsg.: R. Siegmund-Schultze. Mit e. Geleitwort v. K.-R. Biermann
Bestell-Nr. 666 459 0/Springer-Verlag Wien New York: ISBN 3-211-95841-X

Band 10 (1988): Nachrufe auf Berliner Mathematiker des 19. Jahrhunderts
C. G. J. Jacobi · P. G. L. Dirichlet · E. E. Kummer · L. Kronecker · K. Weierstrass
Hrsg.: H. Reichardt
Bestell-Nr. 666 498 8/Springer-Verlag Wien New York: ISBN 3-211-95842-8

Band 11 (1989): *D. Hilbert, E. Schmidt*
Integralgleichungen und Gleichungen mit unendlich vielen Unbekannten
Hrsg.: A. Pietsch
Bestell-Nr. 666 516 3/Springer-Verlag Wien New York: ISBN 3-211-95844-4